中山間の
定住条件と
地域政策

田畑 保 [編]

日本経済評論社

目　　次

序　章　中山間地域問題をめぐる論点と本書の課題
　　　　　　　　　　　　　　　　　　　　　田　畑　　保…　3
　1．中山間地域をめぐる問題状況 …………………………………… 3
　　⑴　過疎の一層の深まりと集落・地域社会崩壊の危機 ………… 4
　　⑵　中山間地域の生産条件不利と地域資源管理問題 …………… 6
　　⑶　中山間地域政策の展開をめぐる新たな状況 ………………… 7
　2．中山間地域政策をめぐる論点と検討課題 ……………………… 8
　3．本書の課題と梗概 ………………………………………………… 9
　　⑴　課題と構成 ……………………………………………………… 9
　　⑵　梗　概 …………………………………………………………… 12

第Ⅰ部　中山間地域における定住条件

第1章　中山間地域の人口動態と定住人口の維持要件
　　　　　　　　　　　　　　　　　　　　　橋　詰　　登…　23
　1．はじめに …………………………………………………………… 23
　2．中山間地域の人口動態と高齢化 ………………………………… 25
　　⑴　近年における人口動向の地域的特徴 ………………………… 25
　　⑵　中山間地域における高齢化の現状 …………………………… 31
　3．人口動向と高齢化状況の相互関連性 …………………………… 35
　　⑴　人口動向と高齢化の関係からみた地域的特徴 ……………… 36
　　⑵　過疎化と共に加速する中山間地域の高齢化 ………………… 39

    4．中山間地域における定住人口の維持要件 ………………………… 40
      ⑴　人口動向による中山間市町村の類型化 ……………………… 41
      ⑵　定住人口に影響を及ぼす社会経済的諸条件の析出 ………… 44
    5．おわりに ……………………………………………………………… 48

第2章　中山間地域における農業生産の意義と可能性
　　　　──野菜作の展開を中心に──………香　月　敏　孝… 53

    1．はじめに──課題と構成── ……………………………………… 53
    2．野菜作の展開と中山間地域 ………………………………………… 55
      ⑴　野菜の夏季生産の動向 ………………………………………… 55
      ⑵　「高冷地」型，「準高冷地」型別にみた野菜作の展開 ……… 57
    3．中山間地域における産地支援策の課題 …………………………… 64
      　　──飛驒山間地域を事例に──
      ⑴　対象地域の農業就業状況と野菜作 …………………………… 65
      ⑵　農業就業者が確保されている産地の展開と産地支援策 …… 72
      　　──丹生川村におけるトマト作を中心に──
      ⑶　小　括──農家の定住条件をめぐって── ………………… 78
    4．おわりに ……………………………………………………………… 80

第3章　中山間地域の定住条件と農村工業導入
　　　　………………………………………… 村　山　元　展… 85

    1．はじめに ……………………………………………………………… 85
      ⑴　中山間地域と農村工業導入 …………………………………… 85
      ⑵　農村工業導入政策と中山間地域 ……………………………… 87
      ⑶　本章の課題と方法 ……………………………………………… 88
    2．広域的連携による中山間地域の工場誘致の実態と課題 ……… 90
      　　──山間農業地域である山形県飯豊町を事例に──

(1) 飯豊町の位置と地域構造——平坦部と山間部の二重構造—— …… 90
　　(2) 広域的連携による工場誘致の実態と定住促進の問題点 ………… 92
　　(3) 山間部農家の就業構造と誘致工場——労働市場の二重構造—— … 94
　3．中山間地域への工場誘致による定住促進の成功要因と
　　　課題——中間農業地域である岩手県九戸村を事例に—— ………… 98
　　(1) 九戸村の位置と地域構造 ……………………………………… 98
　　　　——周辺市町村に開かれた高原型中山間地域——
　　(2) 既存立地工場と誘致工場——男子雇用型工場の誘致—— ……… 99
　　(3) 農家の就業構造と誘致工場の位置——Y集落を事例に—— ……103
　　(4) 農工団地誘致工場の従業員の意識 …………………………106
　4．総　括 ……………………………………………………………108

第4章　中山間地域の高齢者医療・福祉問題
　　　　　　　………………………………… 栗　田　明　良…113

　1．はじめに ………………………………………………………………113
　2．中山間地域の高齢者状態 ……………………………………………115
　　(1) 少子・高齢化の中山間的特徴 ………………………………115
　　(2) 要援護高齢者の措置と滞留 …………………………………120
　3．脆弱な医療基盤とサービス供給体制 ………………………………121
　　(1) 医療基盤の整備とその限界 …………………………………121
　　(2) 高齢者医療の新たな展開と問題点 …………………………124
　4．福祉サービスの現状と問題点 ………………………………………128
　　(1) 施設整備の展開にみる問題点 ………………………………128
　　(2) 在宅介護の展開と24時間対応 ………………………………132
　5．望まれる「農(山)村型」システムの再構築 ………………………138
　6．「農(山)村型」システムの概念設計——むすびにかえて—— …143

第5章　中山間地域の活性化と教育の役割
　　　　　　　　　　　　　　　　　　　　　玉井康之…155
1. はじめに ……………………………………………………155
2. 中山間地域の文化的拠点としての学校の役割……………157
3. 過疎化を抑制する山村留学の役割と可能性 ………………161
4. 短期農業・農村体験学習の役割と受け入れ体制づくり …163
5. 都市住民による農業・農村の役割の再評価 ………………165
6. 将来的な農業・農村の役割と課題 …………………………168

第Ⅱ部　中山間地域政策の課題

第6章　中山間地域政策の検証と課題
　　　　　　　　　　　　　　　　　　　　　田代洋一…175
1. はじめに ……………………………………………………175
2. 国の中山間地域政策 ………………………………………176
　(1) 全国総合開発計画 ……………………………………176
　(2) 山振法，過疎法，特定農山村法 ……………………182
　(3) まとめ …………………………………………………188
3. 県の中山間地域政策 ………………………………………189
　(1) 秋田県——補助率上乗せ—— ………………………189
　(2) 岩手県——山間地域の園芸・地域特産農業支援——…190
　(3) 福島県——中山間地域における米産地シフト助成——…191
　(4) 鳥取県——「鳥取県型デカップリング」—— ……192
　(5) 高知県——せまち直しとレンタルハウス—— ……193
　(6) 宮崎県——林業労働者の社会保険負担に対する助成——…195
　(7) まとめ …………………………………………………197
4. 地域からの検証——高知県西土佐村F集落—— ………200
　(1) 西土佐村 ………………………………………………200

(2) F集落 ……………………………………………………………207
　5．中山間地域政策の課題 …………………………………………213
　　(1) 条件不利地域政策の課題――「間接的」「直接的」直接所得
　　　　補償―― ………………………………………………………213
　　(2) 地域農政の課題――主体的政策形成―― …………………215
　　(3) 過疎対策の課題――そこに住む人のための施策―― ……217

第7章　中山間地域活性化と市町村財政
……………………………………………… 保　母　武　彦…223
　1．課題の設定 ………………………………………………………223
　2．中山間市町村財政の現状 ………………………………………225
　　(1) 中山間市町村財政の実態調査 ………………………………225
　　(2) 財政力指数 ……………………………………………………226
　　(3) 公債費比率 ……………………………………………………227
　3．農業予算と中山間地域 …………………………………………229
　　(1) 国家財政に占める農業予算のシェアの低下 ………………229
　　(2) 農業予算内部の公共事業化 …………………………………230
　　(3) 地方農業関係費も公共事業にシフト ………………………232
　　(4) 農業予算の検討課題 …………………………………………232
　4．公共事業費の削減と中山間地域 ………………………………233
　　(1) 公共事業費の削減方針 ………………………………………233
　　(2) 公共投資削減の地域経済への影響予測 ……………………234
　　(3) 建設業の過剰と地域産業構造の改革 ………………………236
　5．地方分権と中山間地域 …………………………………………237
　　(1) 地方分権の推進 ………………………………………………238
　　(2) 機関委任事務の廃止と農政 …………………………………238
　　(3) 農林水産業補助金の改革と農政 ……………………………240
　6．地域活性化事業と市町村財政 …………………………………240

(1) 過疎債より多い地総債の活用 …………………………241
　(2) 成功と失敗の評価 …………………………………………242
　(3) 都市交流型と農林業振興型 ………………………………243
　(4) 成功と失敗を分ける4要因 ………………………………243
　(5) 都市・農村の連携 …………………………………………244
　(6) 地域活性化事業とその財源 ………………………………246
　(7) 財源問題の検討 ……………………………………………247

第8章　中山間地域の土地資源管理問題
　　　　………………………………………… 田　畑　　保…251

１．はじめに──問題の所在と検討の課題── …………………251
２．中山間地域における土地資源管理問題の現出 ……………253
３．土地管理システム・土地管理主体再構築の模索 …………257
４．新たな土地管理主体としての市町村農業公社 ……………261
５．結　び ………………………………………………………266

補　論　中山間地域土地改良区と水資源管理
　　　　………………………………………… 合　田　素　行…273

１．はじめに ……………………………………………………273
２．中山間地域土地改良区の概況 ………………………………276
　(1) 土地改良区の現状と課題 …………………………………276
　(2) 中山間地域土地改良区の平均的姿 ………………………277
３．事例からみた中山間土地改良区の現状と問題 ……………280
　(1) 岩手県北部地域中山間（岩手県二戸郡，九戸郡他）土地改良区 …281
　(2) 広島県北西部地域 …………………………………………283
　(3) その他の地域の事例 ………………………………………285
　(4) 事例調査のまとめ …………………………………………288

4．結び――中山間地域の土地改良区の地域資源管理にふれて――……290

第Ⅲ部　EU諸国における農村地域政策

第9章　ドイツにおける農村地域政策の展開
……………………………………… 市田(岩田)知子…297

1．はじめに …………………………………………………297
2．戦後の地域政策の展開 ………………………………298
　(1)　地域経済振興政策の展開 ………………………298
　(2)　農業構造政策の展開 ……………………………300
3．構造基金による農村地域政策の概要 ………………301
4．構造基金による農村地域政策の実際 ………………304
　(1)　予算の配分，執行方法 …………………………304
　(2)　構造基金「目標5b」による事業内容 …………305
　(3)　事業関連の実務 …………………………………314
5．構造基金による農村地域政策に対する評価 ………317
6．おわりに ………………………………………………320

第10章　フランスにおける農村地域政策と農業
……………………………………… 石　井　圭　一…325

1．はじめに …………………………………………………325
2．農村地域政策の背景 …………………………………326
　(1)　農業・農村と農業政策 …………………………326
　(2)　空間政策と制度改革 ……………………………330
　(3)　農村地域の振興と農村組織の育成 ……………335
3．農村地域の振興政策の実際と課題 …………………341
　――ブルゴーニュ地方の農業振興の事例から――
　(1)　農村区域振興計画と農業 ………………………341

(2) 農業振興事業の特性——農業構造政策との比較から——……344
　　(3) シャティヨン地方(Chatillonnais)の農業振興 ………………348
　　(4) シャティヨン地方にみる農業振興の検討課題 ………………352
　4．おわりに ………………………………………………………………354

第11章　イギリスの農村地域政策
………………………………………………柏　植　徳　雄…359

　1．はじめに——農村地域政策の歴史的概観—— …………………359
　2．条件不利地域政策 …………………………………………………362
　　(1) 条件不利地域政策の歴史と背景 ………………………………362
　　(2) 条件不利地域政策の概要と特徴 ………………………………364
　　(3) 条件不利地域政策の問題点と解決の方向 ……………………367
　3．農村地域開発政策 …………………………………………………369
　　(1) 今日の農村地域開発政策 ………………………………………369
　　(2) スコットランド高地・諸島とイースト・アングリアの事例 …376
　4．おわりに ……………………………………………………………382
　　(1) まとめ——イギリスの農村地域政策の特質に言及しつつ—— …383
　　(2) 日本への示唆 ……………………………………………………385

補　論　EU の構造基金改革と農村地域政策
………………………………………市田(岩田)知子…391

　1．はじめに ……………………………………………………………391
　2．構造基金改革の背景 ………………………………………………392
　3．構造基金の「目標」 …………………………………………………395
　4．構造基金の種別 ……………………………………………………399
　5．構造基金の配分 ……………………………………………………400
　6．構造基金による事業の実施 ………………………………………400

7．条件不利地域対策との差異 …………………………………403
8．EU農村地域政策の展望 ……………………………………405
　図および表一覧 ………………………………………………409
　あ と が き ……………………………………………………413
　執筆者一覧 ……………………………………………………416

中山間の定住条件と地域政策

序　章　中山間地域問題をめぐる論点と本書の課題

1．中山間地域をめぐる問題状況

　「中山間」といういわば一種の行政用語が登場したのはそう古いことではないが，最近は農業関係者，研究者，一般マスコミでもそれが広く用いられるようになった[1]。中山間地域問題が日本の農業政策，地域政策にとって焦眉の政策課題となってきており，中山間という言葉は現下の農業問題におけるキーワードの一つにもなっている。

　もっとも，中山間とよばれる地域が抱える問題は中山間という用語の登場とともに発生したわけではない。この地域では既に早く1960年代から過疎問題が顕在化し，それに対して山振法（1965年），過疎法（1970年）等に基づく様々な対策が講じられてきた。しかしそれでも人口減少に有効な歯止めをかけるには至らず，過疎問題はこの地域にとってますます重大な問題となっている。

　こうした過疎問題に加重される形で1980年代後半からとくに問題になってきたのが，国際化・自由化，農業支持の削減・撤廃，農業・農政への市場原理の徹底という流れの中で強まったこの地域の農林業の維持の困難，生産条件不利に基づく農林業の衰退の問題である。そしてそれは農林業だけの問題にとどまらず地域資源管理の問題や国土・環境保全の問題にも連動し，過疎問題をますます深刻化させることになった。中山間という用語が登場し，この地域の問題が中山間地域問題としてクローズアップされるようになったのは，まさにこうした状況のもとであった。

　かかる経緯を踏まえて中山間地域問題とは何かについてあらためて確認しておけば，1960年代から顕在化し，様々な対策が講じられてきたにもかかわら

ずその後ますます深刻の度を増し、今や集落・地域社会の崩壊さえもたらしかねない状況となっている過疎問題を一方におきつつ、固有には1980年代後半からの国際的な経済構造調整、UR農業交渉合意に基づく諸措置によってこの地域の農林業が衰退を余儀なくされ、それが地域の資源管理問題や国土・環境保全問題をも引き起こすに至っている生産条件不利問題をもう一つの問題側面とする、この地域の農林業、地域社会の存立にかかわる諸困難、とすることが出来よう[2]。

こうした中山間地域をめぐる最近の問題状況の特徴をもう少し立ち入ってみておこう。

(1) 過疎の一層の深まりと集落・地域社会崩壊の危機

中山間地域での人口減少は1987年に死亡数が出生数を上回る自然減の段階に入ったことが注目され、過疎の第2段階を迎えたとされた。この人口の自然減は1990年代に入ってさらに進み、市町村単位でみると1995年には山間農業地域の87％の市町村が、中間農業地域でも76％の市町村が自然減になっている。社会減も引き続き進行しており、この社会減と自然減とが重なって中山間地域の人口減少は1980年代後半から加速傾向にある。また青壮年層の転出による減少、構成割合低下や出生数の減少による幼年人口の減少・低割合化ともあいまって中山間地域の高齢者割合は農家人口で1990年の21％から95年の26％へ、地域総人口でも18％から22％へと増加し（全国の総人口は12％から14％へ）、高齢化は一層進み、かつそのテンポもより早くなっている。

中山間地域のかかる過疎化、高齢化の深まりは、地域社会の存立をも危うくしかねない状況になっている。過疎化、高齢化は人口構成面でも大きな歪みをもたらし、幼年人口の減少の中で小学生のいない集落は山間では10％を超え、とくに四国の山間は20％にも達している（第0-1表）。学校の統廃合はかなり早い時期から進行していたが、幼年人口の減少は地域の拠点でもある過疎地小規模校を統廃合に追込み、それがまた過疎化に一層の拍車をかける結果ともなっている。

序章 中山間地域問題をめぐる論点と本書の課題 5

第 0-1 表 消滅農業集落数および小学生のいない農業集落の割合

区　　　分	消滅農業集落数(1990～95年)	小学生のいない農業集落数割合(%)
全国　計　(108,659)	102	4.6
平地農業地域 (40,485)	8	1.0
中間農業地域 (43,531)	42	4.6
山間農業地域 (24,643)	52	10.5
北海道　　　　　(6,097)	23	9.8
うち，山間農業地域 (1,415)	8	14.6
東 北　　　　　(15,501)	29	1.3
うち，山間農業地域 (3,191)	18	3.7
北 陸　　　　　(9,285)	8	5.1
うち，山間農業地域 (1,382)	7	11.4
関東・東山　　　(47,846)	8	2.5
うち，山間農業地域 (2,723)	4	8.3
東 海　　　　　(7,190)	1	2.4
うち，山間農業地域 (2,591)	1	5.9
近 畿　　　　　(7,818)	9	3.0
うち，山間農業地域 (2,478)	7	8.0
中 国　　　　　(15,749)	5	8.2
うち，山間農業地域 (5,305)	4	13.4
四 国　　　　　(8,788)	11	8.9
うち，山間農業地域 (2,815)	5	19.8
九 州　　　　　(19,923)	8	4.1
うち，山間農業地域 (2,698)	5	9.6

資料：1995年農業センサス農村地域環境総合調査報告書．
注．都市的地域の農業集落を含まない．（ ）内は1995年の農業集落数．

　こうした過疎化，高齢化がある臨界点まで進めば集落の最低限の機能の維持も困難となり集落そのものが消滅に追い込まれる。高知県の山村の分析に基づき集落を家族周期とも関連させながら消滅集落，限界集落，準限界集落，存続集落に区分し，過疎化，高齢化による山村集落の限界集落化，集落崩壊の危機を指摘した報告も出されている[3]。農業センサス農業集落調査でみて

も，1980年に全国で142,377あった農業集落は1990年には2,255減少して140,122になり（このうち北海道が202，山陽219，山陰120，四国207，北九州521の減少），さらに1990～95年には前掲第0-1表のように中間および山間農業地域を中心に全国（都市的地域を除く）で102の農業集落が消滅するに至った[4]。また今後の見通しとしても，例えば国土庁の調査に基づく推計では，「今後10年間で無住化の可能性がある集落」が中山間地域集落の0.8％，「今後10年間でかなり衰退し，その後は無住化の可能性もある集落」が2.3％で合計3.1％が無住化の恐れありとされ（1960年から30年間の消滅集落出現率1.4％の約2倍），さらに「しばらく無住化することはないが，衰退していく集落」が16％にものぼるとされている[5]。

(2) 中山間地域の生産条件不利と地域資源管理問題

1980年代末以降中山間地域の農業生産条件不利の拡大によって中山間地域農業の困難が強まり，農林業の衰退が大きな問題となってきた。1980年代半ばからの政府買い入れ米価の引き下げの中で，中山間地域が多く小規模稲作が支配的な中国や四国等の地域では価格が費用を割り込む傾向が強まり，さらに1989年の米価審議会価格算定方式小委員会報告では価格算定の対象が5ha以上，当面1.5ha以上とされ，小規模稲作が大半を占める中山間地域の稲作は対象外に追いやられた。米価政策面からの中山間小規模稲作の切り捨てである[6]。また80年代末には牛肉・オレンジも自由化された。中山間地域，とくに西日本の中山間地域では和牛，柑橘のウエイトが高かっただけにその打撃は大きく，この面からも中山間地域農業の耕境外化が促進された。それに一層の拍車をかけ，中山間地域問題を大きくクローズアップさせることになったのが，ガットUR農業交渉合意とそれにそった農産物貿易の全面的自由化，農業支持の削減・撤廃等農業・農政への市場原理徹底の動きである。

こうした中山間地域の農林業の衰退，困難の深まりは，農林業の担い手の弱体化・高齢化，さらには集落等の資源管理機能の衰退等もあいまって，荒廃農地の増加や森林管理の手抜き，粗放化等の地域資源管理問題を激化させている。

そしてこの地域資源管理の後退・弱体化は，農林業の公益的機能の維持にも重大な支障を及ぼしかねない状況になっている。農林業の公益的機能は中山間地域に固有のものではないが，中山間地域では農林業の衰退によって公益的機能の維持困難がとくに問題とならざるを得なくなっており，農林業の公益的機能維持の面からも中山間地域問題が重要な問題となっているのである。

(3) 中山間地域政策の展開をめぐる新たな状況

　ガットURによって成立したWTO体制という国際的な枠組み，そのもとでの貿易の自由化，農業支持の削減・撤廃等の流れは各国の農政展開の方向を強く制約するようになっている。EUは周知のようにUR農業交渉と並行してCAPの改革を進め，価格支持の削減や直接支払いへの切り替え，農業環境政策とのリンク等を図るとともに，構造基金改革によって農村地域政策の拡充・強化等を進めてきている。その中で条件不利地域政策は位置づけの縮小等一定の変容を余儀なくされている。

　こうした農政改革の国際的な流れの中でわが国でも食管制度，農協制度等いわば戦後農政の根幹をなしてきた枠組みが解体・再編されつつあり，わが国農政も大きな転換を迫られている。今後のわが国農政の方向に関して，現在「食料・農業・農村基本問題調査会」で検討が進められているところであるが，そこではとくに「中山間地域政策」の位置づけ・あり方が，農林業の位置づけ・農林業の公益的機能の評価ともかかわって大きな焦点の一つとなっている。

　なお中山間地域政策に関しては，とくに1990年代に入って国に先駆ける形で直接所得支払い的な施策の導入を試みる県や市町村が少なからずあらわれているのが注目される。それだけ問題が深刻化している地域が増えていることのあらわれであるが，それはまた全国レベルでの中山間地域政策実施への要請が大きくなっていることを示すものであろう。

2. 中山間地域政策をめぐる論点と検討課題

　中山間地域政策のあり方をめぐっては，EUの条件不利地域政策に関する議論等も含め既に様々な議論が展開され[7]，また地方自治体のレベルや国のレベルでも実施に向けた検討や議論が進められている。以下ではそれらを念頭におきつつ，わが国の中山間地域政策に関するいくつかの論点を取り上げ，本書での検討課題の整理につなげたい。

　まず第1は，条件不利対策としての中山間地域政策のあり方をどう考えるかである。条件不利対策としては，EUでのデカップリングあるいは直接所得補償政策が注目され，我が国でもこれを導入すべしとする議論が多い。他方，EU型の直接所得補償政策は日本の中山間地域農業の実態には馴染まないとする議論も少なくない。そこで問われるのは，条件不利対策としての中山間地域政策の理念，目的をどう考えるかであり，中山間地域の農林業の維持・振興の必要性，そこでの条件不利の是正，補償の必要性をどう考えるかである。さらにそれを日本の実態に即して具体化するにはいかなる方法，手段が有効かである。つまり日欧の農業構造の相違等も充分考慮し，日本の中山間地域の実態，そこでの農業構造の特質に即した中山間地域政策のあり方の検討が求められているのである。またその検討では農林業の公益的機能，国土・環境の維持保全等の役割をどう位置づけ，評価し，それを中山間地域政策にどう適切に反映させるかも重要な論点となっている。

　第2は，中山間に属する地域にとってはとりわけ切実な課題になっている定住問題，定住対策のあり方に関してである。中山間地域の振興のためには生産条件の不利の是正を図る中山間地域政策，農林業振興施策が必要であるが，「それが人口対策の全てにとって代わりうるものではない。独自の定住対策と相俟って初めて農山村の維持に貢献することになる」[8]。これまで中山間地域を対象に様々な施策—過疎対策等—が講じられてきたが，人口減少を抑制するには十分な成果をあげていない。この点の批判的検討も含めて，多様な地域の

実態に即した定住条件整備,定住対策のあり方の検討,とくに地域政策の視点からの検討が求められている。地域政策としては,農林業だけでなくより広く農外の就業機会確保対策等を含んだ地域振興対策,また農業者だけでなく広く中山間地域の全住民を対象とする生活環境面,文化・教育面にも及ぶ総合的な対策が必要である。

なお,EUの場合には農業政策としての条件不利地域対策が先行して実施され,近年にいたって農業以外を主たる対象にした地域振興対策としての農村地域政策に力が注がれるようになった。順序は逆であるがEUでも日本でも地域政策と条件不利対策の両者が問題となっているのは興味深い。何故そうなのか,その点の日欧比較からも貴重な示唆がえられよう。

第3は中山間地域政策における国と地方の役割,連携のあり方に関してである。既にいくつかの県や市町村では先行して直接所得支払い的な施策が試みられつつあるが,そこには地域だからこそ可能になった面とともに地域単独故の限界もあり,それ故にまた国のレベルでの中山間地域政策への要請も強まっている。こうした取り組みの評価や政策実施における地域の裁量や主体のあり方が,自治体の行財政のあり方ともかかわって問題となる。

3. 本書の課題と梗概

(1) 課題と構成

本書の主たる課題は,前節で整理した中山間地域政策の主な論点を念頭におきながら,現在緊急の課題となっている中山間地域政策,定住対策のあり方に関して中山間地域の実態に即して可能な限り総合的な検討を加え,今後の課題や方向を明らかにすることである。我々は本書を次のような3部構成とした。まず「第I部 中山間地域における定住条件」では,中山間地域で現在非常に切実な課題となっている定住問題を取り上げ,定住条件の確保をどのような枠組みと広がりで図っていくべきかについて幅広い問題領域にわたって考察する。次いで「第II部 中山間地域政策の課題」では,中山間地域を対象にして国,

県，市町村それぞれのレベルで取り組まれてきた施策の実態と問題点を分析し，それを踏まえて今後の中山間地域政策の課題，方向について検討を加える。最後に「第Ⅲ部　EU諸国における農村地域政策」では，EUの構造基金改革によって次第に比重を高めつつあるEU諸国での農村地域政策の実態について分析を加え，日本に対する示唆についても考察する。

　本書で我々がとくに重視した方法は，地域での様々な取り組み事例の実態を分析し，そこから今後の中山間地域政策，定住対策のあり方や課題について考察するという方法である。勿論それぞれの章ごとの課題等によって方法は異なり，フィールドとした地域も同じではないが，前述のような方法を重視したのは，一般的な実態分析重視ということだけでなく，地域的多様性に富み国の一律の政策にはなじまない性格を有する中山間地域政策に関しては各地で模索的に取り組まれている経験の中から重要な示唆が得られると考えたからである。

　以下各部ごとの構成と課題をもう少し詳しく述べておこう。

　第Ⅰ部は五つの章からなる。第1章は，第Ⅰ部および本書全体の導入部として，人口動態と定住人口維持要件の統計的分析によって中山間地域の現状把握と定住対策の課題の所在を整理する。第2章および第3章では，定住条件確保上最大の課題となっている稼得機会確保の問題を，農業振興（中山間地域における野菜生産）の面と，農外の就業機会拡大（農村工業導入による雇用機会創出）の面から取り上げ，その可能性や限界・問題点を検討する。

　人を対象としなければならない定住対策では，医療・福祉や教育面の対策も不可欠の課題であり，またそこには中山間地域特有の問題が存在する。第4章では，中山間地域では高齢者の割合が際だって高いところから高齢者の医療・福祉問題を取り上げてその現状を分析し，望まれる「農（山）村型」の高齢者介護・福祉システムの提示を試みる。第5章では，中山間地域の活性化にとって教育がどのような役割を果たしているのか，ないしは果たしうるのかについて，地域での社会的・文化的拠点として担っている役割，山村留学や農業体験学習等を取り上げて分析し，教育・文化の面から活性化の課題を整理する。

　第Ⅱ部は三つの章と一つの補論から構成される。まず第6章は中山間地域を

対象として実施されてきた政策を国，県，市町村・集落の各レベルから取り上げてその内実と問題点を検討し，その検討結果から中山間地域政策を展望する。中山間地域政策の検討という点では本書の中核的部分をなす。地域政策，活性化対策の実施・運用では主に市町村が主体となるが，その場合市町村の財政力が問題となる。そこで第7章では，市町村財政の問題を取り上げてその現状を分析するとともに，市町村財政の面から地域活性化事業の現状・問題点を分析し，そこでの中心問題となっている財源問題の検討を行う。さらに第8章では，中山間地域の農林業の衰退によって，公益的機能の維持との関連でも問題となっている中山間地域の土地資源管理問題を取り上げ，市町村農業公社の農地管理の問題にもふれてこの面から中山間地域政策の課題について検討する。補論では同じ地域資源である水資源の管理組織としての土地改良区の問題を取り上げてその現状を分析し，広く地域住民に開かれた地域資源の管理という視点から土地改良区の再編の課題について考察する。

　第III部も三つの章と一つの補論からなる。1970年代半ばから導入に踏み切ったＥＣ（当時）の条件不利地域政策は，その先駆性や直接所得補償という政策手法の特異性ともあいまって日本でも早くから注目され様々な分析が行われてきた。それはその後ＣＡＰ改革や構造基金改革の中で政策的な比重低下や一定の変容を遂げてきているが，改めて条件不利地域政策のそうした変化や農村地域政策の展開を分析することは，日本での定住対策の意味や今後の中山間地域政策のあり方を考える上でも有益である。そこで第III部では，1990年代に入って比重が増してきているこうしたＥＵ諸国の農村地域政策に焦点を当て，第9章でドイツ，第10章でフランス，第11章でイギリスを取り上げて条件不利地域政策と農村地域政策の実態把握と政策論的な検討を行い，日本に対して示唆するところについて考察する。さらに補論では，これら各国の農村地域政策の展開に大きな影響を及ぼしているＥＵの構造基金改革と農村地域政策について概観する。

(2) 梗　概

1)　まず最初に前節での論点整理を念頭において（もっとも，その総てを本書で検討しているわけではないが），中山間地域政策，定住対策のあり方にかかわって本書の検討結果から確認できることをいくつか簡単に述べておきたい。

第1は，農林業の生産条件不利対策としての中山間地域政策については，我が国の中山間地域の現実，そこでの農業構造の特質に即してそのあり方を考えていくことが重要であり，例えば大きな議論になっている直接所得補償についても，日欧の農業構造の相違を踏まえればEUのそれとはかなり異なったものとならざるを得ないこと，我が国の中山間地域での自治体で試みられている施策からその方向を考えれば，何らかのかたちで農業生産と結びついた直接所得支払いという意味での日本型ともいうべき直接所得支払い政策が基本的方向となることである。そしてその場合，欧米とは異なって農林業の環境に及ぼす負荷の面よりも国土環境保全機能の面が高く評価されている我が国では，そうした機能を担っていることへの対価の支払いということも考慮すべきである。先行的に試みている直接所得支払い的な支援策をそのように位置づけている自治体もみられるが，市町村農業公社等の地域資源管理に対する支援もそうした視点を加えて考えていくことが必要である。

第2は，こうした条件不利対策と同時に中山間地域の実態に即した地域維持政策，定住対策の充実，強化の必要性である。定住条件確保対策としては，地域の人口扶養力の確保，つまるところは稼得機会の確保が非常に重要であり，そのためには中山間地域でウエイトの高い農林業の振興策や農外での就業機会の確保策が重要である。現に地域ではそのための様々な取り組みが行われており，例えば高冷地での野菜生産や農村工業導入による雇用機会創出等，地域での主体的な努力と関係機関の協力・支援がかみあって稼得機会拡大の一定の可能性を切り開いた事例もみられる。しかし作目・立地選択での平場との競争，さらには海外との競争（農産物の総自由化や生産拠点の海外移転）が強まるもとではその可能性も非常に限定的である。かかる構造の打破，中山間地域の条件不利の是正・補償がその面でも問題とならざるを得ない。

定住対策としては医療・福祉や教育等の生活環境面も重要であるが，そこでも中山間地域の実態に即した，あるいは中山間地域固有の条件を活かした対策のあり方を考えていくことが必要である。例えば中山間地域で喫緊の課題となっている高齢者の医療・福祉対策でも中山間地域の高齢者状態に即した支援策をその地域に固有の環境・条件を活かしながら講じていくという，優れて地域オリエンテッドな「農（山）村型」の高齢者介護・福祉システムの構築が求められている。

第3に，地域政策の課題，展開の地域的多様性と地域政策の取り組みにおける地域住民，関係機関の主体的・組織的努力重視の必要性である。中山間地域でも（あるいは中山間地域故に）農業構造，生産条件不利の度合い，就業機会や生活環境条件等に大きな地域差があり，それに応じて地域政策の課題等も異なってくる。そしてそれに対応しうる地域の政策的，財政的裁量の大きさも求められている。そうした地域政策の取り組みにおいては地域住民，関係機関の主体的・組織的努力が重視されなければならない。本書の各章で取り上げている事例の多くでも共通に観察されるように地域の条件を活かした定住対策，地域づくりの取り組みはそうした中で生み出されている。行政や関係機関には住民要求を正確に把握し，それに基づいて政策立案・政策選択しようとする姿勢が求められる。定住促進のためには「そこに住む人のための内向き政策」が必要なのである。

2）　次に各章ごとに検討結果の要点を整理しておく。

ア．中山間地域では8割の市町村で人口が自然減となり，過疎化・高齢化が全体的に進行しているが，その度合いやスピードには地域差も大きい（中間農業地域よりも山間農業地域で，水田型地帯よりも畑地型地帯，とくに中国，四国，九州の畑地型地帯で著しい）。そのことは中山間地域をひとまとめに考えるのは適当でなく，定住対策を考えるにあたっても生産条件不利の度合いや就業機会，生活環境条件等での地域差を充分考慮する必要があることを示している。

定住人口の維持要件に関する判別分析の結果からは，定住人口確保のために

は地域住民の所得確保が最重要課題であり，そのためには就業機会の確保が重要であり，中山間地域では貴重な就業の場である農業の振興も重要であること，また高校への通学や病院への通院可能性といった生活環境面も定住対策では無視できない課題であることが確認された。これらのことは定住対策の課題がどこにあるかを統計的に再確認するものである（第1章）。

イ．飛騨山間地域の野菜産地を事例に中山間地域での農業振興の可能性と限界について検討し，中山間でも高冷地等の立地条件を活かす形で農業振興を図り，定住人口確保，活性化につなげる可能性と，そのための基礎的な農地条件整備や産地形成支援等の政策課題を確認した。しかし問題は，そうした可能性が立地条件的に非常に限定され，事例もそれほど多くないこと，平場との棲み分け，中山間の土地条件のハンディキャップ回避のため集約型農業の方向が選択され，担い手＝定住人口確保と土地資源管理とにギャップがあることである。それは中山間地域政策を定住対策に重点をおいて考えるか，農林業維持，地域資源管理に重点をおくかで差が生じることもあることを示している（第2章）。

ウ．定住人口確保のために農外も含めたとくに若い男子の就業機会確保が強く求められているが，東北中山間地域の事例をもとに地域政策的位置づけが強化されている農村工業導入の雇用機会創出＝定住促進機能について分析した。農村工業導入が新規学卒者や地元への定住を志向するUターンの受け皿として有効に機能している実態も明らかとなったが，それが定住促進で果たせる機能には幅があり，導入にあたっては地域の主体が対象・狙いを明確にした政策が必要である。農村工業導入の定住促進機能自体には東日本中心，中山間とくに山間には少ない等の限界があるが，東北で一定の展開を示しているのは複数世代同居家族が多いこととも関連がある。なおそこで支配的な家族多就業による所得確保という実態を踏まえれば，家族・世帯としての定住という視点重視の必要性，すなわち農村工業導入も含めて各世帯員が就業している地域の多様な就業場面に対する支援が重要となる（第3章）。

エ．高齢化のテンポが速く高齢者の割合が高い中山間地域では高齢者の医療・福祉条件の整備が喫緊の課題である。特養ホーム等の施設や福祉サービス

では大都市・周辺部より中山間地域の方が「充実」してきた面があるが，医療基盤整備や訪問診療，訪問看護等の高齢者医療では依然大きな格差があり，中山間地域では「医療の安定的確保，定着に向けた支援方策の強化」が第一義的な課題である。今後公的介護保険の制度化や「施設から在宅へ」という流れの中で，一世代世帯化，独り暮らしの比重が高く，在宅介護の主体に欠ける中山間地域で高齢者が生きていくための医療・福祉の整備を図っていくためには，中山間地域の高齢者状態に即した支援策を当該地域に固有の環境・条件を活かしながら講じていくこと，優れて地域オリエンテッドな「農（山）村型」の高齢者介護・福祉システムを構築していくことが求められている（第4章）。

オ．中山間地域の活性化には教育活動が果たす役割も大きい。それには，学校の存在自体が地域の存続・振興に果たしている役割（地域の社会的・文化的拠点としての学校の役割－とくに過疎地）や，山村留学の取り組みがささやかながらも過疎化を抑止するのに果たしている役割等があげられる。この他，農業・農村体験学習や様々な形での都市・農村交流を通じての都市住民による農業・農村の再評価と，そのことを通じての農村住民の自信と誇りの回復，そしてそれらが農村活性化につながっていくことも広くは活性化に果たす教育活動の役割として評価できよう。こうした面からの教育活動の役割の再評価と，教育活動がそうした役割を積極的に果たせるように教育活動との連携のあり方を考えていくことが必要であろう（第5章）。

カ．過疎・中山間地域を対象とする山振法は産業面でのハード事業，過疎法は生活面でのハード事業を中心とし，特定農山村法は生産面でのソフト事業を柱とし，また過疎法は人口減少を，山振，特定農山村法は条件不利を政策対象としたという意味で，これら3法は相互補完的関係にある。にもかかわらず過疎に歯止めをかけられなかった理由は，それぞれの政策内容の貧困，さらに農工間所得格差を根底にした地域間所得格差という過疎化の根本原因を突くものでなかったところに求められる。

県レベルでの特徴的な中山間地域農林業施策としては，圃場整備や近代化施設装備の補助率の上乗せ，経営費の補填や価格補填，地域資源管理費用の一部

負担，林業者の社会保険費用の助成などがあり，いくつかの県はこれらの支援策を中山間地域の農林業が果たしている公益的機能の担い手に対する対価の支払いと位置づけ，またいくつかの県は行政が費用を負担することによってその分だけ農林業者の出費を減らすことをもって，これらの措置を「日本型デカップリング」と呼んでいる。今後の我が国の中山間地域政策のいくつかはこれらの取り組みの中から出てくるものと思われる。

さらに高知県中山間を事例として町村・集落から政策検証を行ったが，事例地域での園芸産地化の取り組みの経験（それを支えてきたのは，①村自治の主体的力量，②農産物価格補填制度，③マル高制度を土台とする農協共販体制，④各種県単事業）や前述の県レベルでの取り組みを踏まえて今後の中山間地域政策を展望すれば，生産条件不利克服のための，何らかのかたちで農業生産とカップルされた直接所得支払い政策が日本型直接所得支払い政策の基本方向となる。

また定住人口の減少をくいとめるためには産業政策だけでなく定住政策が必要で，定住促進のためには交通弱者のための公共交通便益の充実，高齢者・幼児向けの保健活動等，何よりもまず「そこに住む人のための内向きの政策」が必要である（第6章）。

キ．中山間市町村の財政は，財政力指数でみても0.3未満の市町村が70％を占め，財政自立度が極端に低い現状にある。公債費比率も上昇傾向にあり，交付税の一般財源としての機能低下をもたらしている。かかる状況のもとで公債に過度に依存した財政体質からの脱却，地方交付税や補助金の増額要求でない財源確保策が求められている。そのためには過疎債活用事業の見直しをはじめとして財政運営の改善を進めるとともに，都市と中山間市町村との交流・連携による新しい財源の確保に知恵を絞る必要がある。そうした新しい財源としては，中山間地域のもつ水源機能の公益性に注目した流域ごとの下流都市から上流への財政・資金の移転，流域外も含めた都市公共・民間部門からの投資，資金移転を誘導する仕組みをつくる必要がある（第7章）。

ク．中山間地域での土地資源管理の後退，荒廃農地の発生に対し様々な取り

組みがなされているが有効な歯止めをかけるには至っていない中で，荒廃農地対策として多くの市町村から期待をかけられているのが市町村農業公社による農地管理である。市町村農業公社は担い手が弱体化した地域の農地保全を図っていく上で一定の限界をもちつつも重要な役割を果たしているが，農地管理という事業の性格上赤字経営のところがほとんどで，公的な財政による支援が必要になっている。その是非は結局土地資源，農地管理の公共的性格をどう考えるかにつながってくるが，農地の面的な保全が地域における一種の社会的・共同的課題という性格を有し，それがまた食料供給や国土・環境保全等の農林業の公益的機能の維持にもつながっているとすれば，市町村農業公社の農地保全への関与にも公共的側面を見いだすことが出来よう（第8章）。

ケ．土地改良の団体であり，水資源の管理も担う土地改良区は，土地と水という重要な地域資源の管理組織である。この地域資源としての水の機能には，農業用水としての生産機能だけでなく，水利施設が地域固有の景観を創り出す景観機能，水路・水が地域社会の生活に関わりをもつ生活機能等も含めて考える必要がある。地域社会が農家で構成され，土地や水に対する関心事が農業生産中心である場合には資源管理の問題は農家相互の問題として考えれば足りた。しかし近年の趨勢，とくに西日本の地域がそうであるように土地と水という地域資源の維持・管理は，農業に従事しない人も巻き込んだ地域空間の問題として捉えることが必要になっている。地域資源管理組織としての土地改良区の再編の問題もその基本は，このような新しい機能に向けた地域の新しい組織や仕組みづくりをいかに進めていくかというところにある（第Ⅱ部補論）。

コ．1988年のEUの構造基金改革にともないEU諸国では農業政策以外の地域政策，農村地域政策の拡充強化が図られ，その中で雇用機会創出，そのためのインフラ整備，生活環境改善等に力が注がれている（条件不利地域政策の直接所得支払いから地域や自治体に対する財政資金投入へ，個々の農業者対象から全農村地域住民対象へのシフト）。条件不利の補正を図る農業政策の展開と地域政策，定住政策の展開の流れが日本とEUでは逆になっているが，EUの場合にも農村地域の定住対策としては農業政策だけでは不十分で地域間の経

済格差是正のための農村開発，とくに農外の就業機会の創出・確保対策にも力が注がれるようになってきていることは日本の定住対策を考える上でも興味深い。

　勿論農村地域政策の導入の経緯やその重点はEU諸国の中でも一様ではない。イギリスのように農村地域政策についてもかなり長い歴史をもつところもあるが，そこでもEUの構造基金改革は農村地域政策の再活性化をもたらす等大きな変化をもたらした。またフランスの場合，農村地域政策と言っても投資助成などの構造政策の部分がかなり大きく，それゆえ構造基金が農家の階層間でどう配分されるかということが問題になっているのに対し，イギリス，ドイツの場合は，従来，国独自で行っていた農村計画，農村開発に構造基金を上乗せして運用され，農家に対する経済的援助というよりも農村経済・社会の活性化の一助となっているといった違いも読みとれる。

　EUの構造基金による農村地域政策の特質としては，開発資金の統合的利用，地域重点的投下（集中の原則），EU・各国・地域間の連携（パートナーシップの原則），事前・事後を含めたモニタリング，コミュニテイ開発を主眼としたリーダープログラムの並行的活用，地域政策の枠組みへの農業構造政策の包摂・整理等をあげることができる。その中でとくに注目されるのは，EUと各国政府，地方自治体の相互の関係のあり方で，パートナーシップ原則による地方自治体のプレゼンスの強化，リーダープログラムにおけるボトムアップアプローチ，ローカルイニシアチブ等の新しい展開もみられる。しかし，それらの具体的あり様はそれぞれの国における地方自治体の歴史的な性格，力量，権限，あるいは農村コミュニティのあり方によって様々である。

　なお，EUの構造基金の下で育まれた農村地域政策の枠組みも，EUの中・東欧への拡大によって後退を迫られると見込まれ，遅かれ早かれ農村地域政策の再編は避けられない。

　こうしたEUおよびEU諸国の農村地域政策や条件不利地域政策の日本に対する示唆としては，政策手法自体に関してはさきに指摘した農村地域政策の特質等から，省庁間の連携強化によって開発資金を統合的に利用すること，開発

の必要度・性格に応じて地域を区分すること，中央と地方の連携を協調型に移行させていくこと，地域開発政策の政策効果の評価・監視の観点からモニタリング機能を強化していくこと等があげられるだろう。さらにより基本的なことは，条件不利地域政策にみられるように理念・目的の明確さとそれが多くの国民に支持されていること，そしてその背景にありEUの条件不利地域政策，農村地域政策を根底において支えているのが，財政基盤の確かさ，福祉国家における余暇時間の増大であり，カントリーサイドの人口増，環境保全志向の強まり等であるということである（第9～11章，補論）。

(田畑　保)

注(1)　中山間という語のもともとの意味と，それが一種の行政用語として用いられるようになってきた経緯については小田切徳美『日本農業の中山間地帯問題』（農林統計協会，1994年），田畑保「中国中山間地域問題の概観」（『中国中山間地域の農業振興と農地問題』農業総合研究所，1990年）1～16ページ参照。
(2)　中山間地域の多くが早くから悩まされてきた過疎問題と，1980年代末から中山間地域問題としてクローズアップされるようになった問題とは相互に重なるところが多いが全く同一の問題というわけではない。田代はこの両者の関連を，「相互に重なりあう地域の問題を，一方は人口問題から，他方は生産条件不利面から捉えたもの」としている（田代洋一『食料主権——21世紀の農政課題——』日本経済評論社，1998年，278ページ）。
(3)　大野晃「山村の高齢化と限界集落」（『経済』1991年7月号）参照。
(4)　農林水産省農業研究センターによる中山間地域の市町村アンケート調査によってもこれまでに23％の市町村で消滅集落があり，中国，四国地域では消滅集落が発生する市町村は今後さらに増加すると見込まれている。詳しくは福与徳文・藤森新作・深山一弥「消滅集落の実態と限界水準」（『農業および園芸』第71巻第9号，1996年）参照。
(5)　国土庁計画調整局計画課『地域の集落の動向と国土への影響』(1997年）参照。
(6)　詳しくは中安定子「稲作の生産構造と生産調整」（梶井功編著『農業問題その外延と内包』農山漁村文化協会，1997年）137～150ページ，小田切徳美『日本農業の中山間地帯問題』（農林統計協会，1994年）参照。
(7)　中山間地域問題，中山間地域政策に関する論稿は多数にのぼる。ここでそれらの研究動向について述べる余裕はないが，ごく最近の研究にも及んで中山間地域問題についての研究動向を，生活環境整備や農林業の公益的機能に関する技術分野の研究も含

めて幅広く整理したものとして農村計画研究連絡会編『中山間地域研究の展開――中山間地域問題の整理と研究の展開方向――』(養賢堂，1998年) 参照 (その他にも大内力・梶井功編『中山間地域対策――消え失せたデカップリング――』日本農業年報40，農林統計協会，1993年や今村奈良臣監修『中山間地域問題』農林水産文献解題No 27，農林統計協会，1992年等参照)。とくに中山間地域政策に関する，最近の研究としては，生源寺真一『現代農業政策の経済分析』(東大出版会，1998年) 第II部 (生源寺真一「農政の対象としての「共」と「私」――条件不利地域政策を中心として――」『協同農業研究会会報』第41号，1997年もあわせて参照)，前掲田代『食料主権――21世紀の農政課題――』第7章がEUの条件不利地域政策とも対比しつつわが国の中山間地域政策の理念や方法について興味深い検討を行っており，参考になるところが多い。

(8) 前掲田代『食料主権――21世紀の農政課題――』308ページ。

第Ⅰ部　中山間地域における定住条件

第1章　中山間地域の人口動態と定住人口の維持要件

1. はじめに

　わが国の中山間地域[1]は，国土面積の約7割に当たる広大な地域であるが，世帯数や総人口のシェアではそれぞれ12％，14％を占めるに過ぎない。しかし，農林業に関する資源的なシェアをみると，林野面積で約8割，耕地面積や農家人口で約4割，農家林家数では6割強と高く，農林産物供給の場としての役割は大きい[2]。また，豊かで美しい自然環境に恵まれた当該地域は，都市住民にやすらぎの場を提供するとともに，農林業生産活動を通じて，国土・環境保全や水資源の涵養といった役割をも果たしている。食料生産機能とこれら公益的な機能を併せ持つ中山間地域は，わが国農業・農村の中でも極めて重要な地域なのである。
　ところが近年，中山間地域内において，農林業の活性化を図ることを最重要課題として掲げる自治体が，全国各地に急速に広がっている[3]。これら自治体の多くでは，地域の基幹的な産業部門である農林業の担い手不足が深刻化し，このことによって，農林業生産活動が停滞するにとどまらず，荒廃農地や管理を放棄した森林の増加といった農林業生産基盤の崩壊が進んでいるのである。
　そもそもこれら中山間自治体が抱える問題は，単なる地域の農林業構造問題にとどまるものではない。中山間地域では，死亡者数が出生者数を上回った状態である人口の自然減少がみられる自治体が8割にも達し，老年人口比率（65歳以上の人口比率）も22％と全国平均を7ポイントも上回っている（1995年）。地域人口の減少と高齢化の進行が，地域社会全体の活力低下を招き，農林業生産の衰退や地域資源の管理放棄という形で発現しているのである。

ところで，中山間地域における農林業の振興は，国民全体に対する食料生産機能や公益的機能の維持といった側面を持つと同時に，当該地域にとっては定住人口の確保を図っていくための重要な対策でもある。地域の活性化を図っていくためには，その前提として一定数の人口が確保され，しかも人口の再生産が継続的に可能となるような，適正な年齢構成の維持が不可欠なのである。

したがって，中山間地域の活性化方策を検討していく上では，非農家世帯をも含めた地域人口全体を対象とする分析・検討が必要となってくるわけだが，中山間地域を分析領域とする既存の研究成果をみると，その多くが農家や農家世帯員のみを対象に地域性の検討をするにとどまっている[4]。地域人口全体を対象とした分析は，専ら農林業の生産条件が加味されていない過疎地域（過疎法の指定地域[5]）を領域に行われており，同地域における人口動態や人口構成の分析結果をもって，中山間地域の定住問題が論じられてきたのである。

しかし，厳密にみれば中山間地域と過疎地域の範囲は少なからず異なる。中山間地域に所在する1,756市町村の約4割は過疎地域の指定を受けておらず，逆に，過疎地域の指定を受けている1,199市町村の1割強は非中山間地域に所在する。中山間地域における過疎化や高齢化の実態は，過疎地域の動向だけからは必ずしも十分に摑みきれない。総人口をベースとし，かつ，農業サイドからみた地域属性別の実態把握とその条件解明が求められているのである。

そこで本章においては，1975年以降の国勢調査データ（市町村別）を農業地域類型別に組み替え集計し[6]，地域の人口動態と高齢化の進行状況を農林業サイドからみた地域属性別に明らかにすると同時に，過疎化が加速している中山間自治体の定住人口の維持要件を計量分析によって析出することを課題とする。具体的には，まず第2節で地域人口の変化と高齢化の状況について地域性の検討を行う。しかる後，第3節で両者の関連性について考察する。そして第4節で定住人口の維持を図るための社会経済的な諸条件が何かについて，判別分析によって具体的にアプローチする。

2. 中山間地域の人口動態と高齢化

わが国の総人口は1995年の国勢調査時点で1億2,557万人であり，戦後一貫して増加傾向をたどっている。今後も，2011年に1億3,044万人というピークに達するまでは，増加率を低下させながらも緩やかに人口増加が続くと予測されている[7]。しかし一方で，過疎地域を対象とした分析によれば，1960年から75年にかけての人口激減期，それに続く1980年から85年の人口減少鈍化期をへて，1990年以降人口減少再加速期に入ったとの指摘もなされている[8]。わが国における人口増加傾向は主に都市部において顕著にみられる現象であって，純農山村地帯，とりわけ生活利便性の低い中山間地域では地域人口の減少が続き，近年その速度を早めつつあると推察されるのである。そこで本節では，地域別の人口動向と高齢化状況，特に，中山間地域の過疎化・高齢化の進行状況についてそれぞれ検討を行う。

(1) 近年における人口動向の地域的特徴
1) 農業地域類型別にみた地域人口の動き

まず始めに，1975年を起点とし，95年までの20年間の人口の推移を農業地域類型別に概観した。第1-1図は1975年時点の地域人口を100とした指数で，5年ごとの人口の動きを比較したものであるが，地域的な特徴が鮮明に窺える。この間一貫して人口の増加傾向を示しているのは都市的地域と平地農業地域であり，近年においても高い増加率を維持する両地域の人口は，20年間に都市的地域で16％，平地農業地域で12％の増加となっている。

一方，中間農業地域，山間農業地域の両地域は，いずれも1995年の人口が75年時点の人口を下回っている。しかし，両地域の人口動向は大きく異なる。中間農業地域は1985年以降になってから人口減少傾向に転じており，20年間の減少率も僅か2％と低い。これに対し，山間農業地域は1975年以降一貫した減少傾向をたどっており，1995年の人口は75年の人口に比べ15％もの減

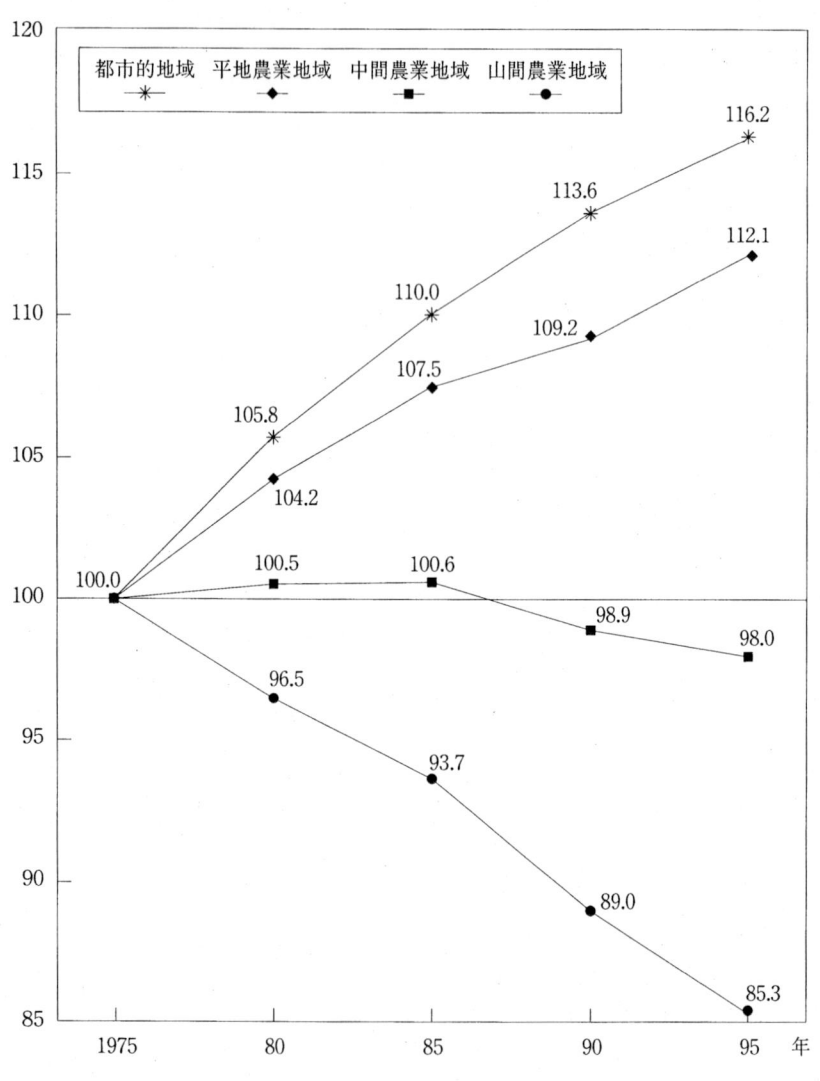

第 1-1 図　農業地域類型別にみた人口の推移（1975年：100）

注(1)　国勢調査の市町村別人口を農業地域類型別（新市町村単位）に組み替え集計し求めた．以下，注の記載のない図表については同じ．
　(2)　各地域類型別に1975年の人口を100とする指数で示した．

少となっている。同じ中山間地域であっても，1975年当時の人口をほぼ維持している中間農業地域とはかなり様相を異にしている。

このことは，人口増減率別の市町村数にも現れている（第1-1表）。中間農業地域では約3割にあたる295市町村が1975年当時に比べ人口が増加しているが，山間農業地域で人口が増加した市町村は僅か66市町村と1割にも満たない。同地域では4割を超える市町村が20年間に20％以上の人口減少となっており，中間農業地域の同比率15％に比べて著しく高い。山間農業地域に所在する市町村の多くが，深刻な過疎問題に直面しているのである。

また，もう一つの特徴として，中山間地域の人口減少が1985年から加速している点が挙げられる。前掲第1-1図においてもこの傾向は確認されるが，人口増減率別市町村数の動態表をみると更に明瞭となる（第1-2表）。1980年から85年の間に人口が増加していた市町村は中間農業地域で405，山間農業地域で121存在するが，これら市町村のうち1985年から90年の間も引き続き人口が増加したものは，中間農業地域で198市町村（49％），山間農業地域では40市町村（33％）に過ぎず，過半が人口減少に転じている。

また，人口減少率が5％未満にとどまっていた市町村をみても，その多くが5％以上の減少へと減少率を高めており，中間農業地域では約3割，山間農業地域では4割強の市町村が，それぞれ減少率5〜10％若しくは10％以上の階層へと移動している。ちなみに，これら市町村の中で，人口増加に転じたもの

第1-1表　中山間市町村の人口動態（人口増減別市町村数：1995/75年）

（単位：市町村，％）

区　　分		計	人口増加・現状維持		人　口　減　少			
			増加率 10％以上	増加率 10％未満	減少率 10％未満	減少率 10〜20％	減少率 20〜30％	減少率 30％以上
市町村数	中間農業地域	1,022	135	160	307	270	101	49
	山間農業地域	734	32	34	123	236	191	118
構成比	中間農業地域	100.0	13.2	15.7	30.0	26.4	9.9	4.8
	山間農業地域	100.0	4.4	4.6	16.8	32.2	26.0	16.1

第1-2表 人口増減率による階層別市町村数の動態表（1985/80年→1990/85年）

(単位：市町村)

区　分		1990/85年増減率				計
		人口増加・維持	減少：5％未満	減少5～10％	減少10％以上	
中間農業地域 1985/80年 増減率	人口増加・維持	198	188	16	3	405
	減少：5％未満	11	333	131	8	483
	減少：5～10％	4	17	66	23	110
	減少：10％以上	5	1	5	13	24
	小　計	218	539	218	47	1,022
山間農業地域 1985/80年 増減率	人口増加・維持	40	68	7	6	121
	減少：5％未満	22	178	131	17	348
	減少：5～10％	1	26	106	51	184
	減少：10％以上	2	5	28	46	81
	小　計	65	277	272	120	734
中山間地域計		283	816	490	167	1,756

は，中間農業地域で11市町村（2％），山間農業地域で22市町村（6％）と極めて少ない。このように，1985年を境に人口が減少していた市町村は更に減少率を高めるとともに，それまで人口を維持していた市町村の多くが人口減少へと変化しているのである。

2） 農業地域ブロック別にみた地域人口の動き

次に，農業地域ブロック別にみると，人口動向に大きな地域差がみられる。第1-2図は，10の農業地域ブロックごとに，10年間の人口増減率を平地，中間，山間農業地域別に示したものであるが，平地農業地域では北海道を除く9地域ブロックにおいて人口が増加しているのに対し，山間農業地域では全地域ブロックで人口が減少しており，減少率も高い。人口減少率が高い順に主な地域を列挙すると，北海道の山間農業地域を筆頭に，東北，九州，四国の山間農業地域，北海道の中間農業地域と続く。これら5地域はいずれも10％を上回

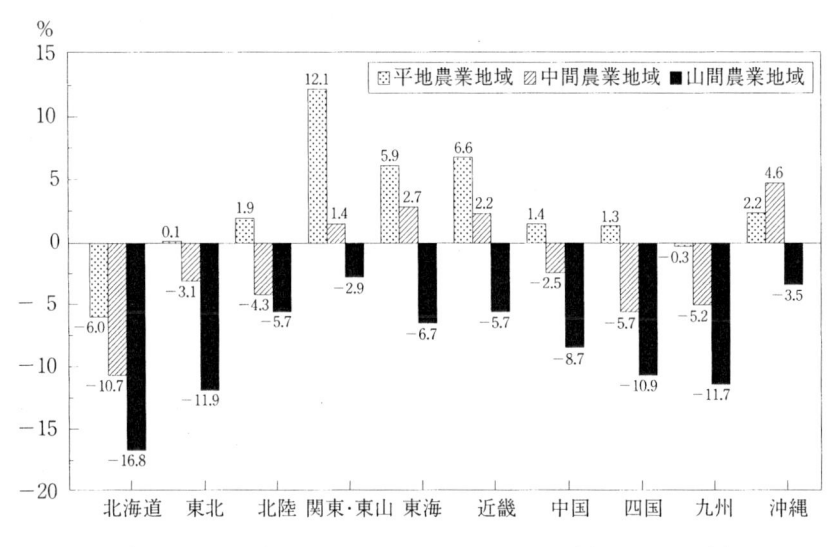

第1-2図　農業地域ブロック別にみた人口増減率（1995/85年）

る人口減少となっており，北海道の中間農業地域を除く4地域が山間農業地域である。

他方，中間農業地域に着目すると，大都市圏を抱える関東・東山，東海，近畿の3地域と沖縄では人口増加，他の7地域では人口減少となっている。中間農業地域は全国トータルでみれば1975年時点の人口をほぼ維持していたわけだが，地域ブロック別にみれば山間農業地域ほどではないにしても人口減少が進んでいるところも少なくない。

3）　農家数減少と地域人口との関係

では，これら中山間地域における人口の減少は，農家数の減少による影響を受けているのだろうか。中山間地域では1985年から95年にかけての10年間に農家数が18％も減少している。これに対し同期間の総人口の減少率は4％であるから，離農世帯の多くは地域内にとどまっているとみるべきだろう。しかし，第1-3図に示したように，中山間地域を地目構成によって水田型（水田率70％以上），田畑型（同30～70％），畑地型（同30％未満）の3帯にそ

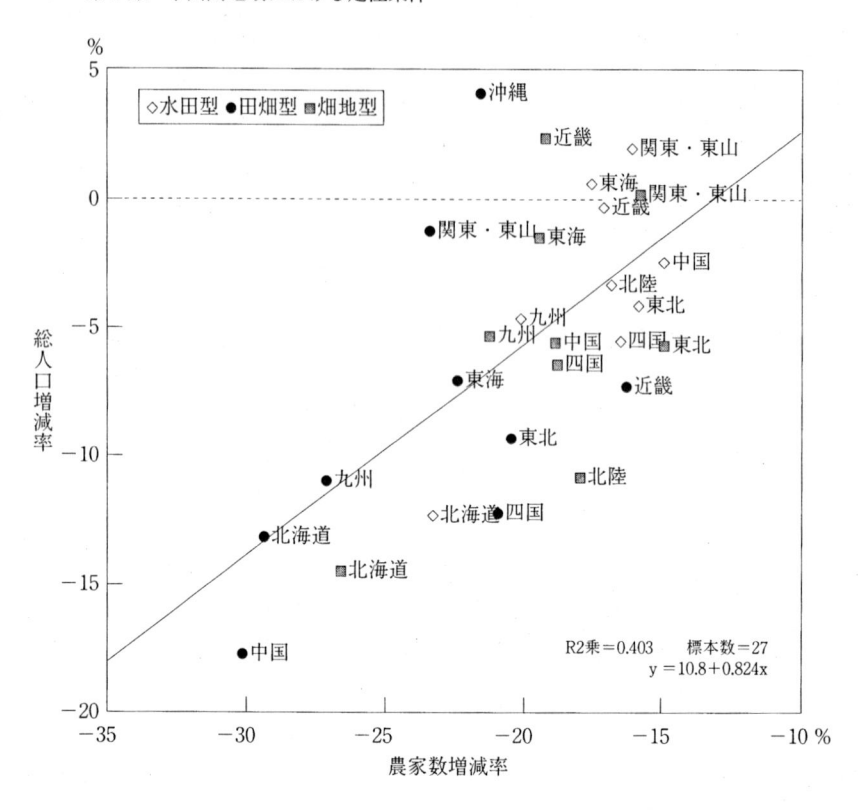

第1-3図 中山間地域における農家数増減率と総人口増減率との関係 (1995/85年)
注. 総人口増減率は国勢調査データを，農家数増減率は農業センサスデータをそれぞれ農業地域類型別 (新市町村単位) に組み替え集計したものである．なお，農家数が100戸未満の地域は除いた．

れぞれ細分し両者の関係をみると，いくつかの特徴がみられる。

第1は，弱いながらも両者の間に正の相関が認められることである。農家数の減少率が高い地域では人口減少率も高く，逆に農家数の減少率が低い地域では，総じて人口減少率も低い。第2は，北海道を例外として，水田型地帯で人口減少率，農家数減少率が共に低く，畑地型地帯で共に高い傾向がみられることである。この傾向は中国や九州で顕著にみられる。ちなみに，全国の水田型地帯平均の農家数減少率，人口減少率を求めてみると，安定的な兼業農家率が

高い当該地域は，農家数減少率が16％，人口減少率が2％にとどまっており，畑地型地帯に比べ両減少率共に6ポイント以上低い。

また，同図により両減少率共に高い北海道の田畑型および畑地型地帯，中国，九州の畑地型地帯をみると，農家数が25％以上，人口が10％以上の大幅な減少となっている。農家数の減少がそのまま地域人口の減少に結びつくものではないにしても，特に畑地型地帯に属する中山間地域では，農家数の減少が地域人口の減少に少なからず影響を及ぼしているとみてよいだろう。

(2)　中山間地域における高齢化の現状
1)　地域人口の高齢化水準

地域人口の老年人口比率は，市部や人口集中地区（DID地区）に比べ郡部や過疎地域で高く，その格差が拡大していることが，既に前回（1990年）の国勢調査結果が公表された時点において指摘されていた[9]。また，1995年農業センサス結果では，農家人口の老年人口比率が25％に達したことが明らかとなった。全国平均では，総人口に占める農家人口の割合は12％に過ぎない

第1-3表　農業地域ブロック別にみた老年人口比率（1995年）

(単位：％)

区　　分	計	都市的地域	平地農業地域	中間農業地域	山間農業地域
全　　国	14.6	12.9	17.7	20.9	23.8
北　海　道	14.9	13.1	17.6	19.2	20.7
東　　北	17.2	14.3	18.9	20.6	22.7
北　　陸	17.7	15.6	18.7	21.6	22.2
関東・東山	12.6	11.8	15.9	19.7	22.1
東　　海	13.7	12.7	15.9	18.0	24.0
近　　畿	13.5	12.6	16.8	19.6	23.8
中　　国	17.7	15.0	19.9	22.5	27.8
四　　国	18.9	16.1	19.8	22.7	26.6
九　　州	17.1	14.6	19.9	22.6	24.2
沖　　縄	11.7	10.2	17.2	14.9	24.3

が，中山間地域での同割合は35％と高い。非農家世帯を含めた地域人口全体の高齢化が，平場地域に比べ中山間地域で進行していることは，このことのみからも容易に想像できる。本節では，地域人口の高齢化状況を年齢別人口構成の変化，とりわけ65歳以上の人口が地域人口に占める割合とその動向によって捉え，地域性の検討を行う。

第1-3表は，農業地域ブロックごとに，それぞれ農業地域類型別の老年人口比率を比較したものであるが，全国平均の老年人口比率をみると，山間農業地域が最も高く24％，次いで中間農業地域が21％，平地農業地域が18％，都市的地域が13％となっており，中山間地域と平場地域，特に都市的地域との間に，高齢化水準に大きな差があることが確認できる。更に，各農業地域ブロック別にみると，すべての地域ブロックにおいて山間農業地域の老年人口比率が最も高く，いずれも20％を超えている。最も高齢化の進行している中国の山間農業地域では，平地農業地域に比べ8ポイント，都市的地域に比べ13ポイント同人口比率が高い。当該地域の高齢化は，都市的地域の2倍近い水準にまで既に達しているのである。

また，市町村のレベルまで下がって高齢化の現状をみると，より深刻な実態が浮かび上がる。第1-4表は，老年人口比率区分別の市町村数をみたものであるが，老年人口比率が25％以上の三つの階層を合わせると，中間農業地域では28％の市町村，山間農業地域では55％の市町村が該当する。中でも山間農業地域に所在する市町村の高齢化は著しく，23％に当たる166市町村で老年

第1-4表 中山間市町村の高齢化状況（老年人口比率別市町村数：1995年）

（単位：市町村，％）

区分		計	15%未満	15~20%	20~25%	25~30%	30~35%	35%以上
市町村数	中間農業地域	1,022	36	243	460	207	50	26
	山間農業地域	734	8	69	254	237	120	46
構成比	中間農業地域	100.0	3.5	23.8	45.0	20.3	4.9	2.5
	山間農業地域	100.0	1.1	9.4	34.6	32.3	16.3	6.3

人口比率が30％を上回っている（中間農業地域は76市町村，7％）。市町村を単位にみるならば，とりわけ山間農業地域において，高齢化問題が深刻な状況にあることが窺われる。

2) 農業地域類型別にみた高齢化の進行状況

高齢化の水準は，都市的地域から山間農業地域になるにつれ高くなっていたわけだが，近年における高齢化の進展速度には違いがあるのだろうか。第1-4図は，縦軸に高齢化水準（1995年の老年人口比率），横軸に1990年の老年人口比率と95年の同比率の増減差（ポイント差）をとり，各農業地域ブロックの平地，中間，山間農業地域をプロットした。この散布図をみると，各地域は

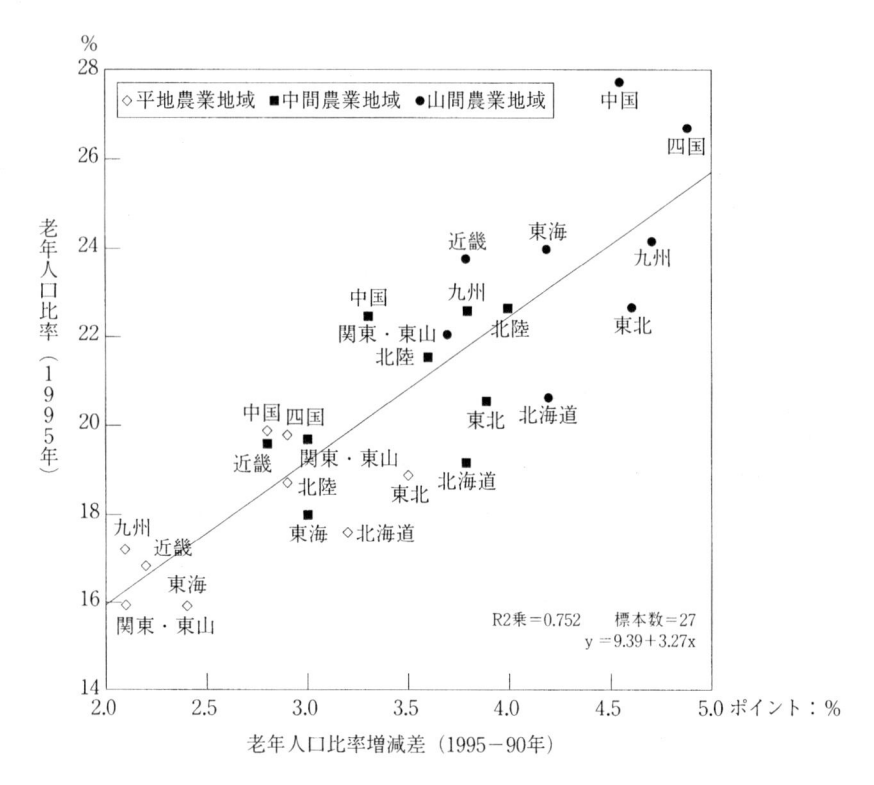

第1-4図 高齢化水準と高齢化進展度との関係

概ね右上がりの直線上に分布しており，両者の間には比較的強い正の相関（相関係数 0.752）がある。高齢化水準の高かった中国，四国，九州などの山間農業地域をみると，5年間に5ポイント近くも老年人口比率を高めており，高齢化水準が高いと同時に，高齢化の進展速度も早いことがわかる。

一方，高齢化水準が相対的に低かった関東・東山，東海，近畿，九州の平地農業地域をみると，老年人口比率は上昇してはいるものの，5年間の上昇率は2ポイント程度と小さい。中間農業地域の各地域ブロックは，概ね両者の間に分布している。高齢化水準の低い平地農業地域に比べ，高齢化の進んでいる中間農業地域，更には山間農業地域ほど，近年の高齢化進展速度が早いのである。したがって，今後もこの傾向のままに推移するとすれば，平場と中山間地域の高齢化状況の格差は，より一層拡大していくと予想される。

なお，市町村レベルにおいても，同様の傾向がみられるかどうかを，中山間地域に所在する1,756市町村を対象に，散布図上に落として確認してみると，やはり右上がりの直線上に各市町村が分布する（相関係数0.507，図省略）。総じて老年人口比率が高い市町村ほど高齢化の進行速度が早い傾向を確認することができる。また，市町村単位にみると，この5年間に老年人口比率が10ポイント近く上昇しているところも決して少なくなく，かつ，これら市町村の多くは老年人口比率が30％を超えている。過疎問題と双璧をなす地域問題である高齢化問題に既に直面しているこれら市町村では，高齢化水準の高さと同時に，短期間での急激な高齢化の進行もまた大きな問題なのである。

3） 中山間地域における人口構成の変化

高齢化の進行は，裏返せば老年人口以外の人口比率が低下していることを意味する。すなわち，幼年人口比率（14歳以下の人口比率），生産年齢人口比率（15～64歳の人口比率）のいずれかが，あるいは両人口比率が低下していることになるわけである。そこで，第1-5表により，農業地域類型別の人口構成の変化をみた。

1990年から95年にかけて，老年人口比率がすべての地域で上昇していることは既にみたとおりであるが，幼年人口比率をみると，逆にすべての地域で2

第1-5表 農業地域類型別にみた人口構成の変化（1990年→95年）

(単位：%)

区　分	幼年人口比率			生産年齢人口比率			老年人口比率		
	90年 → 95年		増減差	90年 → 95年		増減差	90年 → 95年		増減差
全　　　国	18.2 → 16.0		−2.2	69.7 → 69.5		−0.2	12.1 → 14.6		2.5
都市的地域	18.1 → 15.7		−2.4	71.3 → 71.4		−0.1	10.6 → 12.9		2.3
平地農業地域	19.6 → 17.4		−2.2	65.4 → 64.9		−0.5	15.0 → 17.7		2.7
中間農業地域	18.6 → 16.5		−2.1	63.9 → 62.6		−1.3	17.5 → 20.9		3.4
山間農業地域	17.6 → 15.7		−1.9	62.9 → 60.6		−2.3	19.5 → 23.8		4.3

ポイント程度低下している。しかし，老年人口比率の場合に顕著であった地域類型間の格差は，都市的地域で僅かに高い減少率となっている程度でほとんどみられない。他方，生産年齢人口比率の動きは，各地域類型により特徴がみられる。都市的地域および平地農業地域といった平場の地域では，同人口比率がほとんど変化していないのに対し，中間農業地域では1.3ポイント，山間農業地域では2.3ポイント低下している。中山間地域では平場の地域とは異なり，幼年人口比率のみならず生産年齢人口比率もこの5年間に低下しているのである。

　その結果，1995年における山間農業地域の生産年齢人口比率は，60％をかろうじて維持する水準にまで低下しており，都市的地域との格差は一層拡大し10ポイント以上の差となっている。この間に生産年齢人口比率が3％近く低下した中国，四国の山間農業地域をみると，1995年の同比率が共に6割を切っている。現状のままに推移すれば，高齢者を支える青壮年層の厚みがしだいに薄くなってきているこれら地域は，将来に向けて地域社会を維持することが極めて困難となる可能性すらあるのである。

3. 人口動向と高齢化状況の相互関連性

前節で，地域人口の動向や高齢化の現状を，それぞれ農業地域類型別にみて

きたわけだが、中山間地域、その中でもとりわけ山間農業地域で、過疎化、高齢化がそれぞれ急速に進行している実態が浮き彫りとなった。そこで本節では、農業地域類型別にみた場合、地域人口の動向と高齢化が互いにどのような関連を持っているのか。また、中山間地域の過疎化の進行は、高齢化状況とどのような関係にあるのか。相互の関連性について検討を行う。

(1) 人口動向と高齢化の関係からみた地域的特徴
1) 地域人口の変動と高齢化水準の関係

まず始めに、都府県の9農業地域ブロックを対象に[10]、それぞれ平地、中間、山間農業地域の人口動向(1975年から95年にかけての20年間)と高齢化水準(1995年の老年人口比率)の関係をみると、人口が増加している地域と減少している地域の間に、高齢化水準に明確な差がある。例えば、人口が増加している地域は全部で13地域(平地農業地域が9地域、中間農業地域が4地域)あるが、いずれの地域も老年人口比率は20％に満たない。これに対し、人口が減少している14地域(山間農業地域が9地域、中間農業地域が5地域)では高齢化の水準が高い。人口減少率が10％を上回る地域は全部で6地域(東北および東海以西の各山間農業地域)存在するが、これら地域の老年人口比率は最も低い東北でも22％、中国に至っては28％と極めて高い水準に達している(図省略)。人口動態によって、地域の高齢化水準が少なからず規定されていることが推察されるのである。

そこで、高齢化水準の異なる平地農業地域と山間農業地域の人口動態を、1990年から95年にかけてのコーホート人口増減数によりみた(第1-5図)。まず、平地農業地域をみると、人口が減少した階層は15歳から24歳までの二つの階層および60歳以上の各階層であり、他の階層はいずれも人口が増加している。他方、山間農業地域では、これら階層に加え40歳から59歳までの各階層においても人口が減少しており、人口が増加している階層は14歳までの3階層と25歳から39歳までの3階層の六つの階層のみである。更に、平地農業地域と比較するといくつかの違いがみられる。

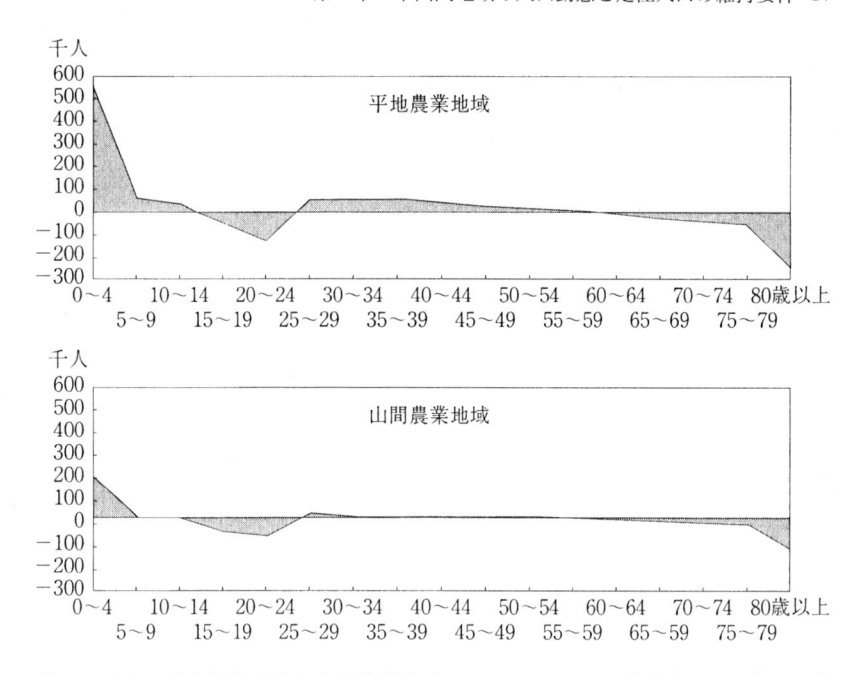

第1章　中山間地域の人口動態と定住人口の維持要件　37

第1-5図　平地農業地域と山間農業地域のコーホート人口増減数（1990年→95年）

　一つは，5年間の出生者が大宗を占める0〜4歳人口と，死亡による人口変動が中心となっている60歳以上層の減少人口との関係である。平地農業地域の場合，0〜4歳人口約56万人に対し，60歳以上層の減少人口の合計は約37万人であり，死亡者数を出生者数が上回った状態にあることが推察される。一方，山間農業地域の60歳以上層の減少人口は約23万人であり，0〜4歳人口の約20万人を3万人以上も上回る。山間農業地域の0〜4歳人口は，70歳以上層の減少人口すら僅かに下回っており，人口の自然減少となっている様子が窺えるのである。
　二つめは，15〜19歳層と25歳から49歳にかけての各階層の人口動態の違いである。山間農業地域は平地農業地域に比べ15〜19歳層の人口減少が大きく，また，顕著な流入超過となっている階層は25〜29歳層のみである。高校卒業後の就職や大学等への進学ばかりでなく，高校への進学によっても少なか

らぬ人口の流出が起こっている山間農業地域では，これら町村外に流出した人口の多くが戻ってこず，加えて青壮年層における新たな流出があるため，40歳以上の各階層では平地農業地域とは対照的に流出超過となっている。山間農業地域における過疎化の進行は，これら人口の社会減少もまた大きな要因となっているのである。

2) 高齢化の進展状況と人口変動の関係

次に，人口動向と高齢化の進展状況の関連をみるため，1990年から95年にかけての5年間の人口増減率と同期間の老年人口比率のポイント差を用い，地域の特徴をみた（第1-6図）。縦軸に老年人口比率増減差，横軸に人口増減率

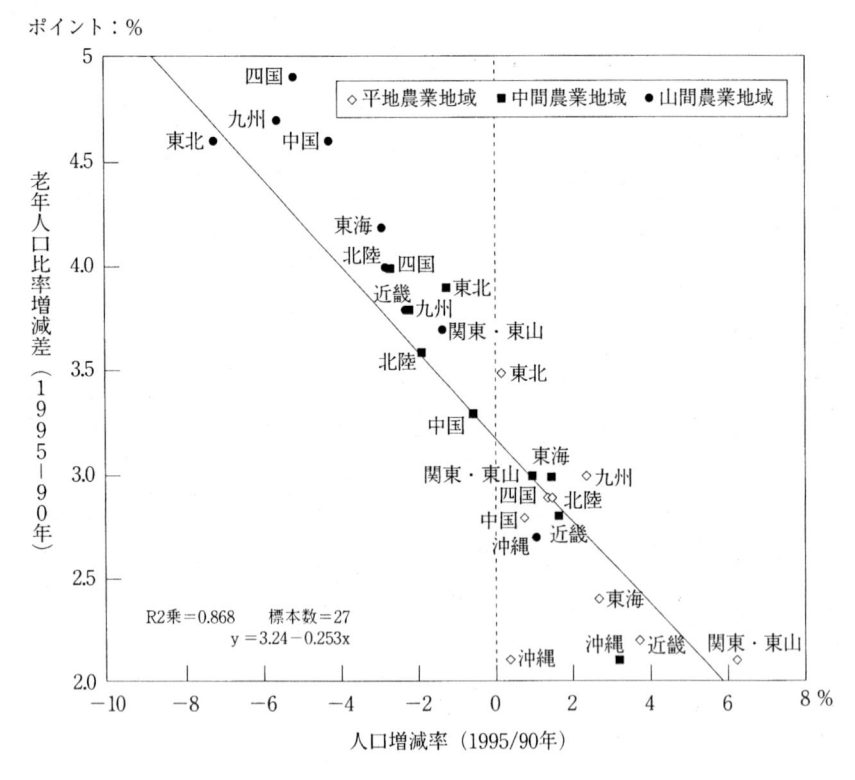

第1-6図 人口動向と過疎化進展度との関係（都府県：農業地域類型別）

をとると，沖縄の平地農業地域を除き，ほぼ右下がりの回帰直線上に各地域が分布し，強い相関（相関係数0.868）がみられる。この5年間の人口減少が大きい東北，中国，四国，九州などの山間農業地域は，老年人口比率のポイント差も5ポイント弱と大きい。人口が減少すると同時に，老年人口比率が急速に高まっているのである。

一方，人口が増加している平地農業地域は，総じて高齢化の進展度合いも低い。当該地域の中で例外的に高齢化が進展している東北ですら，3.5ポイント老年人口比率が高まったにすぎない。中山間地域の中で，人口が増加し，かつ，この東北のポイント差を下回る地域は，関東・東山の中間農業地域，沖縄の中間および山間農業地域の3地域のみしか存在しないことからもわかるように，中山間地域においては，過疎化と高齢化が相互に関連を持って，同時に進行しているのである。

（2） 過疎化と共に加速する中山間地域の高齢化
1） 過疎化の進展と高齢化水準からみた中山間地域の地域性

中山間地域は平地農業地域に比べ人口の減少と共に高齢化が進展しており，また，中山間地域内部では中間農業地域より山間農業地域でこれら問題が深刻な状況にあった。そこで，農家の経営をある程度規定すると考えられる地域の地目構成に着目し，中間，山間といった違いの他に地域差が存在するかどうかの検討を行う。

まず始めに，都府県中山間地域の9農業地域ブロックをそれぞれ水田型，田畑型，畑地型に細分し，人口動向と高齢化水準の関係をみると，1975年からの20年間に人口が10％以上減少した地域が9地域存在する。関東・東山と沖縄を除く畑地型7地域と北陸および沖縄の田畑型地帯であり，圧倒的に畑地型地帯が多い。3地域(関東・東山，東海，近畿)が人口増加，残りの地域も減少率が6％未満にとどまっている水田型地帯との格差は大きい。

これら人口減少の大きい9地域は，総じて高齢化が進んでいる。高齢化水準に目を向ければ，1995年の老年人口比率が25％を超える地域は，北陸と沖縄

の田畑型地帯および北陸，中国，四国の畑地型地帯の5地域であり，いずれも，前述した9地域の中に含まれる。特に，北陸と中国の畑地型地帯では人口減少率，老年人口比率共に高く，北陸では人口減少率が30％，中国では老年人口比率が32％と，それぞれ26地域[11]の中で最も高い。他方，人口が増加している関東・東山，東海，近畿などの水田型地帯では，老年人口比率も比較的低く，関東・東山，東海の両地域は，中山間地域であるにもかかわらず，老年人口比率が20％に満たない（図省略）。

2） 高齢化と過疎化が同時進行する中山間地域の地域性

次に，中山間地域における近年の過疎化や高齢化の進展状況の関連を，1990年からの5年間の人口増減率と同期間の老年人口比率のポイント差によりみると（第1-7図），右下がりの直線上に全地域がきれいに並び，両者の相関は極めて強いことがわかる（相関係数0.883）。人口の減少が大きい地域ほど，この5年間に高齢化が急速に進展しているのである。

地目構成による地域的特徴をみると，水田率の低い畑地型地帯で人口減少率，老年人口比率増減差が共に高く，中山間地域の中でも特に畑地型地帯で，過疎化と高齢化が同時に進行していることがわかる。5年間に人口が3％以上減少した地域が，田畑型2地域（東北および北陸），畑地型5地域（東北，東海，中国，四国，九州）存在するが，東北の畑地型地帯を除く6地域はいずれも老年人口比率を4ポイント以上高めている。中でも，老年人口比率が5ポイント以上高まった中国と四国の畑地型地帯をみると，この5年間に地域人口がそれぞれ8％，6％も減少しており，高齢化と過疎化の進展が最も著しい地帯であるといえる。

4． 中山間地域における定住人口の維持要件

中山間地域における過疎化と高齢化は相互に関連性を持って，予想以上に急激に，かつ，広範囲に進行していることが明らかとなった。本節では，このうち過疎問題に焦点を絞り，中山間地域における定住人口の維持要件，すなわち

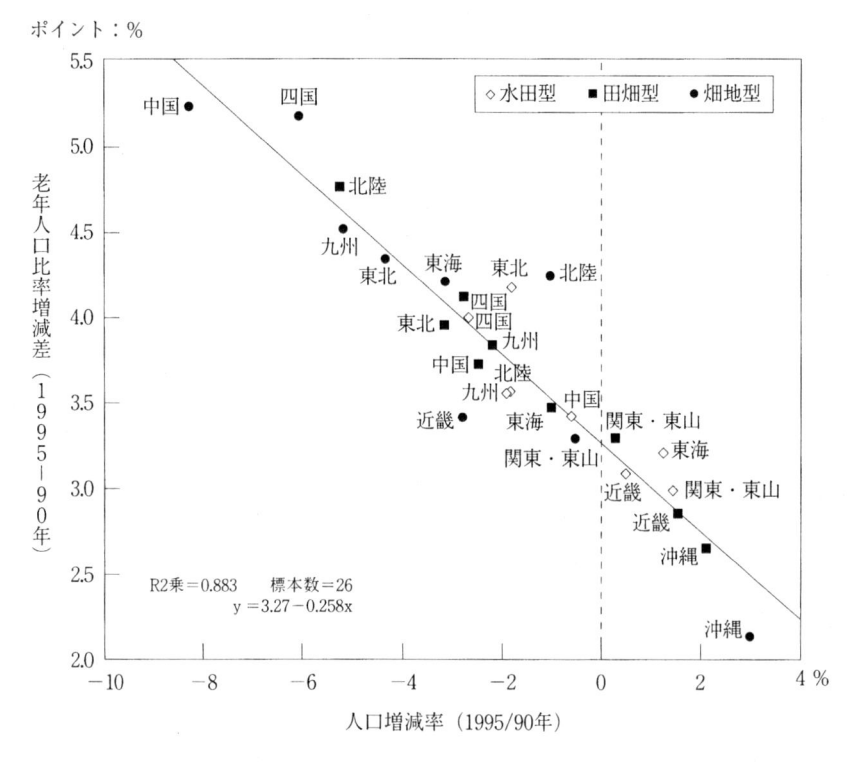

第1-7図 中山間地域における過疎化と高齢化の進展度の関係
(都府県:地目構成別)

地域人口の減少に強い影響を及ぼしている社会・経済的条件が何であるのかを,全国の中山間市町村(北海道,沖縄を除く都府県の1,604市町村)を対象とした判別分析から接近することを試みる。

(1) 人口動向による中山間市町村の類型化

1) 人口動態類型の設定

定住人口の維持要件を分析するためには,その前段の作業として,目的変数となるべき人口動態による基準指標(定住人口の維持度)を,各市町村ごとに設定しておく必要がある。本分析では,多様で複雑な人口変動を示す市町村の

定住人口維持度を，一つの数量データで表すことは困難であるとの判断から，市町村を類型化し，この地域類型（人口動態類型）を目的変数に用いることとした。地域類型化に当たっては，過疎化が継続して進行している市町村と，その対極にある人口が維持されている市町村を，市町村人口の時系列データを用いて抽出し，その他の市町村を加え三つのタイプに分類した[12]。各類型の抽出基準は次のとおりである。

  ア．過疎化が継続して進行している市町村（「過疎進行型」市町村）

  　1980年から5年ごとの人口減少率がすべて4％以上の321市町村（全体の20％）を抽出した。

  イ．近年人口が維持されている市町村（「人口維持型」市町村）

  　1980年から5年ごとの人口減少率がすべて2％未満の市町村のうち，1990〜95年の人口増加率が高い順に321市町村を抽出した。

  ウ．その他の市町村（「中間型」市町村）

  　上記ア．イ以外の962市町村。

2) 人口動態類型からみた地域的特徴

　判別分析結果をみる前に，「過疎進行型」，「人口維持型」の二つの人口動態類型に属する市町村の地域分布と，各地域内の総市町村数に占める両類型の市町村数シェアについて確認しておこう。

　まず，「過疎進行型」（中間農業地域に119市町村，山間農業地域に202市町村存在）をみると，中山間地域合計では水田型地帯に26％，田畑型地帯に41％，畑地型地帯に33％という構成になっており，中間農業地域では畑地型，山間農業地域では田畑型の市町村がそれぞれ41％，45％と高い割合を占める。両地域共に水田型の市町村割合は低い。また，農業地域ブロック別にみると，中国，四国および九州の市町村が占める割合が高く，中間農業地域では65％，山間農業地域では46％をこの3地域で占めている。

　次に，「人口維持型」をみると，321市町村のうちの251市町村は中間農業地域に所在しており，山間農業地域の市町村は僅か70を数えるにすぎない。「過疎進行型」以上に中間農業地域と山間農業地域の市町村数が異なる。地目

構成別にみると，中間，山間農業地域共に水田型の市町村が過半を占めており，畑地型の市町村は中間農業地域で10％，山間農業地域でも17％と少ない。また，農業地域ブロック別にみると，「過疎進行型」とは対照的に関東・東山，東海，近畿での構成比が高く，中山間地域合計では3大都市圏を抱えるこれら3地域で59％を占める。

なお，地域別の構成比は，母数となる中山間市町村の数が各地域によって異なるため，これだけでは地域的特徴を必ずしも摑めない。そこで，「人口維持型」，「過疎進行型」市町村のシェアを各地域別に求め比較を行った（第1-6表）。地目構成別にみると，「過疎進行型」市町村のシェアは，中間農業地域の畑地型と山間農業地域の田畑型および畑地型地帯で高く，中間農業地域の水田型および田畑型地帯で低い。一方，「人口維持型」市町村のシェアは中間農業

第1-6表　「過疎進行型」および「人口維持型」市町村の占める割合（都府県）

(単位：％)

区分			「過疎進行型」市町村シェア			「人口維持型」市町村シェア		
			計	中間農業地域	山間農業地域	計	中間農業地域	山間農業地域
中山間地域計			20.0	12.6	30.7	20.0	26.5	10.6
地目構成別	水田型		12.3	7.3	20.1	24.4	30.8	14.5
	田畑型		20.9	11.1	34.5	18.5	26.6	7.2
	畑地型		36.1	28.9	45.6	13.1	15.7	9.6
農業地域別	東北		18.2	7.6	35.6	13.0	20.1	1.1
	北陸		16.8	17.4	15.2	15.2	16.3	12.1
	関東・東山		15.3	8.7	23.6	35.5	44.9	23.6
	東海		20.0	1.8	31.2	33.3	54.4	20.4
	近畿		12.6	2.4	22.9	30.5	47.6	13.3
	中国		14.6	10.4	19.8	8.9	11.9	5.4
	四国		45.3	35.1	56.2	11.3	20.8	1.4
	九州		22.6	16.4	42.6	15.3	19.2	2.9

注．「過疎進行型」とは1980年から5年ごとの人口減少率がすべて4％以上の321市町村，「人口維持型」とは1980年から5年ごとの人口減少率がすべて2％未満の市町村のうち90年から95年にかけての人口増加率が上位の321市町村をいう。

地域の水田型および田畑型地帯で高く，山間農業地域の田畑型および畑地型地帯で低いといった特徴がみられる。

また，農業地域ブロック別にみると，「過疎進行型」市町村のシェアが高いのは，四国の中間および山間農業地域，東北および九州の山間農業地域であり，いずれも35％を超える高いシェアとなっている。他方，「人口維持型」市町村のシェアは，東海の中間農業地域で最も高く，次いで近畿，関東・東山の中間農業地域の順となっており，これら3地域のシェアはいずれも40％を超えている。

(2) 定住人口に影響を及ぼす社会経済的諸条件の析出
1) 分析の手法

「人口維持型」，「過疎進行型」の市町村をサンプルに用い，判別分析により定住人口の維持要件を検討した。具体的には，社会経済的な諸条件を示す複数の統計指標を説明変数に用い，「人口維持型」，「過疎進行型」のサンプルを判別するのに有意に働く指標の特定と，その場合の影響度合いによって定住人口の維持要件を探しだすことを試みた。なお，本分析における説明変数の選択にあたっては，「所得水準」，「就業条件」，「生活環境」の三つの社会経済的条件が，中山間地域の定住状況に強い影響を及ぼしていると仮定し，これらの条件を具体的に示す以下12指標とした。

ア．「所得水準」を表す指標として，①人口1人当たり課税対象所得，②農家1戸当たり農業所得の2指標を採用した。

イ．「就業条件」を表す指標としては，地元市町村での農外の就業機会をみる指標として，③事業所数，④1事業所当たり従業者数（事業所規模）の2指標を，農業への専従状況をみる指標として⑤上層農家率[13]を採用した。また，間接的な指標ではあるが，市町村内における工業生産の規模や観光関連産業の展開状況から就業条件をみることを意図し，⑥人口1人当たり工業出荷額および⑦第3次産業就業人口比率の2指標を採用した。「就業条件」を表す指標はこれら2指標を加え計5指標である。

ウ．「生活環境」を表す指標として，⑧ＤＩＤ地区（人口集中地区）への時間距離[14]，⑨上水道未普及集落率，⑩下水道未普及集落率，⑪高校通学困難集落率[15]，⑫病院通院困難集落率[16]の5指標を採用した。なお，ＤＩＤ地区への時間距離は，まとまった買い物等を行う場合の生活利便性を表す指標であると同時に，通勤条件（通勤の可能性）をみるための指標でもあり，「就業条件」を表す指標を兼ねている指標である。

2) 分析結果

まず始めに，12の指標について「人口維持型」および「過疎進行型」の二つの類型の平均値を比較すると，所得水準では「人口維持型」が「過疎進行型」に対し，課税所得ベースで1.35倍，農業所得ベースで1.28倍と高い。また，就業条件では事業所数で2.17倍，事業所規模で1.26倍等となっており，第3次産業就業人口率および上層農家率でも，それぞれ6.1，3.2ポイント「人口維持型」の方が高い。更に，生活環境をみると，すべての指標で「過疎進行型」の生活利便性の低さが際だつ。中でも，高校通学困難集落率や病院通院困難集落率での格差が大きく，前者では「過疎進行型」23％に対し「人口維持型」3％，後者では同30％に対し5％と20ポイント以上の格差がある。

このように，採用した12指標いずれにおいても，「過疎進行型」ではマイナス面の値となっており，それぞれが中山間地域の定住状況となんらかの関係を有していることは間違いない。そこで，これら指標の中で，定住状況に強い影響を及ぼしている指標を探しだすことによって，中山間地域の定住人口維持要件を析出することを試みた。

第1-7表は分析の結果であるが，「過疎進行型」と「人口維持型」のサンプルを判別するのに最も有意に働いた指標は人口1人当たり課税所得であり，Ｆ値をみると，他の指標に比べ際だって大きい。一定水準以上の所得を確保しているか否かが，中山間地域における定住人口の維持に大きな影響を及ぼしているのである。また，課税所得に次いで，ＤＩＤ地区への時間距離が強い影響力を有している。生活の利便性と共に，条件のよい就業の場が豊富に存在するＤＩＤ地区が，通勤圏内にあるか否かは所得の確保とも密接に結びつく。地域内

第 1-7 表　中山間地域における定住人口の維持要件（判別分析結果）

番号	項目名	係数	F値	判定	参考：類型平均値 人口維持型	参考：類型平均値 過疎進行型
①	人口1人当たり課税対象所得（1,000円）	0.00590	78.9716	**	1,157	857
⑧	DID地区への時間距離（階級値）	−0.81547	33.1790	**	2,153	3.243
⑤	上層農家率（％）	0.09643	12.3520	**	7.6	4.4
⑪	高校通学困難集落率（％）	−0.01582	10.5763	**	3.2	23.0
④	1事業所当たり従業者数（人）	0.30117	10.1027	**	6.7	5.3
⑫	病院通院困難集落率（％）	−0.01582	6.7516	*	4.9	30.2
⑨	上水道未普及集落率（％）	−0.01004	3.9803		8.6	20.5
⑦	第3次産業就業人口比率（％）	0.01520	0.9838		49.8	43.7
⑩	下水道未普及集落率（％）	−0.00283	0.1909		92.1	95.6
⑥	人口1人当たり工業出荷額（1,000円）	0.00001	0.0305		2,401	831
②	農家1戸当たり農業所得（1,000円）	0.00004	0.0170		1,029	806
③	事業所数（箇所）	0.00001	0.0004		858	396
	＃相関比	0.5153			n=321	n=321
	＃判別的中率	84.7％				

注(1)　判定欄の ** は1％水準，* は5％水準で有意であることを示す。
　(2)　各指標データの出典は以下のとおりである。①「個人所得指標　平成4年」（日本マーケッティング教育センター），②「農業所得統計　平成4年」（農林水産省統計情報部），③④「事業所統計　平成3年」（総務庁），⑤「1995年農業センサス」（農林水産省統計情報部），⑥「工業統計　平成4年」（通産省），⑦「国勢調査　平成2年」（総務庁），⑧〜⑫「農山漁村地域活性化要因調査　平成3年」（農林水産省統計情報部）。なお，データは一部加工している。

の事業所数や事業所規模よりむしろDID地区への時間距離がサンプル市町村の判別に強い影響を及ぼしているのは，比較的自由に就業の場を選べる条件が存在するかどうかが，中山間地域人口の維持にとって無視できない要件の一つとなっているためと解釈される。

なお，その他の指標では，上層農家率が比較的強い影響力を有する指標となっている。一般的に平場地域に比べ農家率の高い中山間地域では，農外での就

業機会の有無と同時に，農業部門の収入によって生計を賄うことができる農家層の厚みが，地域人口の動向に少なからぬ影響を及ぼしているのである。また，生活環境面では高校通学困難集落率と病院通院困難集落率が負の有意な指標となっており，中でも高校への通学条件が比較的強い影響力を有している点が注目される。

では，これら定住人口の維持要件は，中間農業地域と山間農業地域では異な

第1-8表 中間および山間農業地域における定住人口の維持要件（判別分析結果：上位7要因）

中　間　農　業　地　域

番号	項　目　名	係　数	F　値	判　定
①	人口1人当たり課税対象所得	0.0057	42.596	**
④	1事業所当たり従業者数	0.5179	19.160	**
⑧	DID地区への時間距離	−0.7929	12.926	**
⑫	病院通院困難集落率	−0.0286	12.401	**
⑤	上層農家率	0.1018	8.810	**
⑦	第3次産業就業人口比率	0.0607	8.622	**
⑨	上水道未普及集落率	−0.0131	2.467	
	♯相　関　比	0.4879		
	♯判別的中率	84.9%		

山　間　農　業　地　域

番号	項　目　名	係　数	F　値	判　定
①	人口1人当たり課税対象所得	0.0088	45.221	**
⑥	人口1人当たり工業出荷額	0.0001	8.554	**
⑧	DID地区への時間距離	−0.6211	7.878	*
④	1事業所当たり従業者数	0.5019	6.193	*
⑪	高校通学困難集落率	−0.0145	5.351	*
⑦	第3次産業就業人口比率	0.0592	4.379	
⑤	上層農家率	0.1227	4.291	
	♯相　関　比	0.4608		
	♯判別的中率	86.4%		

注．第1-7表に同じ．

るのだろうか。それぞれの地域個々に判別分析を実施し，両者の結果を第1-8表により比較した。中間農業地域，山間農業地域共に最も影響力を有する指標は，1人当たり課税所得であることに変わりはないが，当該指標が及ぼす影響度合いは，中間農業地域に比べ山間農業地域の方が著しく大きい。山間農業地域では，1％水準で有意な指標は当該指標のほか1人当たり工業出荷額のみであり，ＤＩＤ地区への時間距離や事業所規模等の指標は，有意な影響力を有してはいるものの，その影響力はさほど大きくない。山間農業地域における定住状況は，とりわけ所得水準に強く規定されているのである。

一方，中間農業地域は，1人当たり課税所得のほか，事業所規模，ＤＩＤ地区への時間距離など5指標が，サンプル市町村の判別にあたって1％水準で有意である。当該地域では，就業条件や生活環境などが複合的に定住人口の維持要件となっているのである。なおこの他に，上層農家率と共に第3次産業就業人口率が比較的強い影響力を有している点にも特徴がある。

5. おわりに

中山間地域における過疎・高齢化状況の地域性と両者の相互関係を明らかにするとともに，定住人口の維持に影響を及ぼす社会経済的諸条件の検討を試みた。地域人口の動きをみると，中間農業地域と山間農業地域ではその態様が大きく異なっており，特に，山間農業地域で過疎問題が深刻化している実態が確認された。山間農業地域では2割近い市町村が20年間に30％以上の人口減少となっているのである。また，地域ブロック別にみたならば，北海道，東北，北陸，四国および九州といった大都市圏から離れた地域において人口減少率が高く，稲作への依存度が高い水田型地帯に比べ，畑地型地帯で過疎化が進行していることも明らかとなった。

他方，高齢化状況をみれば，西日本の山間農業地域において高齢化の進行が著しく，中国や四国の同地域では，既に地域人口の4分の1以上が65歳以上の高齢者により占められている実態も確認された。また特に注目すべき点は，

高齢化水準の高い地域ほど，近年の高齢化進展速度が早いことである。高齢化の進んでいる中国，四国および九州の山間畑地型地帯では，この5年間に老年人口比率が一気に5ポイント以上高まっている。これら地域では幼年人口比率のみならず，地域社会を支えている生産年齢人口の比率さえも低下する傾向が確認されるのである。

　このように，農業生産条件の厳しい山間農業地域，その中でもとりわけ畑地型地帯で，過疎化，高齢化が共に急速に進行している様子が窺えるわけだが，両問題がそれぞれ個別の地域問題ではなく，相互に密接な関連を持っているところに問題の根深さがある。零細規模の農家が大宗を占める中山間地域では，比較的安定した農外収入を得ることができ，かつ，休日の労働だけで生産が可能な稲作に依存してきた地域と，恒常的な兼業が困難な畜産や畑作に依存してきた地域とでは，人口動向に大きな違いが生じている。

　一方，中山間地域において定住人口を維持していくためには，何よりも地域住民の所得確保が最重要課題であることが判別分析から明らかとなった。そして，このことは条件の不利な山間農業地域ほど顕著なのである。また，所得を確保するためには就業の場が必要になるわけだが，分析結果は，自由に選択が可能な就業の場が自市町村内に限らず近隣に豊富に存在することが，地域の定住人口確保にとってより重要であることを示唆している。中山間自治体において交通アクセスの改善が常日頃から叫ばれている所以でもある。

　また，専業的な農業経営を行う農家の割合が上位の指標として析出されたことは，限られた就業先しかない当該地域において，農業が重要な就業の場であることを裏付けたものとして注目される。中山間地域での農業振興は農産物の供給や地域資源の保全ばかりでなく，地域人口の維持にとっても重要なのである。

　このように中山間地域の人口動態は，所得水準や就業条件に強く規定されていることが確認されたわけだが，高校への通学や病院への通院が可能であるかといった生活環境面もまた，定住人口を維持するためには無視できない要件となっている。中山間地域の過疎化をくい止め，定住人口の維持を図ることは，

高齢化の進行を抑えることにもつながる。中山間地域の活性化を図っていくためには，これら生活環境面をも含めた総合的な対策を，早急に講じることが求められているのである。

(橋詰　登)

注(1)　本章における「中山間地域」の範囲は，農林統計上の定義によるものであり，農業地域類型区分の中間農業地域と山間農業地域を併せた範囲を用いている。
　(2)　農業部門について，生産量に直結する収穫面積や畜産飼養頭数のシェアをみると，稲で36.4％，野菜で32.9％，果樹で46.1％，肉用牛で51.3％等となっており，資源ばかりでなく生産量においても中山間地域が担う割合は決して小さくない。なお，この点については，拙稿「中山間地域における農業構造の変化とその地域的特徴」（『農業総合研究』第52巻2号，農業総合研究所，1998年4月）を参照されたい。
　(3)　農業研究センターが1994年12月に実施した，中山間活性化に関する市町村アンケート結果によると，今後の重点方向として「産業振興」を挙げた市町村が最も多かった地域ブロックが約半数を占めると共に，産業振興の方向では全地域ブロックで「農林水産業の振興」を掲げる市町村割合が最も高くなっている。なお，詳細は農村計画研究連絡会『中山間地域研究の展開』（養賢堂，1998年）11〜13ページを参照。
　(4)　中山間地域における農家人口や世帯構成について分析したものとしては，例えば，小田切徳美『日本農業の中山間地帯問題』（農林統計協会，1995年）がある。
　(5)　1970〜79年は過疎地域対策緊急措置法，1980〜89年は過疎地域振興特別措置法，1990年以降は過疎地域活性化特別措置法による指定地域である。
　(6)　国勢調査による1975年から95年の市町村別人口を，95年時点の農業地域類型に基づき集計した。したがって，この間に町村合併があった市町村は，95年時点の市町村に併せ該当市町村の人口を合算している。なお，農業地域類型は，95年9月の改訂により旧市町村単位まで設定がなされているが，国勢調査データが新市町村単位であるため，本分析では新市町村単位の地域類型を用い集計している。
　(7)　日本統計協会『現代日本の人口問題』(1995年)，5ページ。
　(8)　山本努『現代過疎問題の研究』(恒星社厚生閣，1996年)，3ページ。
　(9)　日本統計協会，前掲書，51〜56ページ。
　(10)　北海道については，平地農業地域も含め他の地域ブロックとは著しく異なる急激な人口が減少が続いているため，本分析対象から除外した。
　(11)　沖縄には水田型の市町村がないため，9農業地域ブロックで26地域となる。
　(12)　類型化に当たっては，判別分析におけるサンプル数による精度を勘案し，「人口維持型」，「過疎進行型」の市町村数が，それぞれ少なくとも全体の2割を占めるよう市町村を抽出した。

⒀　上層農家率とは，経営耕地3ha以上若しくは農産物販売金額500万円以上の農家率である。
⒁　ＤＩＤ地区への時間距離は，実数データがないため，階級区分値（ＤＩＤ地区がある：1，ＤＩＤ地区まで30分未満：2，同30分〜1時間：3，同1時間〜1時間30分：4，1時間30分以上：5，をそのまま用いた。
⒂　高校通学困難集落率とは，最寄りの高校まで20km以上の距離がある農業集落の割合である。
⒃　病院通院困難集落率とは，最寄りの病院まで20km以上の距離がある農業集落の割合である。

第2章　中山間地域における農業生産の意義と可能性

―― 野菜作の展開を中心に ――

1. はじめに ―― 課題と構成 ――

　第1章では，中山間地域における農業振興はそこでの就業の場の確保，人口の維持にとっても重要であることが確認された。そこで本章では，これを踏まえて，中山間地域における農業生産の動向を捉え，その可能性と限界について考察することを課題とする。

　以上の検討に際して，ここでは野菜作を中心とする園芸作の動向に注目していく。次のような理由からである。

　一般に中山間地域においては，個別経営規模が狭小であることに加えて傾斜度の高い耕地が多いことから，平坦地域で一定の規模拡大を遂げつつある稲作を中心とする土地利用型営農については，その展開の可能性が薄く，兼業条件が劣悪である地域を中心に耕作放棄が増加しつつあることは既に周知のところとなっている。こうした点で，中山間地域は，総じてその自然・経済立地上あるいは，農業生産上での条件不利地域であることは否めないといえよう。

　とりわけ後掲第6章で指摘されているように，米価が費用を償わないような水準にまで引き下げられつつある状況にあっては，稲作はそこからの農業所得を期待する生産部門としてよりは，公的な支援を受けた第3セクターの設立等にみられるように，むしろ（放っておけば耕作が放棄される可能があるところの）農地保全を図るべき対象部門としての側面を強めつつある。

　こうして，中山間地域において土地利用型営農の基幹部門として位置づけられてきた稲作に所得獲得手段として期待をかけることが困難な状況の下で，そ

れに代わる農業生産部門として期待されているのが園芸作部門であろう。その限りでは園芸作は中山間地域農業振興の基幹部門として過大な期待を担わされることになる。また、園芸作は労働集約的な経営形態をとることが多いために、中山間地における農地保全を目的とする対応とは必ずしも一致するものでもない。

しかしながら一方では、平坦地域と比較してその農業条件としては、標高差による冷涼な気象条件を活かすなど夏季の園芸作展開に一定の可能性を見出すことのできる地域であるとの指摘もありうるだろう。中山間地域の比較優位条件の下での園芸作への期待である。中山間地域農業の活性化に資する一連の技術開発も、その置かれた自然条件を活かすためのそれであるという側面を強く持っている。

こうした点との関連でいえば、例えば、平成8年度の農林水産祭の園芸部門での3賞受賞のいずれもが、中山間地域に位置する産地であった[1]。これらの点などを踏まえれば、一部の中山間地域における農業の展開にその農業生産の可能性を見出すことができないわけではないだろう。

平坦地を含め、専業的農家を支える部門として園芸作の位置づけが高まっている状況[2]がある中で、野菜作を中心とする園芸作は中山間地域においても農業生産を基軸にして農家世帯員の定住を図る上で焦点となる部門なのである。第6章でも触れられているように、県レベルの対策としても中山間農業振興対策として、園芸作振興が図られているところが少なくないのである。

ところで、これも既に周知のように中山間地域の領域は広大であり、そこで展開している中山間地域内部での農業の多様性に注目しなければならない。園芸作の展開についても中山間地域内部での多様性を確認することが必要であろう。

そうした多様性とも関連して、中山間地域における園芸作の展開を検討する上で重要な点は、具体的な産地展開に即した産地間競争のあり方を把握することであろう。野菜作を中心とする園芸産地の展開は、産地間競争の上に成り立っているからである。そしてこの場合の産地間競争は、通常考慮に入れられて

いる地域間競争（海外との競合も含む）という視点に，中山間対平坦地というレベルでの競合面という視点を加えることが求められることになる。

　本章は，以上のような観点から，まず前段では園芸作の主要部門である野菜作の中山間地域における展開を平場農業地域等との比較から位置づけることから始めたい。次いで，それらを踏まえて，具体的な野菜産地の展開事例を基にしながら，中山間地域における農家の定住にかかわって，どの程度農業生産が寄与しているかという問題に接近していくこととしよう。

2．野菜作の展開と中山間地域

（1）野菜の夏季生産の動向

　第2-1表に，主要な野菜品目の生産動向（作付面積および出荷量）と，それぞれ中山間地域が相対的に自然条件が有利に働くと目される夏秋季の生産動向をあわせて示した。表には総体としての野菜生産がほぼピークを迎えた1980年と最近年次との比較を示している。これでわかるとおり，夏秋季の野菜生産をめぐっては，作付面積，出荷量ともに増加している根菜，葉菜に対して，減少傾向にある果菜類とに大別される。

　このことは，夏秋季の野菜生産をめぐって，それぞれ基調としては，この間，根菜・葉菜品目については産地拡大の，果菜類については産地縮小の過程にあったことになろう。こうした傾向の背景にあるのは，需要の季節間における平準化が進んだことが挙げられよう。根菜・葉菜の出荷最盛期は冬季であり，果菜類のそれは夏季であり，それぞれ最盛期での需要が減る中で，それぞれの端境期での需要は伸びる傾向にあったことになろう。

　以上のように，おおよそ夏季の野菜生産をめぐっては，品目によって異なった方向での展開があったことが確認できる。

　この二つの異なった方向で展開している野菜品目群の栽培上の特徴を整理すれば以下のようになる。露地作を中心とする野菜の中では粗放的な栽培形態をとる葉菜類，根菜類に対して，夏季においても一部雨よけ栽培が導入されてい

第2-1表 品目別野菜生産の動向

	作付面積 (ha)			出荷量 (1000トン)		
	1980年	1994年	増減 (80～94年)	1980年	1994年	増減 (80～94年)
だいこん	71,733	54,900	−16,833	1,875	1,626	−248
うち夏秋	10,500	10,967	467	243	291	48
にんじん	24,133	23,700	−433	498	605	107
うち秋	7,447	8,710	1,263	142	209	67
はくさい	38,000	26,067	−11,933	1,150	854	−296
うち夏	4,527	3,603	−923	214	182	−32
キャベツ	42,733	39,533	−3,200	1,318	1,292	−26
うち夏秋	12,833	13,567	733	426	434	7
レタス	18,100	22,233	4,133	355	479	124
うち夏秋	8,527	9,140	613	184	212	28
ほうれんそう	23,933	27,233	3,300	276	293	17
うち冬春以外	521	2,765	2,244	5	19	14
なす	21,500	15,067	−6,433	422	343	−78
うち夏秋	19,633	13,367	−6,267	270	191	−79
トマト	18,867	13,833	−5,033	893	654	−239
うち夏秋	14,967	9,613	−5,353	610	309	−301
きゅうり	25,333	17,933	−7,400	868	707	−161
うち夏秋	19,500	13,333	−6,167	440	314	−126
ピーマン	4,713	4,363	−350	147	139	−8
うち夏秋	3,847	3,623	−223	76	70	−6

資料：農林水産省統計情報部『野菜生産出荷統計』(各年次版) から作成。
注．作付面積，出荷量とも前後3年の平均。ただし，ほうれんそう・冬春以外の1994年は，93，94年の平均。

る（施設園芸作を含む）集約的な果菜類およびほうれんそう等の軟弱野菜類との二つの区分である。

さらに，こうした栽培形態とも関連して夏秋季の野菜生産を考える上で重要なのは，置かれた立地条件が「高冷地」であるのか「準高冷地」であるかの点である。

加藤[3]によれば前者の「高冷地」を，主たる軟弱茎葉菜類（主に視野に置かれている品目はキャベツ，はくさい，レタス等である）の盛夏栽培が可能となる，8月の平均気温が22度°C以下の地域であるとしている。これに該当する地域は，本州中央部で標高1000mを超える長野，群馬の両県に跨る「本州中央高冷地」が最も広く，岩手県北部の標高500mを超える地域がこれに次ぐ地域となっている。この二つの地域を除くと，都府県においては，先の条件に合致するまとまった広がりを持った地域はほとんど存在していない。ただし，海岸低地を含む北海道の大部分がこの条件に合致する（北海道をも含み，上の気象条件に合致する地域概念を，「冷涼地」ないし「寒冷地」としている）。

これに対し「準高冷地」は，本州中央部において，500～1000mの地域であり，盛夏における軟弱茎葉菜類の栽培が不安となるが，それを除けば夏秋型の果菜類を含めたすべての野菜の生産が，ほぼ可能な地域である。低暖地において難点がある盛夏の野菜生産が可能な地域と位置づけられる。しかしこれも東北地域においては海岸平野でも，「準高冷地」型の営農が営まれている，としている。

以上の指摘は，高冷地，準高冷地における夏秋季の野菜生産が，それぞれ北海道，東北の平坦部との競合関係にあることを示唆している。こうした産地競合が，実際にどのように展開してきたのだろうか。次に，このことについて主要な品目に即してみてみることにしたい。

（2）「高冷地」型，「準高冷地」型別にみた野菜作の展開
1）「高冷地」型野菜作の展開

まず，高冷地型野菜作の展開をみておこう。その代表品目として夏秋レタス

に注目するが，その指定産地[4]の動向を示した第2-2表を参照されたい。夏秋レタスは，高冷地型野菜としては，指定産地の動向を見る限り，近年作付面積に示される生産規模が最も拡大された品目である。

1994年における夏秋レタスの指定産地は26産地であり，そのうち16産地までは中山間地域を主体とする産地[5]となっている。1979年における指定産地は23であり，それ以降に指定を解除された産地が3，産地規模が縮小した産地が2にとどまる中で，既存産地の規模拡大を中心に（新設・拡大15のうち拡大産地は9），総体としての指定産地規模が拡大していることがわかる。

そして，こうした産地展開について，より特徴的な点は，その生産の地域分布（表の地域別作付面積を参照）である。先の「高冷地」の地域分布にほぼ沿

第2-2表 指定産地からみた「夏秋レタス」の生産動向

地域	指定産地数						作付面積(ha)	
	1979年	1994年	(79～94年の変化)				1994年	増加面積 79～94年
			新設・拡大	維持	縮小	解除		
計	23(16)	26(16)	15(8)	9(6)	2(2)	3(1)	7,367	1,375
北海道	3(1)	3(1)	2(1)	1(—)	—(—)	2(—)	154	35
東北	6(5)	6(5)	1(1)	5(4)	—(—)	—(—)	701	263
関東	2(1)	5(2)	4(1)	—(—)	1(1)	—(—)	561	52
北陸	—(—)	1(—)	1(—)	—(—)	—(—)	—(—)	9	9
東山	9(6)	8(5)	7(5)	1(1)	—(—)	1(1)	5,834	1,231
東海	—(—)	—(—)	—(—)	—(—)	—(—)	—(—)	—	—
近畿	—(—)	—(—)	—(—)	—(—)	—(—)	—(—)	—	—
中国	1(1)	1(1)	—(—)	1(—)	—(—)	—(—)	25	−4
四国	—(—)	—(—)	—(—)	—(—)	—(—)	—(—)	—	—
九州	2(2)	2(2)	—(—)	1(1)	1(1)	—(—)	83	−211

資料：農林水産省野菜計画課『野菜指定産地一覧』（昭和57年），同野菜流通課『野菜指定産地一覧』（平成8年）に基づき作成。

注．( )は農業地域類型区分で中山間地域（中間および山間地域）を主体とする産地，詳しくは本文注(6)参照。拡大（縮小）は30ha以上の拡大（縮小）の，維持は増減30ha未満の産地数。

う形で,すなわち長野県を主体とする東山地域に面積割合で8割弱が集中し,次いで岩手県を中心とする東北地域に同じく1割弱のシェアがあるという,極めて特定の地域に生産が集中している点である。

　1979年以降の拡大もこれら地域の既存産地での拡大による部分が大きく,夏秋レタスの高冷地における生産の優位性は,なお強固なまま継続していることが窺われる。そうした中で,東北,北海道においては産地の拡大がみられるが,その一方で西日本に位置する産地の多くは(作付面積に示される)産地規模が縮小している。夏秋レタスをめぐる立地は総じて「北進」の傾向にあるといえよう。

　その他の高冷地型野菜と目される品目についても,およその展開を見ておこう。第2-3表を参照されたい。ここで取りあげた4品目のうち,表の上段の夏だいこんおよび秋にんじんは,高冷地野菜の中では「本州中央高冷地」での産地形成が従来から弱い品目であった。しかし,この間の需要の伸びはかなり大きい成長品目と位置づけられる。そのギャップを埋めたのは北海道における産地拡大であった。その主体となったのは,北海道平坦部におけるこれら品目を取り込んだ畑作複合経営の展開であった。また,夏だいこんについては東北における産地拡大も北海道に次いで大きいが,この場合は東北の中山間地域での展開がかなりの程度寄与している。したがって,この2品目についての立地変化は,より「北進」が鮮明な形で示されている。

　同表下段の夏秋はくさいおよび夏秋キャベツについては,「本州中央高冷地」中心の産地展開であり,その地域別の立地変化の方向も,先にみた夏秋レタスとほぼ同様な傾向を示している(ただし,夏秋はくさいは総体として生産が縮小した品目である)。

　いずれにしても,ここで取りあげた夏秋レタスほかの高冷地型野菜については,生産が拡大された品目が多い。その拡大を担ったのは,本州中央高冷地に展開する既存産地か,あるいは北海道を中心とする冷涼産地であった。

　前者に属する産地は,いうまでもなく長野県川上村(夏秋レタス),同南牧村(夏はくさい),群馬県嬬恋村(夏秋キャベツ)等,に代表される露地野菜

第2-3表 指定産地の動向（高冷地型野菜）

	指定産地数	うち新設・拡大	作付面積(ha)	増加面積	指定産地数	うち新設・拡大	作付面積(ha)	増加面積
	(夏だいこん)				(秋にんじん)			
計	49(37)	37(26)	5,309	2,562	24(8)	20(7)	4,911	1,242
北海道	15(8)	15(8)	2,206	2,096	19(5)	18(5)	4,474	2,004
東北	17(12)	15(11)	1,345	906	3(2)	1(1)	379	−291
関東	3(3)	3(3)	514	256	0	0	0	0
北陸	1(1)	0	35	−22	1(1)	1(1)	46	23
東山	3(3)	1(1)	165	−372	1	0	12	−494
東海	1(1)	1(1)	239	36	0	0	0	0
近畿	2(2)	0	57	−9	0	0	0	0
中国	4(4)	0	501	−272	0	0	0	0
四国	1(1)	1(1)	32	32	0	0	0	0
九州	2(2)	1(2)	215	−89	0	0	0	0
	(夏秋はくさい)				(夏秋キャベツ)			
計	11(10)	4(4)	2,463	−509	42(21)	26(11)	7,022	977
北海道	1(1)	1(1)	104	79	15(5)	13(5)	1,091	817
東北	1(1)	1(1)	25	25	5(1)	5(1)	491	327
関東	3(2)	0	297	−149	2(1)	1(1)	2,899	372
北陸	0	0	0	0	2(1)	2(1)	30	30
東山	6(6)	2(2)	2,037	−350	7(4)	2(1)	1,717	21
東海	0	0	0	0	1(1)	0	37	−47
近畿	0	0	0	0	1(1)	0	30	−28
中国	0	0	0	0	4(2)	2(1)	121	−18
四国	0	0	0	0	1(1)	1(1)	29	−54
九州	0	0	0	−114	4(4)	0	577	−443

資料：第2-2表に同じ．
注．指定産地は1994年時点，拡大は1979〜1994年に30ha以上増加の産地．増加面積は1979年との比較．（ ）は中山間地域が主体の産地．

大型産地である．

　ところで，これら産地の形成に当たって，単にそれらが高冷地に位置しているという条件だけでなく，もう一つ重要な条件として注目すべきは，地域とし

て比較的平坦な高原上に耕地拡大の余地を有していた[6]という点であろう。高冷地においては栽培期間は夏季の短期間に限定される。そうした条件の下で野菜作としては粗放的な栽培形態をとる葉菜類作によって，専業的な経営を成立させるには，経営耕地規模の拡大が必要なのであるが，それが可能であったのである。

したがって，いわばこれら中央高冷地に位置する産地は二重の意味で恵まれた地域として位置づけられよう。こうした条件を持つ地域の広がりが稀少であることが，中山間地域に展開する産地としての優位性をもたらしている。若手も含めて農業の担い手が確保されている[7]地域条件もこれである。

さて，その一方で，中央高冷地を除いた，広く都府県に存在する中山間地域，とりわけ西日本に位置する中山間地域における高冷地型の野菜産地の展開については，中央高地の諸産地における産地拡大と北海道における新興産地形成とが進む中で，（指定産地の動向をみる限りではあるが）総じて後退基調であったということができよう。

2)「準高冷地」型野菜作の展開

以上の高冷地型野菜に対して，準高冷地型の野菜の展開はどうであろうか。まず，準高冷地型野菜の代表品目として夏秋トマトに注目する。

前掲第2-1表でみたように，総体としての夏秋トマトの生産は減少傾向にあるが，第2-4表に示したように，指定産地に限れば産地数や作付面積の動向から，その生産は拡大基調にあることがわかる。このことは，まずもって，全体の生産が縮小する中にあっても，指定産地を中心に既存の産地での規模拡大や新たに産地を形成する動きが活発であることを示している。

1994年の指定産地数80のうち，1979年以降の新設および拡大産地は，その半分41産地にのぼっているが，一方で縮小ないし指定産地解除は合わせて38産地となっている。このように夏秋トマトは，産地変化の激しい品目であった。

こうした大きな産地変化は，次のような地域的な移動を伴っている。新設・拡大産地のほぼ半数（20産地）が東北であるのに対して，縮小ないし解除は，東山，近畿に多い。かかる立地変化の結果，東北への生産の集中が生じている

第2-4表　指定産地からみた「夏秋トマト」の生産動向

地域	指定産地数		(79〜94年の変化)				作付面積(ha)	
	1979年	1994年	新設・拡大	維持	縮小	解除	1994年	増加面積 79〜94年
計	71(37)	80(37)	41(18)	23(11)	16(7)	22(13)	2,924	501
北海道	5(2)	4(3)	2(2)	1(—)	1(—)	2(—)	155	−3
東　北	14(7)	32(14)	20(7)	8(4)	4(3)	1(—)	1,024	517
関　東	6(—)	10(—)	7(—)	1(—)	2(—)	—(—)	705	296
北　陸	7(3)	4(—)	2(—)	2(—)	—(—)	5(3)	67	−26
東　山	10(7)	7(4)	—(—)	1(1)	6(3)	3(3)	151	−285
東　海	6(4)	7(6)	5(5)	2(1)	—(—)	1(—)	267	70
近　畿	7(4)	2(—)	—(—)	—(—)	2(—)	5(4)	45	−101
中　国	4(4)	4(4)	1(1)	2(2)	1(1)	1(1)	90	−14
四　国	1(1)	1(1)	1(1)	—(—)	—(—)	—(—)	51	13
九　州	9(5)	9(5)	3(2)	6(3)	—(—)	4(2)	369	34

資料：第2-2表に同じ．
注．（　）は農業地域類型区分で中山間地域（中間および山間地域）を主体とする産地．
　　拡大（縮小）は10ha以上の拡大（縮小）の，維持は増減が10ha未満の産地数．

ことになるが，ここで注目すべきは，東北の新設・拡大産地の大半が，中山間地域以外の平坦部を中心とする産地であった点である．一方で，指定を解除された産地は主に西日本地域に展開していた中山間地域に位置する産地であった．すなわち，中山間地域を主体とする西日本での産地が縮小するか伸び悩む中で，平坦部を主体とする東北での伸長であった．

こうした動きは，先にみた中山間地域の立地展開として比較的安定的であった高冷地型野菜に対して，立地移動の激しい準高冷地型野菜の産地展開の一つのあり方を示すものであろう．

もっともこうした立地変化の態様は，第2-5表に示したように準高冷地型と目される野菜品目によってもかなり異なっている．既に第2-1表でもみたように，準高冷地型野菜の多くは総じて生産の後退が見られ，一方では産地の展開が高冷地型野菜と比較して比較的広く各地域に展開し，中山間地対平坦地とい

第2章 中山間地域における農業生産の意義と可能性

第2-5表 指定産地の動向（準高冷地型野菜）

	指定産地数	うち新設・拡大	作付面積(ha)	増加面積	指定産地数	うち新設・拡大	作付面積(ha)	増加面積
	(夏秋きゅうり)				(ほうれんそう)			
計	119(57)	30(18)	4,398	−1,640	33(16)		3,508	
北海道	4(2)	0	111	−47	2		57	
東北	44(18)	9(5)	2,060	−473	7(6)		1,121	
関東	10(1)	3	650	−96	6(2)		776	
北陸	2	0	33	−5	1		37	
東山	10(4)	1	318	−277	4(1)		295	
東海	1	0	23	−129	6(4)		721	
近畿	8(2)	2	146	−70	3(1)		280	
中国	7(7)	1(1)	101	−201	0		0	
四国	11(8)	4(4)	445	−136	0		0	
九州	22(15)	10(8)	511	−206	2(2)		221	
	(夏秋なす)				(夏秋ピーマン)			
計	36(13)	14(6)	1,443	−417	26(17)	12(7)	897	287
北海道	0	0	0	−81	0	0	0	0
東北	1	1	22	22	7(3)	4(2)	218	110
関東	7	1	499	−420	1	1	305	125
北陸	2	2	55	55	0	0	0	0
東山	3(1)	1(1)	218	−79	4(3)	1(1)	94	−35
東海	6(4)	1	153	−40	0	0	0	0
近畿	7(2)	0	206	−120	1	0	12	−8
中国	1	1	30	30	5(4)	1	73	−7
四国	3(1)	2(1)	143	122	1(1)	1(1)	32	32
九州	6(5)	5(4)	117	94	7(6)	4(3)	163	70

資料：第2-2表に同じ．
注．指定産地は1994年時点、拡大は1979～1994年に10ha以上増加の産地．増加面積は1979年との比較．( )は中山間地域が主体の産地．
（ほうれんそう）には指定産地の季節区分がないため、7月、8月に出荷のない産地を除いた集計値を掲示．

う産地間競合の局面もより複雑な態様を示しているからである。準高冷地型の野菜の場合には，高冷地型のそれと比較すればそれほど立地を選ばないのである。

そうした中でも，夏秋きゅうり，ほうれんそうについては，夏秋トマト同様に，東北地域に生産の集中がみられ[8]，夏秋ピーマンについても東北では拡大基調となっている。

以上のように，準高冷地型の野菜作については東北等の一部の地域を除いて，中山間地域としての産地展開に自ずと限界があることになるだろう。なお，東北では，上層農家を中心に比較的小規模な施設野菜作を複合部門として導入する動き（稲単作的経営形態からの転換）が，近年活発化している[9]。

こうして，準高冷地型の野菜については，比較的大きな産地移動があることが確認される。そして，総じて既にみた高冷地型の野菜と同様に，平坦部を含む東北地域での伸長傾向に対して，西日本中山間地域での後退傾向が確認されよう（ただし，同じ西日本地域の中山間であっても，夏秋なす，夏秋ピーマンといった果菜類のうち比較的耐高温性が強い品目についてみれば，四国，九州において産地拡大がみられる）。

3. 中山間地域における産地支援策の課題
―― 飛驒山間地域を事例に ――

ここで検討の対象とするのは岐阜県飛驒地域である。飛驒地域は主に山間地域の町村から構成されており，広範な野菜作の展開がみられる地域である点に注目するからである。

第1章でも明らかにされているように山間地域は中山間地域の中でも，農業生産および人口の維持がより困難な地域と位置づけられている。山間地域を主体とする飛驒地域において，野菜作を中心とした農業展開が，農業就業機会の確保を通じて，どの程度農家世帯員の定住化に寄与しているのだろうか。地域内での差異にも留意しながら，野菜産地の展開を跡付けながら，この課題に接

近していくこととしたい。

　市町村別にみた地域の概況を整理したのち，積極的な産地展開をみせている丹生川村に焦点を当てていく。

　なお，飛騨地域に展開する野菜作は，先にみたような比較的産地変動が大きい準高冷地型野菜と位置づけられる夏秋トマトおよびほうれんそうを主体としている。また，当地域の農地の大半は，標高が500mから1000mまでに展開している。

(1) 対象地域の農業就業状況と野菜作

1) 地域の農業就業状況

　飛騨地域は岐阜県北にあって，同地域のほぼ中央部に位置する高山市（1995年の人口6.6万人）と，これを囲む吉城郡，大野郡からなる地域である。市町村区分の農業地域類型は，高山市が都市的地域，古川町が中間地域であるほかは，古川町を除く吉城郡（2町3村）および大野郡の全て（1町7村）が山間地域である。また，地域の全市町村が豪雪地域の，高山市とこれに隣接する2町1村（国府町，古川町，宮村）を除く全てが過疎地域の指定を受けている。

　飛騨地域における農家数および農業人口の推移については，1975年を100とした指数でみれば，1995年にはそれぞれ78.0，76.7となっており，2割を超える減少となっている。しかし県平均のそれは，75.2，73.0であったから，これと比較すれば，むしろ農家数および農家人口は維持されている。

　次に，非農家を含む総人口に占める農家人口の割合（1995年）をみてみれば，第2-6表に示したように市町村によってかなりのばらつきがあるものの，高山市を除く飛騨地域で46.3％と半分近くにまで達する（高山市を含めると28.2％，県平均は20.2％）。同じく農家世帯数の割合も，37.2％と高い（高山市を含め20.2％，県平均14.2％）。

　飛騨地域が農家人口および農家世帯数割合が高い地域であることが確認されるわけであるが，そうした地域であるが故に農業生産に伴う就業機会の確保を通じた農家の維持が地域全体の人口維持に与える効果もまた大きいと想定され

66 第Ⅰ部　中山間地域における定住条件

第2-6表　飛騨地域における農業就業状況・生産農業所得（市町村別）

	1995年 農家数 (戸)	1995年 農家人口 割合(%)	1995年 農家世帯 数割合(%)	農業専従者がいる農家割合(%) 1975年 男子いる	1975年 うち2人	1995年 男子いる	1995年 うち2人	1995年 男女がいる	30歳未満の男子専従者数(人) 1975	1990	1995	農家1戸当たり生産農業所得(万円) 1975	1994
丹生川村	772	78.0	67.7	42.0	4.6	35.0	7.5	28.6	29	25	23	96	272
高山市	1,443	10.7	6.4	45.8	8.9	41.1	12.3	32.6	100	76	48	110	252
清見村	393	68.3	57.8	20.5	1.4	24.9	3.1	21.1	5	7	5	84	203
久々野町	479	54.6	46.8	17.8	2.1	17.7	4.4	14.6	10	12	6	62	175
国府町	892	53.2	46.3	22.3	1.9	18.8	2.1	12.7	16	6	8	70	111
朝日村	348	69.2	56.9	14.4	1.4	25.0	2.0	17.8	2	3	3	49	106
古川町	1,275	36.1	29.5	12.1	1.0	13.3	1.9	7.9	14	9	10	56	96
宮村	228	41.9	33.3	14.6	0.4	9.6	1.3	6.6	2	3	2	72	86
荘川村	177	52.7	39.2	7.4	0.8	13.0	1.7	9.6	2	1	2	54	81
河合村	234	71.4	64.5	15.8	0.0	16.2	1.3	9.0	3	1	0	35	81
宮川村	234	66.6	60.5	9.2	0.0	11.1	0.0	7.7	1	2	1	34	72
上宝村	559	54.8	44.5	12.8	0.4	9.1	1.1	5.2	0	0	0	47	72
高根村	162	60.7	48.4	21.4	0.9	19.8	3.1	16.7	3	1	0	19	69
神岡町	681	23.1	16.6	15.7	1.3	11.5	1.2	6.6	6	2	3	40	61
白川村	241	49.7	36.4	3.8	0.0	2.9	0.4	1.7	0	0	0	28	32
飛騨合計	8,118	28.2	20.0	22.7	2.7	21.5	4.3	16.0	191	148	111	67	142
うち郡部	6,675	46.3	37.2	17.8	1.4	17.3	2.5	12.4	91	72	63	58	119
県合計	91,435	20.2	14.2	17.5	1.8	12.7	1.3	7.6	1,187	365	237	60	72

資料：農林水産省『生産農業所得統計』，同農業センサスより作成．

第2章　中山間地域における農業生産の意義と可能性　67

る。

　農業就業の状況はどのようなものであろうか。農業専従者（年間の農業従事日数が150日以上）の存在状況に注目すれば以下のようである。1975年の段階でも男子農業専従者がいる農家の割合は地域全体で22.7％であり，これが95年には21.5％である。県平均ではそれぞれ17.5％，12.7％であるから，これと比較すると，男子専従者を抱えた農家は，一定の厚みを持ちながらよく維持されている。また，男子専従者のいる農家の大半（74％）には女子の専従者もいることがわかる（1995年「男子がいる」21.5％に対して「男女がいる」が16.0％）。

　さらに注目すべきは，男子が2人以上いる農家の割合が1975年の2.7％から1995年の4.3％まで増加している点である。男子2世代専従経営が増加しているのである。この点とも関連して，30歳未満の男子農業専従者について，第2-6表には実数の動向を示した。全県的には急速に若年層の専従者が減少する中にあって，飛騨地域のそれはかなり緩やかな減少にとどまっている。その結果，1995年には全県の実数237人に対してその半数近い111人までが飛騨地域が占めるまでに至っている。とりわけ，後に検討する丹生川村の場合はこの間20人を超える男子若手専従者が確保されている。ともあれ，飛騨地域は若手農業者の確保も，比較的順調な地域であるということができよう。

　以上のように，飛騨地域は農家および農家人口が比較的維持されている地域であり，同時に家族経営と呼ぶべき農業生産の実態がなお色濃く残っている地域と位置づけられる。そうしたことに大きく寄与した要因は，この間の農業所得の伸びの大きさであったであろう。第2-6表の右端に示したように，農家1戸当たり県平均が1975年の60万円から94年の72万円への増加にとどまったのに対して（この間の物価の上昇を考慮すれば実質的な減少），飛騨地域は67万円から142万円となっている（高山市を除く地域では58万円から119万円）からである。

　また，この点について地域内の市町村間での差異に注目すれば，農業専従者の存在状況は，概ね1戸当たりの農業所得額と相関していることが確認される。

2) 野菜生産の動向

飛騨地域における農業所得の増加は，野菜生産の拡大によってもたらされている。野菜生産の動向についてみてみよう。

第2-7表に示したように，1975年から94年にかけて飛騨地域では，1戸当たり野菜生産額は20万円から125万円へと飛躍的に増大している（県平均では19万円から41万円への増加にとどまっている）。先にみた生産農業所得の

第2-7表 飛騨地域における野菜

| | 野菜指定産地[1)] | | | | 農家1戸当たり（万円） | | | 1995年 | | |
| | | | | | 野菜生産額[2)] | | 生産農業所得 | 野菜生産農家割合（％） | | |
	夏秋トマト	ホウレンソウ	夏大根	夏秋キャベツ	1975年	1994年	1994年	トマト	ホウレンソウ	（合計）
丹生川村	A	D	○	○	29	295	272	14.9	18.4	33.3
高山市	A	D	○	○	53	237	252	9.8	22.2	31.9
清見村	C	E	○	○	13	172	203	6.1	20.4	26.5
久々野町	C	E		○	13	142	175	4.0	6.7	10.6
国府町	B	F			10	58	111	0.7	5.5	6.2
朝日村	C	E	○		4	98	106	2.9	18.4	21.3
古川町	B	F			13	70	96	4.9	3.3	8.2
宮村	C	E			8	67	86	2.6	7.0	9.6
荘川村		E	○	○	41	89	81	0.6	13.0	13.6
河合村	B	F			6	65	81	6.0	6.0	12.0
宮川村		F			6	76	72	3.4	7.7	11.1
上宝村	B	G			11	56	72	5.4	1.6	7.0
高根村		E			5	83	69		22.2	22.2
神岡町	B	G			14	48	61	3.7	3.4	7.0
白川町		E			4	16	32		3.7	3.7
飛騨合計	462	877	86	45	20	125	142	5.7	10.8	16.5
うち郡部	321	557	53	26	13	102	119	4.8	8.3	13.2

資料：①農水省『生産農業所得』，②飛騨農業改良普及センター『平成8年度普及指導計画書』．
注． 1) 夏秋トマト，ほうれんそうの指定産地名は次のとおり．A「飛騨」（指定年1973），B「古G「高原」（1983）．
　　　合計欄の数値は，生産農家戸数．
2) 総農家1戸当たりの野菜販売額．
3) 雨よけ施設面積（資料③）／生産農家数（資料②），による．
4) 基盤整備率は，区画20a以上で用排水分離された圃場割合．

第2章 中山間地域における農業生産の意義と可能性 69

拡大も野菜生産額の増大に支えられていることになる。同時に,市町村別にみた1戸当たりの生産農業所得の大きさも,野菜生産額にそれに大きく規定されていることがわかる(表に示したように市町村別の1戸当たり生産農業所得額の序列は,ほぼ野菜生産額のそれにしたがっている)。

飛騨地域の1994年の農産物販売額226億円のうち半分の113億円までが野菜作を主体とする園芸作によるものであるが,とりわけ,トマト(47億円),

生産状況(市町村別)

1995年 生産農家1戸当たり販売額 (万円)		1994〜95年(推計)[3] 1戸当たり雨よけ施設面積 (a/戸)		1995年・農地[4]	
トマト	ホウレンソウ	トマト	ホウレンソウ	1戸当たり 農地面積 (a/戸)	基盤整備率 (%)
1,330	391	38	20	147	69
675	693	18	27	71	38
940	424	30	18	105	29
2,179	312	72	17	67	49
856	628	30	27	84	28
722	270	23	14	61	41
599	659	19	23	40	27
1,386	209	57	14	68	45
56	212		?	101	52
397	241	16	13	57	37
169	458	6	19	48	69
717	199	22	12	56	26
	330		21	58	49
662	373	19	16	76	31
	84		7	52	27
899	501	25	21	74	42
998	391	27	22	74	42

[3]岐阜県園芸特産課『園芸用ガラス室・ハウス等の設置状況』,[4]飛騨県事務所『飛騨の農業』.
城」(1975),C「飛騨大野」(1985),D「飛騨」(1973),E「大野」(1981),F「吉城」(1982),

ほうれんそう（40億円）のシェアが大きい。

　トマトとほうれんそう作は，そのいずれもが雨よけ施設栽培が主体である。同地域の中核農家942戸（1994年）のうちその過半の526戸がこれら品目を基幹とする施設野菜作経営である。地域における農業生産の拡大と中核農家形成に果たしている当該2作物の位置づけは極めて大きいことが確認されよう。

　この二つの作物は飛騨地域に広範に導入されている。第2-7表に示したように，地域の全ての市町村がほうれんそうの，またほとんどの市町村が夏秋トマトの指定産地に指定されている状況となっている。なお，前掲第2-4表に示された東海地域の中山間地域に位置する夏秋トマトの指定産地六つの全てが岐阜県下（飛騨地域に3）にある。丹生川村と高山市によって構成されている指定産地「飛騨」はその一つであり，産地規模は全国でも最大規模層に属する。

　また，飛騨地域の園芸作としては，高冷地型野菜である夏だいこん，夏秋キャベツが指定産地となっているほか果樹や施設花きの展開もあるが，いずれも局所的である。以下，トマト，ほうれんそう作の展開を中心に，野菜作生産の動向についてより詳細に検討していくこととしよう。

　ところで，トマトとほうれんそうの経営上での位置づけについて，やや異なる性格がみられる。ほうれんそうは，栽培期間が短期間であり（集約化は主に作付回数を増やすことで対応）かつ重量の軽い作物であることから，若年層の担い手がいない場合でも比較的取り組み易い作物である。これに対して，トマト作の場合は，栽培期間が長く，収穫後の搬出など重労働的な部分があることから，若年ないし壮年層の労働力を必要とする作物である。

　ほうれんそうの生産戸数877戸に対してトマトが462戸であり，前者がより広範に導入されている背景もそこにあるとみられる。1戸当たり生産額もほうれんそうの501万円に対してトマトは899万円となっている。生産農家1戸当たりの施設面積もほうれんそうの21aに対して，トマトは25aで後者の方が大きい。

　1戸当たりの施設面積については，ほうれんそうの場合はいずれも20a前後と市町村別にみた差異が小さい。しかしながら，一方では大きな1戸当たり

販売額格差がみられることがほうれんそうの特徴でもある。この格差は，市町村ごとの労働力保有状況や他の複合部門の導入状況などに規定されたほうれんそうの作付回数による集約度の違いを反映しているものとみられる。

これに対してトマトの場合は，かなりの施設面積格差があるが，この面積の差がほぼ販売額に比例するところとなっている。

さて，こうした性格を持つ2作物がどの程度の密度をもって飛驒地域に展開しているのであろうか。市町村ごとに両者の導入農家率を表の中程の列に示している。いくつかの例外はあるものの，両者合計の農家率が高い市町村ほど1戸当たりの野菜生産額および同生産農業所得と相関するところとなっている。農業所得の大きさによって大きくは二つの市町村グループに分けることができよう。

第1は，1戸当たり農業所得が170万円以上を挙げている丹生川村，高山市，清見村，久々野町である。久々野町を除けばトマトおよびほうれんそうの導入率が25％以上と生産密度の高い地域をなしている。このうちでも，所得規模が上位を占める丹生川村，高山市は，夏秋トマトおよびほうれんそうの指定産地年がいずれも1973年と最も古く，いちはやく産地形成をなし遂げている[10]。飛驒地域おける雨よけ施設園芸の中核・先進産地となっているが，その産地形成の取り組みの早さが現在も多くの生産農家を維持することにつながっているとみられる。

これに対して，清見村，久々野町は，ほうれんそうおよび夏秋トマトの指定産地の指定年がそれぞれ，1981年，85年となっていることからもわかるように飛驒地域の中では新興産地的な性格が強い。久々野町については，このことともかかわって，ほうれんそうおよびトマト生産農家の密度は高くはない。これが前掲第2-6表でみたように1戸当たり所得規模の割には，必ずしも高くない農業専従者の存在状況に対応していることになるだろう。久々野町の場合にはトマト作を導入した農家は少数ではあるが，1戸当たりの販売額がかなり大きくなっている（1戸当たりの施設面積も72ａと大きい）ところにその特徴がある。

第2は，1戸当たり農業所得が100万円程度あるいはそれ以下の国府町以下の町村である。このグループにおけるトマト・ほうれんそうの導入密度については，10％程度の市町村が多く，概して第1グループと比較すれば低い。もっとも，この中でも朝日村，高根村や荘川村のように，導入密度が高い村があるが，これらの場合には，いずれもほうれんそうを中心にした展開であり，その販売額や施設規模からみた1戸当たりの生産規模は大きくない。導入密度の低い町村を含めて，これらの地区の野菜作は，婦人層や高齢者層に担われている部分も大きい[11]。

また，このグループに含まれる荘川村，高根村の2村については，その耕地の大半が1000mを超える標高地帯にある。したがって，準高冷地型の野菜作展開にはやや難点を抱えた地域である。その反面，第2-7表にも示したように，荘川村では夏大根，夏秋キャベツの一定の展開がみられるところとなっている（荘川村の1戸当たり耕地面積も飛騨地域としてはやや大きい）。

（2） 農業就業者が確保されている産地の展開と産地支援策——丹生川村におけるトマト作を中心に——

1） 産地の展開

既にみたように丹生川村では，飛騨地域においてトマト作を中心とした野菜作の展開[12]によって農業専従者が最も多く確保されている。若年層の就農者も多い。全国的にみても丹生川村は，山間地域にあって新規就農者が確保されている数少ない市町村の一つでもある[13]。丹生川村における夏秋トマト産地の展開をみていくことにしよう。

産地の立ち上げは，1970年の稲転作によって行われた。同年に開始された県営畑地造成事業によってまとまった圃場が確保されたことと，用水事業によって灌漑可能となったことが大きくトマト産地の拡大に寄与した。前掲第2-7表に示したように丹生川村の農地については，1戸当たり面積および基盤整備率の両者とも飛騨地域では最も恵まれた条件となっている。また，後述するように丹生川村では現在でも農地造成事業が継続している。

第2章　中山間地域における農業生産の意義と可能性　73

　第2-1図にトマトの生産面積の推移（図中の棒グラフ）を示したが，これでわかるように，産地形成期に相当する1980年辺りまで（第1期）は急速な産地規模がなされ，生産面積は20 haまでに拡大されている。生産者戸数および1戸当たりの生産面積の双方（それぞれ折れ線グラフ）がともに増加している点がこの時期の特徴である。

　これに続く1987年あたりまで（第2期）は，夏秋トマト産地としては県下最大規模に到達し有力産地の地位を確立した時期ではあるが，この間の生産面積の拡大は緩やかなものに転じている。120戸前後まで増加した生産者戸数が伸び悩み，1戸当たりの面積も20 aの水準から大きく抜け出ることができなかったからである。とりわけこの時期の後半には，収穫後の調製および選別・箱詰め作業が深夜におよぶなどの理由から，多くの生産者にとって労働の過重

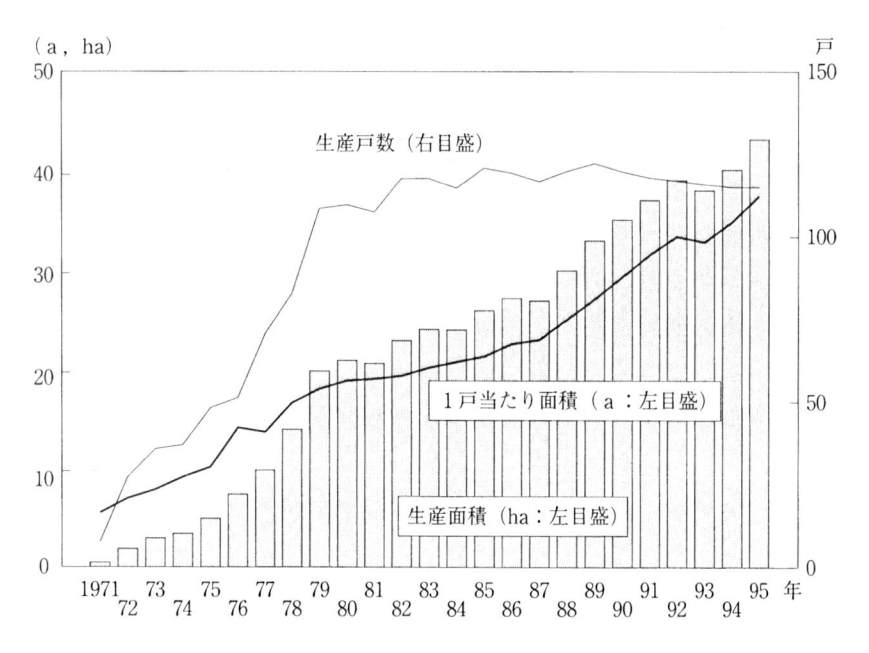

第2-1図　丹生川村における夏秋トマト生産の展開

資料：高橋・香月「内閣総理大臣賞受賞者・丹生川村蔬菜出荷組合トマト部会」
　　（注(12)　参照）．

感が拭えない状況ともなっていた。それまで拡大したきた出荷量も，87年には，はじめて前年を下回わり，産地の危機が意識されるまでに至った。

こうした状況の下で，集荷場に全自動選果機を配置して，農家から選別・箱詰め労働を解放することになった。このような組織的な取り組みによって，1988年以降（第3期）には，再び産地規模は拡大基調を辿ることになったのである。

さらに，1992年には購入苗の導入（育苗会社S社の誘致，S社は広く飛騨地域に苗を供給）および多段式ストレージ予冷庫の稼働（鮮度保持および計画出荷に寄与），1994年からは自走式の防除機や作業台車，自動灌水施設の導入が始まっている。これらの一連の取り組みによって，近年では1戸当たりの面積も40a規模に近づき，全体の産地規模も40haを超えるまでになっている。第3期は産地の再編拡大期ということができよう。

2） 経営成果と産地支援策

1995年産トマト作の経営収支は，第2-8表のとおりである。市場単価は1ケース（4kg）当たり1,568円で，10a当たりの販売額は350万円となっている。一方で生産および出荷に要する経費は267万円で，差引83万円の利潤が確保され，自家労働費とあわせて202万円の所得となっている。

施設50a規模層のトマト作経営（通常，この規模であれば3人の農業専従者による経営が想定される）であれば，トマト部門からの所得は1,000万円を確保できることになる。1時間当たりの所得は2,500円程度である。こうした高い収益性が先に指摘した若い担い手層の確保を実現する大きな要因となっている。

さて，丹生川村における産地展開は，既にみたように，継続的な技術革新によって集団的な生産力拡大を成し遂げて来た過程であった。その中でも1988年以降の第3期の取り組みは産地支援システムの整備によって，産地再編を実現した点で注目すべき対応であった。個別規模拡大もそうした支援策によって可能となっている。改めて，産地支援策の内容について検討してみる必要があるだろう。

第2-8表　夏秋トマト経営収支（1995年産，丹生川村）

（単位：10a当たり）

		金　額	備　　考
A	市場販売額	3,501,900	
B	支出額計	2,667,200	
	種苗費	68,200	
	肥料費	83,800	
	農薬費	41,100	
	動力光熱費	30,800	
	農機具費	11,400	
	諸材料費	95,200	
	減価償却費	142,100	
	出荷経費	520,300	出荷材料費および選果場使用料
	市場等手数料	405,100	出荷運送料を含む
	その他	78,200	
C	家族労働費	1,182,000	（評価額）782時間×1500円／時間
	雇用労働費	9,000	12時間×750円／時間
	差　引（利潤）	834,700	（A－B）
	所　得	2,016,700	（A－B＋C）

資料：第2-1図に同じ（施設規模50a層の経営記帳に基づく収支）．

　再編への取り組みの中で，特に選果場整備の効果が大きい。農家レベルにおける著しい労働時間の削減を実現したからである。労働時間は1987年当時の10a当たり1800時間程度から1000時間程度へと減少しており，800時間の削減のうち選果場の整備による部分が400時間である。また育苗の外部委託によって200時間，ほかに施設内の機械化・省力化等によって200時間がそれぞれ削減されている。

　集出荷場の整備を含むこれらの取り組みは，平坦部に展開する多くの野菜産地再編の方向とも共通するものであるが，中山間地域においては夏秋季の短期間に鋭い労働ピークが形成されるために支援策の効果がより大きく期待できることになる。しかし，その反面で，夏秋季に集荷・選別施設等の稼働期間が限定されることによって，施設利用に関する収支やこれら施設の運用に関わる雇

用の確保などをめぐって，夏型産地の固有の問題を生じる可能性が高くなる。こうした問題を丹生川村の場合はどう克服したのだろうか。

　選果場の運営については，その収支を償うべく選果稼働量の確保が追求されている。求められているのは産地規模拡大であり，このことによって，集出荷経費のオーバーヘッドコストの削減も可能となる。農家側にとっても，労働時間の削減によって規模拡大が進展していることは，既にみたとおりであるが，これに加えて労働時間削減との見返りによって新たに生じた経費負担（選果場利用料および種苗費の負担増加）を償うべく，規模拡大が促進されることとなっている。こうして，産地規模の拡大基調の中で，選果場運営に関わる収支問題も顕在化してはいない。

　また，選果場における雇用の確保については，期間雇用として高齢者の雇用で対応しているところに特筆すべき特徴がある。選果場には，作業員を120人程度雇用しているが，うち90人程度は67歳前後で75歳までの採用となっている。選果場の整備は，農村高齢婦人の夏季の短期雇用の場を創出するところとなっており，選果場の作業もこうした高齢者が無理なく働ける（重い荷物を持たなくてもよい）ような，様々な工夫が施されている。なお，誘致された育苗会社も30人程度の雇用となっており，選果場整備とあわせて，農業部門の展開の下で，新たな就業機会を提供している。

　多くの野菜産地が生産者の減少・高齢化の下で，産地維持を図ることが求められている中で，山間地域にありながらも，そのあり方を提示できるモデル産地としても以上の丹生川トマト産地の取り組みは，注目に値するといえよう。

　ところで，産地支援策として大きな効果を発揮したのは選果場の設置であったが，このことに関して，最後に全国的な動向とそこでの岐阜県産地の位置づけについて確認しておこう。

　第2-9表に夏秋トマトの主要県について，機械選別出荷の状況を示した。1977年の段階では，全国平均の機械選別出荷割合が17.5％に対して岐阜県ではそれを下回る12.1％であった。その後，全国的には緩やかに機械選果出荷割合が増加する中で，岐阜県では急速な増加がみられる。すなわち，1985年

第2章 中山間地域における農業生産の意義と可能性 77

第2-9表 トマト機械選別出荷割合（主産県別）

	機械選別出荷量（100トン）			総出荷に占める機械選別割合（％）			機械選別出荷団体数		
	1977年	1985年	1991年	1977年	1985年	1991年	1977年	1985年	1991年
全　国	921.7	1,119.0	1,294.7	17.5	23.7	28.7	207	227	304
北海道	18.4	20.4	52.6	23.6	23.3	36.4	6	10	18
青　森	0.0	2.5	24.8	0.0	7.2	42.4	0	1	16
岩　手	36.6	21.9	54.3	36.6	23.1	56.8	11	10	22
福　島	69.2	68.8	57.2	18.9	15.9	16.2	10	14	17
茨　城	20.6	30.7	27.4	2.7	8.4	8.3	3	2	3
群　馬	10.7	18.7	47.2	4.4	7.1	18.1	2	3	5
千　葉	1.8	21.9	6.1	0.5	6.2	1.9	2	4	2
長　野	84.6	66.2	27.8	8.4	11.4	9.8	16	8	9
岐　阜	15.9	56.6	156.6	12.1	32.5	74.9	6	8	15

資料：農林水産省『青果物集出荷機構調査』から作成．
注．出荷団体（農協等）取扱部分のみの集計値．出荷量は冬春期も含む年間．近年の夏秋トマトの出荷量がおおむね1万トン以上の県を表示．

には32.5％（全国は23.7％），91年には74.9％（同28.7％）となっており，とりわけ80年代後半に急激な伸びを示している。90年代当初には岐阜県の主要産地ではほぼ選果場の設置を完了するところとなっている。このように，他に先駆けた機械選果の導入の取り組みとその広がりが，岐阜県夏秋トマト産地の際だった特徴となっていることがわかる。

県下における80年代前半までの機械選果場の設置は，県南の東美濃地域を中心になされ，飛騨地域の機械選果場の設置は，1984年の飛騨大野農協（清見地区）から本格化する。県南地域は飛騨地域と比較すれば兼業化がより進展し，トマト作生産農家も定年後の就農者などの高齢者層によって担われている部分が多く，機械選果場の設置もそうした農家を支援するという機能を果たしつつあったとみられる。かかる機械選果場の導入がやがて，県下トマトの中心産地である飛騨地域にも及んだのである。1985年に吉城農協，86年に飛騨大野農協（久々野地区）および高山市農協の設置に続き，これに遅れて丹生川村農協での稼働が88年となっている。

以上のように，産地支援策の要として位置づけられる選果場の整備や購入苗の導入については，広く飛騨地域に共通する取り組みとなっており，かかる効果による規模拡大の可能性は高いといえよう。こうした背景の下で，丹生川村の場合には既存農家の規模拡大が進んでおり，久々野町のような新興産地の場合には導入当初からかなりの規模の経営を行うことが可能となっている。

（3）　小括——農家の定住条件をめぐって——

これまで，飛騨地域における野菜作の展開が農業所得の増加に寄与してきたことをみてきたが，同地域内における野菜作展開の密度にはかなりの差があることも確認された。

こうした農業生産の地域差を通じた農業所得の格差がどのように，農家の定住化にかかわっているのだろうか。また定住化には農業所得以外にどのような要素がからみあっているのだろうか。最後にこの点についての検討を加えてみたい。

第2-2図を参照されたい。同図は，市町村別の1戸当たりの生産農業所得（1975年，94年）と農家人口および農家数指数（1975年を100とした95年時）との相関をみたものであり，左から生産農業所得（1994年）が大きい市町村順に表示している。

これから，まず1戸当たり農業所得が大きい市町村ほど農家人口および農家数が維持されている傾向を読みとることができる。野菜作を中心とする農業生産を通じた所得の大きさが農家の維持に大きく，関連していることがうかがえよう。とりわけ，総人口に占める農家人口が8割近くにまで達する丹生川村の場合は，厚い野菜作専業層の存在によって村の人口維持がなされている端的な例[14]として示されよう（国勢調査によれば，総就業者に占める第1次産業従事者割合は，1990年に39％，95年に35％となっている）。同じく山間地域にある清見村，久々野町についてもおよそ同様の傾向を確認することができる。

これに対して，国府町以下の町村については1戸当たり農業所得が100万円程度ないしそれ未満であり，その差はさほど大きくないが，一方では農家およ

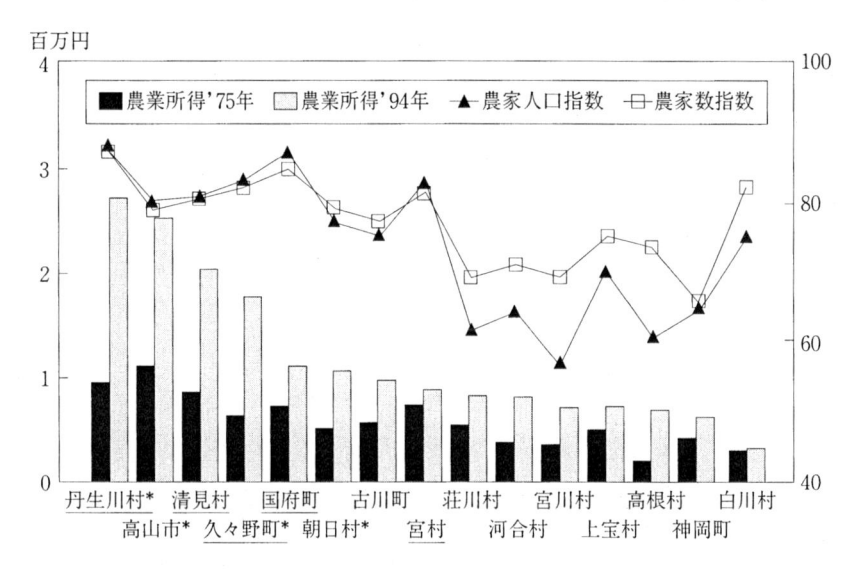

第2-2図　農家人口・農家数の動向と1戸当たり農業所得（飛騨地域・市町村別）

資料：第2-6表に同じ．
注(1)　農家人口および農家指数は1975年を100とする95年次のもの．
(2)　農業所得は農家1戸当たり．
(3)　町村名にアンダーラインがあるのは，高山市に隣接．
(4)　同*があるのは，国営農地開発事業対象地区．

び農家人口減少の程度には大きな格差がみられる。こうした差をもたらしている主たる要因は，都市的地域との距離であろう。高山市とそれに隣接する町村（図では町村名にアンダーライン）では農家数および農家人口が比較的維持されているのに対して，それ以外の町村では減少が大きいのである。

　高山市に隣接する地域には，国府町と宮村が含まれるが，この二つは，第1章の分類に基づく全国的にも数少ない山間地域の「人口維持型」に該当する町村でもある（特に宮村の場合には，農家の維持にとって有効だったのは，農業生産の拡大ではなく，都市的地域との距離的近さであったろう）。

　これに対して，飛騨地域の外環部をなす町村は，図では荘川村から右側に位置するものがほとんどである。このことは，これらの町村は農業生産が必ずしも活発ではないという実態に加えて，都市的地域への距離が遠いことが，大き

な農家数と農家人口の減少の背景にあったと考えることができる。また、これらの町村の多くは、農家数の減少以上に農家人口の減少が大きいことも特徴的であり、後継者層の流出が大きく農家人口に占める高齢者の割合が高くなっている[15]。こうした下でも小規模ほうれんそう作等によって高齢者層の農業就業機会はある程度確保されていることになろう。

ところで、飛騨地域の外環部をなす町村は、前掲第2-7表に示したように、概して農地経営面積が少なく、基盤整備率も低いところが多いのもその特徴となっている。これらの町村は単に都市的地域から離れているという条件ばかりではなく、農業生産の基礎となる農地条件もまた恵まれてはいないのである。現在進行している農地造成事業[16]も高山市およびこれに隣接する町村を中心に行われている（事業対象地区を含む市町村は図では＊で表示）。さらに、雨よけハウス設置補助県単事業が実施されているのも、農地条件が比較的恵まれている地区が中心となっている[17]。

かかる面では、今後、農業生産をめぐる地域内での格差が広がっていくことが懸念される状況ともなっている。

4. おわりに

これまで、中山間地域における野菜作の展開を、指定産地の動向を中心に検討してきた。そこで明らかとなったのは、中山間地域における野菜の展開は、広域流通が進展する中で平坦地との競合にさらされながら、中山間内部での分化、すなわち特定少数の産地での発展的な動きと、それ以外の多くの地域での停滞・後退がみられた点である。今後もこうした方向が基調となっていくとすれば、中山間地域における野菜作展開の余地はあまり大きなものではないだろう。

そうした中にあって、事例的に検討した丹生川村の夏秋トマト産地における取り組みは、若年層を含んだ農業の担い手を確保するなど、農業生産を主軸とした山間地域の活性化を実現した好例と位置づけられよう。それが可能であっ

た条件としては，まず産地立ち上げ期に果たした農地造成の効果が大きい。そしてその後の継続的な技術革新によって集団的に生産力を拡大してきたが，その過程で一定程度の産地規模を擁したことが挙げられる。この産地規模を基礎に種々の産地支援策が機能するところとなっているからである。ここに産地展開を図る上での集積効果の重要性が浮かび上がってくることになる。

　小農生産が基調であるわが国農業において，園芸作の展開は集団的な産地活動を基礎にして展開しているのであって，中山間地域における園芸作の展開もその例外ではないことを示していよう。まして，作期が限られるといった不利な条件を抱えた中山間においては，組織的な対応を抜きにしては産地展開の可能性は大きく制約されることになる。集積の効果を発揮させることが相対的に困難な中山間地域は，かかる点でやはり条件不利地域なのである。また，これが園芸産地形成に向けて平坦地における以上の支援策が求められる所以でもある。

　いずれにしても検討の対象とした飛騨地域では，丹生川村等の一部の地域ではあるが，野菜生産を基軸にした農業生産が農家世帯員の定住にかなり寄与していることが明らかとなった。このことはまぎれもなく農業生産振興策の成果として位置づけられる。こうした成果が飛騨地域で今後どの程度の広がりをもって展開していくのかが，地域農業振興としての課題となっている[18]。

　この点では，飛騨地域の中でも，一部の地区では農地整備と様々な産地支援策が相まって発展の可能性を示しているが，その一方では，停滞的な地区がみられることも既にみたとおりである。こうした停滞的な地区が生み出される背景の一つとして，農業が展開する上で基礎的な農地条件が劣悪であることが挙げられよう。そうした条件の補正がまた重要な課題として挙げられる。

　また，農家世帯員の定住という問題にそくしていえば，飛騨地域においても農業生産ばかりでなく，農外就業機会の確保を図るという問題の重要性が浮かび上がってくる。広く農村整備にかかわる大きな課題が横たわっているのである。このことを銘記して置かなければならないだろう。

　さて，本章では，改めて中山間地域においても野菜作の展開は，産地形成型

によるところが大きい点を確認した[19]。したがって，そのような客観的条件を欠く多くの中山間地域において野菜作を含む農業振興によって一定程度の人口が確保されるための条件は何か，という問いには応えきれていない。中山間地域問題が激化している地域の農山村を視野に入れた農業振興とその中における野菜作の可能性について一言だけ言及するとすれば，そこで求められているのは各種の恵まれた条件に依拠したこれまでの産地形成型とは異なる発想ということであろう。しかし，こうした対応の方向も，その前途は決して容易なものではなく，かかる面での農業振興にかかわる中山間地域の新たな位置づけが必要となっている。

(香月敏孝)

注(1) 3賞受賞産地は，以下のとおり。天皇杯：西宇和農協川上共選（果樹，愛媛県），総理大臣賞：丹生川村蔬菜出荷組合トマト部会（野菜，岐阜県：本章3(2)参照），日本農林漁業振興会会長賞：JA新ふくしま・みなみ花卉専門部会（花き・花木，福島県）。詳しくは，㈶日本農林漁業振興会『天皇杯等受賞者の業績』，1997年）を参照。
(2) 詳しくは香月敏孝「園芸作の展開と上層農家──1995年農業センサス分析──」(『農業総合研究』第51巻第4号，農業総合研究所，1997年10月）を参照。
(3) 加藤武夫『高冷地野菜──生産環境と流通──』(大明堂，1991年），7～18ページ。
(4) 野菜生産出荷安定法に基づき，野菜供給安定基金により価格安定対策事業の対象となる産地。指定要件として，①産地規模として葉茎菜類，根菜類は20ha以上，果菜類は15ha以上，②指定消費地域向け出荷率が1/2以上，③共同出荷率2/3以上。対象は14品目（季節区分により29種）。なお，1994年における指定野菜14品目合計の流通量に占める指定産地からの出荷量は49％である。
(5) 指定産地は少数複数の市町村にまたがって指定される場合が多い（一部は単独市町村単位の指定）が，農業地域類型区分別に当該市町村の作付面積を足し上げてその過半が「中間地域」と「山間地域」の合計によって占められた場合，これを「中山間地域主体の産地」とした。以下，第2-5表まで同様。

ただし，一定の標高があっても広域な地域を包含する「市」の場合（特に，本州中央高冷地周辺に位置する産地について）などの取り扱いは，以下のような点に注意する必要がある。松本市（夏秋レタス指定産地「松本」），塩尻市（同「塩尻」）は，標高からすれば「準高冷地」に該当するが，表では都市的地域（非中山間地域）としている。同様に，高冷地ないし準高冷地でありながら非中山間地域として区分した主な産地は，福島県郡山市（夏だいこん「布引高原」），群馬県昭和村（夏秋キャベツ「昭

和」，昭和村は平地農業地域），長野県原村ほか（夏秋キャベツ・ほうれんそう「諏訪」，原村は平地農業地域），岐阜県高山市ほか（ほうれんそう「飛騨」）等である。

(6) 加藤武夫『高冷地野菜——生産環境と流通——』（大明堂，1991年），80～87ページ参照。

(7) 1990年農業センサスの市町村分析を行った松久勉「若手基幹的農業従事者の存在形態」（『農業総合研究』第48巻第3号，農業総合研究所，1994年7月）によれば，100戸当たりの39歳以下の基幹的農業従事者数で，川上村は81.4人（都府県で第3位），南牧村は56.7人（同18位），嬬恋村は54.3人（同21位）である。

(8) 夏秋トマトと異なるのは，いずれも東北の中山間地域の産地を中心とした展開であることである。夏秋きゅうりは全ての地域で生産が後退する中で相対的に東北の後退が少ない。表注にも示したように，現段階では，ほうれんそうの指定産地には季節区分がない（1979年時点では，「冬春」ほうれんそうが指定対象）。このため，地域別の動きは直接的には捉えられないが，近年において夏秋期のほうれんそう産地形成が活発なのは，やはり東北中山間地域とみられる。

(9) 詳しくは，香月敏孝「園芸作の展開と上層農家——1995年農業センサス分析——」（『農業総合研究』第51巻第4号，農業総合研究所，1997年10月）を参照。

(10) 「飛騨」は，わが国で雨よけ栽培の技術で統一し発展した最初の指定産地である。詳しくは，二ツ寺勉「雨よけ栽培による高品質トマトの生産」（農林水産技術会議事務局編『昭和農業技術発達史・第5巻・果樹作編／野菜作編』，1997年）を参照。

(11) こうした実態については，飛騨農業改良普及センター『平成8～12年度普及指導基本計画書』，43～53ページ参照。

(12) 産地展開については，高橋文次郎・香月敏孝「内閣総理大臣賞受賞者・丹生川村蔬菜出荷組合トマト部会」（㈶日本農林漁業振興会『平成8年度農林水産祭・天皇杯等受賞者の業績——農産・園芸・蚕糸地域特産部門——』，1997年），中日新聞社『農林水産大臣賞受賞出品財の概要：岐阜県丹生川村蔬菜出荷組合トマト部会』（1996年）を参照。

(13) 農業総合研究所が行った「担い手の育成・確保に関する市町村アンケート」（1994年実施）で回答のあった全国の山間地域にある624市町村のうち，新規就農者が過去5年間に10名を超えたのは10市町村であった。丹生川村はそのうちの一つである。なお，10市町村のうち四つは北海道であった。

(14) 丹生川村の人口は1995年に4.6千人であり，75年以降ほぼ横這い（世帯数はこの間若干の増加）となっている。

(15) 1995年農家世帯員に占める65歳以上の割合は，飛騨地域で最も高い高根村が29.2％，次いで宮川村が28.3％。最も低い高山市が20.7％，次いで宮村が22.1％，地域合計では23.1％。

(16) 現在進行しているのが「国営飛騨東部第一土地改良事業」（事業開始1989年）であ

る。高山市，丹生川村，久々野町，朝日村の 663 ha を対象面積とし，農地造成 441 ha（382 戸）のほか道路および畑地灌漑整備を行うものである。造成の完了した団地から営農が開始されている（標高 800 m 以下では雨よけハウス主体，1000 m 以上では露地野菜主体の営農）。

(17) 1995 年度に実施された雨よけ施設導入補助事業（「飛驒美濃園芸王国育成対策事業」）は，施設面積 9.95 ha，事業規模 91.2 百万円（県および市町村による補助がおおむね 50 ％）。実施された市町村は第 1-2 図の丹生川村〜古川町および高根村となっており，飛驒地域外環部の町村での実施は少ない。詳しくは，飛驒県事務所『飛驒の農業』（1996 年），57〜68 ページを参照。

(18) これまで飛驒地域からのトマトおよびほうれんそうの出荷市場は主として京阪神，中京市場が中心であったが，「安房トンネル」が 1997 年に開通したこととも相まって，今後京浜市場への出荷が促進されるとみられる。

(19) 本章の分析では主要な野菜品目（指定野菜）を取り上げ，その中でも相対的に産地規模の大きな指定産地のみを対象とした。その意味では，中山間地域における野菜生産の可能性としては，限定的な領域を扱ったに過ぎない。そして，これまで検討した範囲では，とりわけ近畿，中国地方においては，ほとんど見るべき産地展開がなかった。こうした地域の特性を反映して，一方で小産地連合・地域流通システム構築という課題が提起されている。しかし，これもまた産地の主体的な活動とその力量が問われる取り組みであると同時に，産地の組織化と多様な支援システムの確立が求められている点では，本章で検討してきたと同様の対応の方向と考えることができよう。

小産地連合・地域流通システム論に関しては，藤島廣二・山本勝成編『小規模野菜産地のための地域流通システム』（農林水産省中国農業試験場，1994 年）および林清忠ほか「産地形成と地域流通における新展開とその評価」（児玉明人編『中山間地域農業・農村の多様性と新展開』第 6 章，農林水産省中国農業試験場，1997 年），等を参照。

第3章　中山間地域の定住条件と農村工業導入

1. はじめに

（1）　中山間地域と農村工業導入

　高度経済成長の過程で山村の過疎問題が我が国の社会問題として大きく注目され，その対策として山村振興法や過疎法が策定されてすでに30年近い年月が流れている。しかし過疎化の進行は未だ抑制できず，とりわけ山間農業地域の人口自然減自治体はすでに7割を超えるにいたっている。その意味で若年層を中心とした人口定着やUターンの促進は中山間地域自治体の最大の課題である。そのためには就業の場としての産業振興が不可欠であるが，この間の現実は農林業を中心とした産業振興だけでは限界があることを示している。

　そこで本章では中山間地域における定住条件として工業導入による雇用拡大を取り上げ，その実態と問題点，政策課題を検討する。その際本章では，工業団地造成と団地的な工場立地の推進によって相当量の雇用力の創出が可能な「農村工業等導入促進法」（以下，農工法）に注目する。もちろん農工法に依らない工業導入も多く存在しているが，農工法を活用することが地域・自治体の明確な政策意図を示している点に注目したいのである。

　では中山間地域における農工法にもとづく工業導入はどの程度の位置を占めるのか。正確な数字がないので推計してみると，①国土庁『過疎対策の現況』で過疎地域の1975年～94年の19年間の製造業の立地件数が4,573であり，②中山間地域市町村の過疎地域の指定割合が46.1％を占め，③農村地域工業導入促進センターの資料では中山間地域市町村への工場立地件数が3,223となっている。これらをもとに中山間地域と過疎地域に同一の密度で工場が立地し

たと仮定して推計すると，32.6％を農工法にもとづく工場が占めているといえる。もちろん現実には過疎地域における工場立地の中山間地域全体に占める位置が低いであろうことを考えると，数字は若干高めに出ていると考えられるが，3割という数字は決して低くはない。

だが，容易に想像できるように中山間地域への農村工業導入の実態は必ずしも十分であるとは言い難い。第3-1表は地域別に農村工業導入の実態を比較したものであるが，特に山間農業地域の農工計画策定率の低さが指摘できるとともに，工場の未導入市町村率や農工団地当たり面積をみても中山間地域の厳しさが指摘でき，さらに女子の雇用率が高い点も注目されるところである。また上記の『過疎対策の現況』で過疎地域への工場立地の動向をみると，1989，90年のバブル期をピーク（1990年には製造業439工場）に，特に1992年以降は急速に立地工場数が減少している（1992年は同188工場）。こうして中山間地域への工場誘致は平地農業地域と比較しても，また特に近年の立地動向をみても厳しい状況にあるといえる。

では工業導入を図る市町村にとってその位置づけはどうか。農村地域工業導入促進センターの市町村アンケートによると，中山間地域活性化の重点施策として「農業基盤整備」が41.9％，「新たな工業等の導入」が35.2％，「農業の担い手の育成」が34.5％，「地場観光産業の振興」が27.9％挙げられており（複数回答で上位4回答），また活性化諸施策に占める工業導入の位置について

第3-1表 農村地域工業等導入促進法に基づく工場立地の地域別実態（1993年）

（単位：市町村，％）

区　分	全国市町村数	農工計画策定市町村	農工計画策定市町村			性別雇用者比率		農工団地当たり面積(ha)
			導入済	一般導入	未導入	男子	女子	
都市的地域	651	75(11.5)	29(38.7)	41(54.7)	5(6.7)	66.9	33.1	35.0
平地農業地域	802	383(47.8)	140(36.6)	209(54.6)	34(8.9)	67.4	32.7	16.6
中間農業地域	1,055	508(48.2)	217(42.7)	236(46.5)	55(10.8)	65.6	34.4	12.5
山間農業地域	783	233(31.6)	104(44.6)	93(39.9)	36(15.5)	59.9	40.1	7.4

注．農村地域工業等導入促進センター資料を地域別に再集計した．

も「他の分野と同等の位置で重要」が49.2％,「活性化の中心を占める」が34.5％となっており,工業導入への期待は大きい。実際に同アンケートによると農工法を用いて中山間地域に導入した工場への従事者の34％が「工場勤務前の住所と違う」としており,しかもそのうちの31％が「大都市から」,12％が「県庁所在地程度の都市から」で,全体でみて10％を超える数字となり,Uターン等による定住促進効果が決して小さくないことを示している[1]。

以上のように中山間地域の市町村にとって工業導入は地域振興にとって大きな位置を占める。しかしその現実の工場立地の動向は極めて厳しい。とりわけ工場の海外進出と中山間地域の若年人口の流出,高齢化の進行という全体状況の中で,このギャップを埋めることは非常に困難である。では逆に工場誘致の取り組みは全く意味がないのか。本章では現実に工業導入に取り組む市町村からその経験を汲み上げることにひとつのねらいがある。

(2) 農村工業導入政策と中山間地域

さて上述のように中山間地域問題が深刻化する中で,本章で取り上げる農工法は中山間地域をどのように位置づけてきたのかみてみよう。農村地域工業等導入促進法は1971年に成立したが,その目的を規定する第1条では,農村地域への工業等の導入によって「農業従事者が…導入される工業等に就業することを促進（し）…農業構造の改善を促進する…」と謳っている。当時はちょうど高度成長の末期に当たり,工業の地方分散とあわせて農業構造の改善（規模拡大）が「農工両全」の名の下に積極的に推進された時期であった。こうして農工法は農村地域における産業政策とともに農業構造政策の一環として登場したのであり,こうした基本的性格は現在もなお変更されることはなく継続されている。しかし重要な点は,特に近年にいたって,従来の農業構造政策に中山間地域を意識した地域政策的観点が付与されてきた点である。この点を「基本方針」見直し過程を追うことで確認しよう。

農工法では第3条によって主務大臣が「農村地域工業等導入基本方針」を定めることとされており,1971年の第1次基本方針以降,6回の変更がなされ

ている。このうち1988年の「昭和65年度を目標年次とする基本方針」では運送業等の新たな業種が付け加えられるとともに，農工計画について都道府県が広域実施計画を作成できることとし，単に市町村の範囲のみにとどまらず，広域的事業推進という視点が盛り込まれることとなった。この背景には導入企業の雇用対象地域が広域的にならざるを得ないことや，県の地域間調整，地域対策の必要といった要請があった。さらに1991年の「平成7年度を目標年次とする基本方針」では農工制度の基本的な位置づけの中に，新たに，人口流出等により活力低下が見られる地域における地域経済の振興，定住促進を図ることが付け加えられた。中山間地域活性化という地域政策的視点の意識的な導入である。

さらに1996年の「平成12年度を目標年次とする基本方針」ではその「(5) 産業基盤・生活基盤の整備等多様な観点からの広域的な連携」において「特に，中山間地域等立地条件に恵まれない地域においては広域的な観点から考慮し，複数の市町村を一つの広域的な圏域としてとらえ，関係市町村間が機能分担を図りながら，一体的かつ効率的な基盤整備，計画策定，企業誘致等の取り組みを推進」するとしている。つまり中山間地域を明確に意識した地域対策としての側面が一層強く打ち出され，また位置づけられるように変化してきているのである。こうして農工法は構造政策の一環として存在するものの，近年の中山間地域等の地域問題の深刻化を背景に，新たに地域政策としての性格が強く付与されたのだといえる。

(3) 本章の課題と方法

では，この基本方針が指摘するような中山間地域における広域的連携による企業誘致が本当に可能なのか。可能となった条件は何なのか。またそのことによって中山間地域の人口定着が促進されるのか。この点の実態の解明が本章の第1の具体的な課題である。

そして第2の課題が人口定着のための農家世帯の就業条件に関わる実態と課題の解明である。つまり定住は単に個人レベルの問題ではなく，世帯として定

住しているのであり,世帯員全体の就業構造からその実態と条件を解明する必要がある[2]。第3-2表は地域別に中間農業地域と山間農業地域の世帯員構成の格差をみたものである。これによると特に東北の重世代同居の農家率が高く,中間農業地域で6割近くを,山間農業地域でも5割以上を占めており,以下全体として北陸,東海,関東・東山の順に農家の重世代世帯率は高い。これに対して市町村に占める農工工場立地のある市町村の割合を比較すると,中間農業地域では東北が72.9%と最も高く,次いで北陸の64.8%,九州の55.0%と続いている。同様に山間農業地域では東北が52.0%,次いで北陸の34.3%,東海の32.3%の順である[3]。完全に一致するとはいえないものの,中山間地域の農家の世帯構成と農工工場立地との間には興味深い関連がみられる。

以上,要するに工場誘致という自治体ないし工場立地という企業サイドと,それを受け止める世帯員と世帯サイドの両面からアプローチしようというのが本章の分析視角である。

問題は実証の方法である。本章では地域事例調査をその方法とした。というのも農村工業導入の効果については,上述のように構造政策との関連が強く追求されてきたという経緯もあって,農業構造変動の可能性の高い平場地域にお

第3-2表 地域別の重世代世帯農家率

(単位:%)

区 分	中間農業地域	山間農業地域
都 府 県	49.4	43.9
東 北	58.4	53.1
北 陸	54.2	51.1
関東・東山	51.8	46.7
東 海	59.5	46.6
近 畿	54.3	43.4
中 国	44.7	39.1
四 国	44.7	33.3
九 州	38.3	36.0

資料:農業センサス.
注.重世代世帯とは1995年センサスの世帯主と後継ぎが同居している農家であり,両者とも単身,夫婦を問わない.

ける調査研究がほとんどで、中山間地域の事例、特に定住効果を取り上げる調査研究は空白に等しい状況である。本章では事例調査の中から工業誘致と定住に関する条件を検討したい。

その調査対象地域を東北とした。課題からみて前述のように農工工場立地という点でも、重世代世帯率の高さという点でも突出した数字を示しているからである。具体的には山形県置賜郡飯豊町と岩手県九戸郡九戸村を調査対象として選定した。前者は山間農業地域でありながらも広域的連携による農工工場誘致に成功した事例であり、後者は中間農業地域に位置し、農工工場誘致によってUターンや新規学卒者の定着が実現した事例である。このように両者ともに農工工場導入に成功した事例であるが、果たしてどのような形で定住促進に機能しているのか。以下、それらの実態と問題点、そして求められている政策課題に迫ってみたい。

2. 広域的連携による中山間地域の工場誘致の実態と課題
――山間農業地域である山形県飯豊町を事例に――

（1） 飯豊町の位置と地域構造――平坦部と山間部の二重構造――

飯豊町は山形県の南部、長井市や米沢市と接する人口1万人弱の山間農業地域である。町内にはJR米坂線と国道113号線が走っており、米沢市まで約40分の距離にある。産業就業人口では第1次産業就業人口率が34.4％と高く、減少傾向にあるとはいえ第2次産業に匹敵する位置を占め続けている。

問題は人口である。高度経済成長が始まる1960年には1万5千人を数えていた人口は1975年までの15年間に1万人にまで減少し、1990年には1万人を切るに至っている。

ところで飯豊町は平坦な水田地帯に広がる散居集落が美しい町として特に有名であり、第1回美しい日本のむら景観コンテストにおいて農林水産大臣賞を受賞している。しかしながら、実はこの平坦な水田部は飯豊町の一部（長井市や川西町に接する地帯）であり、町の多くの部分は飯豊連峰を構成する山間部

によって占められている。山間農業地域に指定されているのはこのためである。

さらにこの山間部の集落は国道沿いに細長く展開する集落を中心に，そこから枝葉状に広がる河川の支流に沿って点在する集落とによって構成されている。このうち国道沿いの集落はある程度人口が維持されてきているが，支流域に点在する集落の多くは激しい人口減少が続いている。すなわち，この山間部の人口は1960年には約3千人を数えていたが，10年後の1970年には2千人に，そして1980年には千人を切り，1990年には約700人にまで減少している。このように山間部ではこの間に3/4もの激しい人口減少となっているが，その多くが支流域集落の人口減少によって占められているのである。

実はこの人口減少には大きく二つの要因が作用していた。その第1はダム建設による集落移転である。すなわち1970年代のダム建設によって，14集落中2集落が全戸数移転，5集落が9割の人口減少となった。そして第2の要因が子弟の進学に伴う移転と就職を契機にした人口流出である。前者については特に冬季間，積雪によって町外にしかない高校への通学が困難なことから下宿せざるを得ず，その費用負担の大きさのために世帯ごと町外へ移転してしまうというものである。後者については，山間部内あるいは通勤可能範囲に就職先がないために後継ぎたちの若い人口が流出するもので，その結果世帯主夫婦のみが山間部にとどまり，高齢人口の滞留を促進することとなった。事実，山間部の高齢化率は（調査した1994年で）すでに37％という高さになっている。

では農業構造はどうか。戦後の飯豊町の農林業は水稲と和牛それに山林を利用した炭焼き，ブナ材の搬出，山菜類の加工によって成立していた。しかし高度成長過程における出稼ぎの増加と木炭需要の減少を背景に，1960年以降急速に兼業化が進むこととなる。第3-3表はこのことを端的に示しており，特に山間部では山林への依存度が高く，兼業化は町全体と比較してワンテンポ早く進んでいる。

また農家数や経営耕地の推移をみても，その減少の多くを山間部が占めていることがわかる。さらに重世代世帯農家率もみても，町全体の数字と山間部の数字との間には20ポイント以上の差がある。つまりこの山間部ではダム建設

第3-3表　飯豊町の農業構造

(単位：戸, %, ha)

区分		農家数	専業農家率	男子専従者のいる農家率	経営耕地面積	借地率	耕作放棄率	重世代世帯農家率
全町	1960年	2,075	42.4	—	2,317	—	—	—
	1970	1,971	11.2	51.4	2,330	6.6	—	—
	1980	1,626	3.0	24.2	2,176	7.6	0.8	—
	1990	1,382	4.8	22.9	2,130	10.6	1.0	61.5
山間部	1960年	375	17.6	—	342	—	—	—
	1970	356	5.9	31.7	346	9.2	—	—
	1980	184	3.3	10.9	227	7.5	0.6	—
	1990	115	2.6	14.8	168	20.4	0.6	39.2

資料：農業センサス．

を大きな契機とする人口流出と農地減少が続く中で，残る農家の高齢化と兼業化，後継ぎ世代の流出，経営耕地の減少という大きな問題に直面しているわけである。本稿との関連で言えば，こうした山間部であるからこそ，工業導入による定住条件の改善が求められているといえる（山間部の借地率の高さについては注3の拙稿参照）。

(2) 広域的連携による工場誘致の実態と定住促進の問題点

この工場団地は町の開発公社が当時の農林省の農工制度を利用して1973年に造成したもので，当時大きな問題になっていた若者の町外流出対策の切り札として取り組まれたのだという。しかし直後のオイルショックのあおりを受けて誘致は進まず，結局1980年代に入ってやっと誘致が完了したという経緯をもっている。

そこで山間農業地域でありながら飯豊町が工場誘致に成功した理由についてみると，その主要因は工場団地が周辺市町村と接する町の平坦部に位置しているという点につきる。すなわち，工場団地は長井市，南陽町，川西町と接した国道113号線沿いに造成されているのである。以下，誘致工場の概要をみてみよう。

第3-4表は誘致工場の概要をみたものである。全部で10の工場が立地しており，全ての雇用者が農家世帯員というわけではないが，基本的に従業員は地元雇用（この場合の地元には飯豊町だけではなく周辺市町村を含める）である。従業員規模をみると100人をこえる工場が2社，次いで50人規模の工場が1社となっており，これに対して他の工場は多くても23人にとどまっている。また50人をこえる相対的に大規模な工場が男子雇用中心であるのに対して，相対的に零細な工場では，特に縫製や自動車ハーネスを生産する工場などは基本的に女子雇用型である。

そこでこれら男子雇用中心の上位3社についてその立地の経緯をみると，A社は長井市に本社をもつ企業で，この本社工場の拡張が立地の理由である。Bの場合は交通の便の良さに注目した町内の第1工場の移転・拡張がその理由となっている。またC社の場合はA社同様に長井市の工場拡張を立地の理由としている。要するに，東京等の都市からの誘致ではないが，周辺市町村の工場の拡大という周辺地域を巻き込むことで工場誘致を実現しているのである。まさに広域的連携による誘致といえる。

第3-4表 工業団地への誘致工場の概要

誘致工場	本 社所在地	立地年次(年)	製 品 名	年 間出 荷 額(百万円)	従業員数（人）			
					計	農家	男子	24歳以下
A	長井市	1988	自動車エアコン部品，ハードディスクモーター	3,626	175	70	110	26
B	東京都	1973	建設機械溶接構造物	2,203	119	54	108	20
C	長井市	1991	アルミ電解コンデンサー部品	1,865	53	14	28	10
D	飯豊町	1988	ハンカチーフ，スカーフ	490	23	13	9	5
E	仙台市	1984	アスファルト合材	480	6	2	5	0
F	東京都	1981	製紙用チップ	250	4	2	4	0
G	船橋市	1990	精密ネジ部品	240	23	0	16	10
H	飯豊町	1989	建設機械部品	102	9	2	8	1
I	埼玉県	1988	自動車ハーネス	85	11	5	3	3
J	東京都	1989	ハンカチーフ	40	21	8	0	3

資料：農工センター資料（平成5年）．

次に従業員の特徴をみると，上述のように農家からの雇用は必ずしも多くはなく，半数以下にとどまっているものの，ほとんどが地元住民であり，また男子が中心で，24歳以下の若年層の雇用も少なくはない。その意味で地域への工場誘致には大きな意味があったといえる。この地元住民は単に飯豊町だけではなく，通勤可能な周辺市町村を含めたという意味で広域的な「地元」であり，逆にいえば工場拡張にともなう従業員の募集に短期間に対応できたのも，この周辺地域を巻き込んだ雇用が実現できたためである。この短期間の雇用確保という意味で，広域的連携は企業にとって大きな意味を持っているといえる。

ではこの広域的連携による工場立地が，特に問題となっている山間部の人口定着（特に男子若年層）に機能しているのか，というのが次の問題である。結論的にいってしまうと，非常に困難なのが現状である。すなわち，上記3社のうち長井市に本社を持つA社とC社の場合，従業員の多くが長井市の居住者であり，飯豊町からの雇用者は少数にとどまっている。山間部に居住するものについてはA社で1人，C社でも若干にとどまっている。また飯豊町に工場を有していたB社については町内からの雇用者が多くを占めているが，山間部からの通勤者は3人にとどまっているという[4]。

こうして，山間農業地域であっても工場誘致はたしかに可能である。しかし行政地域（市町村）が山間農業地域に指定されていても，工場団地が周辺市町村と接する平坦部に位置しており，特に雇用面での周辺市町村を巻き込んだ広域的連携が可能であったからこそ誘致が可能であったといえる。このため，問題となっている山間部の雇用増大，それによる定住の促進という点については，残念ながら十分とはいえないのが現状なのである。

では現実に山間部に生活する人たちの就業構造はどうなっているのか。これが次の課題である。

（3）山間部農家の就業構造と誘致工場 ── 労働市場の二重構造 ──

最初に第3-5表をみていただきたい。これは山間部の中でも人口流出の比較的少ない，県道沿いのS集落を中心に，その周辺集落を含めた農家調査に基づ

第3章 中山間地域の定住条件と農村工業導入 95

第3-5表 山間部調査農家世帯員の就業構成

No.	経営規模(a)	世帯主	世帯主の妻	後継ぎ	後継ぎの妻
1	450	66A◎	67E	43C◎	40C○
2	345	62A◎	57A◎	37A◎	36C◎
3	327	64A◎	71A◎	41B○	38C◎
4	310	65D	65E	41A◎	—
5	260	63A◎	60A◎	34A◎	34C◎
6	170	—	62A◎	42C◎	
7	170	67C●	65A◎	42C○	38C◎
8	150	69A◎	70E	45C○	40C◎
9	138	72E	69E	48B◎	47A◎
10	130	65A◎	66E	42C●	42C◎
11	42	72E	75E	48A◎	45C◎
12	10	63A◎	58B○	—	—
13	3	75E	—	47D◎	47C◎
14	3	58C●	56D◎		

注(1) A農林業, B公務員, Cその他の被雇用, D自営・内職, E家事等.
(2) ◎山間部地域内, ○山間部外の町内, ●町外.

く農家世帯員の就業状況である（なお集落の全農家を調査対象としていたが農家の都合で半数程度にとどまった）。

この表からいえることは，60歳をこえる世帯主層が農林業に従事し，後継ぎが他産業ないし農林業に従事，さらにその妻が山間部内の他産業（工場等）に従事していること，つまり世帯員がそれぞれ就業の場をもつことで重世代同居が可能となっていることであり，この「多就業」によってイエが維持されていることである。このうち農林業の内容は，世帯主層の場合は稲作と繁殖牛を主とする自家農業と森林組合の作業班への出役であり，後継ぎの場合には，農業に施設園芸を導入するなどしながら農業内就業の場を確保しつつ，その上で森林組合の作業班に出役したり，冬季間の町の除雪作業に従事するという形となっている。特に森林組合の作業班という就業の場の存在が注目されるところである。

さらに注目されるのは，調査農家の後継ぎの2人と後継ぎの妻の9人が就業

する山間部内の他産業就業先である。その第1が第3セクター「白川リゾート公社」である。これは1982年に構造改善事業の一環として白川ダム湖畔に町が事業主体となって建設した宿泊研修施設「白川荘」の管理・運営を事業内容とする組織で，町と地元農家の青年6人が出資して設立されたものである。白川荘には地元の男子5名（出資している2名を含む），女子6名が雇用され，5～11月にはさらに4人のパートが雇用されている。1993年の実績をみると，宿泊客数約7千人，食堂利用客約5万人，研修・会議室利用が約6千人となっており，いずれも当初計画をかなり上回る数字となっている。なお，この出資者を中心に地域の青壮年が企画して，毎年7月には冬期の雪を保存・利用する「スノーフェスティバル」を開催し，地域おこしとともに白川荘の利用客確保の努力を行っている。

　第2は山間部に立地する女子型の中小工場である。現在3社が操業しているが，このうちの2社をみたものが第3-6表である。K社は中高年女子を対象とした最賃ベース（時給542円）の自動車配線部品工場で，従業員12人の小規模なものである。L社はアクセサリーの加工工場で，山間部出身者がUターン後に親会社を経営する埼玉県の友人に勧められて，1981年に設立したものである。表にみるように雇用者は二つの工場で50人をこえており，しかも平均年齢が35歳というように若い女子の雇用の場としては大きな位置を占めている。事業が順調であることも反映して給与も相対的に高く，前述の工業団地並の水準である。表に出していないもう1社は縫製工場で，K社同様に高齢女子雇用型の零細工場である。

第3-6表　山間部に立地する工場二社の概況

工場名	製品	雇用者	賃金水準
K社	自動車配線部品	12人うち女性10人 平均年齢50歳代半ば	最賃ベースの日給月給
L社	アクセサリー加工	山間部工場女性19人 平坦部工場女性36人 平均年齢35歳	平均14～15万円の月給 毎年昇給あり

ところで山間部にはかつてこの他に三つの工場が操業していた。いずれも女子雇用型で30人規模の電気機械部品製造工場，10数人規模の自動車シート工場，10数人規模の自動車配線部品工場であった。いずれも円高にともなう親会社の海外工場への発注シフトにともなう受注減を理由に廃業に追い込まれている。上述のK社は廃業した配線部品工場を引き継ぐ形で縮小継続して開始したもので，失職した比較的若い女子がL社に再就職したのだという。

以上の実態を労働市場という観点から整理すると第3-1図のように示すことができよう。その特徴は地域労働市場が重層構造をなしており，それが大まかにいって性別・年齢によって規定されているという点にある。その第1が山間部地域労働市場で，特に女子の雇用の場が確保されている点に多就業を通したイエの維持を可能としている条件を見いだすことができる。第2が平坦部地域労働市場で，山間部地域からみた場合，男子が対象となる労働市場である。この労働市場は車による移動がある程度可能という点で山間部労働市場と連続した関係にあるが，山間部地域労働市場の雇用力と比較して大きな広がりを有しており，さらに町外労働市場とも連続性があるという点で異なる。

山間部地域の定住条件として機能しているのはこうした山間部の労働市場の存在である。農家調査にみるように世帯員が何らかの形で就業の場をもってお

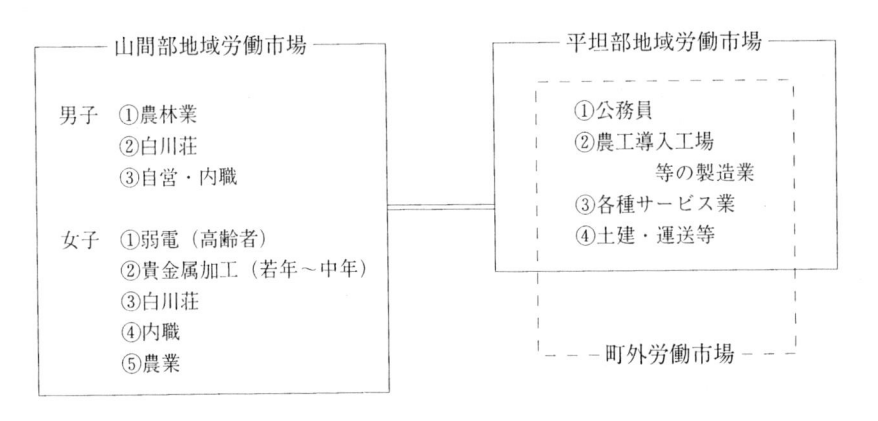

```
┌─ 山間部地域労働市場 ──┐        ┌─ 平坦部地域労働市場 ──────┐
│                        │        │                              │
│ 男子 ①農林業           │        │    ①公務員                  │
│      ②白川荘           │        │    ②農工導入工場            │
│      ③自営・内職       │────────│       等の製造業            │
│                        │        │    ③各種サービス業          │
│ 女子 ①弱電（高齢者）   │        │    ④土建・運送等            │
│      ②貴金属加工       │        │                              │
│        （若年～中年）   │        └──────────────────────────────┘
│      ③白川荘           │        ┆                              ┆
│      ④内職             │        ┆ ─ ─ ─ 町外労働市場 ─ ─ ─ ─ ┆
│      ⑤農業             │
└────────────────────────┘
```

第3-1図　労働市場の概念図

り，イエとしての所得を維持している。特に男子の場合は農林業と白川荘という地域資源の活用が重要な場となっており，女子の場合には農業はもちろん，山間部に立地する小規模な下請け工場が雇用の場として重要な役割を果たしている。もちろん賃金や所得水準は高くはない。しかし山間部内に一定の独自の労働市場を抱えていることが世帯としての定住の条件となっていることは非常に大きな意味をもっているのである[5]。

3．中山間地域への工場誘致による定住促進の成功要因と課題
―― 中間農業地域である岩手県九戸村を事例に ――

（1）九戸村の位置と地域構造 ―― 周辺市町村に開かれた高原型中山間地域 ――

九戸村は岩手県北，北上山系の最北端に位置する内陸地域である。村の中央を南北に国道340号線が走り，周辺市町村に通じる基幹的道路として機能している。地域の中心となる都市的機能をもつ二戸市や一戸町まで30分から1時間の距離にある。また近年には東北自動車道と八戸自動車道の高速道路の開通とともにインターチェンジが設置されており，八戸まで30分，盛岡市まで70分という近さにある。

集落や農地のほとんどがこの国道に沿って位置しており，その外延に山林が展開している。土地利用ではこの山林と原野が村の約60％を占め，農地は15％弱にとどまっている。

人口は7,732人（1995年）で1960年の9,925人をピークに緩やかな減少が続いている。特に高齢化の進行は深刻で高齢化比率は22％をこえる。

地域産業の中心は農業にある。兼業化が進んではいるものの，高齢者を中心に就業人口の40％近くを農林業が占めている。歴史的には農業と出稼ぎの農家経済であり，近年は減少しているものの，現在でも出稼ぎを多く抱える地域でもある。

その農業粗生産額の75％を占めるのがブロイラーであり，岩手県下第1位

の粗生産額を占めている。また近年特に野菜や花卉, タバコの拡大に力を入れており, 県営かんがい施設整備事業等の基盤整備が進められている。

(2) **既存立地工場と誘致工場**——男子雇用型工場の誘致——

上述のように戦後の地域経済は農業と出稼ぎに支えられて展開するが, そのことは当然ながら生産に従事する若年人口の流出を促進することとなった。つまり出稼ぎからの脱却が村政の最大の課題であり, そのための企業誘致が進められたのである。ではその実態はどうか。第3-7表は村に立地している主要工場をみたものである。農工団地が完成する1988年までの状況を整理すると次のように整理することができる。すなわち昭和20～30年代にソバ製麺, 米

第3-7表 九戸村に立地する主要工場

立地工場		立地年次(年)	業種・製品	従業員数(人)	男子	女子
食料品関連	A	S 11 (1936)	米粉・そば粉	6	3	3
	B	S 24 (1949)	製麺	19	5	14
	C	S 32 (1957)	南部せんべい	6	1	5
	D	S 40 (1965)	山菜瓶詰め	7	2	5
	E	S 45 (1970)	ブロイラー加工	104	8	96
	F	S 49 (1974)	ブロイラー解体	173	39	134
	G	S 61 (1986)	ブロイラー加工	14	6	8
	◎○H	H 6 (1994)	香辛調味料	18	10	8
衣料関連	○I	S 43 (1968)	婦人服	34	2	32
	J	S 44 (1969)	子供服	15	2	14
	○K	S 63 (1988)	ニット製婦人セーター	11	1	10
製造業務	L	S 41 (1966)	モーター部品コイル	10	3	7
	○M	S 48 (1973)	時計・プリンター部品	54	14	40
	○N	S 55 (1980)	自動車電装部品	39	5	34
	○O	S 63 (1988)	コイル巻線加工	29	5	24
	◎P	S 63 (1988)	集成材	46	33	13
	◎○Q	H 1 (1989)	電子工業用セラミクス	70	30	40
	R	H 5 (1993)	民芸家具・クラフト商	15	11	4

注. ◎は農工団地に立地する工場, ○は村の誘致企業である。

粉・ソバ粉やキノコ加工といった小規模な地域農産物の加工工場が自生的に展開する。その後昭和40年代になって、村の積極的な企業誘致活動が展開され、縫製、電気機械、精密機械の製造業、そして八戸市の背後地としてのブロイラー加工工場が立地する。その後昭和50年代には工場立地は一旦沈静化するが、60年代になってブロイラー加工や縫製、電気器具等の工場が立地しはじめる。こうして特に衣料、製造業を中心に、村の積極的な誘致が進められたのである。もちろんこうした村内の工場に加え、二戸市や八戸市等への通勤も増大し、周辺市町村を含めた地域労働市場が構成されていった。

しかし問題は立地工場の雇用対象者である。表をみてわかるように、そのほとんどが女子雇用型である。特に若い男子雇用の実現という点で、それまでの工場には限界があった。村の人口構成で高卒者を含む「15～18歳」から「25～29歳」の若い層が男女ともに非常に少ないのはこのためであり、「高卒後村内に残る者はまったくなかった」という。

そこで村が農工団地への工場誘致に際して狙ったのが若年男子雇用型の工場であった。そこで第3-7表をみてみよう。◎印をつけた農工団地への誘致工場の男子雇用率は高く（既存工場の男子雇用率が19％であるのに対して農工団地工場は55％）、さらに後述のように若い従業員が多いのも大きな特徴である。要するに村が期待した若年男子雇用型工場の誘致という課題は達成されたのである。

ではどのような理由で工場は立地したのか。第3-8表は3社の立地経過をみたものであるが、工場の概要を含めて以下若干整理することとする。

P社は九戸村森林組合が経営するパイン集成材工場であり、誘致というよりも地域自生的な性格を持つ工場でもある。前述のように村の50％を山林が占めるが、戦後の拡大造林によってほとんどがアカ松とカラ松から構成されている。問題はこの除間伐材対策であった。工場設立以前の除間伐材はパルプ材として利用される他はなく、昭和50年代には「買いたたかれた」というような低価格しか実現できず、結果として除間伐が進まなくなり、山林が荒れ始めていたのだという。そこで除間伐がペイする価格を実現する手段として導入され

第3-8表 九戸村農工団地への誘致企業の概要

工場名	操業年次・業種	立地経過・理由	雇用者数
P社	1988年 建築部材 家具部材	①除・間伐材の有利販売と山林管理の促進 ②地域資源である南部赤松・カラ松の活用 ③森林組合の活性化	①男子33，女子13，計46 ②24歳以下5，25～54歳37 ③地元雇用46 ④常雇い46，パートなし
Q社	1990年 電子部品 工業用セラミック	①大手企業との競合による賃金高騰がない ②本社従業員確保の困難による生産基盤移転 ③Uターン等による若年男子雇用が可能 ④岩手県および九戸村の熱意と援助	①男子30，女子40，計70 ②24歳以下22，25～54歳46 ③地元雇用70 ④常雇い46，パート24
H社	1994年 各種香辛 調味料	①本社の労働力不足 ②大手との競合の回避で賃金対策可能 ③東北自動車道二戸インター近接と除雪体制 ④県の北部立地要請と九戸村の熱意 ⑤周辺地域と比較して安い用地価格	①男子10，女子8，計18 ②24歳以下3，25～54歳13 ③地元雇用15 ④常雇い9，パート4

たのがこの集成材工場だった。新林業構造改善事業等の補助事業を利用しつつ総額で6億円をこえる投資を行っているが，当然ながら技術的な蓄積があるわけではなく，また販路の開拓という大きな課題を抱える中で，関係者の苦労は非常に大きかった。現在もなお赤字を抱えてはいるが，販売額は着実に増加しており，全体としては経営は上向きにある。

それにも増して効果が現れたのが除間伐の推進であった。現在では除間伐が進みすぎて材料の村自給率は20％にまで落ちているほどで，多くを周辺の町村に依存しているのが現状である。こうして集成材工場は山林という地域資源の活用のみならず維持・管理という点でも大きな機能を発揮しているのである。

では雇用の実態はどうか。操業を開始した1989年には30歳代を中心にした男子10人，40歳代中心の女子10人の計20人を雇用している。募集は村広報を利用するとともに職安を介しており，経営が軌道に乗り始める1991年までは募集に苦労し，当時は役場もUターンなどの紹介の協力をするとともに，工場も賃金確保のために労働省の地域雇用助成奨励金を利用するなど大変な時期

だったという。しかし実績を確実にあげてきた1992年以降はUターン，新卒ともに就職希望者が増加し，逆に断るまでになっている。村内の若年男子雇用の場として評価が高まってきたのである。こうして男子雇用者のほとんどがUターンもしくは新卒（高校・中学）である。

H社は埼玉県所沢市に本社工場をもつ香辛調味料製造工場である。工場新設が検討されたのは1991年で当時はまだ人手不足の時期であり，結果的にこのことが九戸村誘致の最大の契機となった。検討当初は所沢から1～2時間，福島県までがその対象地域であった。しかし福島県があまり積極的ではないこともあって，宮城県や岩手県南地域へと対象が広がったものの，東北自動車道沿線にはすでに大手企業の工場が立地しており，折からの人手不足の状況下では雇用確保の困難が予想された。そこで最終的に岩手県企業立地課に相談し，県の県北地域への熱心な要請もあり，いくつかの農工団地が紹介された。そのひとつに九戸村の農工団地があった。最終的には①九戸村が誘致に熱心であり雇用確保の協力を約束したこと，②用地価格が周辺団地と比較して格安であったこと，③インターチェンジに近接しており，除雪対策もとられていること等が主要な立地理由としてあげられている。

従業員は18人と少数であるが，このうち11人は男子で，Uターンが2名，二戸市等の他社から転職してきた村内居住者が7名，年齢別には20歳代が6名，30歳代が1名，40歳代が2名となっており，若年層の雇用が大きい特徴となっている。

最後にQ社は愛知県瀬戸市にあるセラミクス製造のM工業の100％出資の工場で，電子工業用セラミクスを製造している。子会社である当工場設立の背景にはM工業の立地する地域における雇用競争による賃金上昇があった。したがって工場立地に当たっては，何よりも雇用確保の容易さと賃金の安さが重視されている。九戸村に立地したのはこうした条件が満たされるとともに，岩手県の積極的な誘致の要請があったからだという。

従業員は男子30人，女子40人の合計70人で，工場団地の中でも最も大きい。男子30人のうち20人は操業開始当初に雇用したもので25歳前後が中心

を占める若者中心であった。その中にはUターンや高校の新卒も含まれていたという。また翌年にはさらに高校の新卒を10人雇用しており,若年層の雇用の場として大きな役割を果たしている。工場長は「役場の職員が一緒に高校訪問をして紹介してくれ助かっている。若い男子が雇用できる点が最も魅力がある」という。

(3) 農家の就業構造と誘致工場の位置── Y集落を事例に──

Y集落は九戸村の北部,農工団地の近くに位置する集落で,総戸数36戸,うち農家27戸の比較的小規模な集落である。村の中で平均的な経営耕地面積をもつとともに,農工団地の工場への通勤者が比較的多いということで調査対象に選定した。

第3-9表はY集落の調査農家23戸の世帯員構成とその就業状況をみたものである。まず指摘できることは経営耕地規模とは無関係に後継ぎ他出世帯があることである。調査農家23戸中,子供のいない世帯が1戸,後継ぎ他出世帯が9戸,後継ぎ同居世帯が13戸である。が,30歳以上の同居後継ぎ10人のうち独身者が5人と半数を占める。1番農家の女子を除く全ての他出後継ぎが既婚であるのと比較すると,後継ぎが同居する農家世帯の再生産には大きな問題があるといえる。他方,他出後継ぎの帰村可能性については,集落の代表者である2番農家の世帯主は「他出後継ぎは定年後には帰村するとみんな考えている」といい,確かに県内に住む後継ぎについては「将来的には帰村するだろう」という回答が多い。が,帰村のタイミングは微妙で,「親が動けなくなったとき」という回答も多く,必ずしも定年退職後の帰村というわけではない。その意味で現在もなおUターンの職場を確保できるかどうかが重要な問題となっている。

そこでまず,現状の農家世帯員がどのような就業の場を確保しているのか,具体的にみてみよう。最初にほぼ50歳代以上の世帯主は多くが農業従事で,農外に勤務するものが6人いるが,このうち2人は冬期の出稼ぎと日雇い,2人はブロイラー工場と建設の日給ベースの常雇いで,月給制の常雇いは農協と

第3-9表　Y集落の農家世帯員の就業構造

No.	経営規模(a)	同居世帯員の年齢および就業先					他出後継ぎ
		世帯主	その妻	後継ぎ	その妻	その他	
1	350	49A	49A			父71　母70	女22△未婚
2	238	62A	59A			父81　母83	男40△既婚
3	210	53A	49D	22D○土建・◎P社 独身		父73　母69	
4	207	—	61A	34C○公務員・独身			
5	200	67A	65E	37C○農協	36D○公務員	長女11, 長男8, 次女2	
6	190	55C◎農協	52A	(29公務員・村内別居・既婚・子供2人)　母73			
7	173	64A*	61A				男41△既婚
8	157	62A	62A	U31C◎P社	31D◎Q社	長女5, 次女2	
9	140	72A	71A	U41C◎H社	40C◎食堂	長女15, 長男12, 次女7	
10	140	56C◎インター	59A				男36△既婚
11	130	70A	65A	35C公務員・独身			
12	120	68A*	58A			母85	男33△既婚
13	110	68A	67A	44C○建設	40C○部品工場	長男18, 次男15	
14	110	63A	62A	U32C◎農機具会社・独身		母83	
15	84	69A	55A				男45▲既婚
16	75	69A	66A				男37▲既婚
17	60	68A	62A	32C○ナマコン運転手・独身		母83	
18	48	62A	85A			母84	男　▲既婚
19	42	60A	58D○ブロイラー加工				男33▲既婚
20	40	61B	58C◎ブロイラー会社（後継ぎはいない）				
21	35	62C○ブロイラー	65A	U32D◎P社	28D◎パート		
22	35	49C◎建設	42C◎P社	17◎P社・独身		次男14	
23	35	—	70A	44○土建・独身			

注(1)　A：農業のみに従事，B：農業が主で他産業にも従事，C：他産業が主で農業にも従事，D：他産業のみに従事．
(2)　世帯主の＊は冬期出稼ぎおよび冬期日雇い．
(3)　他出者の△は県内在住，▲は県外在住．
(4)　同居世帯員の◎は就業先が村内，○は村外．
(5)　同居後継ぎの「U」はUターン．

インターチェンジ料金所の2人だけである。世帯主の妻も同様に農業従事のものがほとんどで，農外勤務はP工場に勤務する40歳代の2人が月給制の常雇いで，50歳代の2人はブロイラー工場のパートである。

　後継ぎをみると，自家農業には農繁期に手伝うものの，全員が農外就業である。就業先は村内外にまたがっており，大きく公務員・農協，農工団地工場，日給月給や日雇いの建設の三つのタイプにわかれる。このうち農工団地工場に勤務するものが4人を占め，しかも調査農家中の4人のUターンのうちの3人がこの農工団地勤務者に該当するということで，従来の「公務員・農協もしくは日雇い建設」という地域労働市場の間を埋める重要な位置にあることが示されている。さらに後継ぎの妻をみると，全員が有業者で，その勤務先は多様で公務員や農工団地工場，パート等となっている。このように，第1に農業を含めて世帯員が何らかの就業の場を確保して多就業が可能となっていること，そして第2に農工団地への誘致工場がUターンなど後継ぎや女性たちの有効な就業の場となっていることが分かる。

　そこでUターン後継ぎのうち，農工団地に勤務する2人についてその経過と就業先の評価を紹介しよう。まず9番農家の後継ぎは，1992年，32歳の時に東京からUターンしている。彼は村内の高校卒業後，旧国鉄に就職して東京へ他出しており，両親を東京に呼ぼうと何度も働きかけるものの断られ，妻の反対もあったが最終的には帰村を選択している。本人は仕方なく帰村したことを強調する。雇用先は職安で紹介されており，周辺地域の中では賃金が高い工場であることを選択の理由としている。現在は仕入れを担当しており，「小規模だが，上司に仕事が評価されて，現在ではやりがいを感じる」と評価している。また21番農家の後継ぎは村内の高校を卒業後，盛岡市の繊維卸に就職している。当時は村内に適当な職がなく，いずれ帰村することを意識しながら他出していた。このため当時から週末にはなるべく帰宅するようにしており，そうした中でP工場が職員の募集をしていることを森林組合の理事を務める先輩から聞き，帰村が叶っている。現在は営業や市場調査を担当しており，「自分たちが工場を作りあげている感じで，100％やりがいを感じている」と評価は高い。

（4） 農工団地誘致工場の従業員の意識

そこで実際に誘致工場に勤務する従業員がどのような意識をもっているのか。アンケートは3社の男子従業員73人全員に配布し45人から回答を得た（回答率61.6％）。第3-10表にみるように，Uターンした者と村内に在住していて就職した者に分けると，前者では30歳以上，特に40歳代が多く，後者では29歳以下が多くを占めている。というのも特に在住のままの就職者の多くが高校等の新規学卒者によって占められているからである。こうした特徴をふまえながら以下，アンケート結果のいくつかを紹介しよう。

まず第3-11表は当該工場への就職の理由をみたものである。Uターン者，在住者ともに「自宅に近い」をあげる者が最も多く，「両親の面倒をみる」と

第3-10表　回答者の年齢

（単位：人，％）

区　分	合　計	29歳以下	30〜39	40〜49	50歳以上
合　計	45	23	4	13	5
	100.0	51.1	8.9	28.9	11.1
Uターン	14	3	3	7	1
	100.0	21.4	21.4	50.0	7.1
村内在住	31	20	1	6	4
	100.0	64.5	3.2	19.4	12.9

資料：筆者の実施したアンケート調査．以下の表についても同じ．

第3-11表　農工団地工場への就職の理由（複数回答）

（単位：人，％）

区　分	合　計	地元の生活が好き	両親の世話をみる	家の農地山林を守る	自分の経験技術を活かす	以前の仕事がいやで	安定した職場	所得が安定している	家族や先生のすすめ	休日がはっきり	自宅に近い
合　計	45	9	12	3	7	6	7	3	11	9	30
	100.0	19.6	26.1	6.5	15.2	13.0	15.2	6.5	23.9	19.6	65.2
Uターン	14	2	3	2	2	3	4	2	1	1	10
	100.0	14.3	21.4	14.3	14.3	21.4	28.6	14.3	7.1	7.1	71.4
村内在住	31	7	9	1	5	3	3	1	10	8	20
	100.0	21.9	28.1	3.1	15.6	9.4	9.4	3.1	31.3	25.0	62.5

いった直接的な理由は思ったほど高くはない。特に在住者の多くはまだ若く両親も若いこと，Uターンの場合には帰村意向がはっきりしており，その条件としての「自宅からの近さ」が選択されていると思われる。他方で在住者では「家族や先生のすすめ」「休日がはっきりしている」をあげるものが比較的多く，Uターン者では「安定した職場」をあげる者が比較的多い。したがってUターン者の場合には家に近く，安定した職場であること，新卒者の多い在住者の場合には家に近く，休日がはっきりしていて，両親や先生が勧める職場であることが，工場選択の理由であるといえよう。

では現在の仕事をどのように評価しているか。ここではやや漠然とした聞き方だが「働きがいの有無」としてみた。第3-12表によると，Uターン者の評価は「ある」「ややある」を合わせて8割近くを占めており評価は高いが，若者の多い村内在住者では「同程度」「ない」が合わせて8割近くを占めており評価は低い。後者の場合には村内外の他の仕事との比較はやや困難かともおもわれるが，前述の21番農家の後継者は「定着率は高いようだが，現場の作業が中心の新卒者をみていると，村内に住むにはここしかない，といった感じが拭えない」と指摘する。

第3-12表　他の仕事と比較しての働きがいおよび工場勤務の継続性

(単位：人，%)

区分	合計	働きがい				工場勤務の継続性			
		ある	ややある	同程度	ない	定年まで勤める	将来的に転職	数年内に転職	分からない
合計	45	6	11	16	11	13	9	1	22
	100.0	13.3	24.4	35.6	24.4	28.9	20.0	2.2	48.9
Uターン	14	3	7	1	2	6	4	—	4
	100.0	21.4	50.0	7.1	14.3	42.9	28.6	—	28.6
村内在住	31	3	4	15	9	7	5	1	18
	100.0	9.7	12.9	48.4	29.0	22.6	16.1	3.2	58.1

注．働きがいの欄の「同程度」とは，「地域内の他の仕事やこれまで経験した仕事との比較」であり，新卒就業者の場合には地域内の他の仕事を想定した回答である．なお，「働きがい」の回答の一部には「無回答」があり，合計の数字と合わないものがある．

そこで今後の勤務の継続性についてみると、Ｕターン者では「定年まで勤める」が43％と最も多く、「将来的に転職の可能性あり」が29％となっているのに対して、在住者では「わからない」が58％と半数以上を占め、「定年まで勤める」が23％、「将来転職の可能性あり」が16％となっている。このようにＵターン者は現在の仕事への定着意向が強いが、在住者の場合には若者が多いこともあって明確な意向はもっておらず、なお流動的であることを示している。

4. 総 括

我が国の農村工業導入政策をめぐっては、近年の中山間地域問題を背景に、構造政策としての位置づけに加えて地域政策的位置づけが強調されてきている。しかし現実には中山間農業地域への工業導入は立ち後れており、定住促進のためにはその支援策の強化が必要となっている。本稿はその支援策の前提として、中山間地域における農村工業導入の要因と定住促進の可能性を、事例調査の中から明らかにしようというものである。

まず山間農業地域である山形県飯豊町では山間農業地域に指定されてはいるが、平坦部と山間部の二重の地域構造になっている点が最大の特質で、この山間部の定住促進が課題となっている。飯豊町における工業導入は実は交通条件に恵まれたこの平坦部があって可能であった。つまり山間農業地域であっても平坦部であれば工場立地は十分に可能なのである。さらにこの事例は労働力確保のための周辺町村を含めた広域的な対応が、特に工場誘致に有効であることを明らかにしている。しかしながら人口定着が求められている山間部に対しては、必ずしも男子雇用の場として十分に機能できていないという問題が存在する。つまり工場の誘致はできても問題地域の定住促進との間にはズレが存在するのである。そこには積雪対策や子弟の冬期間の下宿対策など単に就業の場の確保にとどまらない問題があり、総合的な対策が必要であることが示されている。

他方、中間農業地域である九戸村の事例は、農工導入が新規学卒者やＵター

ンの受け皿として有効に機能している実態を明らかにしている。従業員アンケートによると確かに新卒者のような若者の場合にはその定着に不安定性があるが，一定の年齢層に達してUターンする者の場合には，地域への定住がその目的であることとも相まって工場への定着意向は強く，その評価も高い。つまり誘致工場に就業する主体の意識がその効果を大きく規定しているのである。

　このように一口に「中山間地域への工業導入促進」あるいは「広域的連携」といっても，それぞれの置かれている地理的環境や労働市場の在りよう，さらに就業者の意識によって，たとえ立地が可能だとしても，定住促進という機能・効果には一定の幅がある。地域の政策主体には自らの置かれた地域性や，具体的にどの地区の，どのような住民階層に雇用の場が必要であり，結果として定住促進が可能なのか，そうしたターゲットを明確にした政策が求められているといえよう。

　要するに中山間地域における農村工業導入の定住促進機能の有無という本章の課題に対しては，地域の条件や行政主体，ターゲットの設定の仕方によって「ある」ともいえるし，「困難である」ともいえる。その隙間を埋めるキーが中山間地域の政策主体にあるといえよう。

　さらにもう一つの主体である地域住民について強調されるべき点は，両地域とも住民自身の「地域に住みたい」，「家族とともに生活したい」と願う明確な意識が決定的に重要だということである。特に九戸村が工場誘致に成功した背景には住民や他出子弟の定住への強い願望が存在していた。それがUターンや若年層の定住を可能としたもうひとつの主体的条件である。

　この点に関してさらに指摘できることは，農家世帯員が何らかの形で就業しており，多就業によって所得を確保している現実である。逆にいうと世帯員の中に働く場を失う事態が生じると世帯の崩壊，定住の困難を招くこととなる。つまり家族・世帯としての定住という観点を重視する必要があるということである。したがって定住促進と工業導入という課題に対しては，単に工業団地を造成し，まとまった雇用力をもつ農村工業を導入することのみならず，山間部や周辺町村に展開する零細な下請けの中小工場や農林業，さらには都市農村交

流(飯豊町)活動や間伐材利用の集成材工場(九戸村)等の地域資源利用の取り組みによる内発的な就業の場づくりなど,各世帯員の就業している地域労働市場の実態を重視する必要がある。農村工業導入を含めて,そうした多様な就業の場を支援することが重要であろう。

(村山元展)

注(1) 中山間地域の農村工業導入の実態については,農村地域工業導入促進センター『農村地域工業等導入促進調査報告書』(1996年,1997年)を参照。本報告書では市町村アンケート調査と企業への聞き取り調査を中心にした実態が紹介されている。なお,この調査研究には筆者も委員として参画した。
 (2) 中山間地域の農家世帯員の就業形態を「多就業型家族」として,それを中山間地域の適合的形態とする考え方として中川雄二「中山間地域における多就業型農家の継承と展開」(小野誠志編著『中山間地域農業の展開』,筑波書房,1997年)がある。これは広島県三和町におけるアンケート調査に基づいて分析したものであるが,その実証という点とともに,労働市場把握という点でもやや不十分に思われる。これに対し木村隆之「過疎化と地域労働市場」(内藤正中編著『過疎問題と地方自治体』,多賀出版,1991年)では労働市場に注目した分析を試みている。しかし対象とする地域労働市場が林業と建設業に特化した特殊な労働市場であること,また地域労働市場の格差構造把握という観点からの分析であるために,農家世帯再生産からの分析が弱く,中山間地域への政策提起という点でやや不十分に思われる。
 (3) この点については拙稿「東北中山間地域における農村工業と定住条件——山形県飯豊町中津川地区を事例に——」(日本農業研究所『農業研究』,第8号,1995年12月)を参照。
 (4) 本来であれば山間部集落住民の工場団地工場への勤務者が少数にとどまっている理由を明らかにすべきであるが,残念ながら今回の調査では十分に解明することはできなかった。しかし,山間部の青年に全く地元定住意向がないわけではない。この点について唯一調査できたB社勤務のYさん(27歳)をとおしてみておこう。YさんはB社の社長が同じ高校の出身だということもあって,教師の紹介で卒業後すぐに就職している。Yさんとしては「地域に残りたかった。特に(白川荘を経営したり農業に従事して)地元に残っている先輩たちの地域活動が魅力的だった」という。現在の業務はユーザーサービス,特にクレーム処理を担当しており,本人としては精神的な負担が大きく,転職を希望している。そこでB社における若者の定着状況を聞くと,Yさんの世代で自分以外に山間部から5人の若者が勤務していたが,現在すでに2人が転職しており,残る3人の内2人も転職を希望しているという。その理由として「20歳

代の若者にとって毎日同じ仕事ではおもしろくない。自動車修理や自由度の高いトラック運転手の方が楽しいのではないか。ただし30歳を過ぎれば安定を意識するので工場勤務もいいのかもしれない」という。こうして山間部に定住したいが，必ずしも工場団地への誘致工場が（特に高校卒業後の若者にとって）最適な職場としては受け取られていないのである。

(5) 飯豊町の実態については，詳しくは注(3)の拙稿を参照。

第4章　中山間地域の高齢者医療・福祉問題

1. は じ め に

　1997年12月9日,「社会保障改革の橋頭堡」[1]と位置づけられてきた介護保険法が成立した。1996年4月の老人保健福祉審議会報告「高齢者介護保険制度の創設について」から1年半余, 1994年9月の社会保障制度審議会・社会保障将来像委員会第2次報告が公的介護保険制度の創設を提唱してから3年余という「長い道のり」をようやく超え, 2000年4月の実施に向けた準備作業が精力的に進められている。しかし,「高齢者の自立支援」を基本理念として掲げ,「高齢者自身による選択」を普遍的に担保すべく構想された筈の「新介護システム」[2]に,「誰もが, 身近に, 必要な介護サービスがスムーズに手に入れられるような」機能を, 立地条件的に著しく不利な中山間地域においても十分に発揮することは期待できそうにもない。

　措置制度下の「与えられた福祉」に換えて, 高齢者自身が「選ぶ福祉」として新介護システムが重視するサービスは周知のように在宅介護である。それも「できる限り住み慣れた家庭や地域で老後生活を送ることを願って」いる一人暮らしや高齢者のみの世帯の寝たきり老人を含めて,「できる限り在宅生活が可能になるようにするとともに, 24時間対応を視野に入れた支援体制の確立を目指す」[3]ものとされている。が, 中山間地域の厳しい生活環境・条件は, 高齢者が自由に出歩く妨げとなる[4]だけでなく, 高齢者宅を訪問するホームヘルパー等にとっても, その活動を制約する大きい要因となってくる。ちなみに, 公的介護保険「構想の目玉」と評された24時間巡回介護については, それを日本で初めて手掛けた㈱コムスンの榎本社長をして「過疎地など, (利用

者が）分散している場合は無理だろう」と言わしめている[5]。

また，しばしば「保険あって介護なし」と評されてきた介護基盤の整備状況[6]をめぐって，「現状では……サービスの絶対量が不足しているほか，市町村間で大きな格差があり，さらに都市部では施設整備の立ち遅れ，過疎地では専門的な人材の不足等の問題がみられる」とされる。そして「特に，現状においてサービス量が絶対的に不足している都市部」に関しては「市場における適切な競争を通じて，サービスの供給量の拡大と質の向上が図られる」「必要性が高い」と強調されている[7]。しかし，後者すなわち過疎地等における専門的な人材不足をめぐる問題，とりわけ「保健，医療，福祉の連携」強化の前提をなす医者の確保問題については全く言及されていない。

いわゆる「無医村問題」をめぐっては，1956年度に発足した「へき地保健医療計画」に基づくへき地に勤務する医師等の確保対策を始め[8]，1970年の過疎地対策緊急措置法の制定以来，過疎対策の重要な一環として取り組まれてきた「医療の確保」等[9]もあって，かつての切実さは影を潜めたかに見える[10]。人口減少と高齢化が著しい過疎地域等にあっては，逆に「医師過剰時代」の到来を実感させるケースすら見受けられる[11]のであるが，しかし「ニーズさえ，つまり患者さんさえいればサービス資源は整備できる」[12]という保険制度下における医療供給機関の現実的な対応は，医療のみならず福祉の諸サービスを含めて，「有効」需要の希薄化も予想される中山間地域等のサービス供給の基盤と体制をより脆弱化させる方向に作用することをも意味しよう。

いずれにしても，「超高齢社会」日本の21世紀を現に生きている中山間地域の医療・福祉問題は優れて高齢者の医療・福祉をめぐる問題，それも多分に「高齢障害者」[13]の問題として捉えざるを得ないとすれば，「新たな基本理念の下に関連制度を再編成し，21世紀に向けた『新介護システム』の創設」[14]に伴って，中山間地域に定住する高齢者の医療・福祉条件はどのように変わり，いかなる結果を招くことが予想されるのか。いわば近未来における中山間地域の高齢者医療・福祉のありようを可能な限りリアルに描き出す作業を通して，高齢者医療・福祉をめぐる中山間地域に固有の問題点を明らかにする必要があ

ろう。

　と同時に，そうした中山間地域に固有の高齢者医療・福祉問題を超克すべく「中山間地域らしい対応」が求められるとすれば，それはどのようなものでなければならないのか。既存資料の分析と市町村アンケートおよび典型的と思われた地域におけるケーススタディの結果[15]によって，新介護システムを補完する「農(山)村型」システムのあり方を模索してみたい。

2. 中山間地域の高齢者状態

(1) 少子・高齢化の中山間的特徴

　大都市・周辺地域に比べて20年以上も早く高齢化が進んだ過疎地域等[16]，中山間地域における高齢者医療・福祉問題を考える上で，そこに居住する高齢者像をできるだけリアルに把握する作業は不可欠である。対人サービスの最たるものである医療・福祉のありようは，サービスを享受する需要者の状態によって基本的に規定されるからであるが，中山間地域の高齢者状態一般については第1章等で詳しく分析されており，改めて取り上げる必要はない。ここでは，ただ後述する中山間地域の医療と福祉の供給基盤ないし体制問題との関連で注目される特徴的な状況に絞って概観するにとどめたい。

　第4-1表は，中山間地域の町村のみを対象に1996年10月現在で実施したアンケート調査（以下，〔町村アンケート96〕と略称する）の結果[17]から，人口構成上の特徴を抽出してみたものである。総人口中に占める65歳以上の老齢人口割合，いわゆる高齢化率が平均22％強（うち後期高齢者が9％）と1995年国勢調査の全国平均を大きく上回る中，高齢夫婦世帯の対総世帯比が8％強，高齢独居世帯のそれが7％強と全国平均を2ポイントも上回る一方，1世帯当たり平均世帯員数は3.28人と全国平均2.82人に比べて0.46人，16％程度ではあるが今なお多い。

　中山間地域の人口構成は，周知のごとく①若年層を主体とした労働力人口の大量流出に加えて，②相当数の帰村者を含む中高年層の滞留・定着とその加齢

第 4-1 表　中山間地域383町村の人口・世帯構成（1町村当たり平均，1995年10月現在）

		町村数	人口 (人)	高齢者数（高齢化率・％）(人)	うち後期高齢者（後期高齢者率）(人)	世帯数 (戸)	高齢夫婦世帯 (戸)	対総世帯比 (%)	高齢独居世帯 (戸)	対総世帯比 (%)	平均世帯員数 (人)
調査対象全体		383	7,503	1,659 (22.1)	672 (9.0)	2,278	188	8.3	164	7.2	3.29
人口規模別	2.5千人未満	52	1,667	481 (28.9)	202 (12.1)	579	77	13.3	62	10.7	2.88
	2.5～5.0千人	110	3,846	997 (25.9)	420 (10.9)	1,247	134	10.7	119	9.5	3.08
	5.0～7.5千人	82	6,257	1,515 (24.2)	626 (10.0)	1,942	192	9.9	166	8.5	3.22
	7.5千～1万人	52	8,693	1,921 (22.1)	788 (9.1)	2,585	217	8.4	171	6.6	3.36
	1万～1.5万人	47	12,244	2,577 (21.0)	1,050 (8.6)	3,623	278	7.7	206	5.7	3.38
	1.5万人以上	40	20,311	4,091 (20.1)	1,568 (7.7)	6,110	349	5.7	382	6.3	3.32

注(1)　「農山村における医療・福祉のあり方に関する市町村調査」（1996年10月）結果。
　(2)　1995年現在における全国の高齢化率は14.6％（うち後期高齢者率が5.7％），高齢夫婦世帯は276万世帯で対総世帯比6.3％，高齢独居世帯は220万世帯で同5.0％，一般世帯の平均世帯員数は2.82人（国勢調査）。

に伴って著しく高齢化すると同時に「少子化」も進んでいる。しかし，それは大都市部を中心にした③女性の生涯未婚率の急上昇を最大の要因とする合計特殊出生率の著しい低下による「少子・高齢化」[18]ではない。高度経済成長とその後の低成長時代を通して，いわゆる直系家族としての再生産力を事実上喪失した「高齢者のみの世帯」の析出と滞留こそが中山間地域における少子・高齢化の内実であって，大都市・周辺地域における核家族化を前提とした将来的に予想される少子・高齢化ではない。ちなみに，1995年～1996年に実施したケーススタディの対象6地域の中から，将来的には地域社会そのものが消滅するか，そうでなくとも縮小せざるを得ない局面を迎えつつある全国有数の「超高齢」山村K県I町（林野率94％，人口2,641人，高齢化率40.5％）における

現状の一端を紹介しておくと下記のとおりである。

　総面積およそ143 km²のI町南部には隣町に通じる国道が走り，町西端からは隣県に抜ける道路も整備されているが，標高200 m前後の町中心部から山間の集落に向かう道路の殆どが険しい山地に阻まれて行き止まりとなる。町内を流れる二つの川はV字型の深い渓谷をなし，その渓谷沿いに点在する三十数集落の標高は最高700 mに及ぶ。どの集落の家々も高い石垣の上にあり，対向車とのすれ違いも難しい所が多い大半の町道と家々を結んでいるのは手すりもない急峻で狭い石段である。従って，車椅子が使えるのは家の中と，それに精々庭先までで，障害を持つ高齢者が通院や買い物などで外出しようにも，介助者なしには難しい。

　1955年頃までのI町は林業と焼畑によるミツマタ栽培が盛んで，人口も8千人を超えていたが，ミツマタの暴落を契機に人口は急激に減り始め，1975年には3,779人と半分以下に減少する一方，高齢化率は早くも20％の大台に乗り，さらに20年後の1995年現在には上記総人口中14歳以下の年少人口比率は僅か9.3％という全国有数の「少子・高齢化」山村となる。「産業らしい」産業と言えば，「日本一おいしい」茶やゼンマイ，あるいはユズや養蚕といった傾斜地農業か，間伐材を利用した箕の子や下駄などの木製品づくり，そして「1枚幾らにもならない」ビニールの袋貼り工場などしか見当たらない。土木工事等の公共事業と町役場を頂点にしたサービス業こそが最大・最強の就業の場となっているのであり，就業者総数1,336人の対15歳以上人口比率も55.8％と全国平均60.8％に比べて5ポイント低い。そして，高齢独居世帯が251戸で総世帯数1,179戸の実に21.3％を占めるまでになり，町内43集落（行政区）中7集落は高齢化率が60％を超えて「区長の任命も困難」を極める等，集落としての最低限の機能を維持していくこと自体が懸念される「限界集落」だと言う。

　第4-2表は，高齢化率が町住民票による資料では58.1％と上記「限界集落」に限りなく近い標高400～450 mの急斜面に「22軒」の家屋が張り付いている準「限界集落」I地区の現状を，いわゆる定年退職Uターン者で民生委員をや

第4-2表　K県I町における準「限界集落」I地区の世帯構成

No.	同居家族員数(18歳未満)	18歳以上の同居家族員[続柄(性:年齢)就業状況等]（●農業，◎勤め，○臨時，◇自営，―無職，＊退職）	備考
01	7(3)	主(男:42)◎　妻(女:40)◎　父(男:85)●　母(女:69)●	主は農協職員，妻は看護婦．父母はサカキやシキビ作り専業
02	2(―)	主(女:69)○　長男(男:45)◎	主ビニール袋はり．息子(独身)が帰村・I木材勤務
03	2(―)	主(男:65)―　妻(女:59)○	主は白猟病．妻はビニール袋はり
04	2(―)	主(男:65)○　妻(女:60)●	主は山師(日当1万円)．妻は野菜をT自然工場にも出荷
05	2(―)	主(男:67)○　妻(女:62)○	主は土方．妻はビニール袋はり
06	2(―)	主(男:68)○　妻(女:61)○	主は土方(常用)．妻はビニール袋はり
07	2(―)	主(男:68)＊　妻(女:66)＊	主が60歳まで夫婦ともK市の建設会社勤務．民生委員
08	2(―)	主(男:69)＊　妻(女:64)○	主は元農協職員でボランティア．妻はビニール袋はり
09	2(―)	主(男:73)◇　妻(女:66)◇	主が植林の枝打ち等．妻も手伝い
10	2(―)	主(男:75)―　妻(女:70)●	主は障害者(3級)．妻は野菜作り
11	2(―)	主(男:79)―　妻(女:73)―	主は元気で就労希望(但し勤め先なし)．妻は身体障害
12	2(―)	主(男:90)―　妻(女:75)―	主は最近あまり出て来ない．妻は町内2軒の病院通い
13	1(―)	主(男:65)○	独身．山師(I木材勤務)
14	1(―)	主(女:67)○	ビニール袋はり
15	1(―)	主(男:73)○	土方(日給7～8千円)
16	1(―)	主(女:73)―	元気だが，仕事はしていない．
17	1(―)	主(女:82)―	少しボケ．娘が集落内に稼出している．ヘルパー派遣
18	1(―)	主(男:84)―	(具体的状況は不詳)
19	1(―)	主(女:86)―	元気でゲートボール．外出したがる．
20	1(―)	主(男:95)―	2km位離れた一軒家に30年以上も独居．ヘルパー派遣
21	―(―)		主の死亡に伴い長男の所へ転出
22	―(―)		仕事の都合で他地区へ転出
計	37(3)	65歳以上が34人中26人．うち就業者12人，非就業者14人	

注(1)　1995年12月に当該地区担当の民生委員を対象とした聞取調査結果による．
　(2)　町住民課の資料によると，1995.11.30現在におけるI地区の世帯数23戸，人口43人となっている．

っているNo.7から聞き取った結果である。「消息のはっきりしている」22戸のうち，高齢夫婦世帯が10戸，高齢独居世帯が8戸，そして2戸は事実上廃屋化しており，高齢化率はすでに70％を超えている。地区内にはNo.1のように直系三世代が同居する「普通世帯」も確かにあるが，No.3～No.20までの18戸は上述の高齢者のみの世帯で，うち高齢独居のNo.17とNo.20にはホームヘルパーが派遣されている。

しかし，生産年齢人口8人全員が就業者である（とは言え，恒常的勤務はNo.1の世帯主夫婦とNo.2の長男のみ）点はともかく，65歳～74歳の前期高齢者17人中11人，実に64.7％までが収入を伴う仕事に従事しており，非就業者は6人（うち2人は身体障害者）を数えるに過ぎない。そして，75歳以上の後期高齢者9人中就業者はNo.1の父親1人だけであるが，No.11の世帯主のように「本人は元気で就労を希望しているが，勤め先がない」高齢者も見受けられるといった状況で，いわゆる定年退職後は「生きがい」を地域の役職やボランティア等に求められる暮らしぶりの高齢者はNo.7夫婦と元農協職員だったNo.8の3人だけである。

高齢化率が実質70％を超えてなお「準」限界集落と見なされているI地区の場合，95歳でヘルパーの派遣を受けているNo.20等の「高齢障害者」6人を含めて，高齢者26人中13人までがいわゆる「労働力人口」で，うち12人が「ともかく働いている。財産として山を持っている人はいても，木が動かないので収入にはならず，年額30～40万円の老齢年金だけが頼りというケースが殆ど」のようである。「百姓では子供を高校に出すのも難しかったからK県では比較的大きい建設会社に就職」，ほぼ20年間にわたる「単身赴任」後は奥さんも同社の雑役婦として勤め，定年退職を迎えた1987年に夫婦そろって帰村した民生委員のT氏（No.7）をして，「家もようこしらえなんだから帰ってきたが，夫婦合わせて（月）20万円を超える年金のお陰で，よけ呉れもせんボランティアに（夫婦共々）かり出されている(ここI地区での生活は確かに)暮らし良すぎる位」と言わしめる程の状況である。しかし同時に，集落の将来をめぐっては「どこかの家で不幸があっても，余所に出ている者も連絡すれば

戻ってくる。墓掘りは（4戸ごとに組織している）一つの組だけでは出来なくなって，他の組が手伝わないといけないようなことになるかも知れんが，なぁーに，まだ10年や20年は集落で葬式位は出せる」と言う[19]。

（2） 要援護高齢者の措置と滞留

高齢化率が数十％を超えてなお，いわゆる集落機能はそれなりに残存し続けることを窺わせるケースであるが，問題は，上記のごとき「少子・高齢化」の進展に伴って加速度的に高くなる有病率と寝たきり等「高齢障害者」の発生状況いかんである。〔町村アンケート96〕の結果から，その一端を概観しておくと第4-3表のとおりである。

第4-3表 中山間地域383町村の在宅要援護高齢者数と入所・入院高齢者数
（1町村当たり平均）

		町村数	在宅要介護老人（出現率・％）	うち寝たきり（出現率・％）	在宅虚弱老人（出現率・％）	施設入所者（出現率・％）	特別養護老人ホーム（出現率・％）	老人保健施設	長期入院者（出現率・％）
調査対象全体		383	72(4.3)	34(2.1)	107(6.5)	41(2.5)	31(1.8)	8	25(1.5)
人口規模別	2.5千人未満	52	28(5.8)	9(1.9)	49(10.3)	15(3.2)	10(2.1)	2	8(1.6)
	2.5〜5.0千人	110	48(4.8)	18(1.8)	82(8.2)	29(2.9)	23(2.3)	4	13(1.3)
	5.0〜7.5千人	82	66(4.3)	34(2.2)	108(7.1)	45(3.0)	32(2.1)	7	34(2.2)
	7.5〜1万人	52	83(4.3)	36(1.9)	117(6.1)	43(2.2)	34(1.8)	8	24(1.3)
	1万〜1.5万人	47	122(4.7)	53(2.1)	142(5.5)	61(2.4)	43(1.7)	16	39(1.5)
	1.5万人以上	40	133(3.3)	87(2.1)	200(4.9)	77(1.9)	55(1.3)	22	61(1.5)

資料：労働科学研究所「農山村における医療・福祉のあり方に関する市町村調査」（1996年）．
注(1) 1994年（ゴールドプラン策定時）における全国の要介護老人は97万人（出現率5.5％），うち「寝たきり」が85万人（同4.8％）で，虚弱老人は89万人（同5.1％）．
(2) 全国の1995年現在における特別養護老人ホーム定員は22.1万床で対高齢者比1.2％（社会福祉施設等調査報告），精神障害を除く長期入院高齢者は1993年現在21.1万人で同1.2％（患者調査）．

在宅要介護老人[20]の出現率，すなわち高齢者100人当たりの発生率は平均4.3％（うち寝たきりが2.1％）で，これに特別養護老人ホームの入所者を加えると6.1％となり，新ゴールドプラン（見直し後の高齢者保健福祉推進10カ年戦略）策定時の全国平均5.5％を0.6ポイント上回っている。また，在宅の虚弱老人，すなわち必ずしも介護を必要とする状態ではないが，移動や入浴等の基本的な日常生活動作を独りで行うには困難が伴い，あるいは相当の時間を要する高齢者に関しても，調査対象町村の平均出現率6.5％という数値は，上記全国平均5.1％を1.4ポイントも上回るものであって，中山間地域が直面している事態の深刻さは想像するに難くない。

中山間地域における要援護老人，すなわち要介護老人プラス虚弱老人の出現率は，長期入院者を加えると平均15％近くに達するが，そのうち特別養護老人ホーム等の措置入所者は2％程度で，1町村当たり平均34人の寝たきり老人を含む平均およそ180人（高齢者全体の約11％）もの要援護高齢者が支援の手が差し伸べられるのを在宅で「待っている」わけである。

3. 脆弱な医療基盤とサービス供給体制

(1) 医療基盤の整備とその限界

立地条件的に著しく不利な中山間地域の医療や福祉を問題にしようとすると，いわば条件反射的に「無医地区」や「無医村」を連想する人も少なくないであろう。しかし，1956年以来7次にわたって展開されてきた「へき地保健医療対策」に加えて，1961年に発足した国民皆保険制度の波及効果等もあり[21]，地方・農村部における医療基盤の整備は急速に進み，1995年現在，管内に医師が1人もいない「無医町村」は全国で68町村，うち中山間地域が55町村を数えるに過ぎなくなっている[22]。

岩手県沢内村の奮戦[23]に象徴される無医村問題は基本的に解消されたと言ってもよい状況ではあるが，しかし，1955年以降における医療基盤整備の推移を概観しておくと第4-1図に示したとおりである。医師数の増加が全国レベ

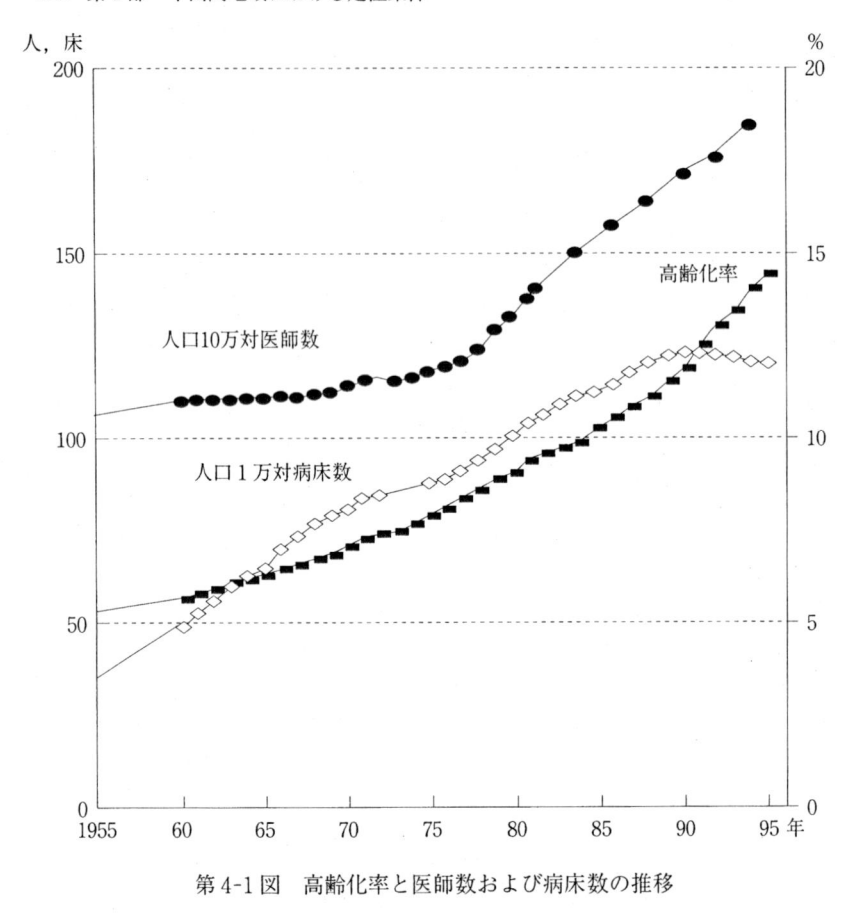

第 4-1 図　高齢化率と医師数および病床数の推移

ルで本格化するのは，人口10万対150人程度の医師を確保することが1970年に当面の政策目標とされ，その実現に向けて推進された「無医大県解消計画」の成果が現れるようになるオイルショック以降を待たねばならなかった[24]。それ以前の変化を特徴付けていたのはベッド数の急増であり，病院や診療所の新・改設に主導された医療施設そのものの整備だったのである。

しかも，1983年に推計数で人口10万対150人の政策目標が平均的には達成された[25]後も順調に増え続ける医師数をめぐって，新規参入医師の10％削減案が厚生省医務局長の私的諮問機関「将来の医師需給に関する検討委員会」で

1986年にまとめられる[26]といった状況下,1992年現在における医師数を農業地域類型別に比較してみると第4-4表のとおりである。中山間地域1,756市町村の人口10万対医師数は平均109人余で上記政策目標の約73%,全国平均およそ177人の6割足らずといった「医師不足」の状態が続いている[27]。

1995年現在における中山間地域の病院・一般診療所数は1市町村当たり平均7施設弱を数え,いわゆる無医村は前述のようにほぼ解消されたし,一般病床数も人口10万対1,085床と全国平均1,207床の9割近い水準に達してはいる。が,医師以外による医療行為は原則として禁止(医師法17条による医

第4-4表 医療基盤の地域間比較(1市(区)町村当たり平均)

(単位:施設,床,人)

		市(区)町村数	病院・診療所数一般診	一般病床数	人口10万対	医師数(92年)	人口10万対
全国		3,255	29.7	466	1,207	67.5	177.1
地域類型別	都市的地域	742	105.3	1,634	1,256	252.3	197.8
	人口稠密地	54	296.7	2,943	1,075	690.7	253.5
	平地農業地域	757	8.6	151	984	17.1	112.2
	中間農業地域	1,022	8.5	143	1,137	14.9	116.4
	山間農業地域	734	4.5	59	939	5.9	89.9
中山間地域の人口規模別	2.5千人未満	207	1.8	9	568	1.2	70.5
	2.5〜5千人	400	2.9	23	610	2.6	63.4
	5千〜1万人	592	4.6	60	842	6.1	82.1
	1万〜3万人	469	10.5	189	1,152	19.3	115.3
	3万人以上	88	31.9	618	1,459	64.3	152.2
	計	1,756	6.8	108	1,085	11.2	109.3

注(1) 原資料は平成7年医療施設調査および平成4年医師,歯科医師,薬剤師調査による.医師数以外は1995年現在.
(2) 地域類型区分は1995年農業センサス地域類型コード(新市区町村)による.但し,その後の町村合併に伴う変化は適宜調整した.また,都市的地域中の「人口稠密地」は農林水産省統計情報部『農山漁村地域活性化要因調査報告書』(1993年)で「調査対象外」とされた東京23区ほか31市町.(以下,同様).

業の独占）されている現行法制下において，医師の確保が期待通りに進まない現状は決定的であろう[28]。絶対的に少ない中山間地域の医師の多くは他ならぬ「内科・小児科医」であって，〔町村アンケート96〕の結果によってみると，外科医が「いる」町村は47.3％と辛うじて半数近くに達しているものの，眼科や耳鼻科の医師が「いる」という町村に至ってはそれぞれ18.3％と15.4％を占めているに過ぎないのである[29]。

もっとも，1985年の医療法改正によって策定されることになった「地域医療計画」は，広域に設定される医療圏ごとに必要病床数を規制する一方，地域中核病院と診療所等が相互に連係を図ることを目指したものであって，管内の医療機関が日常的に連係を取っている総合病院が「ある」という町村は全体の約44％に達し，うち「その病院との定期的な話し合いの場を設けている」ケースも約13％を占めるまでになっている。また，例えば町村立病院等では「通院して来る高齢者を援助するため」に，「マイクロバスを運行している」ケースが約38％，「福祉タクシー等の支援を行っている」ケースが約23％を占めている。その他「町営バス運行上の便宜」や「交通費の助成」あるいは「患者の送迎」等々，脆弱な医療基盤を補完する様々な対応が全国各地で試みられている[30]。

そして中には，サテライト診療所を中山間地域に開設した医療法人立の地域中核病院なども見受けられるのであるが，しかし同時に，過疎化の進展に伴って病院や診療所の維持それ自体が危うくなりつつあるケースも少なくない[31]，というのが中山間地域の医療現場を覆う現実そのものでもある。

(2) 高齢者医療の新たな展開と問題点

中山間地域の医療需要は，高齢化の進展に伴って潜在的には急増する反面，定住人口の絶対的減少と所得水準の低迷に規定されて「有効需要」は伸び悩み，医療機関・施設の存立基盤そのものを次第に掘り崩すといった局面を迎えているわけであるが，そうした中山間地域の高齢者医療をめぐって注目される新たな動きは，いわゆる訪問診療と訪問看護の展開であろう。

立地条件的に著しく不利な中山間地域の場合，医師と患者をつなぐ方法が高齢化の進展に伴って大きな問題となってくる。患者の方が医療機関を訪ねるのか，それとも医師の方から患者にアプローチするか，いずれにしても，アクセスの仕方や負担のありよう如何によっては医療行為そのものが成り立たなくなる。入院や入所は，この移動問題を解決する有力な手段ではあるが，施設の建設や運営に莫大な経費がかかる上に，「住み慣れた家庭や地域で老後生活を送ることを願っている」多くの高齢者にとっても好ましい対応策ではない。とりわけ，体力や適応能力の低下した中山間地域の高齢者にとっては，日常生活のありようを大きく変える必要のない「在宅医療」こそが望まれる[32]。ちなみに，1980年当時すでに高齢化率が14％の大台を超えていたと思われる中山間地域では，いわゆる医師の往診や医療施設として取り組む「訪問看護」が比較的早くから普及・定着していたようであって，〔町村アンケート96〕の結果によってみると，「訪問診療」は約48％，「訪問看護」も約36％の町村で実施されている[33]。

　1991年に制度化された老人訪問看護ステーション（以下，単に訪問看護ステーションないし訪看ステーション等と略称）はそうした要請に応えるものであって，かかりつけの医師（主治医）の指示を受けたステーションの看護婦等が週1〜3回，在宅の寝たきり老人等を訪問して必要な看護サービスを提供する。訪問先での滞在時間は概ね1回30〜90分程度で，利用料金は1日につき250円（但し，「基本使用料」以外の諸経費は別途徴収）という，いわば格安に設定（但し，保険点数は1996年度より正看護婦等の場合で530点）されていることもあって，1993年10月当時は全国で277事業所に過ぎなかったものが1997年3月現在すでに1,804事業所を数えるまでに急増している。

　しかし，1995年末現在全国で開設されている老人訪問看護ステーション1,092事業所の分布状況を地域類型別に比較してみると，第4-5表のとおりであって，制度発足当初はともかく，ステーション開設へ向けて関係医療機関等の体制が整備されてくるに従って地域間の格差は次第に拡大し，中山間地域における老人訪問看護ステーションの整備もまた上述した医療基盤整備の全体的

第4-5表　訪問看護ステーションの普及状況（1995年）

（単位：施設，人）

		市(区)町村数	老人訪問看護ステーション（平均施設数）	1施設当たり平均職員数（常勤換算）	高齢者1万対
全国		3,255	1,092(0.34)	4.05	2.42
地域類型別	都市的地域	742	863(1.16)	4.20	2.91
	人口稠密地	54	100(1.85)	4.85	2.48
	平地農業地域	757	80(0.11)	3.61	1.40
	中間農業地域	1,022	114(0.11)	3.45	1.46
	山間農業地域	734	35(0.05)	3.30	1.06
中山間地域の人口規模別	2.5千人未満	207	1(0.00)	2.50	0.26
	2.5〜5千人	400	9(0.02)	3.03	0.67
	5千〜1万人	592	27(0.05)	3.33	0.90
	1万〜3万人	469	66(0.14)	3.33	1.38
	3万人以上	88	46(0.52)	3.67	2.45
	計	1,756	149(0.08)	3.41	1.34

注．平成7年12月現在老人訪問看護ステーション名簿（厚生省老人保健福祉局老人保健課監修「施設要覧」）より抜粋．

な状況と同様，大都市・周辺地域に比べての「立ち遅れ」は覆い難くなりつつある．

　大都市・周辺地域とは異なり，病院や診療所が立地する市町村の中心部から遠く離れた患者宅を訪問しなければならない中山間地域の場合，たとえ道路は平坦で舗装されているにしても，多大な移動時間とコストおよびリスクを伴う．第4-6表は，東西2地域で実施した生活時間調査の結果から訪問先での看護活動時間と移動に要した時間を抜粋したものであるが，1件当たり平均59分の訪問看護活動を展開するために費やした移動時間は「1回当たり」平均17分，訪問看護活動1件当たりに換算すると約29分を要していることになる．患者

宅で1時間の看護活動を行うために平均30分もの時間をいわば無駄に「空費」しているわけであって,「実費程度」の交通費(例えば,O県訪問看護協会では「原則5km以内」の訪問先で「km当たり30円」というガイドラインを設定。但し,過疎地等に限っては1996年度より1日につき所定の訪問看護療養費の50％相当額が加算される)などで補えるものではない[34]。

しかも,上記のごとき「実費程度」の交通費すら第4-6表に例示したA県T町では請求していない。民生委員等の紹介で訪問するようになった患者の中には「本当は週3回の訪問が必要なところを週2回に,あるいは週1回に減らすケースが少なくない。①息子さん等家族への遠慮と②費用負担が主な理由で,中には『床ずれがひどい』と言って呼ばれ,治療して何とか良くなると切れる(訪問看護を断ってくる)。そして,しばらくするとまた『来てくれ』……,また切れる……の繰り返し」というケースもある。「先生方は『250円位どうということもないだろう』とおっしゃるが,福祉は全く利用せずに,医者や看護

第4-6表　訪問看護婦の看護活動時間と移動時間

		1件当たり看護活動時間					1回当たり移動所要時間					
		活動時間別件数(件)				平均時間(分)	所要時間別回数(回)					平均時間(分)
		30～60分	60～90分	90分以上	合計		10分未満	10～20分	20～30分	30分以上	合計	
A県T町	件数	24	25	-	49	56	6	35	21	20	82	19
K県M病院	件数	12	24	2	38	62	20	23	15	8	66	14
合計	件数	36	49	2	87	59	26	58	36	28	148	17
	％	41.4	56.3	2.3	100.0		17.6	39.2	24.3	18.9	100.0	

注(1)　活動時間の最長はA県T町が85分,K県M病院が100分.移動時間の最長はA県T町が55分,K県M病院が45分.
(2)　A県T町(人口23千人,高齢化率22％強)は町直営の訪問看護ステーション常勤看護職3名を対象とした1997年1月20日(月)～26日(日)の連続1週間の生活時間調査の結果より抜粋.
(3)　K県M病院(病床数60床,常勤医師5名)は広域5町村(総人口34千人,高齢化率36％弱)をカバーする病院併設の訪問看護ステーション看護職員3名を対象とした1996年11月5日(火)～11日(月)の生活時間調査結果より抜粋.

婦さんに最低限のことだけやって貰う。その方が安いからで，250円を節約するために例えば3回（訪問した方が良いと思われるケース）を1回に減らしている利用者から『治ったのだからもう良い！』と言われたら引き下がる以外にない。仕方がないので『悪くなったら直ぐ連絡して下さいね！』と念を押して帰ってくる」といった状況（A県T町訪問看護ステーション）を脱し切っていないのである[35]。

4．福祉サービスの現状と問題点

（1） 施設整備の展開にみる問題点

　一方，高齢者福祉に関して言えば，1963年の老人福祉法の制定によって特別養護老人ホーム（略称，特養）と家庭奉仕員（1990年の法改正でホームヘルパーと呼称）が設置されることになり，第4-2図にみるように，高齢化率が7％を超えた1970年前後から特養定員，ヘルパー派遣老人世帯ともに急増する。が，周知のように老人医療費の無料化が制度化され，「福祉元年」と囃された1973年に発生した石油危機は高齢者福祉をも直撃し，そのありようを大きく変容させる契機となった。いわゆる低成長時代の到来に伴って後者すなわちヘルパー派遣老人世帯数は伸び悩み，高齢者1万人対にしてみたヘルパー派遣世帯率は1976年の55世帯弱をピークに下降線をたどるのである。

　しかし，特別養護老人ホームの建設と入所定員の増加はオイルショック後も従来通りのペースを維持する。そして，老人保健法の改正によって老人医療費が有料化されると同時に老人保健施設（病状の安定化した高齢の入院患者が家庭等への復帰に向けてリハビリ等の医療ケアを受ける契約型の中間施設）が導入された1987年以降は，ペースダウンを余儀なくされたものの引き続き増加の一途をたどり，1995年現在，施設数が全国で3,201，定員総数およそ22万人，高齢者1万対121人（特養整備率1.21％）といった水準に到達する。

　しかも，そうした特養の新・増設と入所定員の急増は，全国で一様に進んだわけではない。1970年に施行された過疎地域対策緊急措置法で取り上げられ

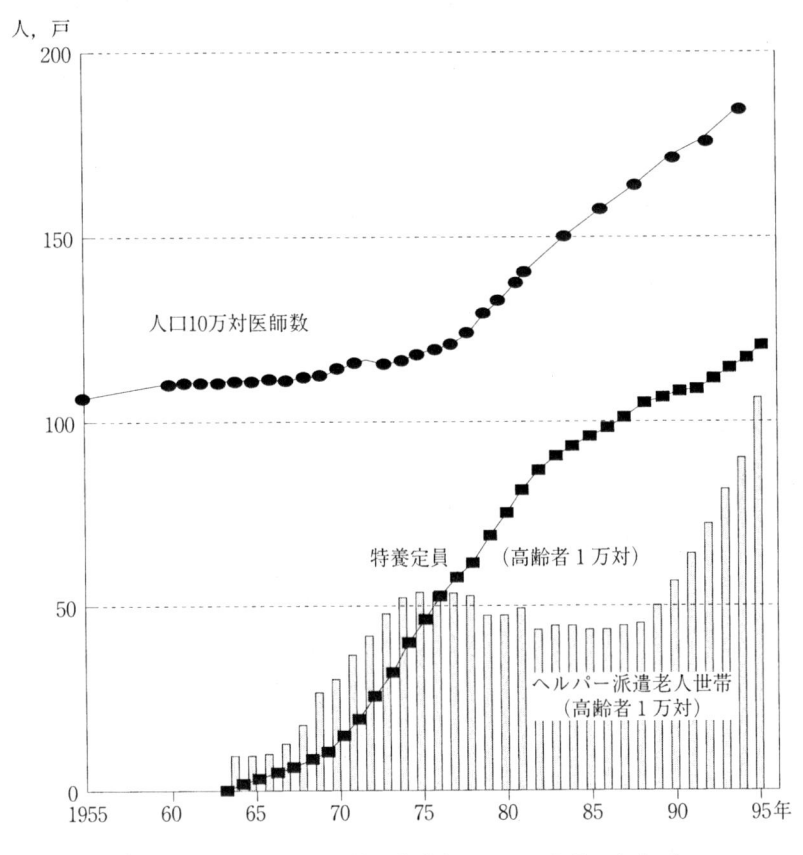

第4-2図　医師数と特別養護老人ホーム定員，および
ヘルパー派遣老人世帯数の推移

た「福祉施設等厚生施設の整備」は，1980年施行の過疎地域振興特別措置法でも継承され，1990年の過疎地域活性化特別措置法，いわゆる新過疎法においては新たに「高齢者の福祉の増進」が条文に明記されるのであるが，いずれにしても，こうした過疎対策の指定市町村（1996年4月現在2,008市町村中，中山間地域が1,056市町村）を含む中山間地域における特別養護老人ホーム等福祉基盤の整備は顕著に進み，前述した医療基盤の場合とは全く逆に，大都市・周辺地域等に比べて著しく「充実」した状況にある。

第4-7表は，1995年現在における特別養護老人ホーム等の整備状況を地域類型別に比較したものであるが，中山間地域の特養入所定員は高齢者1万人当たり平均167人（整備率1.67％）と全国平均より46人強，約38％も多い。また，ショートステイ専用ベットやデイサービスセンターのそれも全国平均を大きく上回っているのであって，安達生恒『農家の老人問題』による1973年の提言すなわち（通院条件等が極めて悪い農山村において）「必要なのは，健康を害した後期老齢層……のための特別養護老人ホームであり，老人一般に対しては居宅サービスである」とした指摘[36]が，二十数年後の今日，曲がりなりにも実現しつつあるかのごとき錯覚をおぼえる程である[37]。

しかし，寝たきり老人等要介護高齢者の出現率は，1994年（新ゴールドプラン策定時）の全国平均でも5.5％（平成8年版厚生白書に掲載された資料に

第4-7表 特養等の整備状況（1市(区)町村当たり平均，1995年）

（単位：施設，人，床）

		市(区)町村数	特別養護老人ホーム数	特養入所定員	高齢者1万対	専用ショートステイベッド	高齢者1万対	デイサービスセンター	高齢者1万対
全国		3,255	0.98	67.9	120.6	4.89	8.7	1.21	2.2
地域類型別	都市的地域	742	2.28	171.8	102.3	11.97	7.1	2.69	1.6
	人口稠密地	54	3.15	267.2	73.6	12.52	3.4	6.00	1.7
	平地農業地域	757	0.62	39.8	145.7	3.06	11.2	0.77	2.8
	中間農業地域	1,022	0.67	42.6	161.8	3.18	12.0	0.84	3.2
	山間農業地域	734	0.48	26.9	181.2	2.00	13.5	0.69	4.7
中山間地域の人口規模別	2.5千人未満	207	0.15	7.3	157.7	0.49	10.6	0.39	8.3
	2.5～5千人	400	0.40	20.4	200.6	1.47	14.5	0.68	6.7
	5千～1万人	592	0.59	34.9	207.5	2.63	15.7	0.79	4.7
	1万～3万人	469	0.79	51.9	152.5	3.63	10.7	0.91	2.7
	3万人以上	88	1.38	98.4	125.5	8.44	10.8	1.41	1.8
	計	1,756	0.59	36.0	167.3	2.67	12.4	0.78	3.6

注．原資料は社会福祉施設等調査報告，社会福祉行政業務報告．

第4章 中山間地域の高齢者医療・福祉問題　131

第4-8表　中山間地域383町村が管内高齢者を措置入所させている特別養護老人ホームの概況

	町村数	措置入所させている特養平均数	平均入所者数(対高齢者千人)	設置主体(多項目選択)					措置入所高齢者最多利用施設の状況				
				イ 当該町村	ロ 広域事務組合	ハ 社会福祉法人	ニ 医療法人	ヘ その他	平均定員	待機者がいる特養	待機者数	最長待機期間(カ月)	空きがある特養
									(人)		平均±SD	平均±SD	
調査対象全体	383	4.4	31.5(19.0)	55	104	294	11	57	69.9	289	14.2±27.0	13.2±11.0	1
構成比(%)	100			15.8	29.8	84.2	3.2	16.3		75.5			0.3
人口規模別 2.5千人未満	52	2.7	10.1(21.0)	5	19	28	4	8	68.4	31	9.9±10.6	7.3±5.7	1
2.5〜5.0千人	110	3.7	22.2(22.3)	17	28	78	2	16	76.6	73	10.5±11.9	11.7±9.5	—
5.0〜7.5千人	82	4.5	39.2(25.9)	12	20	66	2	8	63.3	65	18.8±50.7	14.8±10.9	—
7.5千〜1万人	52	5.0	33.2(17.3)	10	15	44	—	9	66.9	43	16.9±18.2	16.6±15.9	—
1万〜1.5万人	47	5.0	39.7(15.4)	6	15	43	3	10	71.3	40	12.0±9.7	12.0±7.6	—
1.5万人以上	40	6.3	57.6(14.1)	5	7	35	—	6	69.8	37	16.5±15.1	15.6±11.1	—

注(1) 入所者数は調査時点の数値で前掲第4-3表の入所者数とは必ずしも一致しない。
　(2) 設置主体が「ホ．医師会」というケースなし。
　(3) その他「ヘ」の調査対象1町村当たり平均入所者数は1.1人。
　(4) 全国の1994年10月現在における特養定員の対高齢者千人率は11.8人。

よると 5.9 %）と，中山間地域の特養整備率をはるかに超えている。まして「健康を害した後期老齢層」のウエイトが高い中山間地域における要介護高齢者の出現率と特養整備率との落差はさらに拡大し，特別養護老人ホームの入所をめぐる周知のごとき「待ち行列」は中山間地域においても多発していることに変わりはない。ちなみに，〔町村アンケート 96〕の結果から，当該町村が高齢者を措置入所させている複数の特養中，「措置入所高齢者最多施設」における利用状況を概観しておくと第 4-8 表のとおりであって，調査対象全体の 3/4 の特養で平均 12 人強（入所定員の約 20 %）の入所希望者が最長 13 カ月余の待機を余儀なくされているのである。

なお，1986 年から新たに導入されることになった老人保健施設の 1995 年現在における高齢者 1 万人当たり入所定員[38]は，全国平均 59.1 人に対して中山間地域では平均 54.8 人（山間地域に限って言えば 33.3 人）と，老人訪問看護ステーションほどではないが，やはり少ない点も最近の特徴的な傾向の一つとして注目しておく必要があろう[39]。

（2）　在宅介護の展開と 24 時間対応

1980 年代後半の「施設から在宅へ」という医療・福祉政策の方向転換を鮮明に体現していたのは，他ならぬ高齢者保健福祉推進十カ年戦略，いわゆるゴールドプランである。第 4-3 図に示したように，老人ホームヘルパー数とホームヘルパー派遣老人世帯数は 1990 年を境に急増し，1995 年には前者が 10 万人（高齢者 1 万対 55.6 人）の大台を超え，後者も 19.5 万世帯（同 107 世帯）に達した。しかも，そうしたホームヘルパーとヘルパー派遣世帯の急増をリードしたのは，上述した特別養護老人ホームの場合と同様，やはり中山間地域の市町村であって，〔町村アンケート 96〕の 1 町村当たり平均ホームヘルパー数は 7.0 人（高齢者 1 万対 42 人），うち常勤ヘルパーが 4.3 人（同 26 人），約 61 % を占め[40]，パートヘルパー等への依存度が高い大都市・周辺地域[41]に比べて著しく「充実」したものとなっている。

また，1994 年現在におけるホームヘルパーの利用頻度を㈶長寿社会開発セ

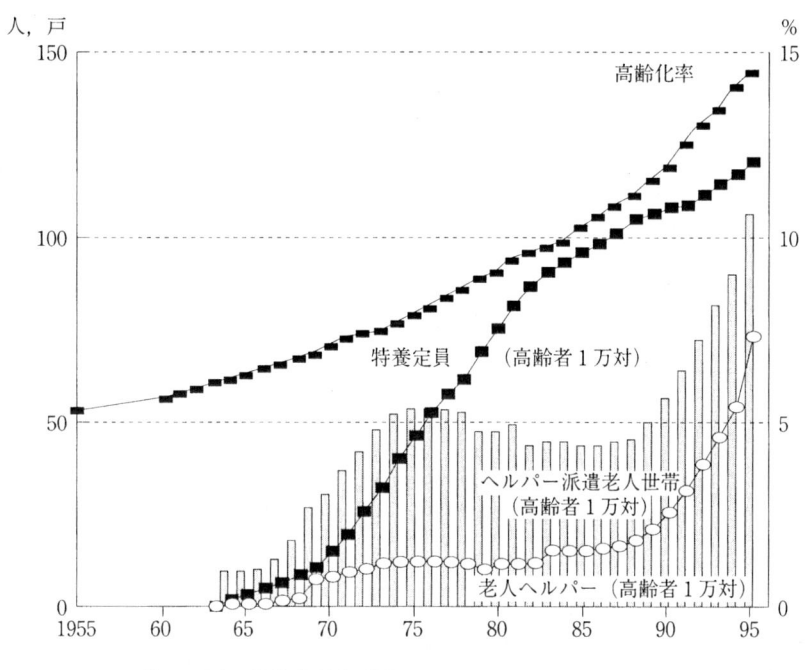

第4章　中山間地域の高齢者医療・福祉問題　133

第4-3図　特養定員と老人ホームヘルパーおよび
ヘルパー派遣老人世帯数の推移

ンター『平成7年版老人保健福祉マップ数値表』によってみると，第4-9表に示したように，中山間地域の高齢者は100人当たりにして年間およそ113日と全国平均よりも約30日，35％強も多くヘルパー派遣を受けているのである。

　市町村が行うホームヘルパー派遣事業に要する経費等は，在宅福祉事業費補助金交付要綱に定められた基準額（1995年現在，常勤職員（月額）手当27.9万円弱，非常勤職員（時間給）の身体介護中心業務手当1,380円，家事援助中心業務手当910円等）の1/2が国庫補助されることになっている[42]。そして，この国庫補助に大きく依存しながら常勤ヘルパーの確保に努め，相対的に「手厚い」サービス供給を実現している，というのが中山間地域におけるホームヘルパー派遣事業の内実そのものに他ならない。ちなみに，〔町村アンケート

第4-9表　デイサービスとホームヘルパーの高齢者
100人当たり年間利用日数（1994年）

（単位：日/100人）

		市(区)町村数	デイサービス	ホームヘルパー
全国		3,255	91.6	83.7
地域類型別	都市的地域	742	76.0	74.1
	人口稠密地	54	84.2	107.6
	平地農業地域	757	106.3	87.3
	中間農業地域	1,022	127.6	100.9
	山間農業地域	734	149.5	142.3
中山間地域の人口規模別	2.5千人未満	207	241.5	264.5
	2.5〜5千人	400	222.9	177.7
	5千〜1万人	592	164.0	131.4
	1万〜3万人	469	105.1	95.3
	3万以上	88	88.4	62.6
	計	1,756	134.0	112.0

注．長寿社会開発センター「平成7年版　老人保健福祉マップ数値表」より抜粋・集計．

96〕によると，常勤ヘルパーの賃金等については「町村職員に準拠」して決めている町村が調査対象全体の55.9％（「独自に決定」している町村が33.2％）に達する一方，非常勤ヘルパーの賃金については「国の基準通り」が回答町村全体の42.5％を占めているものの，「国の基準に上乗せしている」町村も9.5％を占め，あるいは「一概に言えない」とする町村が48.0％に達している[43]。

中山間地域の相対的に「充実」したホームヘルプサービス等は多分に不安定な基盤の上に成立しているわけであるが，そうした中山間地域においてなお

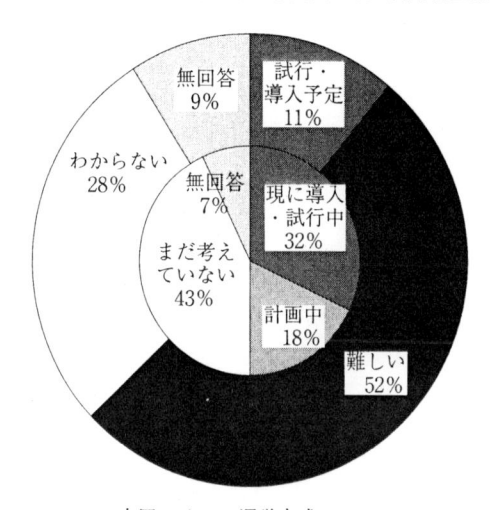

第 4 章　中山間地域の高齢者医療・福祉問題　135

内円：チーム運営方式について
外円：24時間巡回介護について

第 4-4 図　ホームヘルプサービスのあり方をめぐる
　　　　　中山間地域 383 町村の対応姿勢

「高齢者自身の選択」に応えるべく「24 時間対応を視野に入れた」在宅重視の支援体制を構築し得るのかどうか。24 時間対応巡回ホームヘルプサービスをめぐる中山間地域の対応姿勢を〔町村アンケート 96〕によってみると，第 4-4 図のとおりである。ホームヘルプサービスのチーム運営方式[44]については「既に導入・試行中」という町村が 1/3 近くに達したが，深夜帯等を含めて頻回に要介護高齢者宅を訪問する「巡回型」ホームヘルプの導入をめぐってはやはり「難しい」とする町村が過半数を占めた。

　24 時間対応ヘルパー（巡回型）事業に要する経費は，1 事業単位 20～29 人の場合で年額 2,300 万円（1995 年の場合）が加算されることになってはいるが，「移動時間（休憩も含む）を 3 割以下」に地域設定することが採算性の面から要請される[45]巡回型ホームヘルプサービスは，立地条件的に著しく不利な中山間地域には適合し難い。ちなみに，24 時間対応在宅看・介護体制の確

立に向けて先駆的な活動を展開してきたA県T町[46]の常勤ホームヘルパーを対象とした生活時間調査の結果から，昼間（主に滞在型）勤務と夜間巡回　勤務の援護活動時間とそれに直接対応する移動時間のみを抽出してみると，第4-10表のとおりである。夜間巡回訪問の移動1回当たり所要時間は平均6分余で，昼間勤務の半分強と短い。訪問対象世帯が町中心部から3～5km以内に事実上限られているからであるが，にも拘わらず，訪問1件当たりの移動所要時間は平均7.5分となり，訪問先での平均援護活動時間8.5分の実に9割近い時間を移動のためだけに費やしているのである。

加えて，24時間対応巡回ホームヘルプの利用者は，深夜帯（21時～翌日7時）の場合に限り，訪問回数ごとに1回当たり200円（利用者世帯の階層区分C）～750円（同G）の費用を負担すること（但し，生活保護法による被保護

第4-10表　ホームヘルパーの訪問先援護活動時間と移動時間

	集計訪問件数	訪問1件平均		移動1回当たり所要時間					平均時間（分）
		活動時間（分）	移動時間（分）	所要時間別移動回数（回・%）					
				10分未満	10～20分	20～30分	30分以上	合計	
昼間勤務	223	75.8	18.4	104	209	30	23	366	11.2
				28.4	57.1	8.2	6.3	100.0	
うち休日	10	61.5	19.4	4	12	1	1	18	10.8
				22.2	66.7	5.6	5.6	100.0	
夜間巡回勤務	74	8.5	7.5	67	20	1	—	88	6.3
				76.1	22.7	1.1	—	100.0	

注(1)　A県T町の常勤ヘルパー24名中19名を対象に1996年12月15日（日）～21(土)の連続1週間にわたる生活時間調査の結果から，派遣対象毎の援護活動に対応する移動時間が明確なケースに限って集計．
(2)　援護活動時間の最長は通院介助の285分．移動時間の最長は45分．

世帯（階層区分Ａ）および生計中心者が前年所得税非課税世帯（同Ｂ）は無料。いずれも1995年）になっており，生活保護世帯と低所得世帯の要介護高齢者以外は，生計中心者すなわち多くの場合は息子夫婦等の顔色を窺いながらの「選択」を強いられることにもなろう。

　もっとも，住民参加型の福祉のまちづくりを進めるＡ県Ｔ町の場合，国が定める「日中のヘルパー派遣と同額」，それも「2名対応だが費用は1名分」の時間当たり費用を負担すればよい（Ｔ町「夜間巡回型ヘルパー派遣実施要綱」）ことになっている。また，昼・夜あるいは滞在型・巡回型等に係わりなく，ヘルパー利用者の大部分が第4-11表にみるとおり費用負担「なし」の低所得者等で，訪問1時間当たり250円（費用負担区分Ｃ）～910円（同Ｇ）の受益者負担をしている高齢者は3割程度，夜間巡回介護を利用している高齢者に至っては12名（前掲第4-10表の生活時間調査実施期間中は7名）を数えるに過ぎ

第4-11表　Ａ県Ｔ町のホームヘルパー派遣世帯

費用負担別		平成7年度派遣世帯戸（％）	平成8年4～11月（8カ月間）	
			訪問延時間 時間（％）	負担額 千円（％）
	Ａ（ － ）	22（ 8.5）	1,171（ 9.6）	－（ － ）
	Ｂ（ － ）	159（ 61.6）	8,709（ 71.2）	－（ － ）
	Ｃ（＠250）	4（ 1.6）	101（ 0.8）	25（ 1.4）
	Ｄ（＠400）	8（ 3.1）	306（ 2.5）	122（ 6.6）
	Ｅ（＠650）	12（ 4.7）	253（ 2.1）	164（ 8.9）
	Ｆ（＠850）	11（ 4.3）	125（ 1.0）	106（ 5.7）
	Ｇ（＠910）	42（ 16.3）	1,563（ 12.8）	1,431（ 77.4）
合　計		258（100.0）	2,228（100.0）	1,850（100.0）

注(1)　費用負担区分Ａ～Ｇは下記のとおり．
　　Ａ：生活保護法による被保護世帯
　　Ｂ：生計中心者が前年所得税非課税世帯
　　Ｃ～Ｇ：生計中心者の前年所得税課税年額が，1万円以下＝Ｃ，
　　　　　1～3万円＝Ｄ，3～8万円＝Ｅ，8～14万円＝Ｆ，
　　　　　14万円以上＝Ｇ
　(2)　区分Ｇの1996年7月以降の負担額は＠920/時間．

ない。中山間地域の在宅介護をめぐる最大の問題は，やはり国民年金受給権者等の「低所得者問題」という状況が少なくとも当分は続くものと予想される点であろう[47]。

5. 望まれる「農(山)村型」システムの再構築

　以上，中山間地域における医療基盤と福祉サービスの現状を「施設から在宅へ」という高齢者医療・福祉政策の転換との絡みで概観してきたわけであるが，高齢化率が1995年現在すでに21.4％と全国平均より7ポイントも高い中山間地域の医療と福祉をめぐる最大の問題は，事態の進展に即して「素直に」直視するとやはり高齢者医療，それも医師の「確保」ないし「定着」問題に尽きると言うべきかも知れない。

　中山間・過疎地域等の市町村にとって悲願ですらあった「無医村・無医地区の解消」が今なお期待通りに進んでいるとは言い難いのに対して，高齢者福祉については，特別養護老人ホーム等の施設サービスだけでなく，ホームヘルパーの派遣・利用状況に象徴される在宅サービスをめぐっても，中山間地域は大都市・周辺地域に比べて相対的に「充実」している。加えて，医師の供給抑制策が強化されようとしている今日的状況を踏まえて言えば，中山間地域における「医師の安定的確保・定着に向けた支援方策の強化」[48]こそを第一義的な課題として掲げるべきであろう。「住民参加型の福祉のまちづくり」が世間の注目を集める遙か以前に，「自分たちの力で」定員50人の特別養護老人ホームを完成させた山口県油谷町の旧向津具農協と地域住民を駆り立てたのも「このままでは無医地区になる」「年寄りの村こそ『村の主治医』が要る」という危機感だったのである[49]。

　しかしながら，いわゆる福祉元年から四半世紀，大都市・周辺地域に比べて相対的に「充実」した特別養護老人ホーム等の福祉基盤をもってしても中山間地域に居住する高齢者のニーズを吸収し切れないまま，施設から在宅へという「時代の要請」に対応して行かざるを得ない現状を踏まえて言えば，徒に「抜

第4章　中山間地域の高齢者医療・福祉問題　139

本的な改革」を掲げるのではなく[50]，高齢者の自立支援を基本理念とする「新たな高齢者介護システム」の構成と内容をより豊かに，立地条件的に著しく不利な中山間地域の実状により適合的なものとする努力こそが望まれよう[51]。社会保障改革の橋頭堡と位置づけられてきた公的介護保険をいわば相対化し[52]，高齢者福祉が果たすべき役割は介護保険の対象領域を遙かに超えているとの観点で中山間地域の高齢者状態に即した支援策を当該地域に固有の環境・条件を活かしながら講じていくこと，換言すれば，優れて地域オリエンテッドな「農(山)村型」の高齢者介護・福祉システム[53]を構築（というよりも再構築[54]）することが求められているわけである。

　立地条件的に著しく不利な中山間地域においても「高齢者自身による選択」を可能な限り担保しようとすれば，①選択肢（サービスの内容と供給方法）の拡大[55]に加えて②主体の能力向上（高齢者自身の心身機能[56]と経済的自立）を図る必要がある。とりわけ，今なお「経済的にも自立しつつある」とは言い難い中山間地域の高齢者状態[57]を直視した，現実的な対応を模索する以外にない（経済的な自立支援をも「視野に入れた」対応なくして中山間地域における「高齢者の自立支援」を目指したシステムにはなり得ない）からである[58]。そうした意味でケーススタディの対象6地域の中で最も注目されたのは，K県I町における第4-5図のごとき取り組みである[59]。

　K県I町は，前述のように高齢化率40％超という全国有数の超高齢山村であって，町内の高齢者およそ1,000人，うち要援護高齢者163人（1992年10月現在）に対する福祉サービスの供給体制は，近隣3町2村で構成する広域事務組合が運営主体となっている特別養護老人ホームM荘（事務組合が運営する特養4施設，定員総数262名の一つ）を初めとして，殆ど全てが整っている（但し，ホームヘルパーの24時間対応は行っていない）。また，医療機関に関しても，ベッド数56床の特例許可老人病院（特例として医師や看護婦等の配置基準が緩和される一方，介護職員の配置を手厚くした病棟単位をもつ病院）A病院と実質無床の診療所が町中心部に開設されているほか，町中心部から車で約25分という隣町O町にはベッド数50〜60床クラスの4病院が林立し，訪

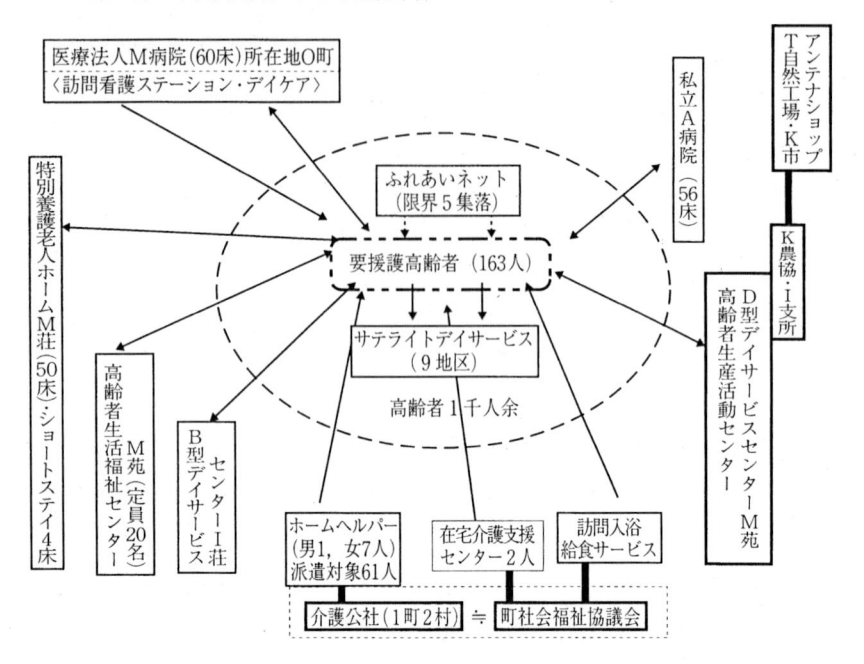

140 第Ⅰ部 中山間地域における定住条件

第4-5図 K県I町における高齢者医療・福祉サービスの現状

問診療や訪問看護・訪問リハビリ等も行われている。

　要するに、医療も福祉も相当のレベルに達しているわけであるが、そうしたI町でも、特養M荘について言えば1988年の開設後わずか半年で満床となり、1992年末に発生した入所待機者1名が3年後の1995年10月には8名に増え、ショートステイ専用の4ベッドも殆どフル稼働に近い状態で、静養室のベッド2床はもとより、一時凌ぎに入院中の特養入所者のベッドまで使用している状況だと言う。また、同じく1988年開設のB（標準）型デイサービスセンターI荘の場合も、1995年8月現在の利用登録者は433名、高齢者全体の実に4割、施設規模25名の十数倍という盛況で、町内を9地区に地域割りし、1地区に月2回は回るようにしている。

　そして、総勢8名（うち常勤6名）からなるホームヘルパーの派遣対象者は1995年11月末現在61名（平均年齢80歳強）で、うち「危険」な状態が14

ケース（うち12ケースは家族介護者がいる），「注意」が18ケース（同9ケース），「安全」が28ケース（同7ケース）といった構成になっている。派遣回数と時間は高齢者の状態によって週10～12回×2～3時間/回から週1～2回×1～2時間/回と様々であるが，傾向的には，派遣回数や時間の多い重度のケースの大部分が「家族介護者がいる」のに対して，派遣対象独居老人32名中30名までが週1～2回という比較的軽いケースであるといった特徴を示す。

　高齢者の多くが如何に「住み慣れた家庭」で生涯を全うしたいと願っているとしても，I町のように極めて厳しい自然環境下において，一人暮らしの高齢者が在宅サービスのみを頼りに居宅での生活を続けて行けるのは比較的「元気」な間だけで，寝たきり等になるとやはり特養等の施設サービスに頼らざるを得ないことを示唆しているわけであるが，そうした中で異彩を放っていたのは農協が運営主体となって1993年に開設したD（小規模）型デイサービスセンターM荘である。

　旧I農協（現K農協I支所）では，1978年に国土庁の振興山村開発総合事業の一環として町中心部に建設された鉄筋コンクリート2階建て，床暖房完備という高齢者生産活動センターの運営にあたってきたが，1993年当時のメンバーは7～8人で細々と活動を続けているに過ぎなかったと言う。D型デイサービスセンターM荘は，農協法改正によって農協も高齢者福祉事業に参入できることを知ったI町民生課の元課長の発議により，この高齢者生産活動センターを利用して開設されることになった。給食のための炊事設備や入浴設備等も揃っているので特に改修する必要もなく，送迎用の車を手配し，高齢者生産活動センターのメンバーをデイサービスの利用登録者とするだけでD型デイサービス事業を開始することが出来たのである。

　職員構成は，1995年9月現在，農協からの出向者で高齢者生産活動センターの所長を兼ねるI氏（43歳）を除く全員が臨時雇いで，採用後農協のホームヘルパー養成講座を受講してヘルパー3級の資格を取得した事務員兼寮母1名，指導員とその補助者各1名，炊事担当3名の合計6名からなっている。一方，利用登録者は14名と発足当初のほぼ2倍，平均年齢81歳（最低67歳

～最高91歳）という「元気な老人」達で，午前8時～8時30分に所長が運転する送迎バスで通所，身支度～朝礼～掃除～健康チェックを終えると，昼休みまでの約2時間を「動作訓練」を兼ねた軽作業に従事する。そして約1時間の昼食休みを終えると，午後4時までの約3時間を途中20分程度の「おやつ」をはさんで二つに分け，「動作訓練」と入浴・レクリエーション・趣味の活動等を織りまぜた日課をこなし，送迎バスで帰路につく。

　午前・午後合わせて3～4時間に及ぶ「動作訓練」の中身は，高齢者生産活動センターが町内の農家等から買い上げた地場の諸材料を使って行う農産加工であり，生産された特産品等は旧I町農協時代に開設されたK市内のアンテナショップT自然工場・その他を通して販売，その売上げを原資に，通所してきたデイサービス利用者には「日当」が支給される。生産品目は，I町の特産品となっている茶のティーバッグを初め，山菜，味噌，漬け物，木工品，どくだみ煎餅等々と雑多であるが，「ヒット商品は1匹2円50銭で買い上げている」沢蟹の佃煮である。いわゆるUターン者であるI所長が赴任してきた1993年度は1,200万円程度だった売上げを着実に伸ばし，「今年度は4,000万円に届くのではないか」と期待されており，通所者に支払われる「日当」も発足当初の一律600円から1,100円，そして2,000円へと急増中とのことである。

　このデイサービス利用者に支給される「日当」を敢えて「時給」に換算してみると，K県の1994年度現在における最低賃金550円程度のものでしかない。が，「現金収入は年間わずか30～40万円の老齢福祉年金だけ」という高齢者が殆どを占めるI町にあって，このインパクトは想像以上に大きかったようである。ちなみに，1994年度のデイサービス利用日数は延べ約2,500日，1人1カ月当たり平均およそ15日（最多利用者は年間224日）で，「1995年度は確実に年金並の現金収入になる」ものと予想されている。この高齢者生産活動センター併設のデイサービスについて，I所長は「一日遊んで楽しかったと言うのもそれはそれで良いけれど，自分達が働いたお金で誕生会や慰安旅行もするし，若干の現金収入も手にする。これが本当の生きがいだと思う」と言う。そして，現在は「通所希望者が来ても送迎の関係で断らざるを得ない」が，将来的には

「町内9地区ごとにセンターをつくり、希望者は誰でも自宅近くの施設に通えるようにしたい」という壮大な夢を描いて見せる。

6.「農(山)村型」システムの概念設計——むすびにかえて——

　2000年4月の介護保険制度導入に伴って中山間地域の医療と福祉がどのように変わるのか、その近未来像を描き切ることなど不可能であるが、「国民の4人に1人」あるいは「3人に1人」が65歳以上の高齢者になるという2020年ないし2025年を強く意識した新介護システムが主に大都市・周辺地域を念頭において構想されたものであるとすれば、「農(山)村型」システムはいわゆる昭和一桁世代が後期高齢者となる21世紀初頭〜2010年前後という近未来をターゲットにせざる得ない。早ければ2005年頃から、遅くとも2010年前後を境に高齢者そのものが減少し、システムを構築もしくは再構築する意義は急速に失われ兼ねないからである。その意味でも構築されるべき「農(山)村型」システムは地域に賦存する未利用（化しつつある）諸資源を可能な限り有効に活用し[60]、状況の変化に即応していわば融通無碍にサービス内容を替え得るもの[61]であることが望ましい。

　また、地域内を移動すること自体が多大な時間と経費を要する上に、少なからずリスクを伴うことを考えると、時間的にも空間的にも高齢障害者の日常生活領域に可能な限り接近した、いわば地域密着型の在宅サービスでなければならない。加えて、高齢者の多くが未だ「経済的にも自立しつつある」とは言い難い中山間地域の現状に対応すべく「生きがい創造的『生産』活動」をも視野に入れた住民参加型のシステム構成であることが望まれる[62]。さらに言えば、地域社会全体の活性化ないし再活性化を展望した総合的・体系的な対応を意識的に追求することが要請されよう。

　しかしながら、子供達は皆離村した高齢障害者、とりわけ相当重度の障害を持つ独居老人が、住み慣れた居宅での暮らしを全うし得るほど中山間地域の生活環境・条件は甘くない。不幸にして寝たきり等重度の要介護状態に陥った高

齢者自身の在宅志向が如何に強かろうとも，基本的に特別養護老人ホーム等の施設サービスで対応せざるを得ないことは，前述した超高齢山村K県I町における取り組みが示唆しているとおりである。医療はもとより福祉についても，在宅を重視したサービス供給体制の整備を図るためには，拠点となる施設の存在が不可欠であり，「農(山)村らしい」在宅介護・福祉システムが期待通りの機能を発揮するために必要とされる前提条件である[63]。

「農(山)村型」システムの拠点となる施設が特別養護老人ホームであるか老人保健福祉施設となるか，場合によっては病院や診療所であるかは別にして，いずれにしても拠点施設の存在を前提に，「農(山)村型」システムが具備すべき上述のごとき要件を網羅した高齢者介護・福祉システムのあるべき姿を，一

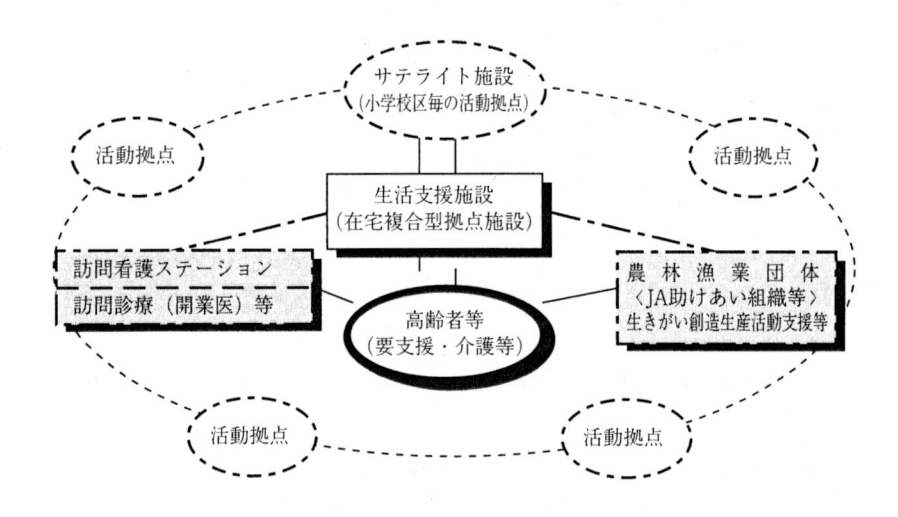

小規模"複合型活動拠点"の基本構成
a. 生きがい創造的「生産活動」を機能訓練の一手法として組み込む(ミニ)デイサービス
b. 通所可能な虚弱老人を対象としたバイタルチェックを含む通常の(ミニ)デイサービス
c. 通所困難な高齢者を対象とした送迎付デイサービスと家事援助主体のホームヘルプ
d. 準寝たきり高齢者を対象とした身体介護主体の滞在型ホームヘルプサービス
e. 緊急避難的に利用可能な簡易居住施設とヘルパー(＋ミニ訪問看護)ステーション

第4-6図 「農村型」システムの模式図

連のケーススタディの中で遭遇した先進地域の取り組みを参考に，敢えて概念的に模式化しておくと第4-6図のとおりである。

　システム構成のポイントは，在宅サービスの提供を担う地域密着型の小規模「複合型活動拠点」であり，a.～e.のような機能を兼ね備えたミニデイサービスセンターないしヘルパーステーション（ミニ訪問看護ステーション機能をも兼ね得る活動拠点[64]）を地域内の適切なエリア（例えば小学校区）ごとにできるだけ多く，遊休（化しつつある）施設等を活用して配置する点にある。そして，こうしたサテライト的に配置される地域密着型の活動拠点[65]を各地域において日常的に支え，あるいは，より積極的に高齢者の生きがい創造的「生産」活動等を支援するよう期待されるのが，今なお残存する集落等の「相互扶助機能」であり[66]，農林漁業団体を背景にもつ「助けあい組織」等である。

　ちなみに，中山間地域383町村の協力を得た〔町村アンケート96〕によって，医療・福祉サービスの向上を図る上で町村がＪＡ等に期待している役割について尋ねた結果をみておくと第4-7図のとおりであって，「ハ．助け合い組織の育成・強化」と「ト．生きがい創造的事業への協力」が双璧をなしている点は注目に値しよう。少なくとも現時点において中山間地域の町村がＪＡ等の農林漁業団体に期待しているのは，ヘルパー派遣事業等への参入よりも地域社

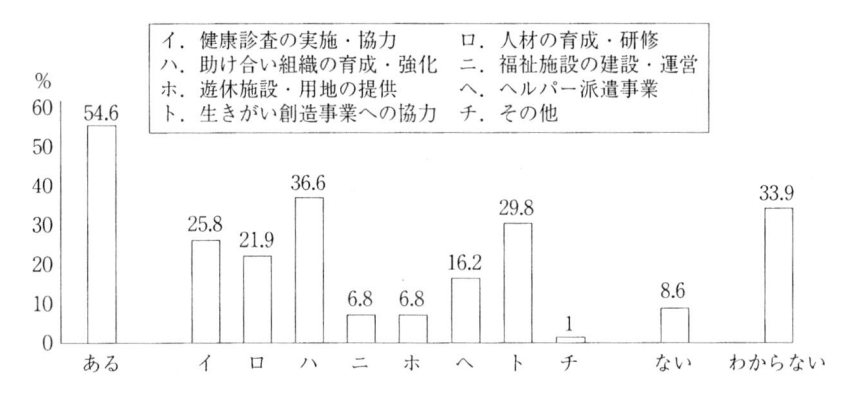

第4-7図　医療・福祉サービスの向上を図る上で中山間地域383町村がJA等に期待する役割

項目	%
ある	54.6
イ．健康診査の実施・協力	25.8
ロ．人材の育成・研修	21.9
ハ．助け合い組織の育成・強化	36.6
ニ．福祉施設の建設・運営	6.8
ホ．遊休施設・用地の提供	6.8
ヘ．ヘルパー派遣事業	16.2
ト．生きがい創造事業への協力	29.8
チ．その他	1
ない	8.6
わからない	33.9

会の再構築に資する助け合い組織の育成や高齢者の生きがい創造事業への協力である。それが直ちに前述したＫ県Ｉ町のＤ型デイサービスセンターのような活動に発展するわけではないにしても，地域社会の存続それ自体が危惧される中山間地域において農林漁業団体等が取り組む高齢者「医療・福祉サービス等の支援」活動の中心に位置づけられることが期待されているわけである。

（栗田明良）

注(1)　例えば，京極高宣『介護保険の戦略』(中央法規出版，1997年)，64～65ページおよび220～230ページ参照。
(2)　高齢者介護に関わる福祉や医療などの現行システムに換わるものとして，公的介護保険制度の創設を目指して構想された「新介護システム」の基本的枠組については，高齢者介護・自立支援システム研究会「新たな高齢者介護システムの構築を目指して」（厚生省高齢者介護対策本部事務局『新たな高齢者介護システムの構築を目指して――高齢者介護・自立支援システム研究会報告書――』，ぎょうせい，1995年，5～6ページおよび20～24ページ）参照。
(3)　老人保健福祉審議会「新たな高齢者介護システムの確立について（中間報告）」（厚生省高齢者介護対策本部事務局『新たな高齢者介護システムの確立について――老人保健福祉審議会中間報告――』，ぎょうせい，1995年，11ページ）。
(4)　安達生恒「農家の老人問題」（農政調査委員会『日本の農業』83，1973年）は，いわゆる過密・過疎問題が深刻な様相を呈していた1970年代前半の島根県下における実態を踏まえて，「医師の不足，診療施設の不備についてはいまさらいうまでもないが，たとえそれらが備わったとしても……事実上通院は不可能に近く，……たとえ老人医療の無料化が実現したとしても，僻地の老人医療保障は有名無実に等しい」農山村にあって，一人暮らしの寝たきり老人等を保護するために「必要なのは，健康を害した後期老齢層……のための特別養護老人ホームであり，老人一般に対しては居宅サービスなのである」と，四半世紀を経た今日でもそれなりに有効性を失っていない提言を行っている。57～58ページおよび61ページ。
(5)　例えば1995年10月24日朝日新聞朝刊「在宅介護　進まぬ公的支援　①24時間ヘルプは夢の夢」参照。
(6)　例えば日本経済新聞1997年12月10日朝刊によると，介護保険法案採択の前日に小泉厚生大臣も「保険あって介護なしにならないため，ホームヘルパー養成や高齢者を預かる施設などの介護基盤充実に格段の努力がいる」と語ったと言う。
(7)　前掲『新たな高齢者介護システムの構築を目指して――高齢者介護・自立支援システム研究会報告書――』，29ページおよび39ページ。

第4章　中山間地域の高齢者医療・福祉問題　147

(8)　厚生省『平成8年版　厚生白書』（ぎょうせい，1998年），194〜195ページ参照。
　　なお，無医地区とは「医療機関のない地域で，当該地区の中心的な場所を起点として，おおむね半径4kmの区域内に50人以上が居住している地域であって，かつ容易に医療機関を利用することができない地区」をいう。
(9)　国土庁地方振興局過疎対策室『平成8年版　過疎対策の現況』（丸井工文社，1997年），91〜92ページ，136〜142ページおよび215〜218ページ参照。
(10)　例えば，日本農業年報40『中山間地域対策——消え失せたデカップリング——』（農林統計協会，1993年）の座談会「中山間地域対策をどう構想すべきか」の中で，森巌夫明海大学教授は「……自分にとってあえて困ることといえば，子供の学校が近くになくなったことぐらいで，万一急病人が出ても，今は道路も整備されているのでさほど心配はない。……」と言う過疎地域で意欲的な経営をやっている農林家の言葉を紹介している。196ページ。
(11)　藤井広之「第二次医師過剰時代の到来か」（川上武編著『医療・福祉のマンパワー』（勁草書房，1991年），43〜68ページ参照）。なお，中山間地域における「医師過剰」下の実態について，労働科学研究所『「農村型」高齢者介護・福祉を支える地域医療のあり方に関する研究報告書』（1997年），91〜109ページにその一端を紹介した。
(12)　岡本祐三『高齢者医療と福祉』（岩波書店，1996年），153ページ。
(13)　岡本祐三『医療と福祉の新時代』（日本評論社，1993年），44〜45ページ。
(14)　前掲『新たな高齢者介護システムの構築を目指して——高齢者介護・自立支援システム研究会報告書——』，20ページ。
(15)　アンケート調査は1994年10月と1996年10月の2度にわたって中山間地域の市町村それぞれ1,000程度を対象とし，ケーススタディは1995年から1996年にかけて6地域を対象に実施したものである。
(16)　最近時における過疎地域の状況は，前掲国土庁地方振興局過疎対策室『平成8年版過疎対策の現況』，42ページ参照。
(17)　栗田明良ほか「「農山村における医療・福祉のあり方」に関する中山間地域の町村アンケート調査結果」（『労働科学』73巻10号，11号，労働科学研究所，1977年10月，11月）参照。
(18)　合計特殊出生率（1人の女性が一生の間に産む平均子供数）が1966年の丙午の1.58を割り込んだ1989年は「1.57ショック」と言われたが，1980年生まれ以降の女性の生涯未婚率が13.8％にまで上昇するものと見込まれる中，2000年の合計特殊出生率は1.38まで低下すると予想されている。なお，人口維持に必要とされる合計特殊出生率は2.08である。前掲 厚生省『平成9年版 厚生白書』，156〜161ページ参照。
(19)　詳しくは労働科学研究所『「農村型」介護・福祉サービスの供給システムに関する研究報告書』（1996年），90〜127ページ。
(20)　障害老人の日常生活自立度(寝たきり度)判定基準（ＡＤＬ，すなわち日常生活動作

と言う場合もある）のランクＢまたはＣに該当する在宅の「寝たきり」，すなわち屋内での生活にも何らかの介助を要し，日中ベッド上で過ごし，排泄，食事，着替の介助が必要（Ｃ）か，日中もベッド上の生活が主体だが，座位を保つ（Ｂ）高齢者，および介護を要する在宅の痴呆性老人の合計。厚生省老人保健福祉局老人福祉計画課『平成8年度版老人福祉のてびき』（長寿社会開発センター，1995年），18ページ参照。

(21) 「無医地区」解消等に対する国民皆保険制度の寄与をめぐって，「保険がそれら（医療の供給体制）の急速な整備の原因だというのは（岡本祐三氏の主張），無理があろう」といった批判もある。里見賢治『新介護システムと公費負担方式』（里見賢治ほか『公的介護保険に異議あり』，ミネルヴァ書房，1996年），60ページ参照。

(22) 平成9年版厚生白書ＣＤ－ＲＯＭ版市区町村別各種統計データ（ぎょうせい，1997年）より抽出・集計。

(23) 太田祖電ほか『沢内村奮戦記』（あけび書房，1983年）参照。

(24) 厚生省『昭和55年版　厚生白書』（大蔵省印刷局，1980年），109～115ページ参照。

(25) 厚生省健康政策局総務課『図説　日本の医療〈平成7年版〉』（ぎょうせい，1995年），73ページ。

(26) 前掲藤井博之「第二次医師過剰時代の到来か」（川上武編著『医療・福祉のマンパワー』，勁草書房，1991年），48～49ページ。

(27) なお，労働科学研究所「農山村における医療・福祉のあり方に関する中山間地域の町村アンケート調査」〔町村アンケート96〕による1町村平均常勤医師数は人口10万対70.6人で，非常勤・嘱託医師を含めても99人程度にとどまった。

(28) ちなみに，1996年に再度訪問したＫ県Ｉ町で調査対象として協力頂いたＡ老人病院（ベッド数は56床と比較的大きいが，常勤の医師は数年前から不在）の女性事務長からは「こんな過疎地の病院でも『行ってやろう』という医者がいたら紹介して欲しい！」という悲鳴にも似た電話を頂いたこともある。栗田明良「北と南で，垣間みた医療と福祉の狭間」（労働科学研究所『労働の科学』54巻2号，1997年），55～59ページ。

(29) 前掲栗田明良ほか「「農山村における医療・福祉のあり方」に関する中山間地域の町村アンケート調査結果（第1報）」（『労働科学』73巻10号），411～412ページ参照。

(30) 同じく栗田明良ほか「「農山村における医療・福祉のあり方」に関する中山間地域の町村アンケート調査結果（第1報）」，413～414ページ。

(31) 労働科学研究所『「農村型」高齢者介護・福祉を支える地域医療のあり方に関する研究報告書』（1997年），100～102ページ参照。

(32) 東京都足立区の柳原病院における老人医療の実践を通して「在宅医療」を地域医療の大きな柱にしていくべきだと主張，その展開過程を紹介した増子忠同「老人医療のネットワークをつくる―小さな病院の大きな試み」は中山間地域の高齢者医療・福祉を考える上でも示唆的である。相磯富士雄・太田貞司編『日本の高齢者政策を問う』

(大月書店,1995年),9〜34ページ参照。

(33) 前掲栗田明良ほか「「農山村における医療・福祉のあり方」に関する中山間地域の町村アンケート調査結果(第1報)」,416〜417ページ。

(34) 前掲労働科学研究所『「農村型」高齢者介護・福祉を支える地域医療のあり方に関する研究報告書』(1997年),165〜168ページ参照。

(35) 老人保健福祉審議会(中間報告)は今日の高齢者像を「多様なニーズを持ち,経済的にも自立しつつある」(前掲 厚生省高齢者介護対策本部事務局『新たな高齢者介護システムの確立について——老人保健福祉審議会中間報告——』,10ページ)集団として捉えているようであるが,中山間地域における高齢者の多くは「1回250円の訪問看護サービスを受けることにも躊躇せざるを得ない」状況にある(同じく労働科学研究所『「農村型」高齢者介護・福祉を支える地域医療のあり方に関する研究報告書』,134〜135ページ参照)。

(36) なお,同氏はさらに老人ホームの機能にも言及して,「農家の老人にとって必要な老人ホームは,介護と療養,とくに療養のための老人ホーム,端的にいえば老人病院である」としている点は,高齢者医療・福祉をめぐる当時の意識状況を反映するものとして注目に値しよう。前掲安達生恒「農家の老人問題」,60ページ。

(37) なお,地域福祉計画に基づく広域調整が実施されるようになった1995年以降,整備率が「厚生大臣が参酌すべき基準」1%強を大きく超えている中山間地域における特養の新規開設は基本的に認められなくなっている(厚生省老人保健福祉局老人福祉計画課・老人福祉振興課監修『老人福祉のてびき——平成7年度版——』,㈶長寿社会開発センター,1996年,33〜36ページ参照)。

(38) 厚生省老人保健福祉局老人保健課監修『全国老人保健関係施設要覧』(中央法規出版,1996年)所収の老人保健施設名簿より抜粋・集計。

(39) 措置制度下で運営されている特別養護老人ホームとは異なり,いわゆる契約施設である老人保健施設の場合,希望者は「誰でも」入所できるが,その利用者負担は全国平均で月額およそ6万円と特別養護老人ホームより2万円程度,老人病院と比べると約4万円も高い(厚生省社会・援護局監査指導課『平成8年度社会保障の手引』(社会福祉振興・試験センター,1996年),76ページ参照)。「現金収入と言えば月額3万円余の老齢福祉年金しかない」中山間地域の大方の高齢者にとっては,「自由に」契約して入所できる施設ではないのである。

(40) 前掲栗田明良ほか「「農山村における医療・福祉のあり方」に関する中山間地域の町村アンケート調査結果(第1報)」,421ページ。

(41) 例えば連合総合生活開発研究所が1997年2〜3月に実施した「ホームヘルプサービス職に関するアンケート調査」の有効回収総数2,068件のうち,政令市および特別区のホームヘルパー747名の構成をみると,「一般型ヘルパー」で常勤者は333名(44.6%),同パート・その他が221名(28.2%),「登録ヘルパー」が182名(24.4

％）となっている。連合総合生活開発研究所『地域における高齢者福祉サービス調査報告書』（日本労働組合総連合会，1997年），134ページ参照。
(42)　但し，在宅福祉サービスに対する国庫補助の算定方式は，従来の人件費補助方式から業務「単位」当たりの単価で補助する「事業費補助方式」へ1998年度から全面的に移行した。家事援助よりも身体介護を，また昼間よりも深夜等の時間外をより高く，インセンティブを与えるよう1997年7月に導入されたもので，介護保険に向けての「慣らし運転」と言われているが，これによって常勤ヘルパーのウエイトが高い市町村では対応に苦慮しているケースも発生していると言う。事業効率を上げるためには，登録ヘルパーに切り替えたり，訪問回数ごとの単価設定で相対的に有利となる巡回型のサービス等へシフトせざるを得ないのであって，これが中山間地域の在宅福祉にも多分に影響するであろうことは言うまでもない。
(43)　前掲栗田明良ほか「「農山村における医療・福祉のあり方」に関する中山間地域の町村アンケート調査結果（第1報）」，422ページ。
(44)　基幹的なヘルパーとパートヘルパー等がチームを編成することによって時間外や休日あるいは夜間等にも対応できる体制の確保を図ろうと1991年に導入された方式。
(45)　コムスン『365日24時間介護の実践』（ぎょうせい，1995年），143〜145ページ参照。
(46)　柴野徹夫「住民が作る福祉への挑戦」（太田貞司ほか『24時間ケアへの挑戦』，萌文社，1995年），187〜238ページ参照。
(47)　例えば前掲京極高宣『介護保険の戦略』（中央法規出版，1997年）は随所で低所得者問題に言及（98〜99ページ，140〜141ページ，176ページ，179ページ，196ページ，216ページ，227ページ等），やはり「措置制度はなくならない」としている（31〜32ページ）。
(48)　前掲労働科学研究所『「農村型」高齢者介護・福祉を支える地域医療のあり方に関する研究報告書』，21〜25ページ参照。
(49)　常信政之「住民の力で老人ホームを完成させて」（『農業協同組合』34巻9号，全国農業協同組合中央会，1988年9月），22〜26ページ参照。
(50)　前掲藤井博之「第二次医師過剰時代の到来か」（川上武編著『医療・福祉のマンパワー』，勁草書房，1991年）によると，「今日問題とすべき医師の遍在は，（「医師過剰」を背景にした）幾重にもわたる複合的なもので，……都市と農村，人口急増地帯の間の地域的遍在に加え，大病院への医療システム的遍在，青年医師が大学病院に集中する教育研修的遍在」を指摘した上で「予想される諸矛盾」に論及，専門医中心の医療制度は極めて高くつくにも拘わらず，青年医師等の「専門医志向」「勤務志向」が強い中では「専門医のパート化」は一層進むものと予想されており，こうした現状を改革するには「本当に医師としての適性に配慮した医師養成をすすめる」等の，いわば気の長い対応の重要性を説いている。同書58〜68ページ参照。

⑸1) 例えば，新田秀樹「中山間地域における高齢者福祉施策」(総合研究開発機構『中山間地域のあり方に関する研究』，1995年，21～24ページ)は，中山間地域における高齢者福祉サービスの提供について「今後とも市町村という公的主体が中心」となり，「地域の実情に応じたサービス提供の工夫と都道府県・国による調整・支援がますます重要となる」としている。

⑸2) ちなみに，京極高宣『介護保険の戦略』(中央法規出版，1997年，79～80ページ)は，「公的介護保険の創設は，これまで老人福祉施設などが担ってきた措置制度の大部分を肩代わりする。しかし，……いかなる理想的な介護保険ができたとしても，それだけで高齢者介護にかかわるニーズのすべてを満たすことはできない。大局的には，……介護保険と福祉措置とは相互補完的であると思われる」と言う。

⑸3) 「中間および山間」という限定された地域に特徴的な医療・福祉問題を論じてきた結論部分で農村あるいは農山漁村一般をイメージさせる「農村型」という表現を用いることは確かに不適切で，例えば「農山村型」等と明記すべきかも知れない。しかし，都市と農村が概念的に峻別されるのに対して，平地農業地域とか中山間地域といった地域類型区分はもともと統計上の操作概念として生まれた言葉(例えば，今村奈良臣「中山間地域問題の課題と論点」(農林水産文献解題 No.27『中山間地域問題』，農林統計協会，1992年)，5～7ページ)に過ぎない。中山間地域の医療・福祉が平地農業地域や都市的地域のそれと比較して如何に特徴的であったとしても，「中山間地域型」システムといった表現は医療・福祉の現実に馴染まない。「都市型」という表現は福祉分野でも時として使われることがあり，「農村型」についても例えば下野新聞宇都宮・県央版1994年3月13日に「注目集める農村型ヘルパー」という記事があったが，「農山村型」の医療とか「中山間地域型」福祉といった用法はついぞ見かけない。社会化された対人サービスとしての医療と福祉をめぐって都市と農村の違いを概念的に峻別することは出来ても，操作的に区分された中山間地域や山間地域の差異を本質的なものとして捉えることは当を得ない。ここでは唯，立地条件的に著しく不利な「中山間地域らしい」医療と福祉，とりわけ後者のありようと言った程の意味で「農(山)村型」ということにしたい。

⑸4) 医療はともかく，福祉については中山間地域の現状が特に劣悪なわけではなく，むしろ相対的に「充実」している。しかし，そうした状況が2000年の介護保険制度導入後も無条件で保障されるわけではなく，社会保障制度全般にわたる「改革」の内容いかんによっては中山間地域における福祉サービスの供給体制は壊滅的なダメージを被ることも想定せざるを得ない。現に1998年から全面的に移行することになった前記ホームヘルプサービスの「事業費補助方式」は，「人口数万人の小さな都市や町村部では，社協が中心で常勤ヘルパーを多く抱えるところが多いために不利になる」とされている(老人保健福祉ジャーナル No.82，1998年5月参照)。

⑸5) 選択肢の拡大をめぐって，新介護システムは「多様な事業主体の参加」と「市場に

おける適切な競争」の展開を強調（例えば新介護システム研究会報告書 39 ページ），農村部等においては農業協同組合のいわゆる「三段階方式」による高齢者福祉対策への取り組みが期待されている。しかし，ホームヘルパーの養成については 1996 年度末現在 4 万人近くと当初目標を大幅に超過達成しているものの，「ＪＡ助けあい組織」の育成については未だ 348 組織にとどまり，公的サービスの受託に至っては 28 農協を数えるに過ぎない（ＪＡ全中 生活課『ＪＡ高齢者福祉対策の現状と今後のすすめ方』，1997 年，26～32 ページ参照）。ＪＡの組織力をもってしても，地方・農村部における民間の在宅介護サービス供給機関を設立することがいかに難しいかを示唆するものと言えよう。そうした中で厚生省は 1997 年度より「過疎地域等在宅保健福祉サービス推進モデル事業」を実施，利用対象者 100 人で 1 日 3 回の巡回型ヘルプと週 1.5 回の滞在型サービスを提供する場合，9,000 万円程度という「決して少ない金額ではなく，十分民間事業者が参入できる」補助金を投入して「民間事業者が過疎地域でも活動できるのか，できないとしたらその理由は何なのか」の検証（老人保健福祉ジャーナル No.69，1997 年 4 月，10～11 ページ）に踏み切っている。

(56) 保険給付の前提となる「要介護認定基準」については，「全国どこでも公平かつ客観的に認定を行うことができるように，国の責任において」，「高齢者をめぐる社会環境の状況によって左右されることなく，あくまでも高齢者の心身の状況に基づき客観的に行われることが重要である」とされている（前掲 老人保健福祉審議会（最終報告）17 ページ）が，物理的に著しく不利な条件下で暮らしている中山間地域の高齢者，とりわけ要介護度の低い「比較的元気な虚弱老人」が不利となるであろうことは多言を要しない。例え「心身の状況」だけからは「自立」していると判断される場合でも，屋外に出ること自体が負担となる中山間地域の生活環境の中で，誰の援助も受けずに暮らしていくのは難しい等といったケースが「予防給付」の埓外におかれるわけである。

(57) ちなみに，老人保健福祉審議会(中間報告)の参考資料として掲げられた 1992 年度における老齢年金額階級別受給権者の平均年金月額のうち，国民年金受給権者 900 万人余の平均 3.7 万円強という水準は，生活保護基準で言う「地域の級地区分」3 級－2（中山間地域と概ね重なり合う全国およそ 2,000 町村）の 1995 年 7 月以降における 65 歳前後と 75 歳前後の高齢夫婦世帯および高齢独居老人（いずれも特段の障害等がなく，自宅で生活している場合）について試算してみた最低生活費認定月額，65 歳前後の高齢夫婦世帯で 9.0 万円，同高齢独居老人 5.9 万円，75 歳前後の高齢夫婦世帯 11.7 万円，同高齢独居老人 7.3 万円（いずれも冬季加算を除く）に遠く及ばない。

(58) 高齢者宅を訪問すること自体が相当の時間と経費およびリスクを伴う中山間地域の場合，「効率性」のみを考えると，特別養護老人ホーム等の施設サービスに徹する方がベターかも知れない。しかし，「できる限り住み慣れた家庭や地域で老後生活を送ることを願っている」点では大都市・周辺地域の高齢者以上に強いであろう中山間地

域の高齢者についても，その意思を最大限に尊重するには在宅サービスを重視すると同時に，経済的にも高齢者の自立支援に多少とも寄与し得るシステムであることが望まれよう．

(59) 詳しくは前掲労働科学研究所『「農村型」介護・福祉サービスの供給システムに関する研究報告書』(1996年)，90〜127ページ．

(60) 未利用（化しつつある）諸資源の活用に関しては，例えば野村拓「これからの高齢化社会での保健医療・福祉のあり方——農村から新しい老人福祉の創造を——」(農業協同組合中央会『農業協同組合』Vol. 429, 1990年11月) によって強調されてきたが，中山間地域383町村における「医療や福祉に転用できそうな公共施設の有無」を〔町村アンケート96〕によってみると，約17％の町村が学校の空き教室や保育園，集会所や地区公民館，生活改善センターや農村環境改善センター等をあげていた．

(61) 高齢者介護・福祉関連施設等についても中長期的には遊休化するといった問題の他に，高齢者のニーズは極めて多様かつ個性的で変化に富むことを考えると，各地域の具体的な状況に応じて活動内容を融通無碍に組み替えられる「小規模」で「複合型」の「活動拠点」(画一的な設置基準によって規制された医療・福祉「施設」ではなく，現場の状況に即してサービス内容をフレキシブルに変えることができる複合的な機能を備えた，ホームヘルパーや訪問看護婦等のミニステーション的な機能を果たす活動の拠点) がイメージされよう．

(62) 「生きがい創造的『生産』活動」をも視野に入れた住民参加型のシステム構成について，敢えて「望まれる」とした含意は，そうした活動の積極的な意義と可能性を高く評価する反面，K県I町のような先駆的な活動が「いつでも，どこでも，だれでも」が「普遍的」に享受し得るサービスとなる蓋然性は，現在のところ残念ながら必ずしも高くない（ように思われる）からである．

(63) 病院や特別養護老人ホーム等，いわばハードな施設を背景に持たない在宅サービスだけの活動が容易に高齢者の信頼を得られないといった問題点はともかく，重度の高齢障害者にも適切なサービスを保障する在宅看・介護の24時間対応を，立地条件的に著しく不利な中山間地域で「普遍的に」実現するのは事実上不可能に近いからである．

(64) 参考までに，1997年度から実施されている「在宅保健福祉サービス総合化モデル事業」では，在宅介護支援センターとヘルパーステーションおよび訪問看護ステーションをセットにして地域におけるサービス提供の最小単位とすることが試みられている．

(65) 例えば，住民参加による「福祉のまちづくり」を目指している中間農業地域の福祉先進地A県T町では，24時間巡回ホームヘルプサービスに取り組む一方，町内7小学校区ごとにデイサービス機能を備えたサテライト施設を「出来るところから」「空いている施設を利用して」配置する「サテライト計画」を策定，その第一号施設として町内山間部に建設されたコミュニティセンターを利用してミニデイサービスを立ち

上げると同時に，24時間対応を意識して編成されたホームヘルパー3チーム体制とは別に，山間部対応チームを編成してサテライト施設にヘルパー1人を「常駐」させるといった対応を講じている（労働科学研究所『「農村型」高齢者介護・福祉を支える地域医療のあり方に関する研究報告書』，1997年，120～130ページ参照）。
(66) 集落等の相互扶助機能を「経済外的な強制力」や「経済的な機能」等に限定して捉えるならば，そうした機能は確かに低下ないし喪失しつつあるが，いわゆる情報収集・伝達機能は未だ活きている場合も多く，例えば高齢障害者の安否確認等を担う組織として再編・活用する可能性は今なお少なくないであろう。

第5章　中山間地域の活性化と教育の役割

1. はじめに

　中山間地域の活性化には，経済活動だけではなく，学校教育・社会教育などの教育活動が与える効果も大きい。とりわけ目立った公共施設もない農村においては，学校が農村地域の教育・文化活動のセンターの役割を果たしている所も少なくない。半ば混住化した地域では，学校の持つ役割は，徐々に低まってきているが，学校以外に公共施設のない地域ではいまだに学校の果たしている役割が大きいということも認識しておかなければならない。

　しかし文部行政・学校行政では，財政負担削減と適性規模化の動向の中で，へき地小規模学校は，統廃合される傾向が強くなっている。文部行政としては，小規模学校の目的として，地域の活性化までを視野に入れているわけではない。一方農林行政においても，学校行政は管轄外であるために，自然体験や勤労体験が豊富に組み込まれている農山漁村の小規模校の役割を認識しつつも，その役割を直接的に向上させる政策を打ち出しているわけではない。また国土庁の過疎対策においても，学校や教育の役割については，まったく触れられていない[1]。したがって，農村小規模学校の役割については，どの行政施策からも積極的な振興策の対象外となっているのが現実である。

　さらに先行研究においても，中山間地域の活性化対策において，農業経済学領域はむろんのこと，農村社会学の領域においても，農村小規模校や教育の役割が検討されているわけでもない[2]。しかし一方で，実際の地方自治体レベルでは，危機に瀕した農村地域の価値を，経済以外の価値を含めて見直そうとする取り組みが進められている。例えば，北海道では，農業経済以外の多面的

価値を評価しようとしている[3]。この中には教育的価値も含まれている。

本章の課題は、施策の空洞となっている農村小規模学校の地域に果たしている役割を見直し、山村留学や農業体験学習など、都市住民への効果を含めた農業・農村の現代的役割・教育的役割をとらえ直すことである。そこでは、単に経済的に把握できる役割だけでなく、心の癒しの機能や自然体験学習など、数値的に図ることができない効果を含めてとらえなければならない。

そもそも農村では、生産・生活・文化に関する機能を明確に分化してとらえることはできない。生産が生活や文化活動をも規定し、また生活や文化活動が生産へのまとまりや意欲を規定したり、安定的な定住条件を作りだしたりする。農業生産を中心にしてきたこれまでの農村振興の在り方からすると、農村の活性化にとっては、学校やその他の教育活動は縁遠いように見える。しかし、農業生産を含めて、農業生産や農村生活の活性化の担い手は農村住民であり、この農村住民がまとまり、また意欲や意識が高まらなければ、農村の全体的な活性化にはつながらない。したがって、農村では、教育・文化・福祉等の生活環境を含めて地域づくりを進めていくことが、重要な課題となるが、本章ではとりわけ教育・文化面からの活性化の課題をとらえる。

農村小規模校や農山村の現代的教育的な役割をとらえるために、第1に、中山間地域の拠点としての学校の役割をとらえる。学校の中でも、とりわけ小学校の役割が重要である。なぜなら、後述のように、小学校は、許容できる所要時間として、「20分以内」というのが、80％以上を占めており、そのためこれ以上の遠距離になると、逆に離農につながるからである。農山村においては、この学校が統廃合されているために、過疎化にいっそうの拍車がかかっている側面を見逃すことはできない。しかも小学生の子を持つ保護者の年齢は、生産の中核的な担い手として活躍しうる層であり、彼らの離農は農業生産にとっても大きく影響する。また小学校は、地域住民が学校に関わりやすいために、学校を中心として地域ぐるみで行事や文化活動が展開しているところが多く、それによって地域のまとまりや協同性が高まるからである。

第2に、過疎化を抑制する一つの条件としての、山村留学の役割をとらえる。

過疎化対策としては，根本的には，農畜産物自給率を向上させる農林行政施策が重要であるとしても，現状においてその低下がくいとめられていない状況であるならば，他の要素によって人口増を図ることも重要な方法となる。したがって，山村留学によって過疎をくいとめるというのは不可能であるが，この山村留学では，過疎化を一定程度抑制するとともに，都会で農業理解者を増やすという役割を含んでいる。

　第3に，長期滞在型で人口増を伴う山村留学とは別に，農業・農村の理解者を増やす上での短期農業体験学習の役割をとらえる。農業を守る国全体の政策は，農業を守るべきであるという国民世論に支えられるものであって，都市住民を含めた国民の農業・農村理解に果たす中山間地域の役割は，いっそう大きな課題となってきているのである。

　第4に，世論の動向を踏まえながら，都市住民による農村再評価の高まりをとらえる。最後にこのような都市住民による農村再評価をステップにしながら，都市住民への効果を含めた，農業の現代的な役割と可能性をとらえていきたい。

2．中山間地域の文化的拠点としての学校の役割

　学校は，当然ながら児童生徒を教育することを主要な目的とするが，農山村においては，学校の存在自体が地域振興に大きな役割を果たしている。単に，経済的な生産性の向上のみでは農村の活性化の動機づけにはなりにくい。したがって逆に，トータルな農業・農村生活の積極面を子どもの時期から自覚して，それに誇りを持てるような人材の育成および教育活動が，重要になってくるのである。その場合の教育機関は，成人教育を中心とした社会教育だけでなく，学校の活性化も農村地域振興の重要な条件となる。とりわけ学校の統廃合が進む中では，過疎化を止めるためにも，学校の存続が重要となる。

　その意味は第1に，中核生産年齢人口の大部分が小学校に通う児童を持つために，学校がないところは農業者も基本的に居住できないということである。すなわち，過疎化が進み，学校が統廃合されればされるほど，離農・離村の動

機を加速させてしまうのである。へき地の農家では、毎日送り迎えすることもかなわず、子どもの教育のために、離農するという農家も少なくない。

総理府世論調査の「許容できる施設までの所要時間」では（第5-1図）、「10分ぐらいまで」許容できるものとしてもっとも多いのは、「一般病院」の43.1％であり、以下、「小学校」40.9％、「地域文化センター」30.7％となっている。また「20分ぐらいまで」を含めると、「小学校」が81.1％でもっとも多く、次に「一般病院」が75.8％となっている。このように、教育機関と医療機関である学校と病院は、身近に存在すべき施設としての要請が大きいのである。

地域振興に果たす学校の第2の役割は、学校教育の内容が、地域理解や地域の良さの発見に果たしていることである。近年は、地域素材を使って授業を行う「地域素材の教材化」や、地域の特徴的な産業・職種の人々を招いて講義する「地域人材の活用」なども頻繁に行われるようになってきた。また総合学習の一環として、地域の自然や環境や文化の良さを再発見するような取り組みも行われるようになっている。これらは、農業・農村地域の良さを学校が子供達に伝える絶好の機会となっている。

例えば、北海道の全小学校の場合、「農山村」では、67.3％の学校で「農林漁業などの地域産業の勤労体験学習」を行ったとしている（第5-1表）。一方、「都心部」でのそれは11.3％に過ぎない。また「地域の生産物等の料理づくり」では、「農山村」の学校では、51.7％の学校が行っているのに対して、「都心部」の学校では、13.2％の学校にとどまっている。

このように、学校も農村地域を理解するためのカリキュラムを独自に作る所も多く[4]、学校教育の在り方によっては、地域の子供達が、農村・農業を理解できる積極的な役割を果たすことができる。さらに2002年からは、教育課程審議会答申に従い、学校で「総合的な学習の時間」が新設される。この時間では、農業を含めた地域の素材を用い、体験的な学習を含めた調べ学習を行うことができる。この時間を使って、地域の産業のひとつである農業の役割を児童生徒が調べることが、地域の活性化の契機となる。このような時間に農業を

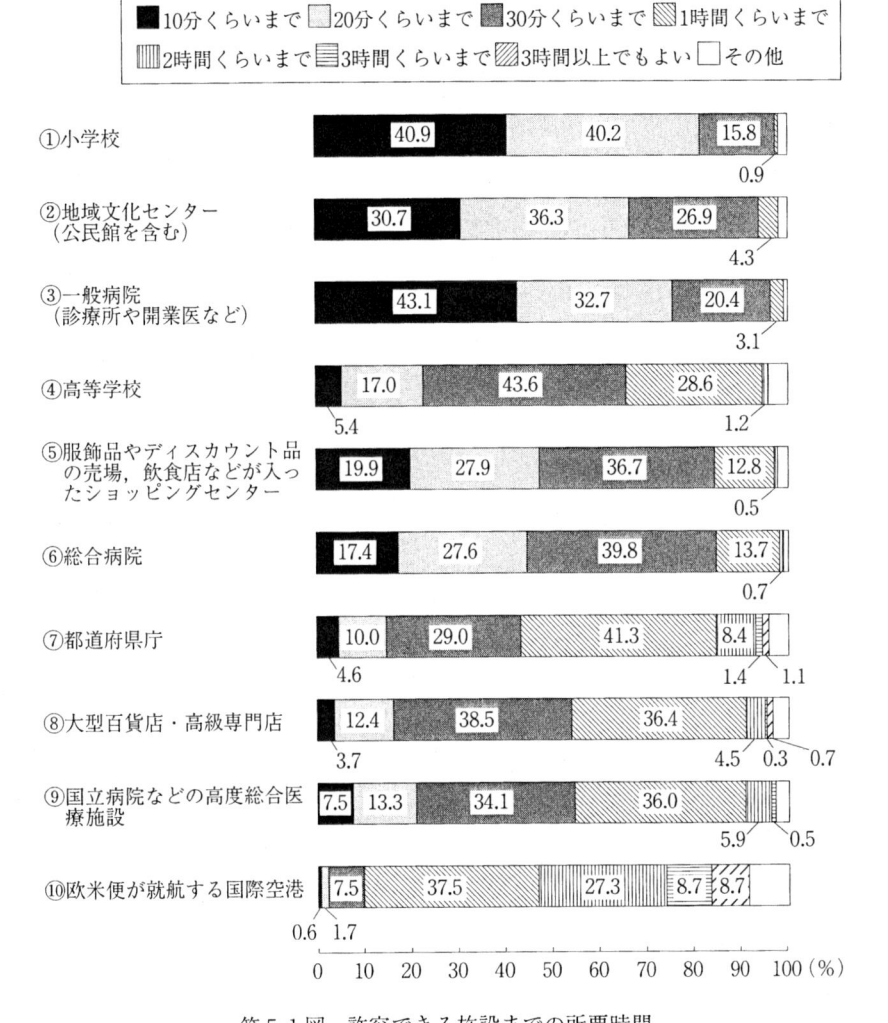

第5章 中山間地域の活性化と教育の役割 159

凡例: ■10分くらいまで □20分くらいまで ▨30分くらいまで ▧1時間くらいまで ▥2時間くらいまで ▤3時間くらいまで ▨3時間以上でもよい □その他

施設	10分	20分	30分	1時間	2時間	3時間	3時間以上	その他
①小学校	40.9	40.2	15.8	0.9				
②地域文化センター（公民館を含む）	30.7	36.3	26.9	4.3				
③一般病院（診療所や開業医など）	43.1	32.7	20.4	3.1				
④高等学校	5.4	17.0	43.6	28.6				1.2
⑤服飾品やディスカウント品の売場，飲食店などが入ったショッピングセンター	19.9	27.9	36.7	12.8	0.5			
⑥総合病院	17.4	27.6	39.8	13.7	0.7			
⑦都道府県庁	4.6	10.0	29.0	41.3	8.4	1.4		1.1
⑧大型百貨店・高級専門店	3.7	12.4	38.5	36.4	4.5	0.3		0.7
⑨国立病院などの高度総合医療施設	7.5	13.3	34.1	36.0	5.9			0.5
⑩欧米便が就航する国際空港		0.6	1.7	7.5	37.5	27.3	8.7	8.7

第5-1図　許容できる施設までの所要時間

資料：総理府『月刊世論調査』平成8年11月号，大蔵省印刷局．

160 第Ⅰ部　中山間地域における定住条件

第5-1表　地域特性別の地域素材の教材化の内容

地域素材の教材化の内容（5年間に取り組んだ内容とその割合）[学校区の主な地域特性]	自然保護・自然探索活動	農林漁業体験学習など地域産業の	地域つくりの生産物等の料理	地域産業活動に関わる調査	地域の開拓史調査活動	開拓後の素地域調査・移り変	地域の舞踏・民話・芸能	工芸品や土器製作など民具等の	地域住民の生活調査活動	石碑活動・頭彰碑・墓碑調査	開拓以前の遺跡発掘
農山村	369 64.2%	387 67.3%	297 51.7%	159 27.7%	161 28.0%	150 26.1%	137 23.8%	167 29.0%	87 15.1%	86 15.0%	36 6.3%
漁　村	89 56.3%	96 60.8%	48 30.4%	54 34.2%	19 12.0%	21 13.3%	54 34.2%	18 11.4%	20 12.7%	12 7.6%	15 9.5%
炭鉱地	7 50.0%	3 21.4%	1 7.1%	7 50.0%	1 7.1%	0 0.0%	2 14.3%	0 0.0%	2 14.3%	0 0.0%	0 0.0%
市街地	228 49.2%	102 22.0%	63 13.6%	111 24.0%	91 19.7%	94 20.3%	69 14.9%	47 10.2%	72 15.6%	52 11.2%	17 3.7%
都心地	23 43.4%	6 11.3%	7 13.2%	18 34.0%	11 20.8%	13 24.5%	4 7.5%	2 3.8%	8 15.1%	10 18.9%	3 5.7%
半農業半漁業地	7 38.9%	13 72.2%	8 44.4%	4 22.2%	4 22.2%	4 22.2%	1 5.6%	2 11.1%	5 27.8%	1 5.6%	3 16.7%
半農漁業半市街地	5 50.5%	5 50.0%	3 30.0%	2 20.0%	2 20.0%	2 20.0%	2 20.0%	2 20.0%	1 10.0%	2 20.0%	1 10.0%
不明・無記入	5 62.5%	5 62.5%	3 37.5%	2 25.0%	2 25.0%	1 12.5%	3 37.5%	4 50.0%	3 37.5%	2 25.0%	0 0.0%
計	733 56.4%	617 47.5%	430 33.1%	357 27.5%	291 22.4%	285 21.9%	272 20.9%	242 18.6%	198 15.2%	165 12.7%	75 5.8%

資料：玉井康之著『北海道の学校『北海道の学校と地域社会――農村小規模校の学校開放と地域教育構造――』東洋館出版、1996年。
注．1993年の筆者の調査による。

活用できるような施策を，農林行政においても図ることが重要となる。これらのことを通じて，農村の学校も地域振興の一端を担うことができるし，また実際に担っている学校が多い。

地域振興に果たす学校の第3の役割は，学校が地域の集会施設や社会教育機関の役割を果たしているということである。農山村においては，公民館施設や集会所が必ずしも存在する訳ではなく，しばしば学校が地域の集会や行事の会場になったりする。また学校の教員が趣味やスポーツサークルの指導員を務めている場合も多い。学校の行事である学芸会や運動会を地域に開放し，地域の文化行事の一端を担っている学校も多い。さらに地区公民館を持つ農山村で，学校長が公民館長を兼ねている場合も少なくない。このように，文化・スポーツの行事や指導を学校教員が担うことによって，地域のまとまりを作り出したりしている。これらの文化・スポーツ面でのまとまりも，農村住民のまとまりや，農業への意欲につながっているのである。

3. 過疎化を抑制する山村留学の役割と可能性

このような中で学校の統廃合を当面くいとめ，同時に都会の児童生徒に農業・農村生活を体験してもらう山村留学が徐々に増えつつある。山村留学は，1年間以上都会・市街地の学校から農山村の学校に，住民票を移して転校し，農村の生活や農業体験・自然体験等を経験していくものである。受け入れ形態は，大きくわけて，山村留学の寄宿施設で受け入れる場合，農家に里親を依頼する場合，親子で移住して受け入れる場合の三つがある。山村留学を経営している財団法人「育てる会」の調査では，年々山村留学参加児童生徒数は増加し，1998年には，全国87自治体で700人を超えている。

住民登録人口が増えると，予算的には自治省から地方自治体に1人当たり数十万円の地方交付税が増額されることになる。この1人当たりの地方交付税の額は，人口が少ない自治体ほど，1人当たりの地方交付税が大きくなる。さらに，子供数が増えるために，文部省からの教員定数や補助金が増額され，その

分地方自治体の持ちだし分が削減できる。このように，児童生徒が何人か農山村に移住すれば，その家族の移住を含めて，大きな人口増となり，それだけ自治体に入る収入も増加するのである。この増加した自治体収入から，その地区への山村留学実施経費や里親への補助が行われるのである。

北海道内の山村留学実施町村の評価をみると（第5-2表），「開始時より良い印象」42.1％，「開始時より少し良い印象」26.3％で，合計68.4％の自治体で山村留学への評価が高まっている[5]。

また地元の児童生徒にも，意味があったどうかをとらえると，「非常に大きな意味があった」26.7％，「大きな意味があった」53.3％で，合計80.0％の自治体で大きな意味があるととらえている（第5-3表）。

さらに，留学生を受け入れて，学校と地域の行事が活性化したかどうかでは，「非常に活性化したと思う」20.0％，「活性化したと思う」60.0％，「少し活性化したと思う」20.0％となっている（表略）。全体として，学校と地域の行事の活性化につながっていることを示している。

一方山村留学には，受け入れる里親の負担増や，受け入れる児童生徒によっ

第5-2表　実施教育委員会による山村留学制度開始時に比した現在の印象

		町村数	比　率(%)
①	開始時より，よい印象	8	42.1
②	開始時より，少しよい印象	5	26.3
③	開始時と変わらない	5	26.3
④	開始時より，少し悪い印象	0	0.0
⑤	開始時より，悪い印象	0	0.0
⑥	不明・無記入	1	5.3
	合　計	19	100.0

資料：川前あゆみ・玉井康之「山村留学実施町村から見た山村留学の教育効果と発展条件」，北海道教育大学僻地教育研究施設紀要『僻地教育研究』第51号，1997年，より転載．
注．1997年の筆者らの調査による．

第5-3表　実施自治体における山村留学で地元の児童生徒が都会の児童生徒と交流する意味に関する意識

		町村数	比率(%)
①	非常に大きな意味があった	4	26.7
②	大きな意味があった	8	53.3
③	少し意味があった	3	20.0
④	あまり意味はなかった	0	0.0
⑤	ほとんど意味はない	0	0.0
⑥	分からない	0	0.0
	合　計	15	100.0

資料：川前あゆみ・玉井康之「山村留学実施町村から見た山村留学の教育効果と発展条件」，北海道教育大学僻地教育研究施設紀要『僻地教育研究』第51号，1997年．

ては特別な指導を必要とするなどの問題もある。今後，里親への金銭的・精神的援助や学校と地域と行政が一体となった生徒指導を行うなど，総合的に改善していくべき課題も残されている。しかし，山村留学は，人口を増やし，学校を存続させ，地域の文化行事等を中心として地域の活性化をもたらす可能性を有しているといえよう[6]。

4．短期農業・農村体験学習の役割と受け入れ体制づくり

　身近に農村生活を経験することもなくなった現代の都市住民の中には，農産物も工場で短期間で大量生産できると考えている人が少なくない。生物生産は，光合成をはじめ，自然界のエネルギーを栄養物に変えるために，長期の生産過程を要するが，化学と機械で生産過程を大幅に合理化できると考えているのである[7]。

　このような中で，農業や農村生活が本当に国民的な理解を得るためには，都市・市街地住民や子供たちなど，直接農業を営んでいない人たちにも農業・農村の良さや食料生産の意義を理解してもらうことが重要である。そのことが，

農村地域への理解や日本の農業を発展させる潜在的な条件となる。

　そのためには，机上で，農業の重要性に関する一般的な学習を進めるだけでなく，実際に農村を訪れて農作業に触れてみるという体験が重要である。「食料は農産物から来ている」という当たり前の事が，意外と実感として結びついていないのである。農業を体験することによって，農業生産が一般的に思われているほど単純な作業ではなく，高度な技術・技能と長期間の農作業が不可欠であるということが，実感としてよく分かるのである。

　その場合農村体験をする場所は，混住化した平野部ではなく，中山間地域が重要な体験場所となる。なぜなら，農業や農村の良さを体験する為には，都市の体験する側も，受け入れる農村の側も，農業・農村の良い面を打ちだせることが双方にとって重要となるからである。そのためにある程度，意欲的に農業に取り組んでいる人がいる農村地域が重要となる。その場所は，最初は同一都道府県である必要はなく，北海道や南九州など，典型的な農業地帯でも良い。このような地域から始めて，徐々に都市近郊まで波及させれば良いのである。

　一方，都市住民に農業・農村の良さを理解してもらうことによって，農業者や農村住民も，農業・農村生活に自信をもち，意欲的に農業に取り組むこともできるようになる。実際に，都市住民を受け入れた農村で，農業者に活気が出てきたというレポートも，近年多く報告されている。これらの農業・農村体験活動は，企画のネーミングとして「学習」という言葉がついていなくとも，客観的に見れば，農業・農村を理解する学習活動となっているのである。

　このような企画は，受け入れ農村の負担を伴うものであるが，農業・農村の長期的な理解のために，各地域が今後このような体験学習企画を積極的に組んでいくことが求められている。農業・農村体験学習のこれまでの企画の主体は，都道府県の農林課や，市町村や，農協や，農業グループ・団体や，教育委員会・学校など，多種多様であるが，これらが独自に，相互の連携なく受け入れている場合が多い。しかし，受け入れ農家の範囲は，市町村もしくは特定集落の範囲内であるため，今後市町村内の関係団体が，連携していくことが重要である[8]。

実際に，農業・農村体験学習は，受け入れの送り迎えから，農業技術や技能の解説，農業情勢の解説，作業の指導，宿泊施設の手配，経済的支援，観光の組み込みなど，細かい作業が必要となるため，受け入れ側の個々別々の対応や特定機関のみによる対応は，極めて労を多く必要とし，結果として受け入れを困難にしている場合が多い。適材適所をつかさどる各団体の総合的な受け入れ組織や実行委員会を，まず作ることが肝心である。単発的な特別の場合の受け入れであれば，特定企画のみの実行委員会を作ることで良いが，ある程度毎年，継起的な受け入れを望むのであれば，受け入れ窓口および事務局を役場か農協に恒常的に作っておき，その都度受け入れに向けて対応できるようにしておくことが望ましい。

受け入れの機関の構成団体としては，例えば，役場，農協，普及センター，集落，生産組合，土地改良組合や水利利用組合などの農家組合，青年団体，婦人団体，観光協会，教育委員会，農産物加工会社，宿泊施設経営者，商工会議所，地区社会福祉協議会，その他関連団体などである。このような受け入れ団体ができていない地域が多いのであるが，長期的な農業・農村理解のために，普及センターが，役場や農協などに，受け入れ機関を作るように積極的に働き掛けていくことが重要である[9]。

このような受け入れ機関を作ることによって，農家の負担を軽減し，実際に農家のみが地域づくりの犠牲となってしまうことも避けられるのである。農家のみを説得して受け入れを行う場合がしばしば見られるが，このような方法は，決して長続きはしないのである。

5. 都市住民による農業・農村の役割の再評価

これまで，農村に対する評価は，農村の経済的・物質的な貧困性，農業生産性の低さ，都市的な文化活動の遅れなどによって，必ずしも高いものではなかった。その中で農村住民自身も都市的な文化を追い求め，農村文化を卑下する傾向が強かった。

都市住民の農業・農村への理解は，まだまだ不十分であるが，他方で都会での，自然環境や人間関係をはじめとした生活環境の悪化から，農村を再評価し，農村に回帰したり，農村文化に親しみたいと考える都市住民も増えてきている。かつて農村から都市に移住した第一世代は，ふるさとなる農村をもっていたが，ふるさとを持たない都市で育った第二世代は，親の世代から聞く農村の生活環境を自分自身も体験したいと考えるようになっているからである。

　その場合，農業・農村の再評価は，単に食料生産活動の領域にとどまるものでもない。むしろ，物質的な豊かさだけではなく，あらゆる農村の文化活動を含む精神的な豊かさや，生活環境や人間関係の豊かさを含むものである。

　例えば，1997年の総理府世論調査の「子どもの教育にとっての農村の役割」結果では，以下の項目のあらゆる項目が，1990年時調査よりも高い数値を示している（第5-2図）。その農村の役割に関する項目は，「広大な自然に接することができる」51.3％，「学校や家庭では得られない貴重な体験ができる」51.3％，「生き物を観察・採集するなど，生き物に触れる機会が得られる」48.5％，「食物が生産される過程を知ることができる」45.3％，「採れたての食べ物を食べることによって，食べ物や農業への興味がわく」40.3％，「親が働く姿を間近に見ることができる」32.3％，「広い場所でのびのびと遊ぶことができる」29.7％，「多世代家族の中で生活することによって，人間性が豊かになる」29.6％，「実際に自分で体験することによって学校の勉強に役立つ」24.5％，「民俗，伝統など地域文化に接することができる」15.6％，等である。これらは，農村生活環境の良さだけでなく，子どもの人格形成に向けた発達条件としても，いずれも重要な項目である。

　すなわち，生産から教育・食生活・文化を含めた，多様な領域で農村に関わりを持ちたいと思う人が，以前に比して多いということである。これは，直接的には，農業・農村体験型の学習やレジャーが増えていることに現れている。しかし農村に関わりを持ちたいと思う人達のほとんどは，どのような形で農村の自然や体験活動と関わりを持てばいいのかが分からなかったり，機会を持てないでいる。このような都市住民の新しい農村志向傾向を活かしながら，農村

第5章　中山間地域の活性化と教育の役割　167

(複数回答)

広大な自然に接することができる	
学校や家庭では得られない貴重な体験ができる	
生き物を観察・採集するなど，生き物に触れる機会が得られる[2]	
食物が生産される過程を知ることができる	
採れたての食べ物を食べることによって，食べ物や農業への興味がわく[3]	
親（または大人）が働く姿を間近に見ることができる	
広い場所でのびのびと遊ぶことができる	
多世代家族の中で生活することによって，人間性が豊かになる[4]	
実際に自分で体験することによって，学校の勉強に役立つ[5]	
民俗，伝統など地域文化に接することができる	
その他	
特にない	
わからない	

■1990年10月調査（N＝2,292人，N.T.＝335.7%）
□今回調査[1]（N＝2,219人，N.T.＝373.2%）

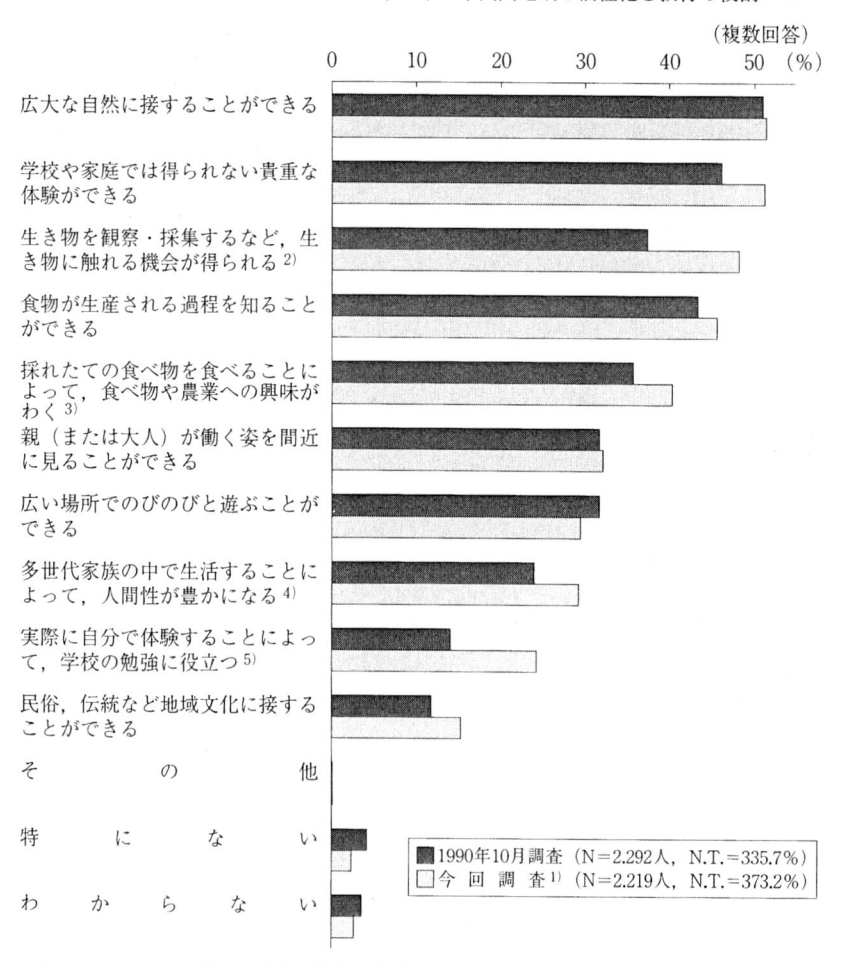

第5-2図　子供の教育にとっての農村の役割

資料：総理府『月刊　世論調査』平成6年6月号，大蔵省印刷局．
注．[1]「今回調査」とは，1997年を指している．
　　[2] 1990年10月調査では，選択肢は「生き物に触れる機会が得られる」となっている．
　　[3] 1990年10月調査では，選択肢は「新鮮で安全な食べ物が食べられる」となっている．
　　[4] 1990年10月の調査では，選択肢は「多世代家族の中で生活することによって，思いやりの心が育つ」となっている．
　　[5] 1990年10月調査では，選択肢は「学校の勉強に役立つ」となっている．

を活性化する活動も新たに重要になっている。

　農業・農村住民が農村の良さを自覚し，自信と誇りを持つためには，まずこのような都市住民の意識の変化を，農村の機関や住民がとらえておく必要がある。これからの農村の地域づくりも，都市住民と協力しながら，農村住民自身が農村・農業の良さと課題を多面的に認識し，地域づくりを進めていく必要がある。都市住民と連携・協力することが，農業・農村の理解者を増やしながら，農村住民自身の自負心と主体性を回復していく条件ともなる。すなわち，都市住民の農村評価が高まりつつある現段階に至っては，都市住民と交流する機会が多ければ多いほど，農村住民も自信と誇りを回復していくことになるのである。

6．将来的な農業・農村の役割と課題

　これまでみたように，農村に定住できて，教育・文化面で農村を活性化する大きな課題をまとめてみると，第1に，学校などの既存の教育機関がまず存続し，さらにその機関が活性化できるということと，第2に，都市住民の農業・農村再評価の傾向の要因を学び，農村に誇りを持てる様な農村住民の意識を形成していくことである。これらのことは，社会教育をはじめとした農村の教育活動が，新たに取り組まなければならない課題であり，また既存の学校等の教育機関が果たさなければならない課題でもある。

　このように，農村の活性化に向けて，農業・農村の良さを再認識すること自体が，生活に密着した学習である。そして現代の農村の良さを踏まえつつ，さらに将来にわたって重要な機能を持つと予想される農業・農村の役割を，長期的な視点にたってとらえ，それを都市住民を含めて，啓蒙していくことが重要な課題となる。

　まず，農業・農村文化の持つ将来的な役割と今後の課題は，大別して以下の4点ある。

　第1に，当然のことながら，食料供給基地としての農村の役割である。自給

率が下がり，食料危機が迫っている現状の中では，今後その役割を都市住民に強調しても，し過ぎることはない。しかし，農業生産・農村生活を身近に感じなくなった都市住民の中には，農産物も短期間に大量生産できると考えている人が少なくない。また身近に見ている食料と農産物が同じであるという当たり前のことが，実感として結びついていない。

したがって，農業・農村の役割としては，都市住民に農業・農村理解者を増やすために，農業・農村と食卓が結びついていることを理解してもらうよう教育することが，新たな課題となっている。そのためには，実際に農業・農村を体験してもらうことが，最も効果的な方法である。

第2に，地球的な課題となっている環境保全としての農業・農村の役割である。農業・農村は，単に食料供給基地の役割だけではなく，水質保全・空気清浄など都市住民も恩恵を受けることができる環境を保全している。しかし，学校で使用されている教科書には，環境保全機能を持つものとして森林が例示されているだけで，農業・農村が，一定の自然環境を再生産している点は，ほとんど触れられていない。農業は，単に経済活動だけではなく，それによって都市の水質保全や空気清浄を含む環境保全活動を行っている。したがって，都市住民にそのことを理解してもらうためにも，農業・農村の自然環境に親しみ，環境教育の一環として，農業・農村を活用していくことが，新たな課題となっている。

第3に，人間的な信頼関係を育成する場としての農業・農村の役割である。これまで「社会性の育成」とは，農村のような全人格的な信頼関係ではなく，都会的な，殺伐としながらも器用に立ち回る人間関係を目指すものであった。その結果，都会では孤立的な人間関係を当然視し，その下で，犯罪を含む様々な社会のゆがみ・心のゆがみをもたらしている。子どもは，地域の大人の人間関係を無意識のうちに模倣学習して，自分たちの人間関係のあり方を決めている。それゆえ，周りの人間関係のあり方が，次代の大人たちの人間関係を決めるのである。

したがって，「心の教育」（中央教育審議会・教育改革プログラム）が，現代

人の大きな課題となっている中では、農業・農村が持っていた協同性や密接な人間関係を、再び積極面として再認識することが重要な課題となっている。近年では、「栽培療法」、「動物飼育療法」など、孤立化した人間関係の中での農業の癒しの機能も、注目されつつある[10]。

　第4に、生活体験や生きる力を育成する場としての農業・農村の役割である。子どもを取り巻く社会環境・生活環境が豊かになるにしたがって、困難を切り抜ける力や生活能力が欠如した子ども・青年も増えている。

　このような中では、農作業などの、長期間の自らの労働の成果を喜ぶ勤労体験学習や、便利な都会では考えられない農村生活の体験の場を提供していくことも、農業・農村の新たな課題となっている。近年、学校で修学旅行を農業体験旅行に変えたり、農業体験学習を独自に組んだりする学校が増えてきたのもそのためである。

　これら四つの観点は、農業・農村が食料供給にとどまらず、人間的な生活環境と教育的な環境を、都市住民にも提供していることを示していると言えよう。このような農業・農村の積極面を、都市住民と再認識し、それを活かした農業・農村の地域づくりが求められている。

　都会との交流は、ある意味では、直接経済活動につながる訳ではなく、受け入れ側の多大な負担を伴う側面を持っている。しかしそのことが、農産物の輸入自由化と国際的な競争の中では、長期的に日本農業に対する理解者と応援者を増やしていく条件となる。また、都会住民が農村住民の活動に直接感動したり、農業・農村に学んでくれることが、農業・農村住民を勇気づけ、主体性を回復する条件となるのである。

　この様な農業生産の枠にとどまらない活動のためには、包括的な取り組みを含む生涯学習政策との連携が不可欠であり、そのためにも、様々な担い手・機関のネットワークが重要となる。様々な機関が連携することによって、農家の負担や個々の諸機関の負担を軽減することができる。

　以上のように、農業・農村に自信と誇りを持ちながら、農村地域の活性化の一方策としての都市住民とのネットワークおよび農村住民相互のネットワーク

を広げていくことが重要であり、そのためにも機関のネットワークが重要となる。

これらの取り組みは、学校・教育機関が中心に担ってきたが、それが地域振興にもつながるのであれば、農林行政が自治体単位に積極的に助成を行うことも重要となる。学校教育行政でも「総合的な学習の時間」の新設や「心の教育」によって、農業体験や農業理解教育を行う機会を持とうとしているのであるから、例えば、山村留学や農業体験を行う自治体には、財政的に支援するなどの方策が必要となってきていると言えよう。

(玉井康之)

注(1) 例えば、国土庁地方振興局編著『新過疎地域活性化ハンドブック』(ぎょうせい、1994年)。
 (2) 例えば、農業経済学分野では、北川泉編著『中山間地域経営論』(御茶ノ水書房、1995年)、など。農村社会学の分野では、山本努著『現代過疎問題の研究』(恒星社厚生閣、1996年)など。いずれも、経済分野以外の領域も視野に入れなければならないとしているが、農村の学校や教育問題が検討されているわけではない。
 (3) 北海道農政部農業企画室著『農業・農村の多面的機能の評価調査報告書』(北海道農政部、1998年)。
 (4) 農業を理解するためのカリキュラムの作り方に関しては、次のようなものがある。西口敏治著『農業の大切さ知った——「日本の米」を学ぶ小学生からのメッセージ——』(ゆい書房、1992年)、我孫子私立我孫子第二小学校編著『「地域の先生」と創るにぎやか小学校』(農文協、1998年)。
 (5) 詳しくは、川前あゆみ・玉井康之「山村留学実施町村から見た山村留学の教育効果と発展条件——北海道の町村・教委調査統計による動向分析——」(北海道教育大学『僻地教育研究』、第51号、1997年3月)、37〜44ページを参照されたい。
 (6) 詳しくは、川前あゆみ・玉井康之著『山村留学と学校・地域づくり——都市と農村の交流にまなぶ——』(高文堂出版社、1998年)を参照されたい。
 (7) この点については、玉井康之「農村教育および農業理解教育に関する研究の動向と課題」(北海道教育大学『北海道教育大学紀要』、第47巻2号、1997年6月)を参照されたい。
 (8) 機関の連携の必要性については、玉井康之「地域づくりの担い手と生涯学習——地域における担い手・機関のネットワークづくり——」(日本農村生活学会『農村生活研究』、第42巻1号、1997年6月)を参照されたい。

(9) 体験学習企画の方法については，玉井康之「農業・農村体験学習，山村留学，ファームステイ」(全国農業改良普及協会『新農業経営ハンドブック』，1997年) を参照されたい。

(10) 植物や動物が持つ癒しの機能については，次のようなものがある。グロッセ世津子編著『園芸療法——植物とのふれあいで心身を癒す——』(日本地域社会研究所，1994年)，横山章光著『アニマルセラピーとは何か』(日本放送出版協会，1996年)，有馬もと著『人はなぜ犬や猫を飼うのか——人間を癒す動物たち——』(大月書店，1996年)。

第Ⅱ部　中山間地域政策の課題

第6章 中山間地域政策の検証と課題

1. はじめに

　本章に与えられた課題はあまりに大きく，その明確化と限定を要する。
　第1に，いかなる政策を対象として取り上げるのか。後述するように固有の「中山間地域問題」あるいは「中山間地域政策」が登場するのは1980年代末であり，高々この10年のことである。他方，農林統計上の中山間地域においては，そのはるか以前から問題が発生している。いうまでもなく過疎問題である。かくして固有の「中山間地域問題」と「中山間地域の問題」とはひとまず区別されねばならない。
　あらかじめ結論的にいえば，固有の「中山間地域問題」とは，価格政策の線上に浮かび上がった生産条件不利（マイナスの差額地代）の問題であり，そこで求められるのは政策は産業政策としての生産条件不利の是正あるいは補償である[1]。それに対して過疎問題は地域の人口減に伴う問題であり，そこで求められる政策は定住促進である。
　前者は後者の一環でもあるが，その全てではない。後者は前者の前提条件の一つであるが，その全てではない。「中山間地域」という統計概念が同時に政策概念として用いられることにより，以上の二つの問題がごっちゃに論じられている懸念があり[2]，政策「検証」にあたっては，ひとまず問題の整理が必要である。
　しかしながら，現実にあるのは「中山間地域の問題」という一つの問題であって，それは条件不利問題（政策）と過疎問題（対策）の重層に他ならない。本書および本章が対象とするのは，このような意味での「中山間地域の問題

(政策)」と理解する。

　第2に，検証の方法である。中山間地域政策は，従来の中央集権型政策の限界面に位置するのみならず，それが本来的に地域政策であることによって，国，県，町村の行政事務の各段階での政策に注目する必要がある。また政策の検証は，このような各レベルの政策主体だけでなく，政策対象としての地域に即して行う必要があり，農業・農村にとっての基礎的な地域単位は集落である。

　中山間地域はそれぞれが地域個性をもち，大きくは東日本型と西日本型，峡谷型（主として日照，面積上の不利）と高原型（主として標高，傾斜上の不利）に分けられているが，研究能力上の制約から本章では事例分析にとどめざるをえなかった。すなわち県レベルについては地域性を考慮しつつ，特徴的な政策を打ち出している数県について紹介した。また町村レベルについては，中山間地域を最も多く抱える県の一つである高知県の中から，県農政の代表的な対象地域のひとつである西土佐村を選び，村内から1集落を選んで農家全戸調査を行った。とはいえ紙幅の都合から事例紹介の域は越えられない。

　要するに，一つの集落を窓口にして政策検証を試みようというわけで，もとより「葦の髄から天井を覗く」との批判は甘受せざるをえない。

2．国の中山間地域政策

　上述のように「中山間地域の問題」を捉えた場合，それは過疎問題から始まった。以降の国の政策対応は三つの系統に分かれる。①全国総合開発計画，②過疎法，③山村振興法と特定農山村法である。①が全国レベルからの国土開発に関する計画であるのに対して，②と③は地域レベルでの地域振興政策であるが，②が人口問題を，③が条件不利を問題とする点で異なる[3]。

(1) 全国総合開発計画

　1950年に国土総合開発法が制定され，第6-1表にみるように五次にわたる全国総合開発計画が策定されてきた。各全総は，それぞれ時代背景を異にしつ

第6-1表　全国総合開発計画の推移

	全国総合開発計画	新全国総合開発計画	第3次全国総合開発計画	第4次全国総合開発計画	第5次全国総合開発計画
策定時期	1962年10月	1969年5月	1977年6月	1987年6月	1998年3月
計画期間	1960～70年	1965～85年	概ね10年	1986～2000年	目標2010～15年
経済的背景	第一次高度経済成長	第二次高度経済成長	低成長へ移行	国際経済構造調整	長期不況
開発方式	拠点開発	交通ネットワークと大規模プロジェクト	定住構想	交通ネットワーク、多極分散型国土形成	参加と連携 多自然居住地域など
主な施策	新産都市法、工業整備特別地域整備促進法	苫小牧東部・むつ小川原地区整備	モデル定住圏整備	多極分散型国土形成促進法	―

つも，「国土の均衡ある発展」をめざす立場から，過密過疎問題を最大の問題の一つとしてとりあげてきた。しかしながら問題は一向に解決されず，むしろ逆にこれらの計画のもとで増幅されてきた。では，なぜ，国土開発計画は過疎問題の解決たりえなかったのか。

その理由は二重である。第1に，これらの計画はあくまで時の中央権力による国土開発計画であり[4]，そのために中央の観点から全国を地域区分し位置付けることであり（後述する「政策地域」の設定），地域それ自体の位置付けではなかった。その結果として第2に，これらの計画は一貫して過疎地域の外部に存在する何らかの拠点がもつ外部経済効果に依存し，あるいはその溢出効果によって過疎地域の活性化を図ろうとし，その意味でも過疎地域それ自体に対する政策ではなかった。このような外部からの働き掛けは結局のところ，過疎地域のなかの拠点，例えば過疎の村の役場所在集落とか，あるいは過疎の県の県庁所在地等への一層の集中を招くだけだった。そしてそれらを中継点として結局は国土規模での過疎過密が一層進行していったわけである。以下，各期の総合計画のアウトラインをトレースする。

1) 第一次全国総合開発計画（一全総）

一全総は，まず「過密地域」，「整備地域」，「開発地域」という三つの「政策地域」を設定した。整備地域は過密地域（既成四大工業地帯）の外部経済効果

を享受できる太平洋ベルト地帯であり，ここに大規模工業開発拠点（鹿島，東駿河，東三河，播磨，備後，周南地区）を育成して過密を分散し，開発地域（北海道，東北，中四国，九州）では大規模地方開発都市（札幌，仙台，広島，福岡）を拠点として育成することとした。この開発地域における大規模工業開発を図ったのが新産都市法(1962年)であり，小規模開発拠点の育成を図ったのが低開発地域工業開発促進法(1961年)である。

一全総は，根拠法である国土総合開発法が1950年に制定された後も長らく策定されなかったわけだが，その理由としては，前提となる経済計画がなかったことがあげられている。その前提を与えたのが1960年の所得倍増計画であり，その国土計画版が太平洋ベルト地帯構想だった[5]。それは，「最も効率がよく最もコストが安い所をまずつくって，日本経済全体の規模を大きくして，そしてその上でまた地域開発へ進展させるほうがいい」[6]と，後進地帯の開発要求をしりぞけた。一全総はこのような拠点開発主義の開発手法をそのまま受け継いで策定されたものである。かくして日本の国土開発計画は，その出発点からして，大小さまざまな拠点を設け，それがより大都市の外部経済効果の受皿となり，同時に自らが外部経済効果を及ぼしていくものとされたのである。

かかる一全総の拠点開発主義の目玉は新産都市建設だったが，新産都市法は知事の申請に基づき国が承認するという「地方主義」をとった。その点では同時期の農業構造改善事業と同じである[7]。しかし申請方式は地方から国への陳情合戦を招き，「新産都市計画が策定される頃から，中央からの天下りが県の開発部局に入り込む時期が来てしまう」[8]という行政の中央集権主義が決定的に強まり，そのことがまた過密過疎を極端に進行させた。

2) 新全国総合開発計画（新全総）

拠点開発主義は周辺地域からの吸収効果を発揮し，地域内での過疎過密を促進することになった。それに対して，「拠点主義という形での工業の再配置を中心とした地域格差の是正策では，ますます進行する過密と過疎に対応できない」[9]として，「拠点開発主義よりはナショナルプロジェクト主義」[10]で，「市場性を乗り越える」[11]ことを目的として，大規模プロジェクト（苫小牧東都，

むつ小川原地区。志布志は調査検討の対象）とそれらを結ぶ新幹線・高速道路等の交通・通信ネットワークの先行的整備を提起したのが新全総だった。それは，拠点開発主義を批判しつつも，実はそれと同根の外部経済効果論にたちつつ，その極限化を追求するものだった。しかしながら大規模開発地区は「市場性を乗り越える」ことはできず，企業の立地選択からは外れ，かくして日本列島の総都市化を狙ったネットワーク整備の方のみが実現し，都市化地域としからざる地域の格差を拡大していった。

新全総のもう一つの柱は広域生活圏構想だった。一全総は工業化を通じて生産所得の地域格差を是正しようとしたが，新全総は生活環境水準の格差を問題とし，「地方の中核都市の社会的環境整備を図って，周辺地域の生活環境も，その中核都市と一体になって」ナショナル・ミニマムを確保するものとされた[12]。これまた生活環境整備における拠点開発・溢出効果論にたつものといえる。そして折から深刻化する山村・過疎地域問題については，効率主義にたつ集落再編成が提起され，過疎化集落の地域拠点への撤収が図られた。

3） 第三次全国総合開発計画（三全総）

新全総は策定直後のオイルショックによる高度成長の破綻により短命に終わり（それはタイミングからしても「主計局三大バカ査定」といわれた戦艦大和の運命に似ている），低成長期計画としての三全総に席をゆずる。三全総については高い評価もあるが，国土開発計画として新たに付け加えたものは基本的になかったといえる。すなわちそれは工業立地としては，新全総の苫小牧，むつ小川原，秋田湾，志布志湾の開発を継承し，生活面では広域生活圏構想を受け継いで定住圏構想を打ち出した。

このうち一般的に注目されたのは，「生活」と「地方」だった。1970年代に入り，地方から三大都市圏への流入超過は急速に減少に向かい，過疎地域の人口減は鈍化し，地方圏の人口は増大に転じた。三全総はこのような傾向を踏まえて，若年層を中心に人口の地方定住を促進しようとした。

しかし「定住」といっても「人口」の言い換えに過ぎず，50～100世帯からなる居住区——定住区（全国で2～3万）——定住圏（同200～300）の重層性

において住民生活を捉え，そのうち定住圏は「都市，農山漁村を一体」とした「地域開発の基礎的な圏域であり，かつ，流域圏，通勤通学圏，広域生活圏として生活の基本的圏域」とされる。立案者達としては，この定住圏を基礎自治体とし，二層制（県―市町村）でなく一層制の地方自治を模索しており[13]，今日の小選挙区制や地方分権論の走りといえる。具体的にはモデル定住圏事業が「公共事業を大々的にやるための一つの手段」[14]として採用された。

前述のように，1970年代には地方における人口増がみられたが，それは「定住構想の実現」（四全総）というよりは，端的に高度成長の破綻による都市の人口吸収力の低下によるものだった。

4） 第四次，第五次全国総合開発計画（四全総，五全総）

1980年代に入ると再び過疎地域の人口減が強まり，地方圏の人口増はストップし，東京圏一極集中傾向が強まりだす。それに対して四全総は，多極分散型国土形成を目標として，その達成手段として交流ネットワーク構想を打ち出した。四全総は，一方で東京圏の世界都市機能集積を促進しつつ，それへの地方からの反発に対しては多極分散を唱い，また「定住圏の範囲を越えたより広域的な観点からの対応が重要」として「交流」を重視した。

それは定住人口の減少としての過疎化が依然として止まらない状況のもとで，それを糊塗するため，定住人口に代わる「交流人口」を重視したものであるが，そこに表現されているのもまた「拠点からの溢出効果」に他ならない。ただその「拠点」が地続きでない多極分散的な遠隔の大都市におかれ，かくして過密と過疎の間の「交流」となる点が異なるわけである。そして「多極分散型」といっても，その極の数によっては「多極集中型」になり，「優秀な都市への集中が進み始めていて，それは過疎を促進するかもしれない」[15]ことが立案者自らによって懸念される程のものだった。

四全総には，三全総までにはみられた強烈な工業立地政策はみあたらず，経済のソフト化，サービス化に対応した「新しい産業」の分散配置やリゾート地域整備が強調された。

四全総は，これまでの全総と同じく「国土の均衡ある発展を図ることを基

本」としているが，実はその破綻を示すものといえる。すなわち1980年代以降，なかんずく1980年代なかばのプラザ合意と「前川レポート」以降，急速に経済の国際化・ボーダーレス化が進むなかで，日本の産業・企業の立地選択も国際化していく。「海外直接投資による産業空洞化も辞せず」という前川レポートは，その端的な表現だが，その点は既に「三全総フォローアップ作業報告」(1983年) が「国際フレームをわが国の国土計画の前提条件として考えていかなければならない」とし，四全総総合的点検調査部会報告 (1994年) もまた「地球時代の到来は，国土計画の策定にあたり，アジア太平洋地域，ひいては世界全体を視野にいれる必要がある」としていたところである。

このような多国籍企業帝国主義によるグローバルな立地選択は，一国レベルの国土利用の均衡をむしろ突き崩していくことになり，それに対する行動 (立地) 規制なしには，「国土の均衡ある発展」は望みえない。そのことを端的に示したのが四全総における東京圏の国際金融都市化と多極分散，定住と交流といった相反する方向の混在であり，それは国土利用計画そのものの破綻である[16]。

にもかかわらず策定された五全総は，「地球時代」(国境を越える地域間の大競争) にあって「アジア・太平洋での日本列島の位置づけを見据えたグローバルな視野」にたち，「多軸型国土構造」への転換戦略として，「多自然居住地域の創造」「大都市のリノベーション」「地域連携軸の展開」「広域国際交流圏の形成」を掲げている。ここで言う「多自然居住地域」は，「中小都市と中山間地域等を含む農山漁村等の豊かな自然環境に恵まれた地域」ということだが，当初は「低密度居住」という案もあったようである[17]。つまり「多自然」は「低密度」すなわち過疎の言い換えであって，どうにも止まらない過疎化を逆手にとって，そのような「多自然」地域を「21世紀の新たな生活様式の実現を可能とする国土のフロンティア」にするという逆転の発想である。そこでは「安易に人の数だけ増やそうとするようなことは，その価値を自ら失う」[18]と「定住」は捨てられ，「交流」もコンピュータを通じるそれとなり[19]，あるいは海外との交流に飛躍する。そこには発想の転換以外には定住促進の手立ては

なく，国土利用計画の破綻の再確認といえる。

以上をふりかえって，全国総合開発計画の策定は新全総をもって終わったといえる。三全総は高度成長という根拠を失い，四・五全総は国内均衡という枠組を失った。いずれにせよ，それらの拠点・大規模・定住・交流のいずれの手法も（五全総の手法は「参加と提携」となっているが，それはもはや手法とはいえない)，拠点から過疎地域への外部経済効果，溢出効果しか期待されず，過疎地域それ自体を対象とした国土利用計画はついに登場しなかったといえる。

（2） 山振法，過疎法，特定農山村法

国土利用計画からとり残された地域問題への対応は，個別的な一種の地域立法を通じてなされることになる。それが地域からの議員立法としての過疎法なり山振法である。特定農山村法もまた一種の地域立法であるが，政府立法の形をとった点では前二者と異なるが，一括して扱う。

1） 山村振興法

国土総合開発法は全国総合開発計画，地方総合開発計画と並んで「特定地域総合開発」をもりこんでいた。これはアメリカの「ＴＶＡの日本版」として全国19地域を指定して河川開発を中心に公共事業の重点配分を行おうとしたものである。その一環としてのダム建設に対して，危機感をもった奥地山村が，1954年に全国ダム対策町村連盟を結成して山村振興運動を開始し，さらに対象を拡大した全国奥地山村振興協会に諸組織を統合し（1958年），山村農林業振興法の制定を要求していった。

その後，太平洋ベルト地帯構想や拠点開発方式が主流となるに及んで，このような投資効率からする立地選択からとり残される山村地域の政治力を結集した全国山村振興連盟が1963年に結成され，議員立法としての山村振興法が10年の時限立法として1965年に制定された[20]。

同法は，1975年の改正により10年の期間延長とともに，第1条の目的に「国土の保全，水源のかん養，自然環境の保全等に重要な役割を担っている山村」の産業基盤，生活環境整備の低位性の克服を掲げた。その後も三度の改正

をみているが,最後の1991年の改正においては,前述の「役割を発揮させるため森林等の保全を図る」こととし,そのための第3セクターの活用等を規定している。

法における「山村」の定義は,「林野面積の占める比率が高く,交通条件および経済的,文化的諸条件にめぐまれず,産業の開発の程度が低く,かつ,住民の生活文化水準が劣っている山間地」であり,指定の要件は,林野率0.75以上,1km^{2}当たり人口1.16人未満,諸施設の整備が十分でないことである。このうち林野率が自然条件の劣悪性を,その他が産業の開発の遅れを示す指標とされている。

このような指標設定等からみる限り,全体として「低開発」あるいは条件不利を政策対象としているといえよう。山振対策の成果としては,道路・水道・

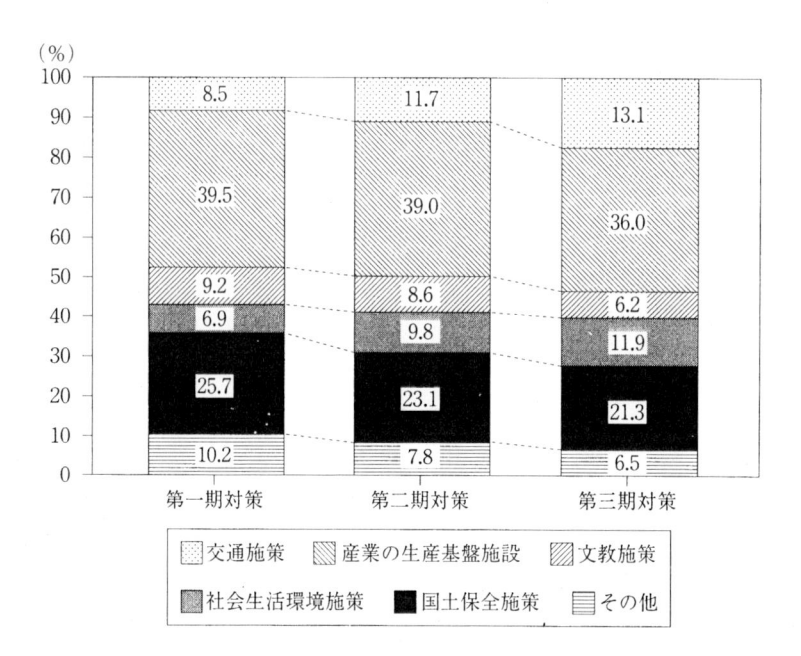

第6-1図 山村振興計画施策別構成比の推移

注.本文注(20)の文献による.

集会施設等の生活環境整備,農道・林道・圃場の整備,造林,滞在・展示・スポーツ・加工施設の整備等があげられている。計画ベースでの事業費構成の推移は第6-1図のごとくである。全体として生産基盤整備と国土保全施策のウエイトが高いが,期を追うにつれそのウエイトは低下し,代わって交通通信施策,生活環境施策,観光施策(「その他」に入る)のウエイトが高まり,その意味で過疎法に接近することになる。1990年代に入っては,社会保険等の整備された広範な事業を行う第3セクターの整備,水洗化等の生活環境整備,都市との交流促進が強調されている。

2) 過疎法

過疎法は,1970年の過疎地域対策緊急措置法,1980年の過疎地域振興特別措置法,1990年の過疎地域活性化特別措置法と三次にわたり,時限議員立法されている(以下,70年法,80年法,90年法と呼ぶ)。

過疎法への取り組みは,1966年に島根県と同県議会から始まり,全国知事会と自民党の連携により1970年に成立したもので,その経緯は山振法と似ている。

地域指定の要件は,人口減少率と財政力指数から構成される。同法は端的に人口問題への対処であり,具体的には次のようである。

70年法は,「人口の急激な減少」としての過疎現象が起きている地域について「人口の過度の減少を防止」することを目的とした。そのため「生活環境におけるナショナルミニマム」の確保に向けて交通・教育文化・生活環境施設・産業振興を行うこととしたが,なかでも道路が最も重点的に整備された(第6-2表)。

80年法は,当時の人口減の鈍化から「緊急的な目的は一応達成されたものと考え」,「激しい人口減少の後遺症ともいえる状況」すなわち地域社会の機能低下や生活・生産水準の相対的低位性に対処することを目的とした。事業的には道路整備が70年法と同じ比重を占め,また産業振興のウエイトが少し高まった。

しかし人口減の鈍化は,前述のように,実際には過疎法の成果ではなく,高

第6-2表　過疎対策事業費の構成の推移

(単位：％，億円)

区　分	1970〜79年	1980〜89	1990〜94	1995〜99
交通通信体系の整備	49.6	49.5	40.3	35.0
産業の振興	22.2	27.8	30.1	27.8
生活環境の整備	11.3	10.4	13.9	21.0
高齢者等の福祉増進			2.9	3.6
医療の確保	1.2	1.4	1.5	1.8
教育文化の振興	12.0	9.8	9.4	8.5
集落の整備	0.2	0.2	0.2	0.7
その他	3.5	0.9	1.7	1.6
計	100.0	100.0	100.0	100.0
事業費計	(79,018)	(173,669)	(144,156)	(204,425)

資料：国土庁過疎対策室『平成6年度版　過疎対策の状況』(1995年).
注．1994年までは実績，95年以降は計画．

度成長の破綻による都市部の雇用吸収力の結果に他ならなかった．1980年代後半に入り，バブル経済のもとで再び過疎地域の人口減少率は強まる．このような東京一極集中が進むなかでの「新たな過疎問題」に対して，90年法は「過疎地域の自主的・主体的努力によって活性化を実現できるよう」にすることを目的とした．具体的には新規事業として高齢者福祉の増進が掲げられ，また過疎債の対象事業が，地場産業を行う第3セクターへの出資，生産・加工・流通販売施設，産業振興に資する市町村道・農林道，高齢者福祉，下水道等に拡張された．事業費としては，交通のウエイトが減り，代わりに1990年代前半には産業振興と生活環境・高齢者福祉が伸び，1990年代後半にはもっぱら後者が伸びている．山振法に比べて道路の比重が高く，産業振興の比重が低いのが特徴であるが，近年では生活環境のウエイトが高い．

　70年法は，新全総の翌年に制定された．新全総がナショナルな見地にたって大規模開発を提起したのに対して，過疎法は過疎地域それ自体を政策対象とした点で決定的に異なる．しかしながら新全総が日本列島の基軸的な交通・通信ネットワークを整えたのに対して，過疎法は末端の過疎地域から道路交通網

を整備して前者につなげる役割を果たし，その意味で前者を補完したといえる。

すなわち道路網整備の突出的な先行は，第1に，過疎地域内における「中心地と周辺集落の格差を救いようもないほど拡大」[21]し，第2に，「高速道路が整備され時間的距離が短縮されると，相対的に弱い地域が強い地域に吸収される」という「ストロー効果」を発揮した[22]。

なお過疎法に固有の手法として過疎債の起債があげられる。その元利償還の70％が基準財政需要額に算入され，地方交付税交付金の対象とされるものである。これは一種の紐附き交付税であり（「交付税の補助金化」），その安易な利用が後に市町村財政を圧迫する原因ともなった。

3） 特定農山村法

以上の過疎対策に対して，固有の中山間地域政策は，いつ，何を契機に浮上したのか。

中山間地域を固有の対象地域とした立法は，1993年の特定農山村法といえる。同法の「特定農山村」の定義は，「地勢等の地理的条件が悪く，農業の生産条件が不利な地域」であり，地域指定要件には，前述の山振法の林野率に農地の勾配を加えている。つまり過疎法の対象が人口問題であるのに対して，特定農山村法の対象は農業生産の条件不利問題である。かくして先の設問は，このような生産条件不利が，いつ，いかに浮上することになったかと言い換えることができる。

73％もの市町村が特定農山村の全部あるいは一部指定を受けている中国地域を中山間地域の代表にみたてて，米の地代率の推移をみたのが第6-3表である（米をとりあげたのは，中間・山間両地域とも稲単一経営が販売農家の50％以上を占めるからである）。これによると1980年産から一挙にマイナス地代に転じる。次にマイナスの度合いが強まるのは1987年産からである。1980年は政府米価が据え置かれだして3年目にあたり，1987年はいうまでもなく31年ぶりに米価引き下げをみた年である。さらに1988年米審小委は，米価政策の対象農家を将来的には5ha以上，当面1.5ha以上（平均すれば2.6ha）とした。つまり価格（引き下げ）政策によって中山間地域の条件不利（マイナ

第6-3表 中国地域の米の地代率の推移

年 産	1975年	76	77	78	79	80	81	82	83	84
地代率	40.5	10.1	10.0	8.2	2.2	△14.5	△4.2	△6.4	△10.2	△0.1
年 産	85	86	87	88	89	90	91	92	93	94
地代率	△4.9	△1.4	△16.7	△8.2	△8.9	△12.5	△10.5	△3.5	△1.2	△6.2

注.「米生産費調査」による.地代率＝1－反当粗収益/反当費用.統計の改訂があった年産については新数値によるものを表示した.

ス差額地代）の露呈が決定的になった時，日本の中山間地域問題は浮上し，政策対象として強く意識されることになる。その表現が1988年度農業白書における「中山間地域」の登場だった。

他方，それまで鈍化傾向にあった過疎地域の人口減が1980年代後半から再び強まりだし，過疎地域の人口動態は，1987年にはついに自然減に落ち込む。このような「第2の過疎化」への突入もまた中山間地域問題を鋭く意識させることになったといえる。しかしその原因は，第1次過疎化時代の国内における高度成長ではなく，その後遺症（人口流出からとり残された者による社会の高齢化）および国際的経済構造調整とそれに基づく国際的な立地選択によるものだった。

このような条件不利問題と第2過疎問題のダブルパンチに対しては，それぞれ独自の農業政策と人口政策が必要とされる。後者については，前述の「交流」系列でのリゾート開発やＮＴＴ株売却に伴う公共事業の展開等がみられたが，既に前項でみたように新たな独自の人口政策は採られなかった。

前者については，中山間地域稲作の耕境外化に端を発していたわけであるが，米の構造的過剰のもとで，それを耕境内に引き戻す政策は忌避され，その作目転換（転作）が志向されていく。こうして1992年の新政策を受けた1993年農政審報告『今後の中山間地域対策の方向』の「標高差等中山間地域の特性を生かし，…花きや特産品など労働集約型作物を中心に，高付加価値型・高収益型農業への多様な展開を目指していく」という方向づけに沿って，特定農山村法

が1993年に制定され,「新規性のある付加価値の高い作目の導入等」に伴う経営リスクに対する融資制度や農林地の転換手法の整備が盛り込まれた[23]。

農政審報告の「標高差等中山間地域の特性を生かし」とは,中山間地域の絶対優位性の追求に他ならないが[24],それは今日では一種の隙間産業探しに過ぎず,絶えざる市場の収縮・移動と競争激化,新規作目探しに追われることになる。他方,「労働集約型作物を中心に」とは,平場に比して圃場の条件が悪く保有規模が零細な中山間地域においては土地利用型作物が比較劣位にならざるをえないことの単なる裏返しであり,中山間地域の園芸作等の市場競争力を保証するものではない。

かくして本格的な中山間地域立法の期待を一身に担った特定農山村法は,現実には,コメ過剰下で稲作振興もダメ,構造政策未達下で直接所得補償もダメ,山振法や過疎法というハード事業主体の地域振興立法のもとでインフラ整備もダメという条件下で,「青い鳥」としての新規作物探しの支援というソフト事業に矮小化していかざるをえなかった。

特定農山村法が,このような地域の現実的要請から著しく乖離した立法になり終わった背後には,地域立法であるにもかかわらず,従来のような議員立法の形をとらなかったというプロモーター不在の問題も横たわっている。

(3) まとめ

過疎地域それ自体の底上げではなく,拠点地域の外部経済効果による過疎地域の引き上げを狙った全国総合開発計画は,過疎過密を激化させることに終わった。それに対し山振・過疎法は,過疎地域それ自体を政策対象として,産業基盤や生活基盤のハード整備に力を尽くしたが,過疎化を食い止めるには程遠かった。

拠点開発による外部経済効果は拠点への「ストロー効果」が勝り,産業基盤の整備も所得増につながらなければ費用負担を増すのみである。いくら生活基盤を整備しても所得確保機会のないところに人は住まない。このようにみてくれば,過疎化の根本原因は,農工間所得格差を根底とする地域間所得格差だと

いえる。

　それを打破する道は，地域内での所得確保機会の創造であろう。特定農山村法は，米価引き下げ，農村工業導入の停滞，地域からの工業撤退のなかで，新規作目の導入と地域産業起こしに地域内所得確保の活路を開こうとしたわけだが，その政策手法は余りに限られており，未だ活用には至っていない。

　地域内所得確保は，人口の社会減の食い止めには有効だが，人口の自然減には無効である。地域が自然減に対抗するには，端的に出産可能年齢人口が必要である。五全総の「多自然居住地域」は，このような人口の自然減段階の課題を意識したものといえるが，「参加と提携」をいうのみでは課題に応えられない。

　かくして課題の所在はほぼ煮詰まったといえるが，国政レベルではその突破口がみいだせないのが現段階である。

3. 県の中山間地域政策

　地域内所得確保機会の創造が行き詰まっている現状では，問題は結局のところ直接所得補償の是非，あり方に収斂せざるをえない。その導入が国のレベルではこれまた壁にぶつかっているもとで，地方自治体が，ガット・ウルグアイ・ラウンド対策を契機として，独自の中山間地域政策を模索しはじめ，その一環として「日本型直接所得補償政策」を模索している。地域立法が議員立法であったという歴史に照らしても，このような地域からの動きには問題の突破口の可能性がみられる。そこで次に県レベルの政策展開を概観する[25]。

(1) 秋田県——補助率上乗せ——

　秋田県はウルグアイ・ラウンド対策期間における農業農村政策の一環として中山間地域農業活性化緊急支援措置を講じている。その前提は，中山間地域の米の低コスト生産は困難で，米づくりによる所得の維持・向上は期待できないという認識であり，「米依存から脱却し，野菜，果樹，花きなどの収益性の高

い作目への転換が急務」としている。同県の農協組織は，銘柄米偏重，あきたこまちの「山登り」現象の是正を名目に，平均気温により県内産地を6段階に区分し，各銘柄米を適地にはりつけるとともに，あきたこまち，ササニシキ，ひとめぼれ等の銘柄品種面積を抑制的に地域配分している。中山間地域からの銘柄米撤退作戦である。それを受けた具体的な支援策は次のようである。

①土地基盤整備対策については，中山間地域を意識した採択要件の緩和と強化を行っている。緩和の事例としては，担い手育成事業（中間地域型，国50％，県30％）については圃場区画を30aでも可とし，水田営農活性化事業（山間地域型，国50％，県35％）では区画整理の採択要件の下限を10ha以上に緩めている。他方では，農地流動化率30％以上や作目転換10％以上という，国よりも厳しい採択要件を課している。

②農業近代化施設整備事業では，国庫補助（50％）に，市町村の上乗せを期待しつつ，県補助の傾斜的上乗せを行い，国県の補助率が平地では50％（国費のみ），中間地域では60％，山間地域では70％になるようにしている。

また園芸産地緊急拡大対策，肉用牛肥育経営拡大対策など新たな県単事業をおこし，ここでも市町村の嵩上げを期待して，平地は1/3，中間地域は1/2，山間は2/3の補助率としている。

③県単の担い手対策として，戦略作物の導入や複合化を図る経営の立ちあがり支援策として，肥料，農薬等の経費に対する補助（中間地域1/2，山間地域2/3），新規就農者が支払う小作料に対する補助（平地は県1/4，市町村1/4に対して中山間地域は県1/3，市町村1/3）を行う。

要するに米以外の集約的な新規作物について，中間地域，山間地域に補助率の上乗せをするのが秋田県の特徴といえる。

（2）岩手県——山間地域の園芸・地域特産農業支援——

①岩手県では，高付加価値型農業育成事業等による園芸作などに関する基盤整備，機械・施設整備について，国の1/3補助に対して県が1/6を上乗せして補助率を50％にもっていっている。これは全県を対象としているが，市町村

の3/4が中山間地域に属するので，実態的には中山間地域対策になっている。

②同県は特に山間地域に対して特別の振興策を講じている。代表的なものとして，第1に山間地域農産物価格支持事業がある。これは山間地の農協等が野菜・花き等の園芸作物を対象に価格差補給準備金を造成した場合に，その経費の1/3以内を県が補助するものであるが，期間は1995〜97年に限られ，500万円が上限で，1995年度総額は1,000万円程度である。第2は，山間地の地域特産物としての日本短角種振興基金助成事業で，繁殖用雌牛1頭当たり5,000円の放牧料金，種雄牛管理，牧柵補修等の補助をするものである。県が短角牛振興を打ち出した点で産地をエンカレッジしており，また価格補塡とともにわかりやすい事業ということで評判はよいようである。

③そのほか，市町村が自由につかえる資金が欲しいという要望に応えた「活力あるむらづくり促進対策事業」での直売施設，集落公園，地域シンボル施設の整備等がある。また「いきいき中山間賞」を設け，ユニークな取り組みを行っている集落，生活改善グループ，直売組合，生産組織等を表彰し，受賞したグループなど3戸以上の集団に対して「中山間おもしろ農業展開事業」を行っている。

岩手県については，②の山間農業支援策が最も特徴的といえよう。ここでも対象が園芸作および地域特産物に限定されている点では秋田県と同じである。

(3)　福島県 ── 中山間地域における米産地シフト助成 ──

福島県は，それまでの生産調整政策における市町村間の地域間調整の実績を踏まえて中山間地域米生産推進モデル事業を行っている。これはソフト事業とハード事業からなり，前者については中山間地水田活性化事業として，冷害を受けやすい地域である概ね標高600m地帯において転作目標面積を超過達成した分について，集落等での経営転換に要する経費（種子，肥料，研修等）として反当たり15,000円の補助を行うものである。転作物を事例的にみると，ソバ，カスミ草，トルコキキョウ，リンドウ，山菜，トマト，インゲンなどが多い。

後者は高付加価値米産地育成事業として概ね標高400m以上の地帯においてもち米，酒米等の付加価値の高い米の低コスト生産を促すため，ライスセンターやコンバイン等の施設機械整備に助成するものである。

　県としては両者を一体的に推進することにより望ましい水田営農を確立するとしているが，それが要件とはされず，それぞれに取り組むことができ，結果として米産地の県内シフトが実現される仕組みである。

（4）　鳥取県──「鳥取県型デカップリング」──

　鳥取県は1990年に山間114集落の調査，1992年には中山間60集落座談会を実施し，同年に中山間地域活性化推進協議会を設置するなど，ウルグアイ・ラウンド対策以前から中山間地域問題への取り組みを始め，体系だった施策を打ち出している点で注目される。

　同県の中山間地域対策は大きくは二つからなる。一つは，1993年から発足した「うるおいのある村づくり対策事業」で，1集落当たり5,000万円の事業費で，県1/2，市町村1/3の補助率により集落機能の維持拡充をめざしたものである。事例的にみると，地域に伝わる「人形浄瑠璃の館」をつくり，都市部の生協と交流するとか，「じげの自慢料理」を提供する施設の建設とか，竹炭作りといったものである。

　二つ目は1996年度からの「中山間ふるさと保全施策（鳥取県型デカップリング的施策）」である。それは「中山間地域が有している水源のかん養・国土の保全・保健休養などさまざまな公益的機能を維持・永続させる」ため，その「基礎となる，担い手に係わる緊急かつ重要な課題」についての県単事業であり，公益機能を「維持する担い手（個人，集落，集団等）が，これまで負担すべきとされてきた費用について，行政がその一部を肩代わりすることによって，担い手を強力にバックアップするもの」と位置付けられる。

　その施策体系は第6-2図のごとくであるが，簡単に紹介すると，①は就農支援資金償還免除（研修後に5年間以上就農した場合），新規就農者に機械・施設を貸与する農協への助成，②は退職者等の新たな担い手を含む営農集団等に

対する機械・施設助成，③は事業主負担の助成，④は林業労働者共済年金の掛金に対する助成，⑤は林業労働者の雇用条件の改善支援，⑥は耕作放棄が予想される少戸数・高齢化の集落を対象に集落土地利用計画の策定，簡易な基盤・施設に対する助成，集会所の改築，防火水槽，除雪機等に対する助成，⑦は市町村が行う小規模な水路・ため池の整備に対する助成，⑧は農作業受託する第3セクターに対して，平坦地域との作業経費の差額を補填し，立ち上がりを支援する。⑨は森林組合が行う作業道の開設・改良支援による間伐の促進である。なお1997年度から，集落の話し合いで計画を建てて行った間伐が赤字になった時には，県が助成するという間伐材の価格保障を検討している。

(5) 高知県——せまち直しとレンタルハウス——

1) こうち農業確立支援事業

高知県は諸指標における中山間地域の割合が全国最高である。それだけに早くから園芸産地としての確立をめざし，10a当たり生産農業所得額は全国第

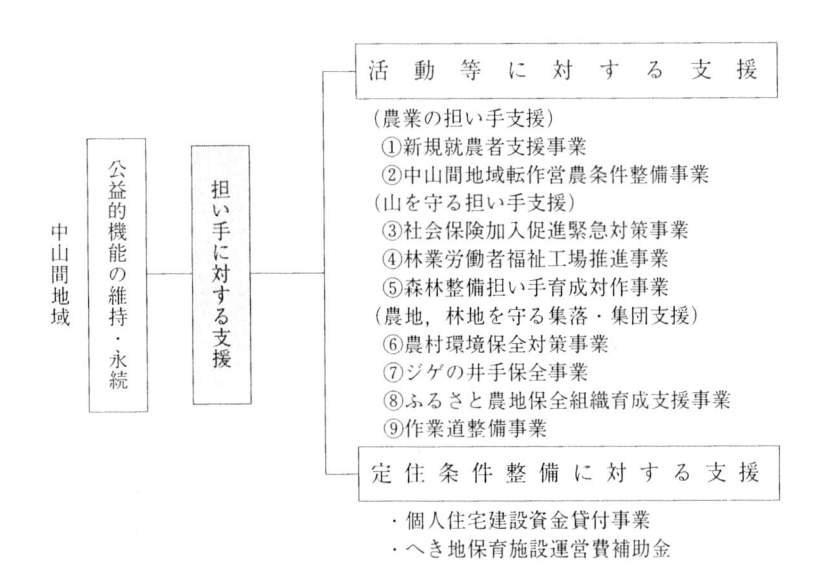

```
中山間地域 ― 公益的機能の維持・永続 ― 担い手に対する支援 ┬ 活動等に対する支援
                                                          │   (農業の担い手支援)
                                                          │    ①新規就農者支援事業
                                                          │    ②中山間地域転作営農条件整備事業
                                                          │   (山を守る担い手支援)
                                                          │    ③社会保険加入促進緊急対策事業
                                                          │    ④林業労働者福祉工場推進事業
                                                          │    ⑤森林整備担い手育成対作事業
                                                          │   (農地，林地を守る集落・集団支援)
                                                          │    ⑥農村環境保全対策事業
                                                          │    ⑦ジゲの井手保全事業
                                                          │    ⑧ふるさと農地保全組織育成支援事業
                                                          │    ⑨作業道整備事業
                                                          └ 定住条件整備に対する支援
                                                              ・個人住宅建設資金貸付事業
                                                              ・へき地保育施設運営費補助金
```

第6-2図　鳥取県の中山間地域対策

1位となっている。中山間地域政策への取り組みも早く、県単事業として、①せまち直し事業は1989年から、②レンタルハウス整備事業は1990年から、③中山間地域農業拠点地区育成事業は1993年から取り組み、1994年に以上を核とする16県単事業を「こうち農業確立支援事業」に統合している。統合の理由は、重点的投資によりやる気のあるところを伸ばす、バラバラではなく総合化を狙う、県が誘導するのではなく市町村に考えてもらう、といった点である。このうち②は1996年から園芸団地整備事業として独立させている。

①は、国の採択基準から外れるものをピックアップする方式で、せまち直しとして概ね5～100aの区画整理事業（灌漑排水、集出荷道、農地造成等を含む）、山村小規模基盤整備として5ha未満、受益2戸以上の事業である。②は農協を事業主体とするハウス等のレンタル事業（主として自作地にハウスを建てる）と、県農業公社を事業主体とする土地付きレンタル事業（公社を通して借りた農地にハウスを建てる）から成る。③は園芸産地としてのワンランクアップと新たな取り組みを支援するため、国庫・県単・市町村事業を重点投資するもので、園芸産地拡充型、農畜林複合経営型、自然農法による産直契約型、特産物加工販売推進型の四タイプごとに、それぞれに拠点地区と波及すべき地区の市町村を指定して行う。具体的な事業としては圃場整備、かん排水、農道、レンタルハウス、集出荷施設、直売所、協議会、研修会等がある。

これらの事業は、総合型と個別型に分けられ、前者については中山間地域については事業費2億円以内、その他については1.5億円以内と事業規模について中山間地域を優遇している。また補助率は、近代化施設については、市町村が補助する額の1/2以内で全事業費の1/3以内、基盤整備については受益者負担を10％以内とする事業についてのみ補助対象とし1/2以内、ただし中山間地域の小規模圃場については55％以内と5ポイント優遇している。

具体的な事業としては、せまち直し、レンタルハウス、集出荷場の機械整備、農道、用排水路等が多い。県としては、国庫補助事業の上乗せ方式ではなく、「すき間を埋める事業」という性格付けである。予算額等については略すが、市町村からの要望は多く、その意味で評価と期待感が高いといえる。県として

も国庫補助事業の要件をみたせない中山間地域等では，この事業が廃止されると導入できる事業がなくなるとしている。ただ公共事業の見直し論のなかで，基盤整備事業については，市町村負担と県負担を均等にするなど見直しを迫られている。

2) こうち・新ふるさとづくり推進事業

高知県は農業施策については，ソフト事業は国の事業を活用することとし，県単事業はハード事業に絞ってきた。しかし「生産性を考えるだけでは守っていけない中山間地域の農業，農村の現実に対応し，農業を通じて，地域に暮らしている人々や豊かな自然，農村のもつ伝統文化などを再認識し，このような資源を有効に活用することによって，地域の活性化を図る」(『県農林水産部行政要覧』)県単事業を1995年から始めている。県としては地域政策，社会政策という位置付けで，事業費限度額600万円以内で補助率1/2以内(市町村以外が主体の場合は市町村が補助する額の1/2以内)，対象としては有機・無農薬野菜への取り組み，国土環境保全のための農地の維持管理，農作業体験，農作業受委託組織の機械施設整備などである。具体例としてはホタル保護，高齢者のための小規模ハウス，棚田保全を通じた交流，集落営農のための機械等がある。

なお県はこれまで直接所得補償的な施策は講じてこなかったが，その必要性が高まったとして，市町村レベルでの動向を踏まえて，棚田などの農林地を保全する市町村の第3セクターの経費助成(方式は鳥取県に準じる)を開始した。

(6) 宮崎県——林業労働者の社会保険負担に対する助成——

中山間地域対策というよりも，端的に山村・林業対策をいち早く模索してきたのが，民有林地帯を多くかかえる宮崎県である。林業の担い手の多くが農林家であることにより，結果的には農業をカバーすることになる。以前から森林交付税創設促進連盟等による森林交付税の要求があるが，使途を特定されない交付税措置に対して，目的を明確に特定した国土保全奨励制度を要求してきたのが宮崎県の立場であり，それは全国研究協議会に発展している[26]。

その考え方は、過疎化の究極原因を所得格差にもとめ、その解決にはこれまで生活基盤整備や企業誘致ではだめで、第1次産業が軸になる必要があるが、それもこれまでの生産・流通・価格政策では限界があり、山林のもつ外部経済効果（公益的機能）に対する対価の支払いが必要であるとして、具体的には公益的機能の担い手確保の支援措置を要求する。担い手確保のためには、まず現在の日給制の日雇形態では魅力がないとして、道路整備・農作業受託等への業務拡大も図りつつ常勤化を図る。雇用者としては、既存の森林組合等も考えられるが、その伝来的な親子・親戚関係をひきずった「家」的な労務班等にはUターン者等はなじみにくい場合もあるので、第3セクターも考える。その上で具体的な支援措置は、次の2点である。

　第1は、第3セクターの運転資金の赤字分を運用利子でカバーするための基金造成への国の支援である。これはふるさと創生資金等を積み立てて、年間2,000万円程度の赤字補填に使っている諸塚村の財団法人・ウッドピア諸塚（旧国土保全森林作業隊）の事例がヒントになっている。

　第2は、林業従事者の社会保障の充実に対する国の支援である。当初は林業者年金等の制度も検討されたようだが、少数化した専業的林業者を職能型年金に仕組むことは限界もあり、現在では厚生年金等の既存の制度の活用が模索されている。既に五ヶ瀬村森林組合、東郷町森林組合・牧水郷みどり保全スタッフ、北郷村森林組合、宮崎北部森林組合・森林作業隊、延岡地区森林組合・北側町森林隊など森林組合内の一部で行なわれている方式として、社会保険制度（健康保険、雇用保険、農林年金、林業退職金共済制度、労災保険）の掛け金や事業主負担の助成措置がある。助成は全額から1/3まで幅がある。このような仕組みに対する国の支援により、その一般化を図ろうとするものである。

　このうち、青年林業者の社会保険関係については、1996年度から地方交付税による措置がとられるようになり、市町村が倍の者を雇用できるようにということで県が市町村負担の1/2を負担することになった。

（7） まとめ

　このような県レベルの政策展開は，国のそれといかなる関係にたつのか。基本的には国が踏み切れない直接所得補償的な性格の施策に，まず県から踏み切ったという関係であろう。おそらく今日における国と県の関係からして，政策内容に関する情報の交換，協議は濃密になされており，両者の差は，農政当局のそれというよりは，結局のところ財政当局および議会の理解の差に帰着しよう。

　各県の政策は，それぞれがかかえる問題の多様性に応じてバラエティに富んでいる。そのことは国の一律の政策になじまないことを意味しよう。いいかえれば中山間地域政策は「地方分権」の最適領域であり，それを可能にする地方財政調整制度こそが最大の政策課題ともいえる。

　具体的な施策については次のような特徴を指摘できる。

　第1に，中山間地域の農林業政策と地域維持政策の二本立てをとっている県が多い。「はじめに」で述べたように，中山間地域問題は生産条件不利問題と人口問題を含み，二正面作戦が求められるわけだが，大きくは前者の内部においても産業政策と地域政策の両方が求められるわけである。このうち産業政策は，農林業生産における条件不利の是正ないし「比較優位」の追求であり，地域政策は高齢者や女性による農業生産にも目配りしつつ幅広く集落機能と農家人口を維持していく政策である。これは農業経営なり地域資源管理の「担い手」を，平場のように特定階層に限定することができない中山間地域の特性でもある。そしてこの産業政策と地域政策の中間にくるのが棚田など条件不利な農地の作業を受託する市町村公社等への支援である。

　このように産業政策と人口政策の中間に，広義の産業政策の一環として地域政策が登場することが，県レベル政策の特徴である。

　第2に，作目的には，転作の促進（稲作の比重の引下げ），園芸等の集約作の振興，一部の地域での畜産振興がみられる。大きくは特定農山村法に至る国の政策にそって，中山間地域の比較優位を追求しようとする政策だといえる。このような政策が追求されているにもかかわらず，それを支援するはずの特定

農山村法の活用がみられないということは，同法が地域の政策要求の実態に即していないことを示唆するとも言えよう。

地域的には，東北では稲作からの転作が強く志向されているが，西日本では，例えば高知県のように稲作の園芸作等への転換がかなり進んでいることもあり，また棚田等の条件不利な水田が多いこともあり，棚田等の水田維持施策が採られていることが特徴的である。

このような地域差を踏まえて中山間地域の水田・稲作をどう位置付けるが政策上の課題である。また多くの県が園芸作を志向している現状からして，その過剰生産や産地間競争の激化が懸念される。

第3に，中山間地域農林業施策としては，①圃場整備や近代化施設に係る補助事業における補助率の上乗せ，採択要件の一部緩和（秋田），国の採択要件から外れる地域の政策対象化（高知），②経営費の補填（地代，肥料農薬，放牧料）（秋田，岩手），③価格補填（秋田，高知），④地域資源管理費用の一部負担（鳥取，高知），⑤農林業の作業受託組織等の立ち上がり支援（鳥取，高知），⑥林業者の社会保険費用の助成（宮崎）などがあげられる。

これらの多様な政策を行政段階間の関係として整理すれば，第1に，①のハードな圃場整備，施設整備等の事業については，国の補助率に対する県等の上乗せ政策と，そもそも国の補助事業の採択基準から外れる部分を拾いあげる純県単事業的なものに分かれる。それは「東高西低」[27]といわれる水田整備率の違いにもよろう。

第2に，②，③，④，⑤は純県単事業で行われている。ここでは，①のうちの純県単事業的なものと同じく，市町村等の助成を条件にしたり，あるいはそれを期待する事業が多いのが特徴的である。これは国庫補助金に対する地方自治体の「裏負担」の自治体版ともいえるが，その意味は国と地方では異なりうる。

第3に，⑥については交付税交付金措置が採られたことを前述した。それは「補助金の交付金化」でもあるが，補助金には必ずしもなじまないと思われる事業に対して，地方に執行責任をもたせる形での国の支援方策ともいえる。

以上のような自治体政策の整理を踏まえて，前述の「地方分権」と地方財政調整制度改革を進める必要がある。

　第4に，以上の措置は，さもなくば農家がその所得から負担せざるをえない経費が公的に支援されることにより，さもなくば農家の所得から支払われる分が農家の手元に残るという意味で間接的な「直接所得補償」になる。このことを指していくつかの県（知事）は，自らの措置を「日本型デカップリング」等と称している。

　2（3）にまとめたように，国レベルの政策展開では過疎化はとまらず，地域内所得確保の機会創造が求められているが，その前途が多難ななかで，何らかの所得付与措置が必要とされているわけで，それに対する地方からの回答の一つが「日本型デカップリング」だったわけである。

　問題は「日本型デカップリング」の含蓄であるが，ここでは次のように理解したい。まず「デカップリング」については，生産や価格から切り離された厳密な意味でのデカップリングということではなく，たんなる「直接所得補償」と同義とうけとった方がよかろう。なぜならそのことごとくが生産に関連付けられているからである。

　次に「日本型」については，第1に，まさに生産に結びつけた直接所得補償であるがゆえに，デカップリング型のそれに対して「日本型」といえる。第2に，たんなる生産条件不利の補正ではなく，中山間地域の農林業が果たしている公益的機能の担い手に対する積極的な対価の支払いと位置付けているが，それが「日本型」たる所以は，農業生産を，欧米のように環境に負荷を与えるものとしてではなく，国土環境保全に寄与するものとして捉えているからである。

　このように理解すれば，今日の政策焦点となっている直接所得補償のあり方に対する一定の現実的な示唆があるようにみうけられる。その示唆とは，「何らかの形で生産活動と結びつけた直接所得支払い」という方向である。

　そこでの問題は二つ。一つはハード事業に対する補助は，原則として一回限りであり，そこでの補助を間接的な直接所得補償とみなしても，それは経常的なものにはなりえない。

二つめは，いうまでもなく生産と関連づけた条件不利地域への直接支払いはWTO農業協定においてイエローボックスに入る。直接に生産に関連づけない「せまち直し」等も，まさに圃場内の形状や排水整備に関するかぎり，"on farm facilities"として削減対象になる可能性が強い。

4．地域からの検証——高知県西土佐村F集落——

（1）西土佐村
1）歴史的特質

西土佐村は，四万十川の中流域，愛媛県境の村で，四万十川に流れこむ大小四つの河川沿いに狭隘な農地と集落が展開する峡谷型中山間地域である。同村は，かつてはしいたけ，栗，養蚕等の販売額で県下1，2位を占め，また米の生産調整政策に伴っていち早く園芸産地化を図り，県下で最も早くから園芸作物の価格補填政策に取り組んできた。

同村は1958年に津大村と江川崎村の合併により誕生したが，その歴史的特質として，第1に，村内の米どころである大宮地区における1924～30年にわたる隣県地主等に対する小作争議の経験があげられる[28]。これは県下でも早期に起こった小作争議で，長くかつ粘り強い戦いにより一定の減免措置を勝ち取った点で社会的影響を残した。

第2に，満州分村（両村併せて175戸624名の送出。うち江川崎村は1942～3年に吉林省大清溝開拓団へ117戸429名送出，生還者名簿に記載は84名，他に残留後帰国者もいる）の悲惨な経験があげられる[29]。

津大村は10カ村による取り組みだったが，江川崎村は1村による選択であり，その禍根は，戦後の民主的な地方自治の確立に多大な影響を与えた。すなわち戦後の同村は，青年団や婦人会の活動，村民集会，村政懇談会，農林業振興対策協議会等が活発に活動してきており，村の第5次振興計画の審議会や作物部会に引き継がれている。

合併時の村の経済課長だった中平幹運は，青年団活動で鍛えられた人材の一

人であり，1960年の両村の農協合併とともに農協に移り，専務，後に組合長として農協再建を果たし，1971年に「民主村制を進める会」に推されて村長に無投票当選して以来1991年まで村長を務め，今日の村自治の骨格を作り[30]，その住民要求を掘り起こす政治姿勢は「わらじ履き村長」と呼ばれた。

2) 農林業の展開と施策
①園芸産地の形成
戦前から戦後にかけての村の経済を支えたのは「山の幸」だった。その主なものとして木材，薪炭，水稲，養蚕，紙漉きがあげられる。1960年代なかば頃から紙漉き，山仕事，炭焼きに代わってしいたけ栽培が盛んになる。村の第2次振興計画(1966～75年)は，農業のみの自立は困難として農林複合経営の育成をめざし，米，養蚕，しいたけ，栗，和牛，養鶏の振興を掲げている。

村の農林業は1970年代始めの米の生産調整政策を契機として転換する。村農林振興対策協議会は1971年に答申をだし，食管制度を守ることを基本に，生産調整は農家の自主判断に委ね，農家所得の増大を図るため高収益作物の決定・振興を図るとした[31]。

その後は，園芸産地の形成と維持のために次々と新規作目を導入していく過程だった。主な作目とその導入年度をあげると，スイカ(1971年)，インゲン(1973年)，イチゴ電照栽培(1976年)，シシトウ(1977年)，米ナス(1979年)，菜花(1982年)，小ナス(1986年から農協出荷)，アロエ(1994年)と続いており，最近ではハウスのミョウガ，花き，チンゲンサイの周年栽培などへの取り組みもみられる。

こうして1980年代前半に園芸品の販売額が米に拮抗するようになり，1991年は農協が朝日農業賞を受賞し，1994年には総販売額に占める園芸品の割合は67％におよび，シシトウは単品で23％も占め，米の16％をはるかにしのいでいる。

このような園芸産地化にあたっては，次の三つの点が大きく寄与している。

第1は，1978年度からの園芸作物価格安定基金制度である。これは村と農協が1/2づつ負担して基金を造成し（1995年で約1.7億円），農協出荷した指

定作物の価格下落時に基準価格から清算払い価格を差し引いた額を価格差補給金として支払うもので（条例上は異常災害補給金も交付可）、現在ではシシトウ、米ナス、スイカ、オクラ、イチゴ、菜花、小ナス、インゲン、花きが指定されている。1991～95 の 5 年間における各年の支払い総額の最高は 1994 年の1,211 万円、最低は 1991 年の 75 万円で、当然のことながら変動は激しい。利子収入が 1991 年の 1,225 万円から 1995 年の 406 万円へ激減しており、低金利時代の運用は厳しくなっており、総額も決して多くないが、1 戸当たりにすれば零細な園芸作を維持するうえでの効果は極めて大きく、農家の評判もよい。西土佐村に続いて県下 10 数町村が同様の制度に取り組んでいる。

　第 2 は、高知県園芸連による県下一円の共同計算システムである。高知県は、早くも 1921 年に高知県青果物あっせん所（マル高）を設け（翌年には園芸連設立）、今日では全国 7 地域に県職員 111 名、園芸連 17 名を張り付けてマーケッティングにあたっているが、このマル高制度の集荷面を支えるのが共同計算システムであり、シシトウ、米ナス、小ナス、ニラ、オクラなど 12 品目が対象とされている。このシステムのもとでは、農家は農協まで荷を運べば、あとは園芸連差回しのトラック網にのって、産地ごとでは多品種少量の荷がまとめて全国市場に運ばれることになり、しかも運賃コストはプールされるので、県内における遠隔中山間地域支援になるわけである[32]。

　なお県下単協の 9 割が共選共販体制をとっているが、西土佐村農協は個選共販にとどまっている。その理由は小規模なので個別に選別等ができる、共選のコストを所得化できる、農協の労働力確保が困難等の理由があげられているが、園芸作の規模を拡大したい農家や人手不足に悩む高齢農家等は共選体制を強く望んでおり、農協合併が実現の暁には共選が実現する見込みである。

　第 3 に、前述の県単事業の指定を受けて、せまち直し事業やレンタルハウス事業に取り組んできている。とくにレンタルハウスは低蓄積の中山間地域農家への寄与が大きい。

　さて園芸作のうち、米ナス、小ナス、ハウスのミョウガ等は若い農業者が取り組み、シシトウ、オクラ、菜花等は中高年の取り組みが多い。このうち菜花

は，冬期の作物に欠けるなかで水田裏作として導入された。シシトウは最大の園芸作目であるが，連作障害を避けるための消毒がきつい，パック詰めに夜中までかかる等の問題があり，またオクラは人によってはかぶれがひどく，健康面での問題も発生している。

②新たな後継者対策

このような問題と，第5次振興計画が重視する後継者問題に対処するため，村は新たに二つの事業に取り組んでいる。

一つは，アロエの栽培加工で，これは県を通じて群馬県のある食品会社を紹介され，その契約栽培ルートにのったものであるが，収穫期間が長く，手間がかからず，農薬も使わないといった利点があげられている。1996年現在で，後述の3町村併せて51戸，8ha（うち西土佐村は24戸，4.2ha）のレンタルハウス事業等を活用したハウス栽培が行われている。

加工については，県による1993年からの「ふるさと定住促進モデル事業」により大正町・十和村・西土佐村の北幡3町村でつくる「北幡振興協議会」がアロエ工場を建設し，株式会社「四万十ドラマ」（3町村と先の食品会社が出資し，四万十の有機農産物等の食材の販売を目的とし，現在のところ工場には3町村から常雇10名を入れており，その6割はUターン者である）に貸与してアロエ・ジュース等を生産し，直売と群馬の食品会社のOEM生産（相手先ブランドによる生産）を行っている。

いま一つは，国県の補助事業による里山開発と実験農場の設立である。すなわち1994年からの「力強い農業育成事業」（農業経営育成促進農業構造改善事業）により，県農業公社が里山を一括購入して，2.3haの農地開発を行い，地権者，入植者，村農業公社に払下げを行い，村農業公社は研修生2名をおいて，水稲・野菜の育苗と養液栽培の実験農場を営む。研修生は，新農法，地域農業，家農業の将来の担い手という位置付けで，村の後継者育成基金から月10万円が支払われる。

このアロエの栽培加工と農業公社の設立は，村農政の切札とされているが，その問題点について後述する。

③その他の分野

　これまでは主として園芸関係に触れてきたが，前述のように同村は大宮地区を中心に良質米の産地でもある。同村は1989年からの県営圃場整備事業などあらゆる国の事業を活用し，その採択基準に満たない地区については県のせまち直し事業により，実績で36％（1995年），計画では42％の整備率に至っている。また県圃事業を受けて農事組合法人・大宮新農業クラブが1994年に40歳代2名，30歳代1名の実質3名によって設立され（1名は農協の退職者），田植・収穫・籾摺等の作業受託を行っている。今のところ1人年間60万円程度の収入にとどまっているが，1996年実績では田植8 ha，収穫17 ha，籾摺18 ha分，乾燥8 ha分，米運搬等を行なっており，また米ナス栽培が稲収穫とぶつかることから，法人として前述のアロエ栽培に取り組んでいる。同法人は，高齢化すると35 kgの生籾の運搬や畦草刈りは大変になり，受託量は増えるとみている。

　そのほか農業では四万十川沿いの桑園跡地の利用が課題になっている。

　林業については，森林組合は職員13名，労務班に常時100名程度を雇用しているが，若い農業者は園芸作に向かうため，高齢化が進んでいる。組合は小径木工場と竹工場（土壁用）を経営しているが，採算的には苦しい。国有林が32％，私有林が64％を占め，それぞれの人工林率は62％，52％（『新山村振興計画基礎調査報告書』1991年）と県平均よりは低い。30年生以下の木が90％を占めるが，手入れの状況は，下刈りは9割に達しているものの，除伐は要面積に対して14％，間伐は5％と極めて低い（同上，1989年の数値）。

3）　村おこしと財政

　村の人口は1960年前後の8500人台をピークとして一路減少に向かう。年減少率は1962～64年が6.3％，1964～72年が3.1％，それ以降が1.1％で，1995年の人口は3927人。早くも1979年から自然減に向かい，65歳以上人口は1995年で28％，2000年には34％という推計である。

　このような過疎化のなかで，村は五次にわたる期間10年の振興計画を策定

してきた.このうち第3次(1975〜84年)までは,簡易水道,し尿・ゴミ処理,住宅改善,医療施設など「社会開発基盤整備」を前面に掲げてきた.第4次(1985〜94年)では「地域の資源を生かし,新しい産業をおこして豊かな村つくり」,第5次では「若者が郷土に定着できる地域づくり」をトップに掲げるようになったが,内容的には農林業,地場産業の振興を柱とするものだった.

振興計画においては,特に健康作り,予防医療に重点がおかれ,同村は高度の健康活動に取り組み,今日でも県下最低クラスの国保税率を保っている.村は診療所分散配置の方針をとり,三診療所と一僻地出張診療所体制をとってきたが,交通事情の改善等に伴う患者数の激減により大幅赤字をかかえるに至って統合された.それに伴いバスの無料乗車券を発行するとともに,過疎バスが補助金から交付税措置に切り替えられたことにより,スクールバス等の乗り合いが可能になったが,一日1〜2往復のため交通弱者へのしわよせは否めない.

また1992年には村内地域格差の是正をめざして「里づくり事業補助金交付規則」を制定し,1集落100万円を年5集落に補助し,里づくり(実施例としてはみそ加工場)と生活道整備事業にあてている.ふるさと創生資金の村版ともいえよう.

しかしながら最近では,これまでのような「内向き」政策にもやや変化が生じている.それは1995年からの第5次振興計画における「交流人口の増を目指し,観光・サービス業の振興を図る」という新たな文言にも象徴されている(第4次計画では,「農林水産業など地場産業や資源と結びつけた(観光)開発振興を図る」ことが強調されていた).このような方向の裏付けになっているのが,1989〜93年にかけての「リバーふるさと振興構想推進事業」である.これはカヌー館(1989年),ふれあいホール(1990年),ふれあいの館(1993年)等を建設するもので,当初予算額が8.4億円に対して実績は12.9億円,うち11.4億円は過疎債,地域改善対策特定事業債によるものである.このうちふれあいの館は,地場の旅館業との競合をさけるため,料金を高めにして都会からの呼び込み客を狙ったリゾートホテルであり,運営を林業会社との第3セクター「しまんと企画」に委託している.

そのほかにも特養施設（1992年），小中学校の改築や体育館など，起債で対応してきたものが多い。ここで第6-4表で1980年代以降の村財政について概観すると，歳入面では地方税収入は4％台で，財政力指数も0.11台に低下してきている（1995年度は上向いているように見えるが財政規模の縮小によるものである）。財政規模が小さな村なので，年々の歳入構成が変動しやすく，とくに最近では1992，1993年度災害による災害復旧事業費（国庫補助）や災害復旧事業債の増減が響いているが，おおまかな傾向としては，地方債とそれに伴う交付税，そして県支出金への依存が強まっているといえる。地方債残高は60億円，村民一人当たり143万円にものぼっている。ちなみに1994年度の村債の元利償還は6.6億円，このうち43.5％が地方交付税で措置されているが，措置外の負担は6割弱に及ぶわけで，それが公債費比率を15％台に高め，既に同比率は黄信号の域に入っている。さらに村は総合福祉センター建設，中学校大改修，し尿・一般廃棄物処理の施設（これは北幡地域で広域対応する意向）等さけられない起債依存事業を控えている。

第6-4表 西土佐村の財政の推移

(単位：％，百万円)

区　　分	1980年度	85	93	94	95
歳入構成					
地　方　税	4.6	7.6	4.0	4.0	4.9
地方交付税	42.7	44.1	38.1	35.1	44.4
国庫支出金	13.3	17.5	20.1	23.4	8.8
県 支 出 金	12.7	9.1	8.6	10.5	16.6
地　方　債	11.3	14.2	21.1	16.3	13.9
そ　の　他	15.4	7.5	8.1	10.7	11.4
計	100.0	100.0	100.0	100.0	100.0
事 業 費 計	(2,116)	(2,657)	(5,711)	(6,132)	(5,007)
財政指標					
財政力指数	0.129	0.142	0.112	0.116	0.128
公債費比率	13.6	13.6	13.9	15.5	15.3
地方債残高		2,411	5,100	5,690	5,989

注．村資料による．

このようななかで,先の交流・観光等の施設に関する地方債が総残額の20％程度を占めるわけである。国庫補助金が削減されるなかで,過疎債をはじめ地方債の元利償還の相当額が地方交付税で手当てされることから,それによりかかった事業選択がなされがちであるが,それは結果的には交付税手当て外の公債費負担を村に強いることになり,一般財源の補助金化ともども,地方財政の自治をせばめることになりかねない。

(2) F集落

同集落は,四万十川の支流・吉野川のそのまた支流沿いの,駐車にも苦労する狭隘な峡谷にある。村の中心地から4km,車で10分程度の位置にある。同集落は1979年に村でも最も早く小規模排水対策特別事業による2.3haの圃場整備事業に取り組み,施設園芸の取り組みも早くからなされているが,西土佐村の「普通の集落」という位置付けである。総戸数は30戸,5a以上の耕作農家は23戸で,その全戸を悉皆調査したが(1995年2月),特徴的な点のみを報告する。

1) 農家の状況

①世代構成別にみた農家割合は,三世代世帯が7戸(30.4％),二世代世帯が8戸(34.8％),一世代世帯が同じく8戸(34.8％)で,「いえ」(直系家族制)の崩壊は著しい。二世代世帯のうち世帯主夫婦プラス親世代が全体の26.1％,プラス子世代が8.7％を占めるので,このまま推移すれば世代再生産の可能性があるのは,三世代世帯7戸と世帯主夫婦プラス子世代2戸の計9戸,4割に限定される。一世代世帯は夫婦のみが3戸,単身世帯が5戸であり,後者のうち4戸までが女性の1人暮らしで,うち3戸は夫が戦死ないしは戦後直後に死亡しており,一人は特養ホームの順番待ちである。

②家のあとつぎの状況をみると,三世代世帯のうち2戸は在宅就業(農業と森林組合),2戸は大学在学中であり,二世代世帯のうち2戸は在宅兼業,3戸は他出,夫婦世帯の全戸が他出,一人世帯の3戸は他出,2戸はあとつぎがいない。要するに在宅あとつぎがいるのは4戸に限られ,あとつぎ他出が9戸

（うち2戸は次男があとつぎ）にのぼる。大学在学中の者もすぐには戻らないとすれば，長男あるいはあとつぎが他出している農家は半数にのぼる。このうち親が帰る可能性有りとしているのは5名に過ぎない。結局のところ，ある程度までいえのあとつぎ確保の可能性があるのは，前述のように9戸に限定される。

③就業形態は，世帯主は農業と不安定兼業が主流，兼業先は建設業である。主婦は農業が多いが，製材・弱電・縫製工場勤務もかなりいる。

2) 農業経営

①経営耕地規模は100a以上が4戸，50～100aが11戸，50a未満が8戸で，平均して67aと零細である。地目構成は水田59％，畑10％，樹園地31％である。水田耕作農家の平均水田面積は44aで飯米プラス・アルファ程度である。

ほとんどの農家が山林をもち，最高で30ha，所有農家平均で10haである。ほぼ半分を植林しており，10～40年生におよぶ。少数の農家が切り捨て間伐を森林組合に委託するのみで放置林が多い。

②圃場は1/3程度の農家が前述の排水事業や個人・グループで整備している。多くの農家が，区画が狭い，農道が狭い（ない），機械が入らない，飛び地や分散，排水不良等を指摘している。特に畦草刈りや畦塗り，猪害に苦労している。

圃場整備については，11戸の農家が「やりたい」，6戸が「不要」あるいは「やりたくない」としている。既に集落として前述の「里づくり事業」の計画書を村に提出しているが，要望する集落が多くなかなか採択されない。「やりたい」理由としては，あとつぎや作り手の確保のためというのが多い。反対の理由は，既にやっている，あとつぎがいない，金がかかる，といったところである。

③借地（主として水田）が7件119a，貸付けが4件70aあるが，耕作放棄地は，樹園地が4件120a，畑が3件47a，水田が8件103a，合計で12戸15件270aにおよぶ。経営耕地に対する割合は17％で，貸借地をはるかに上回

る。耕作放棄の理由は，猪害が最も多く，その他は人手不足，園芸作との競合，病気・怪我などである。貸借関係は，集落内なかんずく田隣り関係が多く，親戚関係は少ない。借り手も園芸作にとりくんでおり，条件の悪い農地を借りることに積極的ではなく，相手の事情で借りた田を「返せない」ことがむしろ問題になっている。

④作目的には二・三世代世帯農家は全戸が水稲を作っている。施設園芸に取り組むのが3戸，露地園芸に取り組むのが，この3戸も含めて全部で11戸である。ハウスではニラ，ミョウガ，シシトウ，米ナス，アロエ，シシトウ・小ナス・米ナスの育苗，イチゴなどが作られている。露地園芸農家はほとんど全戸がシシトウを作り，その他は米ナス2戸，菜花3戸などである。その他に栗が6戸，しいたけ，タケノコ，柚子が各1戸である。村による平年の粗収益試算は，シシトウ1a31.5万円（時間当たり所得796円），米ナス10a150万円（同1,230円），菜花10a35万円（同538円）である。シシトウは一戸2〜5a程度で，平均3aで100万円程度の収入にはなるわけである。新作目のアロエには2戸が取り組む。

⑤ここで最大規模のある園芸作農家のプロフィールを紹介しておく。世帯主61歳，妻57歳，あとつぎ36歳，嫁30歳。水田120（うち借地70）a，畑10aで，栗園50aは10年前に猪害と園芸作のために放棄。山林は16ha所有し半分ほどに杉を植林し20年生ほどになっている。園芸作の作目展開は次の通りである。

・世帯主は1955年に婿入り，60年まで炭焼き，その後は土建人夫を10年，1970年から8年間スイカ10aを作り，80年代はじめに農業専業となる。

・1975年頃からハウス10aでイチゴを始め，1994年にニラに切り替える（イチゴは苗作りが大変なので）。なお1990年から菜花をやるが，ニラの収穫とぶつかるのでやめた。

・同じく1975年頃にショウガをはじめたが，人手不足と病害で3〜4年でやめ，1992年に再開する。ショウガは水田裏作だが連作がきかず，灌水施設もないのでやめる予定である。

・1985年頃から米ナスをやるが，連作障害で秀品ができず，次のミョウガに切り替える。

・1989年から2年間，ハウスを建てて花き（スターチス）をやるが台風にやられ，1991年に農協の勧めで県事業にのって村内6戸の農家でハウスのミョウガを始める。

・1990年頃から嫁がシシトウ5a程度を始める。シシトウは価格補填も受けており，嫁は「この制度があって助かる」としている。しかしシシトウは消毒がきつく健康によくないということで，1995年からあとつぎがアロエに取り組みだし，7aにする予定。世帯主がミョウガ，あとつぎが水稲とアロエという分業である。

以上の結果，現在では，水稲70a，ハウスでニラ10a，ミョウガ16a，露地でショウガ13a，シシトウ5a，さらにアロエ7aが追加された。粗収益は順調にいって1,000万円程度である。

注目されるのは，「手当たり次第」ともいえるような余りに急激な作目変化であり，複合経営というよりは多角（雑多）経営であり，一つ一つの作目は小面積にみえるが，集約的な園芸作としてはオーバーワークになっている点である。地域の園芸作をリードしてきた積極性の現れともいえるが，峡谷型中山間地域にあって集約的作目の定着がいかに困難かの証左でもあろう。

3）農家の意向調査結果

以下では，農業と生活面についての農家の聞き取り調査結果を集約する。

①地域農業の課題

設問1「地域農業にとっての最大の問題」としては，営農条件の不利（猪害，圃場未整備，日照不足など）が10件（うち猪害が4件），高齢化やあとつぎ問題が6件，零細性が5件（連作障害の替地がない等を含む），新規作物の導入（ポスト米ナス対策など）2件などである。

設問2「最も必要な施策」としては，圃場整備11件，新規作目と価格安定各4件，担い手育成，直接所得補償，あとつぎ対策が各2～3件である。

以上の二問に関連して，農協共販，価格補填について「この制度が農家に物

心両面で与える影響は大きい」「農業でがんばろうとする人には安心になる」「どんなに作っても農協が売ってくれる」(81歳の婦人)など肯定的なコメントがあり，他方で「共販では個人の品質が十分に評価されない」「園芸作は農薬よりも深夜に及ぶ箱詰めの長時間労働が健康に悪い」，あるいは「これほど自由化されると作る作物がない」といったものがある。

設問3「直接所得補償についてどう思うか」については，「積極的に導入すべき」が8件で最も多いが，そう回答した者のなかにも「あれば特に若者によいが，国も財政的に可能かどうか」「中山間地域の施設，圃場整備の補助率アップが必要」「長男も給料が安く，遊ぶところがないから高知市に出た。所得補償だけでは若者は定着しないのではないか」「趣旨はよいが，金額が低ければお話にならん」と，可能性には懐疑的である。「好ましくない」の1件は「裏があるのではないかと恐ろしい気もする。やはり収穫して金をもらうのが常道だ」，「不可能だろう」の2件は，「生活できる保障が欲しい。400〜500万円は必要なので，良いことだが不可能」「出してもらえれば幸いだが，国は価値のないものに銭はださんだろう」。

設問4「地域における農地移動の見通し」では，売買については「動かない」が11件で最多，貸借については「動く」6件，「多少は動く」4件で，「動かない」5件を上回る。

耕作放棄については，「起こる」7件，「多少は起こる」5件と，強く危惧されている。最大の要因は猪害で，それに高齢化や独り暮らしが重なる。農地よりも山がもっと荒れているという指摘もある。

②地域の生活問題

設問5「生活上最もハンディを感じる点」については，道路交通8件と医療4件に集中している。「特に感じない」も10件と「住めば都」的な受けとめ方も多い。交通については，国道の拡張や各戸の庭までクルマが入る生活道など道路に対する要求と，道路は拡張されたがバスの便が朝夕一回しかないという交通手段に対する要求がある。特に後者はクルマに乗れない高齢者等の交通弱者に多く，通院に一日かかる，作った作物を農協まで運べないといった不満に

なる。

　医療面では、村の診療所は予防中心で、病気等は愛媛県側の総合病院等に行っている。緊急時や夜間、眼科、耳鼻科など通院型疾病への対応への要求が多い。若い世代は小児科系に対する要求（子供の村外通院に付き添えば一日仕事になってしまう）、高齢者は交通の便あるいは近くに診療所をといった要求になる。

　福祉面ではデイサービス、ヘルパー制度等については、「よくやってくれる」「充実してきた」という評価が高い。しかし「特養があるが入るのを泣いていやがる」「痴呆や下の世話は他人に迷惑をかけるので自宅で介護している」「病気になると家に引き取る」「早く入りたいが自分でできる間はがんばるしかない」「電話に出れなくなったら終わり」「地震などの時は何もできない」といった悩みがあり、ソフト面、メンタル面での対応、福祉と医療との結合等が求められている。

　買物など日常生活面では、クルマにのれる人は村の中心部のスーパーへ、その他の人は隔日の移動販売車に依存している。生協の家庭班への参加、農協のAコープへの期待もある。

　文化娯楽面では、村にはパチンコ屋しかない、本屋もない、本やコンサートは宇和島市か松山市にでかける、新聞も読まずテレビと酒だけ、ふれあいホールの催しがあるが出かける時間的余裕がない、住民の希望を聞いた出し物にしてほしい、など遅れがめだつ。他方では公民館に本をおいても利用がないといった実情も指摘される。

　教育面では、小中学校の統廃合については、統合した方がみんなにもまれて良いという意見と、統合することで教育効果はあがらず地域の文化活動も衰えるという反対論に分かれる。また若い主婦からは公園など子供の遊び場がないという声がある。

　③行政への要望

　設問6「行政への要望」では、診療所充実、圃場整備が各7件、福祉充実が6件、道路整備と企業誘致が各5件、農業振興・下水道整備・仕事確保が各2

〜3件である。

設問7「観光・交流施設について」は,「過疎化の防止,活性化になる」という肯定的な回答は3件のみで,批判と不満が多く,「もっと住んでいる村民向けの施策を」の回答が圧倒的である。主な批判は,迷惑施設化している(ゴミ,糞尿の垂れ流し一トイレ不足もある一などの環境汚染,自然破壊,水難事故への消防団の出動),経済効果に乏しい(持ち込みが多く地元に金がおちない)の二点である。リゾートホテルについては,婦人グループで行ったが評判が良かったという声もあるが,行ったこともない村民も多い。

これらの点については,野外トイレの設置,地元の産物を販売する工夫,観光客マナーの向上,カヌーなどのルール遵守など,本腰を入れた観光・交流になっていないことからくる点も多いが,根本には外向け施策か内向け施策かの選択の問題がある。

5. 中山間地域政策の課題

冒頭に述べたように,本章では統計概念としての中山間地域を,政策概念としての生産条件不利地域と過疎地域の重層として捉え,そこでは条件不利の是正・補償政策と人口対策の相互補完的な展開が必要であると考える。あえて「中山間地域」という言葉を用いれば「中山間地域の問題」「中山間地域の政策」である。

このうち国,県の政策については2,3の末尾でそれぞれで小括してきたので,国県の政策を地域から検証するという本章の方法に即して,前節を踏まえながら,「中山間地域の政策」として何が求められているのか,どうあるべきなのかをまとめたい。

(1) 条件不利地域政策の課題──「間接的」「直接的」直接所得補償──
西土佐村は,戦前は満州分村に追い込まれるなど,零細性をはじめとする農業の条件不利に悩んできた。同村の生活を支えてきたのは,1970年代なかば

頃までは「山の幸」であり，それ以降は園芸作と兼業収入だといえる。このような園芸産地化を果たし，その産地維持を支えてきた条件として，①村自治の主体的力量，②農産物価格補填制度，③マル高制度を土台とする農協共販体制（販路確保と共計による運賃プール制），④各種県単事業（最近ではせまち直しやレンタルハウス事業がその典型）をあげることができる。

　①については，次から次へと作目選択を試行錯誤してきた主体は，個々の農家もさることながら村の農林業振興対策協議会，青年農業経営者協議会などの主体的な取り組みや，農協の指導があげられる。このような主体的力量は長い歴史を経て培われてきたものである。

　②③については，中山間地域の農業政策といっても特別の政策があるわけではなく，市場経済のもとでの価格販売政策が基本となるべきことを示唆している。にもかかわらず，このような価格政策等に対する国際的制約が課せられてきているところに今日の問題がある。なお価格補填政策は，調査した県では岩手県でも試みられ，また農協共販による多品種少量生産の広域集荷，運賃プール制は，秋田県下の町村がホウレンソウ，米ナス等にとりくむうえでも力を発揮していた。また共販制度の仕組みとして農家の選別労働を肩代わりする共選共販体制の確立が必要である。

　④については，高知県がハードの隙間事業に絞ってうちだしたせまち直しやレンタルハウス事業は，西土佐村においても産地化にとって有効だった。特に圃場整備に対する要求は強いものがあり，各県が追求している採択要件の緩和，補助率の上乗せ等は有効である。これは中山間地域政策といっても，各地域の実情に即した生産基盤の整備に対する支援措置が依然として強くもとめられていることを意味する。

　以上は西土佐村からみた総括であるが，高知県に限らず多くの県が，これらの施策の一部なかんずく④について，「日本型直接所得補償」と称していることは前述したとおりである。「日本型」についての本稿の解釈は3（7）に示したが，要するに何らかのかたちで農業生産とカップルされた直接所得支払い政策といえよう。西土佐村F集落においても，「自分で所得をあげる基盤づくり

を支援してほしい」「収穫して金をもらうのが常道だ」という声が聞かれたが，以上の限りでは，生産に関連させずに農家一戸当たりに配分するデカップリング型の直接所得補償は，日本の現実になじまないといえる。

　かくして生産条件不利に対して，その是正措置を強力に推進することと関連させた「間接的な直接所得補償」がまず求められているといえる。しかしながら，このような型の所得補償は一回限りのもので年々の所得補償にはならないという根本的な問題がある。また今日の技術をもってしても是正できない条件不利（地形の大幅変更，日照など），国土環境景観面からそのまま保全した方がよい条件不利（棚田など）も存在する。前者については条件不利の補償が必要であるし，後者については国土環境景観保全機能に対する積極的な費用負担が必要であろう。これらは多かれ少なかれ「直接的な直接所得補償」を必要としている。このような「間接的」「直接的」二つのタイプの直接所得補償に留意する必要がある[33]。

　いずれにせよ，直接所得補償政策は，農業が環境に負荷を与える面よりも，農業の国土環境保全機能が高く評価されるわが国にあっては，ヨーロッパのような「価格政策よりも優れた政策」ではなく，「価格政策をやむをえず代替する政策」に過ぎない。そのことは永らく価格補塡政策を実施し，そのことが農家から高く評価されている調査地の現実からも言えることである。

（2）　地域農政の課題——主体的政策形成——

　西土佐村は農業立村の立場から，米の生産調整を契機にいち早く園芸産地化をめざし，一定の実現をみてきた。しかしそこには数々の問題が山積している。

　第1は，園芸産地化それ自体の問題である。西土佐村は峡谷型中山間地域であり，標高も低く，園芸作目への取り組みは，その比較優位性を発揮する道ではない。零細な農地と兼業条件の欠如というハンディが集約作を選択させたに過ぎない。しかるに第2節でもみたように，中山間地域をかかえる県農政のほとんどが稲作から集約的な園芸作への転換を模索している。いずれそれが成果をあげた暁には，冷涼気候等の比較優位条件をもたない（峡谷型）地域は，園

芸作の産地間競争において不利な立場にたたざるをえない。

　いま多くの中山間地域の悩みは，新規作目が次々と国際競争にさらされていく点である。農産物総自由化により「隙間作目」がなくなっていく過程でもある。西土佐村におけるその典型は，かつてのしいたけであるが，次々と新規作目を模索していく過程は，連作障害，産地間競争，国際競争を背景としている。これらの問題は一地域では解決のしようがない。国としてどう考えるかが問われている。

　第2に，中山間地域の最大の困難の一つとして鳥獣害問題がある。西土佐村でも補助金を出して電気牧柵を設けたり，捕獲報奨金を出している。しかし猪，猿，鹿などが里近くまでおりてきて作物を荒らす根本原因は，杉・檜の植林により彼らの食料源である広葉樹林が乏しくなったためである。経済効率を極端に追求して生態系のバランスを崩した林業政策や開発政策の結果が鳥獣害として跳ね返っているのであるとすれば，その修復なしには根本解決にはなりえないだろう。

　本研究の対象ではないが，新潟県安塚町のある集落は昔からの30戸の戸数が半減するなかで，1995年に集落の土地利用計画をたて，荒廃農地の一部を山に戻すこととしたが，その際に「動物と植物の共存」を考慮して広葉樹を植林することにした。小面積がどれだけの効果をもちうるかは疑問だが，このような主体的努力が欠かせない。

　第3は，産地形成を支える主体的条件にかかわる。西土佐村における新規作目の取り組みは農家の主体的組織的努力と自治体や農協の協力によるところが大きかった。しかるに最近のアロエ栽培は，村がはじめて県を通して外部から持ち込んだ作目である。県，村，企業の協力関係それ自体は必要なことだが，これまで主体的な作目選択をしてきた村の農家にとって，これは一つの転機を意味する。そしてすべり出しは好調だったアロエ加工品も親会社の引き取り量も減り，最近では関係者が販路確保に苦労している状況で，このままでは前述の新規作物探しの一齣になりかねない。

　村農政は現在，農業公社の活動と養液栽培に活路をみいだそうとしているが，

これまたこれまでの農家の主体的組織的模索から生み出されたというより，村当局の発案になるようである。とくに農業公社は，地域の十分な合意なしに「はじめに公社ありき」で設立が急がれたようで，調査農家のなかからも「農業公社は何をするのかわからない」「まず土を使った農業を追求すべき」といった声が聞かれる。

そこで農業委員会がたちあがり，農家の集会を組織して公社のみならず村農業のあり方について議論し[34]，公社のあり方について村に建議するに至っている[35]。農家の主体性それ自体の衰えという問題もあろうが，大切なのは，農家の声を行政や農業団体が聞こうとする姿勢であり，それに基づいて政策を立案・選択しようとする姿勢である。

これまた本研究の直接の対象地ではないが，高知県大豊町では，集落の生産組合を発展させ，土木会社も加わって，せまち直し事業，農作業受託，アンテナショップ経営を行う株式会社「大豊ゆとりファーム」を作り，棚田の作業受託を行いだしたのに対して，町が65歳以上の農家等からの受託に対して交付金を出す制度を設け，さらに県は町村を支援することとした。まさに下からの動きが行政の支援を引き出した例といえる。

(3) 過疎対策の課題——そこに住む人のための施策——

西土佐村は園芸産地化に一定の成果をあげてきた。しかしそれでも過疎化はとまらない。定住人口の減少をくいとめるためには産業政策だけでなく定住政策が必要である。西土佐村からみた定住政策の課題は次のようである。

①一般的な定住政策の主流は道路交通政策であり，西土佐村のF集落調査においても，道路整備は必要不可欠といえる。特に中山間地域にあっては末端生活道の整備が欠かせない。しかしそこにも問題は多い。

第1に，地域内に所得確保の機会が乏しい場合には，道路網が整備されればされるほど，「ストロー効果」を発揮して，地域から人が他出するための道路になってしまう。道路網が整備されたことにより西土佐村の各診療所の受診者が激減し，その維持が困難になったのもストロー効果の一つである。

第2に，道路網というハードの整備は，交通手段というソフトの充実を伴わない限り，クルマ人口に利便をもたらすだけで，クルマに乗れない交通弱者を決定的に不便に追い込む。交通弱者のための公共交通便益の充実が不可欠である[36]。

　②西土佐村の定住政策においてユニークなのは，予防医学に力点をおいた保健活動である。保健活動は健康な人を健康に保つ活動として意義がある。しかし今日の中山間地域に累積しているのは高齢者であり，少ないのは出産年齢家族と子供である。いいかえれば，今日の中山間地域に強く求められているのは，健康な者というよりは「高齢者や幼児が安心して暮らせる地域づくり」である。

　村の社会福祉活動は住民からも高い評価を受けているが，狭い社会だけに高齢者にも介護者にも「遠慮」が多い。啓蒙活動や地域の理解が欠かせない。

　③国の政策は，産業から観光へ，定住人口から交流人口へ重心を移している。そこに住む住民のための保健政策に力を入れてきた西土佐村の「内向き政策」の姿勢も，このような国の政策と地方債の交付税払い戻し政策を背景に，最近では「観光」や「交流」に力点をおいてきたといえる。それで地域が潤うなら結構なことだし，そのための観光や交流のマナーや技術に習熟することも大切であろう。しかし集落調査にみる限り，観光・交流施設は，「若者は残らなかったが，ゴミは残った」といみじくもF集落農家が言うように，住民にははなはだ評判が悪い。極端にいえば「迷惑施設」である。「国県の補助事業を取り入れるということは，同時にその政策理念を受け入れるということである」[37]という指摘はかみしめるべきである。

　いいかえれば定住促進のためには，何よりもまず「そこに住む人のための内向き政策」，要するに定住者対策が必要なのである。最近の農業政策について指摘したのと同様，生活面においてもまた住民要求を正確に把握し，即応する必要がある[38]。

　なお前述のように，人口自然減段階に至れば，以上のような社会減をくいとめる定住政策だけでなく，端的な人口増かんずく出産可能年齢人口の導入策が必要になる。その点では，調査地においても，4(1)でみたように，アロエ

工場はごく少数ではあるがUターンを招いていた。そのこともまた，定住の魅力とともに所得確保の魅力が必要なことを示している。

(田代洋一)

注(1) 条件不利地域政策については，拙著『食料主権 21世紀の農政課題』（日本経済評論社，1998年）第7章において論じた。本章の姉妹編をなすので併せて参照いただきたい。
(2) 両者をごっちゃにすると，例えば「農業政策は中山間地域政策として有効ではない」といった批判が出される一方，「中山間地域の最大の課題は農地保全ではなく集落の維持にある」といった規定がなされる。両者とも中山間地域問題を過疎・人口問題に限定し，固有の条件不利地域政策の領域を無視する点では共通している。
(3) 国の施策の検討としては，小池恒男「中山間地域立法の現段階」（『日本農業年報40 中山間地域政策』，農林統計協会，1993年）。
(4) 「計画策定というのは，時の内閣の政策と合致しない限り決めてはいけない」（下河辺淳『戦後国土計画への証言』（日本経済評論社，1994年），185ページ。
(5) 同上，56ページ。
(6) 総合研究開発機構『戦後国土政策の検証（上）』（1996年），80ページ（宮崎仁）。
(7) 農政における中央集権性の形成については，田代，前掲書，第3章を参照。
(8) 下河辺，前掲書，82ページ。
(9) 総合研究開発機構『戦後国土政策の検証（下）』（1996年），54ページ（吉田達男）。
(10) 下河辺，前掲書，177ページ。
(11) 同上，107ページ。
(12) 総合研究開発機構，前掲書（上），194ページ（小谷善四郎）。
(13) 下河辺，前掲書，172ページ。
(14) 同上，169ページ。
(15) 同上，192ページ。
(16) 国土利用計画の破綻は，このような主権国民国家の領土内での「均衡」を追求しえなくなった点にあるのであって，社会改良計画や地域からの積み上げといった「本来の国土計画からの逸脱」（中村剛治郎「戦後国土政策の変遷と四全総」『都市問題』1987年12月号）にあるのではない。
(17) 宮口侗廸「新しい全総計画と多自然居住」『人と国土』1998年5月号，43ページ。
(18) 同上。
(19) 『日本農業年報40 中山間地域対策』（前掲）の座談会「中山間地域政策をどう構想するか」における下河辺淳発言(210ページ)。なお五全総には同氏の「小都市論」が強烈に反映している（『戦後国土計画への証言』前掲，第11章2）。

(20) 山振法の制定経過については，国土庁・農水省監修『新山村振興対策の実務』(地球社, 1992年), 第1章.
(21) 乗本吉郎『過疎問題の実態と論理』(富民協会, 1996年), 95ページ.
(22) 同上, 262ページ.
(23) 特定農山村法の制定経過については，特定農山村法研究会編『特定農山村法の解説』(大成出版社, 1995年), 第1章.
(24) 生源寺真一『現代農業政策の経済分析』東京大学出版会, 1998年, 第II部を参照.
なお氏は条件不利地域の比較優位を生かすものとして「土地を大量かつ粗放に利用する土地集約型農業」(同120ページ)を想定している. 要するに自給飼料(同128ページ)に基づくヨーロッパ流の粗放型畜産のイメージであろう. しかしながらそれは, 地代の低さへの注目であって, 農家保有面積の零細性という条件不利を考慮に入れていない. むしろ労働力外給的な企業形態(同122ページ), 大規模経営を想定している. また高原型ならいざ知らず, 峡谷型では環境面への配慮も問題になる.
(25) 自治体の中山間地域政策については，農政調査委員会『中山間地域の振興と支援方策——農地の管理・保全とその主体——』1996年, 同『地方自治体における中山間施策の現状と課題』1997年を参照.
(26) 森林交付税については森林交付税創設促進連盟『「森林交付税」についての調査報告書』(1995年), 国土保全奨励制度については森とむらの会『国土保全奨励制度調査報告書』(1994年), 松形祐堯『今, 何故, 国土保全奨励制度か』(宮崎県, 1995年).
(27) 「山間地帯の水田整備状況については, 『東高西低』型の地域間格差が大きくは析出できる」小田切徳美「中山間地帯の地域条件と農業構造の動態」宇佐美繁編『日本農業——その構造変動——』農林統計協会, 1997年, 234ページ.
(28) 西土佐村『西土佐村史』(1970年), 572～576ページ.
(29) 西土佐村満州分村史編纂委員会『さいはてのいばら道——西土佐村満州開拓団の記録——』(西土佐村, 1986年), 笹山久三『母の四万十川 第1部』(河出書房, 1996年).
(30) 中平幹通『北幡に生きて』(1995年).
(31) 鈴木文熹「西土佐村」(鈴木他著『「国際化」時代の山村・農林業問題』, 高知市文化振興事業団, 1995年), 113ページ.
(32) 斎藤修「青果物市場の再編と系統共販」(日本農業市場学会編『食料流通再編と問われる協同組合』, 筑波書房, 1995年)は, 福岡県園芸連の「単協のマーケティングを支援しており分権型管理」の共販との対比で, 高知県園芸連の(集権的)システムを批判しているが, それはこのような立地条件の相違をみていない.
(33) 田代, 前掲書, 第7章を参照.
(34) 西土佐村農業委員会『西土佐村の農業を考える会報告書 テーマ 豊かさを感じる村づくり』1997年11月. ここでは, ①直接所得補償制度への期待と農家の意欲をそ

こなうという危惧がよせられ，後者の立場からはむしろ園芸作物価格補塡制度の方が大切で，利子率の低下をカバーする国の助成を求められている。②一部農家の施設園芸を補助すべきか，露地園芸を振興すべきか，③西土佐村の農業の活気は，農家・行政・農協が「うまくいっている」からだが，最近は行政主導で三者のバランスが崩れている，④農協合併に伴う補塡制度や公社のあり方等が議論され，農機具のリース，施設園芸等の農作業のヘルパー制度，圃場整備，補助金に関する情報公開等が提案されている。

(35) 「建議書」(1998年5月)では，公社のあり方については，「黒字を求める機関ではなく，農家のための機関として位置づけ」ること，「露地及び簡易なハウスでの徹底した野菜の試作及び今後村で導入することができる可能性のある新作物の研究」，「機械銀行，農地銀行，人材バンクの中核的センター」たること等を要望している。

(36) 交通問題については，乗本，前掲書，第5章第2節を参照。

(37) 乗本，前掲書，96ページ。

(38) 西土佐村のような相対的に自治能力の高い自治体にあっても，このように行政と住民要求にずれがありうる場合，昨今よく行われる行政の担当者等に対するアンケートによって中山間地域の要求や政策方向を探ろうとする研究手法は，大きなあやまりを犯す可能性が高い。

第7章 中山間地域活性化と市町村財政

1. 課題の設定

　戦後日本における農村経済の変容を象徴するものは，基幹産業であった農林業の変貌，農林業労働力の非農林業部門および都市への流出，就業・所得機会として重要な位置にある土木建設業の増大等である。今日，中山間地域においては，この農村の変化が増幅された形で現れている。

　もともと中山間地域は，概して人口規模も小さい上に消費地から遠いため，地域内に製造業や商業・サービス業などの発展が弱く，農林業を文字通り主産業としてきた地域である。しかし，ここにも国際化の影響が及び，国際的な価格競争の中で地域のあり方が問われるようになった。その結果，狭小かつ傾斜地の多い中山間地域農業が背負っている生産条件の不利性は覆いがたく，このため，日本の農村の持つ脆弱性が中山間地域において増幅した形で現れるようになったのである。

　中山間地域経済の変容と中山間地域問題の深まりは，今日，次のような面で，中山間地域社会の存立さえ危うくしている[1]。

　　・地域社会の維持が困難となるほどの人口の減少，特に自然減少
　　・若年層の空洞化現象
　　・農山村集落の自然崩壊
　　・農地と山林の荒廃，農村景観の悪化，国土管理・保全上の問題

　これに加えて，中山間地域においては，新たに次のような問題が生じている。いずれも中山間地域の経済と財政の弱点を拡大する可能性を持つ問題である。

　第1に，生産者米価の値下がりである。経営耕地総面積に占める水田の割合

は，北海道を除く地域の中山間地域では，66.2％を占め，稲作は営農の主柱的存在である。稲作を中心とした農業経営であるため，米価の値下がりの影響は大きい。この問題は，もともと小さい地方税収をさらに停滞または縮小させる要因となる。

第2に，2000年度から導入される公的介護保険制度の財政的な影響である。高齢化した中山間市町村は公的介護保険制度に広域で共同対処しようとするケースが多いようであるが，問題の一つは財政問題である。介護保険制度のもとでは，デイサービスセンターなどの高齢者福祉施設の運営補助金が定額から定率に変わることによって，自治体が受ける補助が現在の3分の1ないし4分の1に削減されると予測するM村（高知県）のようなケースもある。老人ホーム等への国の補助金が減ると，単独事業として継続するしかなくなり，活性化事業の財源を縮減してこれに充当する必要性もでてくる。愛知県のある村の担当者が「財政が苦しく体制が整わない。小さな村まで全国一律で同じような体制にするのは無理」[2]だと述べているように，問題は，負担に耐え得ないほど脆弱な財政力に起因している。

第3に，財政構造改革の及ぼす影響である。

1997年11月に成立した財政構造改革法（「財政構造改革の推進に関する特別措置法」）は，2003年度までの目標を，（ア）国・地方の財政赤字を対国内総生産（GDP）比3％以下に抑制すること，および（イ）赤字国債からの脱却および国債依存度の引き下げ，とした。その上で，同法は，各歳出分野の削減目標を定めている。中山間地域に関係の深い農林水産業費についてみると，「市場原理の一層の導入等を図りつつ，重点化・効率化を進める。集中改革期間の各年度の当初予算における主要食糧関係費の額は，前年度の当初予算の額を上回らない」ものとされている。また，公共事業に支えられて建設業が就業構造の13.6％（1995年，全国は10.4％）と高い過疎地域では，財政構造改革に基づく公共事業費の削減によって，新たな対応を迫られるようになる。さらに，中山間地域の投資は，「効率」という点では都市部よりも低く算定されるため，「公共投資の重点化，効率化」を方針とすると，中山間地域の削減率

がより大きくなる可能性があり，中山間地域経済に大きな影響が予測される。1998年度は，不況対策のために公共事業費の削減がなされなかった。しかし，財政構造改革と公共事業費削減の必要性は依然として続いている。したがって，中山間地域といえども，財政赤字のもとでは，いつまでも公共事業に依存した地域経済を維持することは困難であり，産業構造の転換を急ぐ必要性が高まっている[3]。

農業・農村問題の解決は国・地方の財政と密接な関係にあるにもかかわらず，体系的な分析は意外に少ない。高度成長期から1975年までを対象とした研究は，今村奈良臣による『補助金と農業・農村』(家の光協会，1978年)他がある。その後は，清水純一による1980年代初頭の財政再建時期の研究があり[4]，1980年代後半以降については筆者も「農村と補助金」等の研究を発表してきた[5]。戦後の農業予算を体系的に分析した成果は，石原健二『農業予算の変容』(農林統計協会，1997年)によってもたらされた。しかし，条件不利地域ないし中山間地域の本格的・全般的な財政研究は，まだ開拓途上にあると言えよう。その統計整理もまだ十分でないことが研究のネックになっている。

財政が貧困な中山間市町村の希望は，後述のように依存財源(地方交付税，国庫補助金など)の拡充にある。しかし，国庫が大きな赤字の現状では，依存財源の拡充には限界があると考えられる。本章では，これらの点をふまえつつ，公共事業費の削減や地方分権化等の新しい動向と関わらせて中山間地域財政の現状と課題を検討し，地域活性化の財源問題の考察を行うことを課題とする。

2. 中山間市町村財政の現状

(1) 中山間市町村財政の実態調査

中山間市町村の財政統計は整備されていない。それは，中山間地域の範囲の取り方に諸説があり，また，対象を中山間地域にしぼった財政措置制度がないため，行政において統計整理の必要がないからである。

そこで，筆者が1995年9～10月に実施した中山間市町村を対象とした『中

山間市町村活性化のための財源確保・運用方策に関するアンケート調査』の結果を基にして，中山間市町村財政の概況を見ておくことにする。

　この調査は，郵送により調査用紙の送付と回答紙の回収を行ったものであり，アンケート調査の発送および回収の状況等は次のようであった。

　　発　送　数　1,793通
　　有効回収数　　997通
　　有効回収率　 55.6％

（2）財政力指数

　現行過疎法が定める過疎地域の要件の一つに，財政力指数（1986年度から88年度の平均）が0.44以下であること，という規定があるが，アンケート調査の結果，財政力指数が0.44より大きな中山間市町村は，わずかに13.3％であった。また，財政力指数が0.1から0.2未満の自治体が37.2％を占めて最も多く，次いで0.2〜0.3未満のレベルに24.5％の自治体が集中している（第7-1表）。このように，中山間市町村財政の現状は，過疎地域の指定要件と比

第7-1表　財政力指数別中山間市町村数（1991〜93年度平均）

(単位：％)

区　分	回答市町村数	0.1未満	0.1〜0.2	0.2〜0.3	0.3〜0.37	0.37〜0.44	0.44以上	N．A
北海道	82	8.5	59.7	15.8	7.3	2.4	4.8	1.2
東　北	129	3.1	48.8	28.6	6.2	6.2	6.9	0.0
関　東	68	2.9	10.2	30.8	13.2	10.2	30.8	1.4
北信越	148	5.4	26.3	25.0	10.8	8.1	24.3	0.0
中　部	90	6.6	16.6	23.3	20.0	8.8	24.4	0.0
近　畿	89	4.4	25.8	29.2	13.4	6.7	20.2	0.0
中　国	136	8.0	45.5	23.5	7.3	4.4	9.5	1.4
四　国	78	15.3	44.8	17.9	3.8	15.3	2.5	0.0
九　州	177	14.6	44.0	24.8	7.9	2.2	4.5	1.6
計	997	8.0	37.2	24.5	9.6	6.5	13.3	0.7

資料：中山間市町村997団体のアンケート回答．
注．九州には沖縄県を含む．

べても極度に財政自立度が低い。

しかし,同じ中山間地域にあっても財政力には地域差が大きい。財政力指数0.1未満の自治体の割合が相対的に高いのは四国,九州であり,また,北海道では財政力指数0.1〜0.2に59.7％の市町村が集中している。この結果,財政力指数0.2未満の市町村の割合は,北海道の68.2％を筆頭に四国,九州,中国,東北の各ブロックで過半数にのぼる。一方,財政力指数0.2未満の市町村の割合が少ないのは,関東の13.1％を始めとして北信越,中部,近畿である。

財政力をある程度維持しているブロックが本州中央部に多い理由は,今回の調査だけでは確定しないが,考えられることは,この地域は大都市へのアクセスが比較的良いため,商工・観光業の立地,農業以外の就業機会,地価などの点で市町村税の課税対象に比較的恵まれていることである。この点の解明は,今後に残された課題である。

(3) 公債費比率

地方債の元利償還金である公債費は,義務的経費の中でも非弾力的であり,これが多くなると財政を圧迫することとなる。アンケート調査の結果は,第7

第7-2表　公債費比率別中山間市町村数（1993年度）

(単位：％)

区　分	10％未満	10〜15	15〜20	20％以上	N．A
北海道	15.8	63.4	15.8	3.6	1.2
東　北	24.8	65.1	9.3	0.7	0.0
関　東	63.2	30.8	2.9	0.0	2.9
北信越	28.3	65.5	5.4	0.6	0.0
中　部	41.1	53.3	4.4	1.1	0.0
近　畿	26.9	59.5	12.3	0.0	1.1
中　国	16.1	61.7	19.8	0.7	1.4
四　国	25.6	61.5	12.8	0.0	0.0
九　州	31.6	51.9	11.8	1.1	3.3
計	28.9	58.0	10.8	0.9	1.2

資料：第7-1表に同じ。

-2表のようになっている。公債費比率15％以上の市町村が11.7％，うち20％以上の市町村が0.9％ある。但し，過疎債の償還金の70％が地方交付税の基準財政需要額に算入されるなど，この数値ほどには財政を硬直させない制度とされている。

しかし，第7-3表のように，公債費比率は上昇傾向にあり，半数近くの中山間市町村において，公債費比率が上昇している。現地調査によると，地域総合整備事業債の増加が，この上昇の重要な原因となっている。地域総合整備事業債は，起債金額が大きく，かつ利用の自由度が大きいこと，および償還費の30〜55％が地方交付税の基準財政需要額に算入されて実質負担が少ないことが，好まれる理由である。

したがって，過疎債および地域総合整備事業債は地域活性化事業，とくに社会資本整備の有力な財源となっているが，問題もある。個々の自治体にとっては，この制度は当面する事業計画を実施する財源として有利であるが，償還金の一部に使用される地方交付税の総額は国税の一定割合と定められているため，全国的には，交付税の先取りを意味し，一般財源であるはずの地方交付税が特定財源化され，一般財源としての機能が低下するからである。この問題は，財政力指数の小さい，したがって税収が小さい中山間市町村全体の財政にとって，将来，重要な意味を持ってくることが予測される。また，交付税措置があると

第7-3表　5年前と比較した公債費比率の変化

(単位：％)

区　分	全国	関東	中国
5％以上の上昇	9.9	7.3	11.0
5％未満の上昇	38.5	26.4	41.9
変化なし	20.4	25.0	19.8
5％未満の低下	26.3	38.2	20.5
5％以上の低下	3.2	0.0	4.4
N.A	1.5	2.9	2.2

資料：第7-1表に同じ．
注．1988年度から1993年度への変化である．

はいえ，残る償還金は自己負担となる。

3. 農業予算と中山間地域

　中山間市町村の経済は，概して当該地域の民間経済力が小さいために，他の地域以上に，公共部門の財政動向から影響を受ける度合いが大きい。ここでは先ず，基盤産業である農業に直接関わる農業予算から検討しよう。

（1）　国家財政に占める農業予算のシェアの低下

　今日，農業財政にとって第1の問題は，農林水産関係予算が相対的にも絶対的にも大幅に縮小されてきたことである。中央政府の一般会計に占める農林水産関係予算のシェアは，大幅に低下してきた。

　農林水産予算額が過去最大であったのは1993年度（補正後）であるが，この年度においても中央政府の一般会計に占める割合は5.9％にすぎず，1970年度のシェア12.1％の半分以下であった。その後は，農林水産関係予算の金額そのものが減っている。

　1997年度当初予算では4.6％とシェアを縮小し，1998年度当初予算案では，さらに縮小して3兆3,756億円，4.3％となった。中央政府の財政に映し出された姿は，どの点から見ても，明らかに農林水産関係予算の位置の低下を示している。

　農林水産関係予算の相対的・絶対的な低下は，国の政策の中で，農林水産業よりも他の課題が優先された結果である。過去10年間ほどの政府予算をとってみると，国際化の進展とともに対外経済協力費の増加が著しかったが，金額にしてその約10倍ほどの公共事業費の膨張が，農林水産業費と財政全体を圧迫する最大の要因となってきた。

　現在，公共事業予算が中央政府の一般会計予算に占めるシェアは，高度成長期よりも低いものの，農林水産関係予算額の約3倍に近い12.8％（1997年度）を占めている。公共投資が国民経済に占める割合は，他の先進国，アメリ

カ，イギリス等がおよそ2～3％台であるのに対して，日本は6.9％（1995年度）にのぼっている。

公共投資の大きな日本の財政歳出構造は，政治・行政・経済に影響を及ぼし，それがさらに大きな公共投資を呼び出す構造をつくってきた。この構造を生み出した要因の一つに，公共投資に依存する地域経済の問題がある。北海道，沖縄県，青森県，宮崎県の4道県では建設業の生産額が製造業のそれを上回わり，北海道では新規求人数の過半数が建設業であるなど，全国的に地域経済の公共事業への依存が深まっている[6]。

今や一般会計の22.2％にのぼる国債費の膨張の主因は公共事業にある。このことは，大蔵省主計官である村瀬吉彦も，「欧米先進諸国と比べて公共投資の国民経済に占める比率がバランスを失する程高いことが，我が国の巨額の財政赤字の要因の一つであることは否定できないものと考えられる」[7]と認めているところでもある。

なお，財政赤字の主因のように言われる社会保障関係費は，中央政府の一般会計歳出予算（主要経費別）において40～50年前と比較すればシェアを拡大しているものの，1997年度の18.8％は，1975年度（18.5％），1980年度（19.3％），1985年度（18.2％）と比べても激増などと言える数値ではない。むしろ現状では，社会保障関係費は，公共事業に圧迫されて抑制された経費の一つと見るのが妥当であろう。

したがって，地域活性化を遂行するための農林水産業費の拡大は，国家予算の中で「バランスを失する程高い」現在の公共投資財源を振り向けることなしには進まない課題である。

（2） 農業予算内部の公共事業化

第2の問題は，縮小する農業予算の内部においても公共事業関係費の割合が増して，価格支持・所得対策のための主要食糧関係費が低下してきたことである。つまり，「農業予算の公共事業化」である。

1982年度と95年度の農林水産関係予算の内部構成を比較して見ると，その

最大の特徴は，主要食糧関係費が金額も構成比も大幅に低下して，構成比を1割以下に落としたことである。その反面で，公共事業関係費が50％を超えるに至った（第7-4表）。

これを農業予算（林業・水産業関係予算を除く）にしぼって長期トレンドを見ると，「農業予算の公共事業化」の傾向がよりはっきりする。農業予算も，国家財政に占めるシェアを低下させていて，1970年度の10.8％から，1980年度には7.1％に低下し，1997年度には3.5％まで下がった。農業予算総額は，1993年度をピークに減少し，1997年度にはピーク時の約7割へと低下した。

第7-4表　農林水産関係予算の推移

（単位：億円，％）

区　分	1982年		1995年	
	金　額	％	金　額	％
農林水産関係予算総額	37,010	100.0	35,400	100.0
公共事業関係費	14,750	39.9	19,050	53.8
主要食糧関係費	9,903	26.8	2,723	7.7
一般農政費	12,357	33.4	13,627	38.5

資料：大蔵省中国財務局資料．

第7-5表　農業予算に占める食管関係費と農業基盤
　　　　　整備費の構成比の推移

（単位：億円，％）

年度	農業予算	食管関係		農業基盤整備
		食管繰入	稲作転換	
1975年	20,000	40.6	5.3	20.5
1980	31,083	19.6	9.7	28.9
1985	27,174	16.8	8.8	32.3
1990	25,188	9.2	6.9	40.7
1995	34,251	5.3	2.6	50.7
1997	26,741	6.5	3.5	45.9

資料：石原健二「農業の公共事業」日本財政学会報告資料
　　　（1997.10.18）より．

その中で，食管会計繰入が農業費に占める割合は，1975年度の40.6％から1997年度の6.5％へと激減する一方で，農業基盤整備費が同じ期間に20.5％から45.9％に上昇した（第7-5表）。こうして，農産物価格支持政策と農家所得対策は，農政の中心の座を農業基盤整備事業に譲ったのである[8]。

（3） 地方農業関係費も公共事業にシフト

また，地方財政においても公共事業費が増えている。

地方財政の農林水産業費は，1995年度決算で，総額が6兆7787億円，うち農業基盤整備の経費である農地費が一番多く43.0％，農業改良普及等の農業費はその約半額の21.8％となっている。その性質別の内訳は，人件費の12.1％に対して普通建設事業費が71.4％と高い。

不況対策を地方単独事業として実施するケースが増えており，とくに地域総合整備事業の伸びが顕著である。地域総合整備事業の対象等については通達が出されているが，庁舎の建設費等は原則として対象としないものの，ほとんど全ての事業が該当し，起債充当率は「おおむね75％」とされているが事業によっては90％，95％も可能であり，しかも，起債償還の30〜55％が地方交付税の基準財政需要額に算入できる仕組みになっている。地域総合整備事業債の許可計画額が年とともに拡張されて，1997年度は2兆2036億円にのぼっている。

また，農地費が農業関係費に占める割合も，都道府県においては，1975年度の53.0％から1995年度には69.1％に増加した。市町村においても，同じ期間に，42.8％から52.1％に拡大してきた。こうして，農地の担い手への利用集積促進のための基盤整備や，農業集落排水事業等の生活環境整備が増えている。

（4） 農業予算の検討課題

農業予算について，農家のニーズと日本農業の発展方向に照らして，その歳出構造を絶えず見直していく必要がある。その際，次のような諸点が重要であ

ると考えられる。

　第1に，農業基盤整備等の公共事業は必要だが，時代の環境変化に対応した事業への改善が欠かせない。農業関係公共事業についても「時のアセスメント」を適用して，農業そのものにより効果の大きい農業公共事業へと改善を進めること。

　第2に，農業予算の重点を，公共事業から価格支持・所得対策へと再転換すること。現在，公共事業の賃金支払いが農村の所得対策になっている感がある。農業関係予算に占める価格・所得関係費のシェアを1980年度と1995年度を比較すると，アメリカでは8.0％から17.0％に伸び，EUでは95.0％から90.8％へとやや低下したものの高率で推移したのに対して，日本では，同じ期間に24.9％から11.1％に半減している[9]。各国にはそれぞれの事情があるため一様にすべきだと主張するつもりはないが，日本の価格・所得関係費を他国並みに引き上げることには根拠がある。

　第3に，非農業事業との調整を図ること。近年の傾向としては，下水道整備事業等の生活基盤整備費が増加しているが，農村の生活環境整備は必要だとしても，それを「農業予算」として支出することには無理がある。それは，農業支出が非効率であるという認識の原因ともなっている。

　第4に，財政構造改革法のように，財政支出のあり方を「重点化・効率化」する思考が強まっているが，「効率性」基準だけでは，結果的に，狭小・傾斜地を抱える中山間地域への財政支出を削減することにつながる。これに対して，中山間地域の持つ経済外的効果も含めて財政支出効果を総合的に評価するシステムを研究開発する必要がある。

4. 公共事業費の削減と中山間地域

（1）公共事業費の削減方針

　公共投資は，1998年度当初予算で7％以上削減される方針が示されている。16の部門計画からなる公共事業関係長期計画（5カ年計画等）は，1997年6

月3日の閣議決定により，計画期間10年の土地改良計画は4年延期，それ以外の長期計画は2年延長されることにより，投資規模の実質的な縮減を図るものとされている。その際，閣議決定では「必要に応じ，事業の重点化・効率化を図る等の内容の見直しを行う」とされていて，この「重点化・効率化」のあり方によって，都市と農村では，公共投資縮減の影響に違いが出てくる。

（2） 公共投資削減の地域経済への影響予測

1） たくぎん総合研究所の試算

たくぎん総合研究所（札幌）が，1997年7月，公共投資削減の北海道内への影響を試算し，発表している[10]。試算によると，投資額が10％削減されると，道内総生産額が1.29％落ち込み，雇用機会が34,300人失われる。影響の程度は産業部門によって異なり，失業者の38％が建設業，22％がサービス業，17％が卸業・小売業などとなる。影響は，建設業が多い北海道では，東北，九州よりもより強く現れ，他のブロックとの成長格差が広がると予測されている。

2） 中国地建の試算

建設省中国地方建設局は，1997年10月，公共投資が7％削減された場合の経済的影響予測を発表した。試算は，中国地方の5県における影響とともに，全国のブロック別試算結果を明らかにしている（第7-6表）。

ＧＤＰの減少額は，基礎となる各ブロックの経済規模の大小によって差があるが，いちばん大きな減少額は関東であり，全国では5兆317億円減となる。ＧＤＰの減少率が最も大きなところは北海道であり，つづいて沖縄，中国，四国，九州，東北，近畿，中部，関東の順序となる。北海道の減少率は関東のそれと比べて1.6倍あり，地域ごとの影響にかなりの差が認められる。

また，雇用者数の減少は，全国合計で346,900人となる。この推計でも北海道の減少率が最も大きく，次いで沖縄である。全体的に北海道と西日本に影響が大きいという特徴が認められる。

公共事業費の削減問題は，さまざまな方面に影響を及ぼしつつある。県によ

第7-6表　公共投資7％削減のブロック別経済的影響予測

区　分	GDP減少額 (億円)	GDP減少率 (％)	雇用数の減少 (千人)	雇用の減少率 (％)
北 海 道	2,746	1.44	22.6	0.81
東　　北	4,698	1.14	39.1	0.62
関　　東	16,652	0.90	101.9	0.46
中　　部	6,551	0.93	44.0	0.46
近　　畿	8,652	1.09	54.4	0.54
中　　国	3,842	1.38	25.8	0.65
四　　国	1,686	1.28	13.6	0.65
九　　州	5,047	1.18	41.9	0.65
沖　　縄	443	1.40	3.6	0.66
計	50,317		346.9	

資料：建設省中国地方建設局『平成9年度中国地方の地域づくり（中国地方建設白書）』1997年10月，85ページ．

っては，公共事業費を削減しないでほしいと政府に陳情したところもある。また，省庁再編論議の中で一時浮上してその後消えた案であるが，建設省を分割し，河川局と農水省を一体化させて「国土保全省」と，建設省の他の局と運輸省と国土庁等を一体化させて「国土開発省」とをつくる中央省庁再編案（中間報告）に対して，地方議会から，異議を唱える意見書が提出された。朝日新聞は，「建設省分割に反対する自治体は，いずれも農村地帯や山間地を多く抱える。背景には，社会資本の整備が遅れているほか，公共事業が生活のよりどころとなっているという事情もある」「公共事業への依存度が高い自治体が中心」[11]と報じている。

　また，国土審議会計画部会が，1997年10月30日，国土審会長に提出した新しい全国総合開発計画（五全総）の骨格となる最終報告が，国土基盤整備の重点化，効率化の方針を打ち出したことについても，例えば北海道新聞は，重点化，効率化は従来の「国土の均衡ある発展」理念からの大きな転換ととらえ，社説で次のような厳しい批判的見解を表明してきた。「地方はますます不安に陥るだろう。厳しい財政事情を考えると，重点化や効率化は，過疎対策より過

密対策，地方圏への投資より太平洋ベルト地帯を中心とした大都市圏に富を重点配分する，と読み取れなくもないからだ。もしそうであれば地方切り捨ての論理であり，われわれは到底承服できない」と[12]。

（3） 建設業の過剰と地域産業構造の改革

公共事業の実施は，それを実施する建設企業と従業者を必要とする。第7-7表に示すように，日本における建設業雇用者が雇用者全体に占める割合は，アメリカよりも3.83ポイント高く，イギリス，ドイツと比べても高い。しかも，建設業雇用者の増加数も増加率も日本は他国に比して高く，産業構造が，ますます建設業に傾斜を強めている。

国土の形相，気候等の違いがあり，日本には社会資本の整備が遅れていると指摘されるような事情もあり，機械的に他国と同じ水準を求める必要はないが，仮に日本の建設業の割合をアメリカ並みにするなら，日本の建設業雇用者は約

第7-7表　建設業の雇用者

(単位：1000人，%)

		雇用者計(A)	建設業雇用者(B)	B／A
日 本	1985年	58,070	5,300	9.13
	1993年	64,500	6,400	9.92
	増減	6,430	1,100	17.11
アメリカ	1985年	107,151	6,987	6.52
	1994年	123,060	7,439	6.09
	増減	15,909	506	3.18
イギリス	1985年	24,539	1,492	6.08
	1994年	25,317	＊	＊
	増減	778	＊	＊
ドイツ	1985年	26,627	1,886	7.08
	1994年	29,397	2,101	7.15
	増減	2,770	215	7.76

資料：国連経済社会情報・政策分析総局統計局編『国際連合世界統計年鑑』(1994年) 原書房，1997年.

250万人が過剰という計算になる。橋本隆（ソロモン・ブラザーズ・アジア証券東京支店）は、「建設会社に従事する人口は689万人（1997年3月末）と過去5年間で11％増加している。この間の建設市場は逆に5％減少しているので、明らかに過剰労働力市場である。」「現在の市場規模に適正な労働力人口は580万人程度と考えられ、約100万人が過剰である」と分析している[13]。この過剰を証明するかのように、橋本は、1997年始めからの建設業の企業倒産件数が2,452件と、前年同期に比べて20％増加した事実を指摘している。

　ここから導き出される結論は、他の国と比較しても、また近年の建設業をとりまく環境からしても、建設業の過剰問題に対する何らかの対策が必要ということである。

　公共事業が「生活のよりどころ」になっているという事情は、特に中山間地域に存在している。今回調査した島根県A町は、その典型例の一つであるが、そうならざるを得なかった経過もある。もともとA町では、山が重要な仕事場であり収入源だったが、エネルギー源が石油に変わり、木炭の需要が激減して仕事場を失った。町役場は、仕事を提供するために分収造林事業などで植林事業をおこしたが、林業生産も外材に押されて再び仕事場を失った。この後は、公共事業を導入して土木事業に従事させる方式が定着してきた。社会資本の整備という本来の目的もさることながら、「生活のよりどころ」として公共投資を安定的に確保し、拡大することが行政の重要な課題となったのである。

　公共事業費の削減問題に対して、現状維持と拡大を求めるか、それとも、この機会に地域産業構造の改革に進むか、中山間地域は大きな岐路に立つことになった[14]。

5．地方分権と中山間地域

　現在進められている地方分権化は、中山間地域にとっても政策実施の行政権限、財政、実施主体等に広範な影響を持つものとなる[15]。

（1） 地方分権の推進

　地方分権の推進は，1993年6月の衆参両院決議に始まり，1994年12月の大綱方針の閣議決定，1995年5月の地方分権推進法の制定を経て，地方分権推進委員会（以下「推進委員会」という。）が同年7月に発足した。推進委員会は，1997年10月までに4回にわたり勧告を行っている。

　中間報告には，地方分権推進の背景・理由として，①中央集権型行政システムの制度疲労，②変動する国際社会への対応，③東京一極集中の是正，④個性豊かな地域社会の形成，⑤高齢社会・少子化社会への対応，の5点が示されている。そして，「地方・住民・地域・個の復権を図ること」を目的に，「中央省庁主導の縦割りの画一行政システム」を「住民主導の個性的で総合的な行政システム」に変革するとしている[16]。

　ところで，推進委員会が取り上げた中心課題は，機関委任事務の廃止と国庫補助金制度の改革である。機関委任事務の廃止については，中央政府の直轄執行事務（国政事務）の他に，「自治事務」と「法定受託事務」という新しい区分に再編される。法定受託事務とは，中央政府の実施義務に属する事務を，法律・政令によって地方自治体に受託させる事務とされるものである。また，国庫補助金制度の改革については，経常的な事務事業と人件費に係る国庫負担金は一般財源化し，概ね10年ごとの見直しとし，国庫補助金は，補助率3分の1未満のものの原則廃止，原則5年以内の終期設定などが勧告されている。また，建設事業に係る国庫負担金は，根幹的事業に重点化し，生活基盤整備等は地方単独事業に切り替える方針とされている。

（2） 機関委任事務の廃止と農政

　行政権限を扱った第1次勧告は，中心課題を機関委任事務の廃止においた。
　機関委任事務の数は，法律数で数えて都道府県に379と市町村に182，合計561あるとされた[17]。一つの法律の中に複数の機関委任事務がある場合もあるから，この数値がそのまま機関委任事務の数ではない。第2次勧告の振り分けでは，自治事務384項目，法定受託事務260項目，中央政府の直轄執行事務

7項目，今後に先送りが32項目となった。

　この中の農林水産分野（農林水産分野の「土地利用」と「産業」）では，機関委任事務を持つ法律は，都道府県に69と市町村に17，延べ86の法律があげられている。この合計値とやや違うが，第2次勧告の別表2において，自治事務として53法律（130項目），法定受託事務として23法律（44項目）が振り分けられた。

　なお，第1次勧告では，農林水産省関係で17項目を自治事務に，9項目を法定受託事務に区分したが，このうちの農業振興地域制度と農地制度を例にとると，第7-8表のようになっている。

　機関委任事務が多くあった農政は，新しい行政権限のシステムによって再編

第7-8表　地方分権推進委員会による機関委任事務の改革案

事務事業	担当	事務区分	国の関与
<農業振興地域制度>			
・農業振興地域の整備についての基本指針の策定	国	国の事務	
・農業振興地域整備基本方針の策定	都道府県	自治事務	国と事前協議。「指定基準等にする事項」は合意（又は同意）変更の指示
・農業振興地域の指定	都道府県	自治事務	
・農業振興地域整備計画	市町村	自治事務	都道府県と事前協議。農業用地域に関する事項は都道府県の合意（又は同意），変更の指示
・農用地区域内の開発行為	都道府県	自治事務	
<農地制度>			
・4haを越える農地転用許可	国	国の事務	
・2ha～4ha以下の農地転用許可	都道府県	自治事務	国と事前協議，指示
・2ha以下の農地転用許可	（農業基本法見直しを踏まえて予定されている農地制度の見直しの際に検討）		
・農地の権利移動制限に関する事務	都道府県と市町村	自治事務	国の指示
・国の行う農地の買収等に係る手続きに関する事務	都道府県と市町村	法定受託事務	国の指示

資料：地方分権推進委員会第1次勧告より作成。

成されることになる。表中の「国の関与」がどの程度になるかは、まだ流動的な部分もあるが、いずれにしろ都道府県と市町村の権限の拡大がなされるということは、地域活性化の推進における、地域の自己決定権の拡張として重要である。

(3) 農林水産業補助金の改革と農政

行政事務の分権を進めれば、地方の実施事務の割合が現状よりも増すはずである。機関委任事務を廃止すれば、国の関与責任が限定されるため、本来なら、国の補助・負担金を縮小して、事務量に見合った一般財源の配分をすればよいことになる。

ところが、地方分権推進委員会の第2次勧告において、農林水産業関係補助金の具体的な改革事項には目立った改革案がない。農林水産業費関係で国庫補助負担金の廃止はなく、一般財源化は森林資源管理費補助金と農産園芸振興事業推進費補助金（主要農作物種子生産管理等事業費）の二つだけである。あとは、交付基準の見直しや補助対象事業の総合・メニュー化、補助金と負担金の区分変更などである。

このように農林水産業補助金制度の具体的な改革案が勧告されなかったのは、農業基本法の見直しを待って財政制度の改革を行うこととしたためなどである。個別補助金の廃止や一般財源化を、地方税や地方交付税により補填する仕組みが、今後の問題となろう。

地方分権は、今後の中山間地域活性化の行政と財政の枠組みをつくることであり、極めて重要な課題であるが、まだ未確定な要素も少なくないため、ここではこれ以上立ち入らないこととする。

6. 地域活性化事業と市町村財政

地域活性化事業と市町村財政についての現状と課題を、前述のアンケート調査結果と現地調査から検討しよう[18]。

(1) 過疎債より多い地総債の活用

中山間市町村997団体が回答したアンケート調査の結果によると，中山間地域の活性化事業（総数2,656事業）が展開されている主な分野は，農業（21.2％），林業（3.5％）よりも観光・リゾート（28.0％）である。活性化事業の主な目的もまた，「人・情報の交流の活発化」（37.0％）や「地域のアピール」（35.4％）など観光・リゾート開発関連に置かれている（第7-9表）。これは，調査年の1995年が，リゾート法（「総合保養地域整備法」）の制定から8年目であり，着手した事業が継続しているためと考えられるが，市町村行政が農林業に確固たる展望を持っていないことも影響している。

活性化事業の財源としては，地方債を活用する事例が多い。活性化事業の中の施設整備事業の財源を見ると，過疎債を使った事業32.7％よりも，地方債を使った事業42.4％が上回っている。この理由は，現地調査によると，過疎債よりも金額が大きく使いやすい地域総合整備事業債（地総債）活用の単独事業が増加しているためである。例えば宮崎県A町は，地総債を多く導入して都

第7-9表　地域活性化事業の主な目的

事　業　の　目　的	回答数	％
人・情報の交流の活発化	982	37.0
地域のアピール	941	35.4
地域の雇用・就業機会の拡大	842	31.7
地域住民の意気の高揚	777	29.3
住民の収入・所得の増加	726	27.3
人口減少の歯止め・人口増加	676	25.5
生産規模の拡大	578	21.8
文化・スポーツの振興	517	19.5
自治体財政収入の増加	93	3.5
その他	518	19.5
N・A	390	14.7
事業総数	2,656	100.0

資料：第7-1表に同じ．
注．各自治体が3項目以内で選択．

市との交流施設を拡大し，施設の独立採算を1事業を除いてすべて確立し，その収入で地方債の自己負担分を償還している．A町のように財政運営を確立しているケースは少数であり，アンケート回答によると，営業収入の充当事業が29.7％にとどまり，57.3％の事業は運転・営業資金に一般財源を充当している．ここに一つの財政上の問題がある．

(2) 成功と失敗の評価

活性化事業の効果について，成功と失敗を判断する基準は難しい．効果が貨幣換算できるものもあるが，文化的，精神的な効果ともなると数量表示は困難である．また，長期的な視点で見ないと，効果が現れない事業もあるからである．アンケート調査の自己評価を総合してみると，活性化事業は，「地域アピール」をして「人・情報の交流」を作り出し市町村民の「意気の高揚」をもたらしているが，総じて経済・財政効果に結びつくまでに至っていない（第7-10表）．

産業振興上の費用対効果を事前に予測して，事業の採否とあり方を決定することは重要であるが，農林業分野の投資は，産業の性格から，費用に見合った

第7-10表　地域活性化事業の実績についての自己評価

(単位：％)

区　分	収入・所得	生産規模	雇用・就業	文化・スポーツ	意気の高揚	地域アピール	人口減少対策	人・情報の交流	自治体財政収入
効果があった	34.5	27.2	34.8	29.5	59.1	61.6	22.5	49.3	13.2
変わらず	31.6	36.5	30.9	32.1	12.4	10.4	40.4	20.9	42.8
効果がなかった	6.7	6.5	5.5	7.3	2.4	2.2	9.8	3.0	10.1
マイナスの効果	0.1	0.1	0.0	0.0	0.0	＊	0.2	0.0	3.9
無記入の事業数	27.1	29.7	28.8	31.3	26.1	25.9	27.2	26.7	29.9

資料：第7-1表に同じ．
注(1)　回答のあった事業数2,656件を100％としてある．
　(2)　＊印は小数．

効果を短期間に期待できない面もある。長期的視点から林業振興事業を積み重ねて，30余年後に展望が見えてきた北海道S町のような事例もある。短期的な費用対効果だけを求めると，中山間地域経済は成立しなくなるおそれもあり，費用対効果論の過度の適用は危険である。

また，効果の概念には，経済効果以外の国土保全や環境維持に寄与する効果や，負の効果も含めるべきであり，このことの国民的コンセンサスが必要である。

(3) 都市交流型と農林業振興型

過疎債・地方債を活用した事業によって地域活性化の効果をあげている事例は，現地調査によると，二つの型に整理できる。

一つの型は，都市との交流事業において事業を軌道に乗せ，経営余剰を生む自立経営へと発展し，雇用の拡大や新事業展開の原動力になっている事例である。たとえば，新潟県K村の村直営観光・リゾート事業，群馬県N村の「たくみの里」事業などである。

もう一つの型は，農業または林業を地域産業のベースとして着実に振興している事例である。たとえば，北海道S町の「法正林」形成事業，熊本県O町の「悠木の里」事業，宮崎県A町の「自然生態系農業の町」事業などである。

中山間地域の活性化事業には，農林業（その加工を含む）の要素と都市との交流事業の二つの要素が必要であって，（大）都市への経済力の集中が著しい現在，（大）都市との交流なしに地域内部の活性化事業にしぼっては，成果を得ることが難しくなっている。上記の二つの型の区別は，スタートが都市との交流か農林業かの違いであって，一方の事業が軌道に乗れば，もう一方の事業をも発展させる傾向が先進地において観察される。

(4) 成功と失敗を分ける4要因
1) グランド・デザインの完成度

地域が目標とする将来像と，その実現のための仕組みについての基本構想，

すなわちグランド・デザインが明確に描かれているか否か。グランド・デザインの完成度を高めるためには，地域の特性，条件，課題等の綿密な分析と，地域をとりまく外的環境条件のトレンドの的確な把握が大切である（北海道S町）。なお，計画策定の外部委託では，執行に当たる行政担当者等が消化できずに画餅に帰す場合もあり（S県K村・N町など），地域が，域外の知恵や技術を吸収しつつ自ら立案することが重要である。

２）　地域住民の理解と協力

計画に対して，住民の理解が十分に得られているか否か。この点に関わって，新潟県S町や宮崎県A町の経験は重要である。どちらも地域自治会の活動が活発であり，自治会を通じて住民合意を形成し，これが住民の協力とエネルギー発揮の条件となっている。

３）　リーダーの存在

リーダーの要件として重要なことは，大局を展望して住民合意を進める資質である。革新的事業は，どこでも四面楚歌の中から出発する。これを住民の理解と協力に変えるところにリーダーの存在意義がある（熊本県O町，北海道S町）。

４）　運営資金の確保

施設の建設は起債によって可能だが，より重要なことは活用のソフトである。財政の見地から望ましい独立採算をほとんど全施設で成立させている新潟県K町や宮崎県A町，運営基金により順調に活用している群馬県K村等は，参考になる。しかし，前述のように，運転・営業資金を一般財源に依存するケースも多く，その改善は重要な検討課題である。

（５）　都市・農村の連携

都市と農村との交流・連携には，さまざまな事業がある。これは第7-11表のように6類型に分類できる。

類型AからFの順序は，都市と農村の初歩的，端緒的な交流から始まって，より高度な連携を経て地域の自立へと向かう，取り組みの発展段階を想定した

第7-11表 類型別地域活性化事業の実績についての自己評価

(単位:%)

区分	A 精神結合型	B 農林産物取引型	C 資産投資型	D 流域互助型	E 都市開発・農村共同型	F 農村自立経営型
事業総数(件)	140	308	106	53	68	210
効果があった	87.9	82.8	65.1	64.2	94.1	94.8
変わらず	10.7	12.7	26.4	18.9	4.4	1.0
効果がなかった	5.0	5.5	5.7	11.3	0.0	1.4
マイナスの効果	0.0	0.0	1.9	1.9	0.0	0.5
無記入の事業数	-3.6	-1.0	-0.9	3.8	1.5	2.4

資料:第7-1表に同じ.
注. 類型の分類は,下記の内容で行った.
　類型A「精神結合型」事業:域外者が心の拠り所を求めたり,中山間地域を支援しようとする端諸的な交流形態である,「ふるさと村民」制度や一般的な姉妹都市縁組など.
　類型B「農林産物取引型」事業:農林産物の販売と購入を中心とした都市との結合形態であり,産・消提携事業,産直事業,ふるさと宅急便,果樹オーナー制度など.
　類型C「資産投資型」事業:都市市民が中山間地域にある山林,家屋,土地などに投資し,中山間地域側がこれを資金活用する分収林事業やセカンドハウスの供給事業など.
　類型D「流域互助型」事業:都市の水源開発の代償事業のほか,中山間地域の水源かん養機能や国土保全機能を評価して同じ流域の下流と上流が交流する事業など.
　類型E「都市・農村共同開発型」事業:都市自治体が建設・運営費を共同出資して,都市民の利用する健康村や保養村を建設する事業など.民間資本による共同開発も含む.
　類型F「農村自立経営型」事業:中山間地域の自治体や農協などが行う中山間地域サイド直営の施設建設と運営など.利用客または顧客として都市市民を想定.

ものである.

アンケートの結果,実施市町村の自己評価が高い類型F「農村自立経営型」(94.8%)および類型E「都市・農村共同開発型」(94.1%)は,理想的な事

業ということになる。類型A「精神結合型」と類型B「農林産物取引型」の2類型は、どの自治体においても比較的容易に着手しやすく、しかも、少ない労力（費用）でそれなりの満足度（効果）を得られるが、将来的には都市と連携した類型Eや、自立経営である類型Fへと進む発展パターンが望ましいと言える。

(6) 地域活性化事業とその財源

中山間市町村は、地域活性化事業の支援措置として何を求めているか。アンケート結果によると、「国による技術的援助」が21.4％であるのに対して、「財政資金の援助」は87.8％にのぼっている。これは、中山間市町村において財政資金が逼迫していることの反映である。

では、中山間市町村の希望は、どのような財源か。第7-12表に掲げたように、いずれも依存財源であり、全体として国に財政措置を求める姿勢が強い。また、直接的所得補償や森林交付税は、提案されてまだ日も浅く、具体的な制度案が固まっていないが、直接的所得補償が23.3％、森林交付税が20.7％と

第7-12表　中山間市町村が希望する活性化事業推進財源（または資金）措置

事　　　項	回答数	％
地方交付税	691	69.3
補助金	636	63.8
過疎債	408	40.9
農家・林家等に直接所得保証	232	23.3
森林交付税	206	20.7
その他の地方債	204	20.5
民間資金の投入	142	14.2
都市自治体の直接投資・支出	94	9.4
租　税	25	2.5
その他	7	0.7
N.A	78	7.8
回答市町村総数	997	100.0

資料：第7-1表に同じ。

いう希望分布となっている。

　新しい財源としては，中山間の持つ水源機能等の公益性に着目して，流域ごとの下流都市等から上流への財政・資金の移転の他，流域外も含めて都市から公私両部門の資金移転の流れを作り出すことが考えられる。前者の事例としては，愛知県T市の水道料金への負担上乗せ等が知られている。後者の事例としては，都市の地方公共団体が保養施設等を建設した群馬県のK村やN村，長野県H村等の事例がある。これらは，国庫を経由せずに，都市から中山間地域に向かう直接的な公共資金（財政）の移転である。

　また，都市の民間資金を中山間地域の活性化事業に上手に活用してきた事例が，新潟県S町I地区にある。この事例では，スキー場の索道業者と協議して企業収益の一部を地域に還元させたり，リゾートマンションに付帯する集会施設や運動施設を地元民が使えるようにしている。地元と誘致（進出）企業がパートナーシップを組んで地域活性化事業を持続的に拡大してきたこの事例が示唆するところは大きい。このようにすれば，中山間地域側は，公共設備投資の財源を節約し，浮いた財源を他の事業に回すことが可能となる。

（7）　財源問題の検討

　活性化事業推進のための財源については，不効率な財政運営の見直しを進め，独立採算が可能な事業はその方向に運営を改善するなどの措置が，先ず必要である。同時に，中山間市町村が希望する財政措置は，相変わらず国からの移転支出に集中しているが，国の財政事情がある中では，次のような財源捻出策も必要となる。

1）　下流と上流の連携

　中山間地域の持つ水源機能等の便益に着目して，流域内で下流都市等から上流中山間地域への財政・資金の移転を行なう。水源税のように全国1本の制度よりも，大都市を下流に持つ地域では関連性が明確な流域内の方が理解を得られやすい。しかし，財政・資金力の乏しい下流地域もあり，そのような流域では，地方交付税による補完を必要とする。

2) 都市の公共・民間部門からの投資等

都市と農村との交流・連携の発展に着目して、都市から公共・民間部門の投資および資金の移転を誘導する仕組みをつくる。形態は前述のように類型Aから類型Fまであるが、制度として推進するためには、類型E「都市・農村共同開発型」が適当である。

支援措置として地方交付税への算入や、法人課税の特別措置等の整備が考えられる。国家財政が赤字の今日、中山間地域活性化の新しい財源として都市資金の移転を誘導する方法をつくる価値がある。

3) 直接的所得補償等

中山間市町村の農林家への直接的所得補償は議論の分かれるところであるが、農村の現状から見て、少なくとも農林業が確立される時期までつなげる措置として、直接的所得補償の必要性を完全には否定し難い状況もある。例えばアンケート調査によっても、前述のように23.3％の自治体がこれを希望している。時限を切った制度の試行や「日本型デカップリング」を含めて、当該制度の多様な検討が望まれる。

（保母武彦）

注(1) 詳しくは保母武彦『内発的発展論と日本の農山村』（岩波書店、1996年）参照。
(2) 日本経済新聞、1997年10月24日付。
(3) 詳しくは保母武彦「公共事業費削減下の自治体政策の視点」（『地方財務』第523号、1997年12月）、同「公共事業依存体質からの脱皮を」（『農』第17巻第1号、1998年1月）。
(4) 清水純一「農業財政支出の構造と機能」（逸見謙三・加藤譲編『基本法農政の経済分析』明文書房、1985年）など。
(5) 保母武彦「農村と補助金」（宮本憲一編『補助金の政治経済学』1990年）など。
(6) 読売新聞、1997年8月5日付。
(7) 村瀬吉彦「平成9年度 社会資本整備と公共事業予算」（『ファイナンス』、1997年4月）。
(8) 詳しくは石原健二「農業の公共事業」（『日本財政学会第54回大会報告要旨』日本財政学会、1997年10月）参照。農業財政の本格的な分析は、石原健二『農業予算の変容——転換期農政と政府間財政関係——』（農林統計協会、1997年）参照。

(9) 中国財務局・松江財務事務所『第16回財政金融問題懇談会資料』(1997年11月18日付)。
(10) 北海道新聞,1997年7月30日付。
(11) 朝日新聞,1997年10月30日付。
(12) 北海道新聞,1997年11月1日付。
(13) 橋本隆「公共事業削減に直撃される建設業」(『論争』,1997年11月)参照。
(14) 保母武彦「公共事業費削減下の自治体政策の視点」(『地方財務』第523号,1997年12月),同「公共事業依存体質からの脱皮を」(『晨』第17巻第1号,1998年1月)参照。
(15) 五十嵐敬喜・木佐茂男・保母武彦「座談会 地方分権の動きを検証する(1)(2)」(『法学セミナー』通巻516号,通巻517号,1997年12月,1998年1月)参照。
(16) 地方分権推進委員会「中間報告」(月刊『地方自治』1986年4月号別冊付録)。
(17) 同「中間報告」。
(18) 詳しくは,保母武彦『内発的発展論と日本の農山村』(岩波書店,1996年)参照。

第8章　中山間地域の土地資源管理問題

1. はじめに——問題の所在と検討の課題——

　中山間は多様な地域資源[1]が豊富に存在する，いわば資源の宝庫ともいうべき地域である。そしてそこに居住する人たちは，それら多様な地域資源を稼得の手段ないしは生活の材料として様々な形で利活用してきた。そうした地域居住者による利活用の営みを通じて地域資源の維持管理も行われてきた。こうしてそれぞれの地域に特有な地域資源管理の仕組みが歴史的に形成され，存在してきたのである。例えば中国山地の背梁地帯では古くから経営面でも（米と和牛と木炭の農畜林複合経営），土地利用・地力再生産面でも（奥山放牧，野草・畦草の飼料給与・堆厩肥化とその水田への投与），農・畜・林が有機的に結びつく関係のもとで地域資源管理の仕組みが形成されていた（和牛飼養を結節点とする森林管理と水田管理の結合）[2]。

　かかる地域資源管理の仕組みはしかし，1950年代半ばから始まる日本経済の高度成長とそのもとで進められた貿易自由化の影響が農村に波及する中で次第に崩れていく。いわゆるエネルギー革命による木炭の衰退，木材の輸入自由化による国内の木材生産の後退，それを背景とする森林管理の後退，農業の機械化による役牛飼養の衰退，牛肉自由化による畜産，和牛飼養の後退，さらに農工間・地域間所得格差の拡大のもとでの農家のあとつぎにまで及ぶ農外への労働力流出による過疎化と地域資源管理の担い手の減少・弱体化等により，地域資源管理における農・畜・林の結びつきは断ち切られるとともに，農，林それぞれにおける資源管理も後退を余儀なくされてきた。

　このように1960年代以降徐々に進んできた地域資源管理の後退・弱体化は

1980年代後半に入って一層の深まりをみせている。その特徴は、第1に地域資源管理の担い手の弱体化・高齢化が著しく進んだこと、そしてそのことによって地域資源管理の困難が中山間の多くの地域で問題となり、資源管理問題が農地にまで及んできたことである。次節で述べるような耕作放棄の多発、荒廃農地の増加はその端的な現れである。第2に、こうした地域資源管理の後退・弱体化が国土保全や景観保全等の農林業の公益的機能の維持にも支障を及ぼしかねない状況になってきたことである。地域資源管理が農林業の公益的機能の維持との関わりで問題となるようになってきたのである。

地域資源管理に関しては、従来集落やそれを基盤とする各種組織が様々な形で関与し、地域資源管理を支える役割を果たしてきた。しかし過疎化や高齢化の深まりによる集落機能の低下とともに、そうしたいわばムラ内の資源管理が困難になっているところも増えている。それとともにそれまで内部化されていた資源管理の費用が外部化され、費用負担問題として顕在化することにもなっている。

このように集落等も含めた地域資源管理組織、地域資源管理の担い手の衰退・弱体化が進む中で、従来の地域資源管理の仕組みが機能しにくくなってきており、それに対して地域資源管理の仕組みや主体をどう再構築していくかが、地域資源管理を進めていく上で重要な課題になっている。その場合、前述のように地域資源管理が農林業の公益的機能の維持との関わりで問題となっているとすれば、地域資源管理の仕組みや主体の再構築のあり方も、地域資源管理の公共性ということを視野に入れて考えていくことが必要となろう。

本章は、地域資源の中でもとくに農業と主にかかわる土地資源の管理の問題に焦点を当て、こうした地域資源管理の仕組みや主体の再構築の問題について分析し、この面から中山間地域政策の課題の検討にアプローチしようとするものである。

耕作放棄問題の分析や市町村農業公社の農地管理の分析等中山間の地域資源管理問題の分析は既に多数にのぼる[3]。本稿もその一つということになるが、本稿ではとくに、中山間の地域資源管理の後退の流れに対して各地で試みられ

ている土地資源管理システム，土地資源管理主体の再構築の取り組みに注目して，それらの動きが包含する様々な方向性を市民参加による土地管理等も含めたより広い視点から整理するとともに，その中の一つであり，とくに市町村関係者から強い期待が寄せられている市町村農業公社の農地管理の問題を地域資源管理の公共性を視野に入れながら分析し，中山間の地域資源管理政策の課題を明らかにすることに焦点をあてることにしたい。

　それらの分析に先だって次節ではまず，1980年代後半から顕著となってきた中山間地域での土地資源管理問題の現出状況の特徴とその背景について簡単に整理しておこう。

2. 中山間地域における土地資源管理問題の現出

　耕作放棄地や不作付け地がとくに中山間地域で多発している事態が1990年センサスによって明らかにされ，中山間地域問題，中山間地域の土地資源管理問題が大きくクローズアップされるようになったことは周知の通りである。この耕作放棄地，不作付け地は，1995年センサスが示す限りでは1990〜95年には1985〜90年ほどには大きな増加はみせておらず（全国での農家の耕作放棄地1985年93千ha→90年151千ha→95年162千ha，不作付け地140千ha→160千ha→165千ha，土地もち非農家の耕作放棄地66千ha→83千ha），とくに田の耕作放棄地の増加はごく僅かで（1990年51千ha→95年55千ha），田の不作付け地の場合には1994，95年は転作緩和局面にあったこともあり，むしろ減少している（98千ha→82千ha）。

　もっとも，センサスでの耕作放棄地は，完全に非農地化して農家が耕作放棄地にもカウントしないようになればセンサスにも計上されなくなるわけだから，たとえ統計上増加していなくても実態としては増加していることがありうる[4]。そこで，この耕作放棄地，荒廃農地の動向を農林水産省「耕地及び作付面積統計」によってもう少し詳しくみておこう。第8-1表に示した農地の人為潰廃面積のうち「その他」とした部分は，注にも記したように「工場用

第 8-1 表　農地の人為潰廃面積の推移

(単位：ha)

	田の人為		畑の人為	
	潰廃面積	うち,「その他」の面積	潰廃面積	うち,「その他」の面積
1970年	39,000	6,950	61,900	24,000
75	48,800	26,400	39,700	24,400
80	20,300	4,990	24,200	10,400
81	19,900	4,460	23,500	10,300
82	17,200	4,060	21,600	9,600
83	16,200	3,780	19,200	8,300
84	14,700	3,540	19,700	9,100
85	14,900	3,990	21,100	10,600
86	16,000	4,810	22,400	11,500
87	15,000	4,200	21,800	11,700
88	14,900	3,770	25,500	14,600
89	16,900	4,110	35,500	21,800
90	18,000	4,700	28,000	14,100
91	18,700	4,530	28,000	14,100
92	20,100	4,870	27,300	13,900
93	18,700	4,810	27,000	15,200
94	17,100	4,700	30,200	18,300
95	17,300	4,670	31,900	20,400
96	18,900	5,450	28,900	18,500

資料：農林水産省「耕地及び作付面積統計」．
注．「その他」は，人為潰廃面積の内訳で，「工場用地」・「道路鉄道用地」・「宅地等」・「農林道」・「植林」・「その他」と区分されている「その他」の部分を指す．

地」，「宅地」への転用等人為潰廃の要因としてあげた要因のいずれにも属さない人為潰廃であり，耕作放棄による人為潰廃が大部分を占めていると推測される[5]。この「その他」の部分が田でも畑でも1980年代後半から増加傾向にあるが1990年代には1980年代後半をかなり上回る高い水準にあること，地目別には畑の面積がとくに多く，人為潰廃面積のなかでの「その他」のウエイトも高いこと等がここから確認できよう。そのうち特に畑については1990年代に

はいって東北や北海道，九州といった主要農業地帯でも耕作放棄が進んでいる。耕作放棄の形での農地の人為潰廃が田でも畑でも1990年代には1980年代後半よりもさらに大量に進んでいるのである。

ちなみに鳥取県が県内の山間奥地集落（いわゆる行き止まり集落）111集落について行った調査結果によれば，荒廃農地が30％以上ある集落が1990年の9集落から95年には19集落に増加する一方，荒廃農地が全くない集落が23集落から10集落に減少しており，1990年代に入って山間奥地集落では急速に農地の荒廃が進んでいることが明らかにされている[6]。

以上のようなことを踏まえて推察すれば，中山間地域での農地の荒廃，耕作放棄は1990年代に入ってさらに一層進んでいるとみなければならないであろう。

ところでこうした中山間地域での農地の荒廃，耕作放棄は地目別には畑が際だって高い割合を占めている。第8-2表は1995年の耕作放棄面積割合を地目別にみたものであるが，都府県では水田の耕作放棄面積割合は平地で1％と低く山間でも4％なのに対し，畑は山間では18％にも達している。この畑の耕作放棄面積割合は山陽，四国では際だって高く，東北でも山間では13％に達している。

こうした畑の耕作放棄面積割合の高さの背景については，水田に比較しての畑の劣等地性，個々の農家にとっての畑の規模の零細性，自給的性格と，そのこともあいまった畑作の機械化体系整備の遅れと作業受委託の未展開，総じて水田に比較しての農家での畑の位置づけの低さ，さらには畑作物の貿易自由化，輸入増大による作るべき作目の確立の困難等が指摘されよう[7]。歴史的にもとくに山間地域においては畑は草地や林地との境界が比較的流動的で，耕境変動は水田よりも激しかった。

なお，中山間の農地の地目構成については地域によって一様ではなく，中山間でも水田がほとんどを占める山陽や山陰のようなタイプに対し，中山間では比較的畑や樹園地のウエイトが高くなる東北，四国等のようなタイプがある。耕作放棄，荒廃農地問題にも水田でのそれと畑でのそれとがあり，それによっ

第8-2表 農業地域類型別地目別耕作放棄面積割合(1995年)

(単位:%)

		耕作放棄面積割合		
		田	畑	樹園地
都府県	都市的地域	2.8	9.3	5.8
	平地農業地域	1.0	6.6	5.3
	中間農業地域	3.3	13.8	7.8
	山間農業地域	3.9	18.2	5.9
東北	都市的地域	1.4	10.8	3.1
	平地農業地域	0.5	7.1	3.7
	中間農業地域	1.5	10.6	6.6
	山間農業地域	2.0	13.4	8.1
山陰	都市的地域	2.8	14.6	2.1
	平地農業地域	1.0	5.2	3.7
	中間農業地域	4.2	17.4	5.3
	山間農業地域	3.5	18.5	5.3
山陽	都市的地域	4.8	25.4	16.2
	平地農業地域	1.8	22.4	13.0
	中間農業地域	4.5	27.0	12.5
	山間農業地域	3.8	19.0	4.5
四国	都市的地域	2.2	15.7	9.4
	平地農業地域	1.4	17.8	12.2
	中間農業地域	4.6	21.9	8.1
	山間農業地域	5.5	24.3	4.6

資料:1995年農業センサス.

て問題の様相や対策のあり方もかなり異なってくる。山陽や山陰では中山間の農地のほとんどを占めている水田で耕作放棄が大きな問題になっており,後述する公社等による農地の保全管理の取り組みも総じて水田に集中しているのが特徴である(水田のウエイトの大きさと重要性)。

以上のような1980年代後半からの耕作放棄の多発,荒廃農地の増加に示される土地資源管理問題現出の背景,特徴についてあらためて述べておけば,まず第1に貿易自由化・市場開放とそれに対応した価格政策の展開によってそれ

第8章　中山間地域の土地資源管理問題　257

が一層促進されたことがあげられる。米価算定の対象を将来的には5ha以上,当面1.5ha以上とした1988年「生産者米価算定方式に関する米価審議会小委員会報告」,そしてそうした政策のもとでの山陽等いわば中山間を代表するような地域の稲作のマイナス地代化等については既にしばしば指摘されている通りである[8]。米価政策面からの中山間地域劣等水田の駆逐,耕境外化である。

　第2に,既に前節でも述べたがこの時期には農林業の担い手不足,弱体化がとくに中山間地域で著しくなり,それが農林地管理の粗放化,荒廃農地の増加をもたらしていることである。地域資源管理ということでは集落その他,いわば従来からの地域資源管理組織の弱体化,機能低下が進んでおり,そのこともまた地域資源管理の後退をもたらす要因となっている。こうした土地管理主体の弱体化,そしてそれによって従来からそれぞれの地域,地目等の事情に応じて形成され,維持されてきた土地資源管理の仕組みが崩れてきているところに,現在の土地資源管理問題の一つの特徴をみることができる。

3. 土地管理システム・土地管理主体再構築の模索

　中山間地域ではこうした事態の進行をただ手をこまねいて見ているわけではない。土地管理の後退,荒廃農地の発生を食い止めるための様々な模索,取り組みが全国各地で行われている。それらを,土地管理システム・土地管理主体の再構築という面に焦点をあてて整理すればおよそ次のような方向の取り組みとしてとらえることができよう[9]。

① 揺らぎはじめている農地継承システムの再構築

　あとつぎ不在による経営継承困難の問題は必ずしも中山間地域に限られないが,中山間ではそれがより強く現れ,またそのことが農地の受け手の減少,不在をもたらし,耕作放棄,農地の荒廃をもたらすという形で農地管理の問題につながってきている。あとつぎ不在問題に由来する農地管理問題の発生である。

　かかる問題への対応,とくに農地継承システムの再構築の方向としては農業生産法人化等いくつかの方向が考えられるが,とくにここでは農地保有合理化

法人が中間に介在し，その中間保有，再配分機能を活用する形での新規就農者等への農地継承に注目しておきたい。あとつぎ不在等で貸し付け・売却を希望する農家から第3者機関（農地保有合理化法人等）が取得し，中間保有しながら新規就農希望者があらわれるのをまってそれに引き継いでいくという方式である。北海道農業開発公社が実施しているリース農場制度がその代表例であるが[10]，かかる方式は従来個別経営，直系家族の中で行われてきた経営継承，農地継承の仕組みに対して，第3者機関が中間に介在する形で一定の改編を加える一つのあり方を示すものといえよう。

② 集落営農等地域・集落を基盤とする土地資源管理の仕組みの再構築

集落やそれを基盤とする各種組織の地域資源管理への関与，いわゆるムラ内の資源管理が困難になってきたことについては前述したが，こうした状況に対して集落営農等の形で地域・集落を基盤とする土地資源管理の仕組みを再構築しようとする取り組みが生まれている。集落営農については，これまで府県レベルの施策で提起されることが多く，とくに基盤整備後の営農の方向として取り組まれている。もっとも，その意味内容は多様で，様々な内容，方向が集落営農として表現されることが多い。ではあるが，それを地域・集落の土地資源管理という面から捉えれば，集落ぐるみの生産組織ないしは少数の農家による受託組織，さらに場合によっては特定の個別経営が受け手となるということもあるが，兼業深化等で農地管理を個別的に進めることが困難な農家が多数となる中で，地域・集落を基盤として関係農家の合意形成のもとで機械の共同利用や農地・農作業の受託の体制を整備し，そのことによって荒廃農地の発生を防ぎ地域・集落内での土地の有効利用とコスト低下，土地資源管理の強化を図っていこうとする点ではほぼ共通している。兼業が深まり担い手が弱体化した中での地域・集落を基盤とする土地資源管理の仕組みの再構築の試みとしてこれを捉えることができよう。

③ 第3セクター設立等による土地管理主体の再構築

担い手不在化・弱体化のために農地・農作業の受け手が確保出来ず，耕作放棄，荒廃農地が発生しているような地域で第3セクター（市町村公社）の形態

で作業受託等の農地管理を行う組織を設立する動きが広まっている。個別経営ないしはそれらの集団にかわる新たな土地管理主体の形成としてこれを捉えることが出来よう。

これは当初作業受託，それによる個別農家の農地管理の支援というところに限定されていたが，1992年の農地法施行令改正および構造改善局長通達によって市町村公社が農地保有合理化法人となって農地保有合理化事業で中間保有する農地の管理耕作にまで踏み込むことができるようになった。そのことによって市町村公社の設立，公社による農地管理という動きが1992年以降促進された。こうした第3セクター設立による土地管理という方向は，担い手不在に悩む地域での土地資源管理問題への対策として多くの市町村によって選択される方向となっている。

④ 限界的農地の公的な管理の方向の模索

以上にみた担い手のいない農地の第3セクター，農地保有合理化法人による管理という方向をさらに押し進めたところで提起されてくるのが限界的農地の公的な所有，管理という方向である。これはその性格上まだ構想ないしは政策要求の段階にとどまっているが，例えば40道府県が加盟し中山間地域政策のあり方についての検討，提言を行っている国土保全奨励制度全国研究協議会からは，「経済則による農地活用にとり残される周辺部の農地など，将来の利活用が見込めない農地については，公益的機能の維持・増進という観点から，市町村の所有により中長期的な活用策を講じていく必要がある」として農地の公有化の法認要求が出されている（国土保全奨励制度全国研究協議会『平成8年度政策研究会報告書』1997年3月）。

⑤ 農地の市民的利用

都市住民の農業への関心の高まり，都市住民と農村住民との様々な交流の中で生まれてきている市民農園や体験農園等のいわば農地の市民的利用は，必ずしも荒廃農地を主たる対象としているわけではないが，広くは中山間地域もその対象に含んで行われる農地の利用管理の一形態として位置づけることが出来よう。

市民農園は都市周辺の地域に主に分布しているが，近年は必ずしもそこに限定されずかなり広く設置されるようになっている。また体験農園は管理は主として農園の所有者・経営者が行っているわけであるが，利用，農作業の行為に一般市民の参加者も関与する（それが目的となる）という点では，広くは農地の市民的利用の中に含めて考えることが出来よう。

⑥ 市民参加による土地管理の仕組みの模索

都市住民との交流の中で生まれてきている土地管理にかかわる動きで，もう一つ注目しておきたいのは，地域資源の保全・管理への住民参加，市民参加の動きである。その代表例は市民・住民参加での棚田保全の取り組みである。

これは高齢化等で農業者だけでは維持が困難になった，歴史的文化遺産でもある棚田を都市との交流，都市住民の参加・協力で保全していこうとする取り組みである。高知県檮原町や，長野県更埴市，三重県紀和町，石川県輪島市での棚田のオーナー制度の活用やボランティアによる棚田の復旧・耕作等，こうした市民参加，都市との交流で棚田の保全を図ろうとする取り組みは各地に広がっており，棚田を有する全国の市町村を糾合して全国棚田連絡協議会も結成され（1995年9月），毎年全国棚田サミットが開催されるようになっている[11]。

同様に畜産農家の減少や野焼きの担い手の高齢化等で牧野の管理が次第に困難になってきている阿蘇・久住高原でも，ボランティアの都市住民の野焼きへの参加（大分県久住町），基金を造成して都市・農村交流による草原を守る活動の支援（㈶阿蘇グリーンストック），「環境保全事業」という位置づけでの野焼きに対する自治体の支援（熊本県白水町）等貴重な地域資源であり観光資源でもある草原の保全活動への市民参加，自治体の支援の動きが生まれており，さらにここでも草原サミットの動きが生まれている。

以上のように土地管理システム，土地管理主体再構築の試みはかなり多様な方向と内容をもって行われているが，土地管理の後退，荒廃農地の発生に対して依然有効な歯止めをかけるところにまで至っていないのが実態である。そうした中で荒廃農地の発生防止対策として多くの市町村から期待をかけられてい

るのが③の市町村農業公社による農地管理の方向である。市町村公社が担い手不足・不在のもとで農地管理の課題にどう取り組み，どのような問題にぶつかっているか，それが果たして担い手不在の中での荒廃農地対策の切り札となりうるのか等について節をあらためてみてみることにしよう。

4. 新たな土地管理主体としての市町村農業公社

　市町村公社が土地管理に実質的に関与する動きは，早いものでは1970年代にもあったが，担い手の不在・弱体化をカバーする新たな土地管理主体という位置づけで市町村農業公社設立の動きが中山間地域を中心に全国的に広がるのは1990年前後からのことである。その背景としては何よりもまず，繰り返し述べてきたように1980年代末頃から担い手の不在・弱体化による資源管理の後退，農地の荒廃問題がますます深刻化し，市町村当局や関係機関としても何等かの対策を講じる必要にせまられるようになったことがあげられるであろう。加えて1990年代に入って森林や農用地の保全事業を実施する第3セクターを認め，その支援措置を定めた山振法改正（1991年）や，農地保有合理化法人に市町村公社を加え，その農地保有合理化法人による保有農地の管理耕作を認めた農地法施行令改正や構造改善局長通達（1992年）等の制度的措置が講じられ，市町村農業公社による地域資源管理，農地管理への関与に制度的な途が開かれたこともそれを促進することになった。

　市町村段階で設立されている第3セクターは目的・機能からみれば農林業生産支援型，農山村総合振興型，加工販売・観光型等そのタイプは多様で，広範囲に及んでいる[12]。その中で農地管理，地域資源管理に関与している市町村公社についてみれば，1996年の農林水産省の調査によれば中山間地域で農作業の受託，農地保有合理化事業，畜産関係の事業をやっている市町村公社は110で（1996年6月現在），そのうち農作業の受託を行っているのが75，農地保有合理化事業を実施しているのが41となっている[13]。設立時期は1988年以前が26であるのに対し，1989～93年が35，1994年以降が49で，1990年前

後以降の設立のものが大部分を占めている。この他にもこれから設立を計画している市町村も少なからずみられ，市町村農業公社設立の動きは今後もなお広まるものと思われる。

これらの市町村農業公社，とくに1992年以降設立の公社は農地保有合理化法人の資格を有するものが多くなっている。農作業受託のレベルだけでなく，農地保有合理化事業での中間保有農地の耕作にまで踏み込んで農地管理を行える体制を整えた市町村農業公社の増加である。このように農地管理のための市町村農業公社設立が1990年代，とくに1991年，92年の制度改正以降目立って増えており，一種のブーム的状況を呈している。そこには安易に市町村公社設立に流れすぎる嫌いがないでもないが，担い手の不在・弱体化の中で農地の荒廃・耕作放棄問題に対して市町村当局としても打つべき有効な手が他に見つからないという状況の反映でもある。

こうした農地管理のための市町村農業公社の急増に対して，研究面でもそれに注目した分析，事例調査も多くなっており，各地の市町村公社の実態が報告されている。以下では，それらの分析，報告を参考にしつつ中山間地域での市町村農業公社の取り組み状況や土地資源管理において果たしている役割，問題点について簡単に整理しておきたい。

1）市町村農業公社の農地管理への関与の仕方としては，作業受託による農地管理と農地保有合理化法人としての農地保有合理化事業（貸借の仲介），さらにその一環であるが貸借の仲介から一歩踏み込んだ中間保有農地の管理耕作とが考えられるが，現状では大部分が農作業受託のレベルに留まっている。近年は農地保有合理化事業を実施する資格を有する市町村農業公社が多くなっていることは前述したが，資格を有する公社が全て農地保有合理化事業を実施している訳ではない。長濱が分析しているように市町村農業公社は，東日本では主に平地農業地域や都市的地域で設立されているのに対し西日本では専ら中山間，とくに山間農業地域で多く設立されている。そこで実施されている事業についてみると，東日本では農地保有合理化事業がかなり実施されているが西日本ではごく僅かで，作業受託事業がほとんどを占めているの実情である（第8

-3表)[14]。

　作業受託の形でも公社の農地管理の役割遂行はそれなりに可能で，それはそれとして重要である。しかしそれは出し手の方になお水管理や肥培管理等の管理作業を行える労働力がいくらかでも存在する場合で，出し手の方にそれすらいなくなれば農地の貸借＝管理耕作に移行せざるを得ない。とはいえ，引き渡すべき受け手の確保の見通しなしに農地を引き受ければ公社自体によるある程度長期の中間保有＝管理耕作が必要になる。それが無理であれば，公社としても受け手の確保の見通しが立たない農地の引き受けは困難ということになる。西日本の市町村農業公社の大部分が農地保有合理化法人の資格を有しながらも作業受託での農地管理にとどまっているのはそうした事情による。

　実態調査でみる限りでは西日本の市町村農業公社でも中間保有＝管理耕作に踏み出すところも出てきている[15]。受け手の確保の見通しが困難な中で―それ故に期待されている―市町村農業公社によるある程度長期の中間保有＝管理耕作が果たしてどこまで可能なのかがそこでの大きな論点である。

第8-3表　市町村農業公社の地域別設立状況と事業実績

	東日本	西日本	全国計
農業地域別立地数			
都市的地域	5	2	7
平地農業地域	17	4	21
中間農業地域	9	11	20
山間農業地域	4	14	18
計	35	31	66
事業実績（1995年）			
合理化事業 (ha)	518	90	608
	(85.3)	(14.7)	(100)
作業受託事業 (ha)	706	2,039	2,745
	(25.7)	(74.3)	(100)

注．全国農地保有合理化協会『市町村公社の概要』および長濱健一郎「農業公社による農地保全・管理の論理」の表3-1，表3-2による．

こうした問題をかかえているが，市町村農業公社は当面は作業受託を中心にしながら農地管理で重要な役割を担っている。第8-3表に示した1995年実績は耕作放棄や不作付の発生状況を考えれば決して充分なものとはいえないが，東日本での35公社による合理化事業と作業受託の合計1,224 haに対し西日本のそれが31公社で2,129 haという数字は，担い手が不在・弱体化した西日本でより強く公社による農地管理が要請され，またそれにそれなりに応えようとしている状況の一端を示しているものと読むことも出来よう。公社はその後も増加し，取り組みも強化されていることを考えれば，1996年以降の実績はさらに増加しているものと推測される。農地管理での市町村農業公社の役割は今後一層大きくなるといえよう。

2) 農地管理における市町村農業公社の役割は，以上のような公社自体による直接の農地管理の他に，公社による担い手の育成や集落営農の組織化等を進め，それらとの連携・協力を図りながら農地管理を進めるという面での役割もある。公社の担い手育成＝インキュベート機能，集落営農等のオルガナイズ機能，農地管理の体制整備に向けた関係諸機関のコーディネート機能等で，現実にも少なくない公社でそうした面での取り組みが進められている[16]。

農地管理の担い手育成のあり様，方向は多様で，例えば，a)既就農者の規模拡大，経営自立の支援（農地保有合理化法人としての仲介機能を活用しての農地集積支援等），b) Iターン，Uターンを含む新規就農者の就農＝経営自立支援（とくに新規就農希望者の公社職員としての雇用，そしてそれを足場に独立した経営を築いていくことへの支援—農地の仲介機能と研修・教育機能），c)集落営農組合等の農地管理を担う組織の育成，等があり，さらに農地の集積，確保の面からは既存の農地の引き受け＝集積だけでなく，国営開パ等の開発農地の利用等のケースもある（島根県横田町，新潟県津南町等）。

公社がこうして首尾よく担い手を育成出来たとしてもこれらの担い手に農地管理の全てを委ねるわけにはいかず，これら担い手と公社が連携・協力して農地管理を担うことが必要である。その分担の仕方は基盤整備が終了した条件の良い農地は担い手に，未整備で条件の良くない農地は公社というのが通例だが，

受け手がみつからない農地の管理こそが公社の役割であれば、それは当然である。そしてそれは他の担い手の場合でも同様である。なお，新潟県清里村のように育成した担い手と公社のそれぞれが平場の条件の良い農地と山間の条件の良くない農地の双方を分担しあっている事例もみられるが[17]，それは公社の経営の収益性も考慮した一つの対応のあり方を示すものであろう。

集落営農組合と公社が農地管理を分担しあっているタイプとしては島根県頓原町の事例があげられるが，そこでは大規模な担い手は生まれないが兼業化しつつも比較的若い層がいることが圃場整備等を契機としながら集落営農組合を組織する基盤となっており，それによって公社は主に集落営農組織が結成されない集落の農地・作業の受託に力を注ぐことが可能になっている[18]。

これらの取り組みの事例からうかがわれることは，農地管理を効果的に進めていくためには農地管理を担う集落営農組織や担い手経営との連携・分担協力が必要であり，市町村農業公社がそれらの組織化等の取り組みをコーディネートする役割を担うことも重要だということであろう。そうすることでまた農地管理での公社の負担をいくらかなりとも軽減することが可能となる。

3) 受け手の確保が困難な地域の農地管理を基本的な役割とする市町村農業公社は，その性格上前述のように未整備農地等の条件の良くない農地も引き受けざるを得ないこともあってその収益性は良好ではなく，経営面ではどうしても赤字に陥り易い。現実にも市町村農業公社のほとんどが，とくに農地管理の部門では大なり小なり赤字を抱えている状況にある。市町村は公社の立ち上げにあたり職員の出向等の形で人件費を負担したり農業機械や施設の装備費を負担することも多いが，その上でもなお赤字というところも少なくない。この赤字をどう扱うかが市町村として大きな問題となっている。

もっともそうした赤字には公社の運営の不備や安易さ，経営努力の不足等に起因する部分も少なくないと考えられる。しかし，たとえそれをきちんとやったとしても条件の良くない農地を多く抱えざるを得ないという事業の性格上農地管理はどうしても赤字に陥り易い構造にある。

市町村農業公社としてはこの赤字を抑制・縮小するために様々な努力――一方

での土地管理部門での合理化努力と，他方での他の事業分野における収益部門の確立等一も試みられている。しかし農地管理の合理化といっても条件の良くない農地を引き受けず条件の良い農地だけを引き受けるということになれば公社設立の本来の目的からはずれることになる。収益部門の確立自体もそう容易なことではないし，またそれによって土地管理部門をおろそかにするわけにもいかない。そうしたことを考えれば公社の経営努力にも自ずと一定の限界があるとみなければならない。

　以上のことを踏まえ，さらに農地管理の上で市町村農業公社が重要な役割を果たしており，担い手がいないところでは今後も公社による農地管理を進めていかざるを得ないとするならば，市町村として維持保全すべき農地の明確化と公社の最大限の経営努力を前提としつつ，その上でなお生じる市町村農業公社の農地管理部門での赤字に対しては公的な財政負担による支援が必要であると考えざるを得ない。そこでは市町村農業公社の赤字の性格をどう捉えるか，地域資源管理，土地管理に果たしている公社の役割をどう考えるかが問われることになる。そしてそれは結局農地保全の必要性，地域資源管理，土地管理の公共的性格についてどう考えるかの問題になってこざるを得ない。

5．結　び

　前節では担い手が弱体化した中山間地域で農地保全を図っていく上で一定の限界はあるが市町村農業公社が重要な役割を果たしていること，しかし公社は農地管理という事業の性格上赤字経営のところがほとんどで，公的な財政による支援が必要になっていること等をみてきた。市町村農業公社に対するこうした公的な財政支援の是非は結局土地資源管理の公共的性格との関連で市町村農業公社の役割をどう考えるかの問題につながってくる。そこで最後にこうした中山間地域での農地保全の意義，土地資源管理の公共的性格についてふれて本稿の結びとしたい。

　中山間地域の農地の保全，それに市町村農業公社が関与することの意味，お

よびそれらとかかわる土地資源管理の公共性の問題についてはいくつかのレベルで考えることが必要であろう。土地というものはもともと連坦的性格が強く，それが一定の地域的・面的なまとまりをもって利用に供されるときにその機能が効果的に発揮される。農地は一筆一筆が適切に管理されることで農地としての面的なまとまり，保全が可能となる。農地を面的に保全し農地としての利用性能を良好に維持する上で一筆一筆の農地の適切な管理，虫食い的な農地の荒廃化の抑止がとくに重要となるのである。

　農地はまた地域・集落に居住する人たちにとってかれらの生活と分かちがたく結びついており，集落空間における農地は，地域・集落に居住する人たちの生活空間の一部を構成することになる。そしてそこでは，農地が面的に適切に維持管理されることを通して生活空間が良好に維持される[19]。

　これらの点に着目するならば，農地の面的な保全は地域における一種の社会的・共同的な課題という性格を有し，この面から農地管理，土地資源管理に地域社会レベルでの公共的性格を認めることができよう。

　一筆一筆の農地の利用管理は本来個々の農地所有者（自作農）に課せられた社会的責務である[20]。しかし実態として農地管理を自ら遂行する力を喪失ないし弱体化させた農地所有者が発生，増加し，しかもその農地の管理が面的な農地の保全管理にとって必要であれば，市町村農業公社がそうした農地所有者を支援ないし代位して農地管理に関与することは重要な意味を持つことになろう。市町村が公社の農地管理に対してその財政から一定の負担をする根拠の一つはそこに見いだされよう。

　勿論農地保全の意味はこうした地域のレベルでのそれだけにとどまるわけではない。農林業の社会的役割としては食料供給という本来の機能と，そのいわば外部経済効果としての国土・環境保全等の公益的機能が指摘されているが，農地保全の意義，土地資源管理の社会的意味もより広くは，そして基本的にはこうした農林業の社会的役割との関連で（食料供給機能と国土・環境保全等の公益的機能の両面において）とらえることが必要である。これらのことについては既に多くの議論があるのでここでそれを繰り返すことは避けたいが，以下

の点は指摘しておきたい。

　一つは，食料供給機能での中山間地域，とくに条件が不利な地域の農地保全の必要性如何（潜在的農地の確保も含めて）は基本的に一国の食料政策をどうするかということにかかっているということである。中山間地域は全体でみると農業生産で3分の1強のシェアを占め，食料供給において重要な機能を担っている。もっとも，「過剰と不足」の並存，食料供給の多くを国外に委ねる傾向がますます強まる中で中山間地域の中でもより条件が不利な地域の農地の食料供給の役割が低下せざるを得なくなっているのも事実である。しかし国内の食料供給が将来的により大きな部分を確保していかなければならないとすれば，こうした条件が不利な地域の農地も食料供給でさらに大きな役割を担わなければならない。要は，長期的な世界の食料需給をどう見通し，その上で国内の食料生産の役割をどう位置づけ，安定的な食料供給をいかに果たしていくか，食料政策の基本的なスタンスの如何がそこで問われているのである。

　二つには，中山間地域の農林業にかかわっては，公益的機能の側面を重視することがとくに重要であることである。農林業のもつ公益的機能（土壌侵食・土砂崩壊防止機能，水涵養機能，水質浄化機能，大気浄化機能，景観形成機能，生物・生態系保全機能等の諸機能―ここではこれらを国土・環境保全機能と一括）については，近年様々な調査研究，計測が試みられ，多くの国民がそれら機能を評価し，その維持のために一定の経済的な負担意思を有していることも明らかにされてきている[21]。それらは中山間地域に固有のものではないが，中山間地域が河川の上中流域に属し傾斜地を多く抱え林野割合も高い等の特質を考慮すれば中山間地域でより強く発現すると考えられよう。

　三つには，こうした食料供給機能や国土・環境保全機能はさきに述べたような個々の地域のレベルでの農地の面的な保全の中でより良く発揮されるということである。一口に中山間地域といっても地域的に多様であり，食料供給機能や国土・環境保全機能の担い方，その軽重も一様ではない。食料供給機能，国土・環境保全機能の存在の一般的指摘が特定の農地の存在理由を示すものとは必ずしもいえない。それについては，例えば食料供給機能で大きな重要性を

もつところ，食料供給機能の重要性は別としても国土・環境保全機能で重要性が大きいところ等，別途の検討が必要であるが，いずれにしてもそれらの機能は農地の面的な保全，一定の地域的，面的なまとまりの中で発揮されるものであることに留意することが必要であろう。そして市町村農業公社の農地管理に対する公的な財政による支援の必要性と根拠もこうしたところに見いだすことができよう。

(田畑　保)

注(1) 地域資源の考え方についてはさしあたり永田恵十郎『地域資源の国民的利用』(農山漁村文化協会，1988年)参照。
　(2) 以上の点について詳しくは安達生恒編著『農林業生産力論』(御茶の水書房，1979年)，鈴木敏正「和牛生産の展開と農畜林複合経営の課題——中国山地背梁地帯——」(桐野昭二・渡辺基編著『商業的農業と農法問題』日本経済評論社，1985年) 303～326ページ等参照。
　(3) 例えばごく最近のものでも，1995年センサス分析による耕作放棄等の分析としては橋詰登「中山間地域における農業構造の変化とその地域的特徴——担い手と土地利用の動向を中心に——」(『農業総合研究』第52巻第2号，1998年4月) 37～72ページ，実態調査に基づく中山間地域の農地問題の分析としては安藤光義『中山間地域農業の担い手と農地問題』(『日本の農業』第201号，農政調査委員会，1997年)，市町村農業公社の農地管理に関する分析としては長濱健一郎「農業公社による農地保全・管理の論理——中山間地域を中心に——」(農業の基本問題に関する調査研究報告書23『地域農業の現段階と農用地の利用・管理』農政調査委員会，1997年) 79～108ページ，柏雅之「新食糧法下における中山間地域農業・資源管理の担い手再建問題」(『農業経済研究』第69巻第2号，1997年9月) 103～117ページ等があげられる。
　(4) この点について詳しくは田畑保「1990年代の農業構造——主に農地貸借，作業受委託の動向の面から——」(『農業総合研究』第51巻第4号，1997年10月) 107～157ページ参照。
　(5) 農林水産省「耕地及び作付面積統計」では1995年から「その他」の中の内訳として「耕作放棄」を示すようになっているが，それによれば全国で「耕作放棄」の面積は「その他」の面積のうちの94％を占めている (1996年)。
　(6) 長濱健一郎「自治体による中山間地域対策の現状——鳥取県の取り組みを中心にして——」(農政の展開が中山間地帯の農業に与える影響についての調査研究報告書8『地方自治体における中山間施策の現状と課題』農政調査委員会，1997年)

68～90ページ参照。
(7) 田畑前掲「1990年代の農業構造」参照。
(8) 例えば、小田切徳美『日本農業の中山間地帯問題』農林統計協会、1995年、中安定子「稲作の生産構造と生産調整」(梶井功編著『農業問題その外延と内包』農山漁村文化協会、1997年) 137～150ページ、田代洋一「中山間地域政策の検証と課題」(本書第6章) 等。
(9) この部分については田畑保「中山間地域における土地利用秩序・土地管理主体の再構成と土地管理制度――問題枠組みの整理メモ――」(「中山間」研究資料第3号『中山間地域における地域資源管理の現状と制度的課題』農業総合研究所、1997年) 79～88ページ参照。
(10) 詳しくは田畑保「新規参入の動向と新規参入対策――北海道浜中町の事例を中心に――」(『農総研季報』21号、1994年3月) 74～95ページ参照。
(11) 以上の点について詳しくは合田素行「棚田によるアメニティ」(『農総研季報』37号、1998年) 43～59ページ参照。
(12) 市町村段階で設立されている農業・農村関連の第3セクターの類型や動向については小田切徳美「公社・第3セクターと自治体農政」(小池恒男編著『日本農業の展開と自治体農政の役割』家の光協会、1998年) 185～227ページ、守友裕一「地域発展戦略と第3セクター」(『日本の農業』第186号、農政調査委員会、1993年)、尾島一史・坂本英美・上原守一「九州中山間地域における農林業振興主体の課題と方向」(『1995年度日本農業経済学会報告要旨集』1995年) 2ページ等参照。
(13) 古江睦明「中山間地域における土地管理と制度をめぐる問題」(「中山間」研究資料第3号『中山間地域における地域資源管理の現状と制度的課題』農業総合研究所、1997年) 1～33ページ参照。
(14) 第8-3表で(農地保有)合理化事業として掲げられている部分に管理耕作にまで踏み込んでいるものがどの程度含まれているかは不明である。後述のように西日本では公社による管理耕作の事例もある程度みられるので、第8-3表の合理化事業にもそうしたものが含まれていると考えられるが、東日本ではほとんどが普通の合理化事業であると推測される。
(15) 例えば村松・江川・田畑・橋詰・福島「中山間地域における地域資源管理組織の現状と課題(1)――島根県飯石郡頓原町調査結果――」(『農総研季報』38号、1998年6月、19～66ページ)、江川・橋詰・両角・香月・福島「中山間地域における地域資源管理組織の現状と課題(2)――大分県国東郡国見町調査結果――」(『農総研季報』39号、1998年9月、19～66ページ) 等参照。
(16) 担い手のインキュベート機能およびその取り組み事例については、小田切前掲『日本農業の中山間地帯問題』、柏雅之「中山間地域農業の地域性と再編課題」(『農業経営研究』第33巻第4号)、仁平恒夫「傾斜地中山間における農業の展開と市町村

農業公社の役割」(『「中山間活性化」研究資料』北陸農業試験場地域計画研究室, 1996年) 等参照。また市町村農業公社と集落営農については長濱前掲「農業公社による農地保全・管理の論理」, 村松他前掲「中山間地域における地域資源管理問題の現状と課題(1)」等参照。

(17) 仁平前掲「傾斜地中山間における農業の展開と市町村農業公社の役割」参照。

(18) 村松他前掲「中山間地域における地域資源管理問題の現状と課題(1)」, 竹山孝治「市町村農業公社における農作業受託事業の運営実態と展開方向 (『島根県農業試験場研究報告』第31号, 1997年) 参照。

(19) この点については, 桂明宏氏 (大阪府立大) のご教示 (「地域財, ネットワーク財としての農地」という視点) に負うところが大きい。

(20) 田代洋一『農地政策と地域』(日本経済評論社, 1993年) 第8章参照。

(21) 吉田謙太郎・木下順子・合田素行「ＣＶＭによる全国農林地の公益的機能評価」(『農業総合研究』第51巻第1号, 1997年) 1～57ページ等参照。

補論　中山間地域土地改良区と水資源管理

1. は じ め に

　中山間地域問題に伴う大きな問題の一つとして，地域資源の維持・管理問題をここでは考えてみたい。中山間地域の問題は，経済的，社会的に疲弊する地域の問題であるが，そこに豊かな地域資源が賦存していることから，その維持・管理をどのようにすればよいか，という問題を派生させている。かつては維持・管理に格別の問題はなかった地域資源が，農業活動の停滞，地域社会の構造変動といった状況の変化により適切に維持・管理[1]されなくなってきた，というのが問題の構図である。ここではそうした地域資源のうち農業用水として用いられてきた水を対象とする。

　農業用水が地域資源であるのは，地域にとって価値のある機能をそれが有しているからであるが，とりあえず考えられる価値をあげておこう。
　　a.農業用水として地域の農業生産を支えていること（生産機能）
　　b.幹線水路から末端水路までの水利施設が地域の固有の景観を創りだしていること（景観機能）
　　c.水路および水路を流れる水が，地域社会の生活に関わりを持っていること（生活機能）
　　d.水は多様な利用の仕方を可能性として持っていること（将来機能）
などである。

　地域資源の管理は地域社会に住む人々が当然果たすべき仕事であり，あえて必要性を主張するまでもないが，それをどのように行うかは，その地域や時代の条件により，管理のための負担も様々でありうる。水について言えば，昭

40年代までの中山間地域では、農業が相応に行われ、地域資源を管理するという意識を持たずとも、水路には水が流れ、水が汚染されたり不必要な使用もなされないよう、管理されていた。a〜dの機能は十分に発揮されていたということができよう。農家や地域の人々の管理のための負担は、農業活動の中に解消され、負担感はそれほどなかったと思われる。

　そうした農業活動や農村生活を支えていたのが集落を中心とした様々な農村組織である。この数十年はそれらの農村組織をも大きく変えた。機能を低下させてきたと言ってよい。それに伴って地域資源の維持管理にも問題が生じ、それがまた組織の活動を妨げる、という悪循環を生じさせているのが、一般的な問題状況である。

　我が国農村社会には多様な組織が存在しているが、集落という組織を別にすると主要な組織は農協と土地改良区である。農協は1947年の農業協同組合法に基づき、また土地改良区は1949年の土地改良法に基づいてつくられた。両法はその後多様な改正を経たが、その後50年に及ぶ農業・農村を取り巻く環境の激変が背景となって、そこから生み出された両組織は大きな困難に直面している。両組織に代表される農村組織は今後大きく変化せざるを得ないし、その変化の方向が我が国農村の今後のありかたを占うことになると思われるが、地域資源の管理もこれら組織の動向に深く関わっている。

　この二つの組織のうち、地域資源としての水に関わってきたのが土地改良区である。この補論ではその土地改良区をとりあげて、今後の中山間地域資源、ことに水の維持・管理の問題について考えてみたい。

　断るまでもなく土地改良区(以下「改良区」と呼ぶ。)は、地域資源の有する機能・価値という点から見れば、先にあげた「a．生産機能」を担ってきた。しかしそもそも土地改良事業は農業生産力の向上を目的として、地域資源としての水の「開発」を行うという側面を有していた。したがって事業が行われているところでは、改良区の役割は地域資源の維持・管理である以上に、「開発」事業を行うという性格が強い場合が多い。ところがその場合であっても、常にその後の維持・管理という作業は必要であり、以下ではそこに焦点を合わせて、

改良区の運営を検討したい。したがって改良区の「開発」側面については触れない。それは別により大きな枠組みで検討する必要があるだろう。ここでは簡単のために，議論の対象とする中山間地域においては，少なくとも現在の時点では，「開発」は中心的な課題でないと想定して論を進めて行きたい。

　改良区が「生産機能」の維持に寄与しているとはいえ，土地改良法制定以前から存在していた用水組合など農業用水をめぐる農村地域の地域組織的なつながりが，改良区の活動を支えてきたという事実も指摘しておかなければならない。そうした組織の存在によってはじめてb～dの諸機能の維持・管理もなされてきたと言うべきであろう[2]。改良区の地域組織的な性格があってはじめて地域資源の管理が可能になったのである。

　その意味で今後の地域資源としての水の管理を考える場合にも改良区のみをとりあげるのは必ずしも十分ではない。むしろ農村の地域社会全体の構造の変化と地域資源との関係を考えるべきであるが，本稿では，改良区の運営から，地域の水資源の維持・管理問題を検討するにとどめる。

　本稿の問題意識あるいは作業仮説は，中山間地域において，地域資源の管理の一端を改良区が担う可能性があるのではないか，という点にある。改良区が土地改良法によって設立される組織である以上，その可能性には大きな制約があることは言うまでもないが，以下に見るように農業用水の維持・管理を事実上行っている改良区をそうした観点から検討しておくことは，とくに「出口」を求めている中山間地域においてはとくに必要だと思われる。

　以下まず第2節では，改良区の抱える問題を概観し，とくに中山間地域における特徴的な課題は何かを考える。そして次に，事例調査からそうした課題に対してどのような対処がなされ，またなされていないかを明らかにして，中山間地域改良区の再編の方向を検討するとともに，地域資源としての水の維持・管理に改良区がどの程度寄与しうるかを考えてみたい。

2. 中山間地域土地改良区の概況

(1) 土地改良区の現状と課題

まず改良区全般の状況について概観しておこう。

1994年に行われた全国土地改良事業団体連合会の実態調査[3]（以下「実態調査」と呼ぶ）が，ほとんど唯一の包括的な資料である。これによると把握された改良区は全国で7,927地区，これらの改良区は現在多くの問題を抱えており，実態調査によると問題は次のようになる[4]。

　　　①賦課金の徴収の困難
　　　②賦課金引き上げの困難
　　　③諸費用の増加
　　　④末端水路の管理の粗放化
　　　⑤水質の悪化
　　　⑥集落周辺での生活環境の悪化
　　　⑦職員確保の困難
　　　⑧業務執行体制の弱体化

これらについてはその原因を，農業所得の減少，水田転作，農村地域の都市化・混住化等，また水利施設の非農業的利用の増加等に求めているが，これに対して改良区では，事務の合理化，施設の機械化・大型化による省力化等により対処していると考えられる。合併は全国でその推進が図られているが，余り進んでいないのが実状である。ここで指摘された諸問題は，そうした問題が生じた原因等を考慮すると今後ますます大きくなると想定してよいだろう。

改良区全体が上記のような一般的な問題を抱えていることは理解できるが，すでに述べたようにそれらは端的に言えば，改良区の問題であると同時に，農業が地域社会においてその相対的位置を低下させたことに起因する基本的な問題でもある。農業の後退局面の中では運営上のあらゆる面で問題が噴出しているのであり[5]，それにどのように対応しようとしているかが問われなければ

ならない。

　以上の問題を地域資源の管理の視点から見直してみよう。八つの問題点のうち地域資源そのものについては，④末端水路の管理の問題，⑤水質の悪化があげられている。⑥の生活環境の悪化の内容は詳しくは明らかではないが，資源管理に関係すると言えよう。改良区は様々な水利施設を持つが，④，⑤，⑥はその施設体系の中では末端施設周辺の問題である。水質についても河川から導水の場合にその河川本体の水質というより，生活雑排水による汚染などが問題となることが一般的であろう。とすれば，地域資源の管理という視点から見ると，改良区一般の問題としては，混住化や兼業化による水質保全意識，水質保全体制の問題になることになる。高齢化が急速に進んでいる農家を構成員とする現在の改良区で，どの程度対処しうる問題であろうか。

(2)　中山間地域土地改良区の平均的姿

　以上が改良区一般の状況であるが，中山間地域の改良区はどうであろう。これらの問題がより顕著に現れていると考えてよいのだろうか。残念ながら中山間地域に位置する改良区の実態や抱える問題はそれほど明らかではない。

　まず上記の「実態調査」に農業地域類型別の集計があるので，そこから中山間地域改良区の平均的姿をできるだけ描いてみよう。

　規模別，農業地域類型別に地区数の構成を見たのが第Ⅱ補-1図である。平地農業地域では当然規模の大きいものがあるが，小さい改良区は地域類型によらずあることがわかる。また当然のことながら特に大規模な改良区は中山間部では少なくなる。事業実施の意向については，「都市的地域および山間地域においては維持管理の充実と環境整備志向が，また平地農業および中間農業地域においては事業の実施志向が高い傾向がみられる」[6]。

　第Ⅱ補-2図は農業地域類型別問題事項別地区数で，中山間地域は償還金の徴収困難と答えた地区が多い[7]。

　次に構造改善局管理課のまとめた「土地改良区運営実態等統計調査集計結果表」(1995年)[8]を見てみよう。

278 第Ⅱ部 中山間地域政策の課題

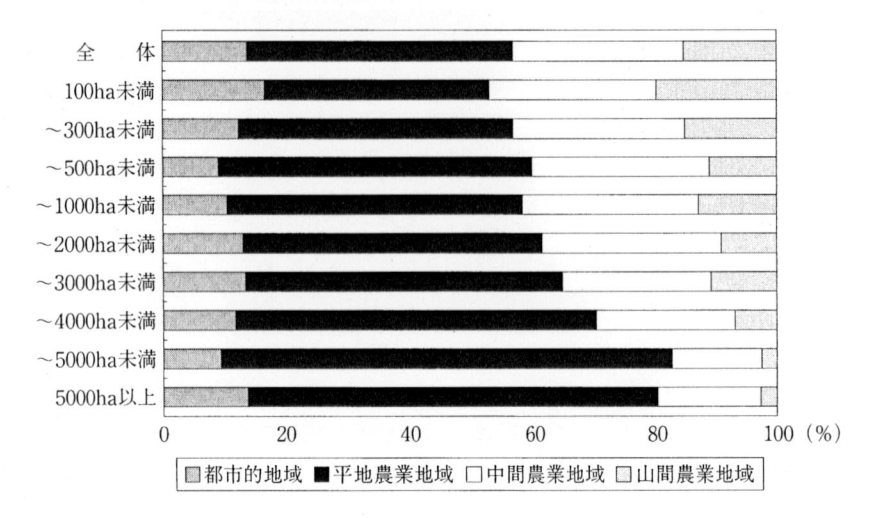

第Ⅱ補-1図 農業地域類型別面積規模別・地区数構成比

第Ⅱ補-1表 農業地域類型別,

農業地域類型	未納経験地区数	未納理由等				未納の
		負担過重を主張	営農意欲の欠如	事業に反対	改良区のやり方等に不満	受益がないと主張
都市的地域	34	5	13	6	7	9
平地農業地域	176	60	75	21	36	19
中間農業地域	71	26	37	6	13	8
山間農業地域	37	17	21	4	1	4
計	318	108	146	37	57	40

　特徴的なもののみをあげると，賦課金の未納原因別件数がある。第Ⅱ補-1表がそれだが，農業地域類型別に特別違いはないようで，ほとんどが特定の者に固定していることがわかる。また第Ⅱ補-2表は，都市化に伴う土地改良施設の維持管理費の増嵩の理由の回答だが，中山間地域では管理費の増嵩はないのが顕著である。また水質検査等は，山間部では実施していないこともこの調査結果に示されている。

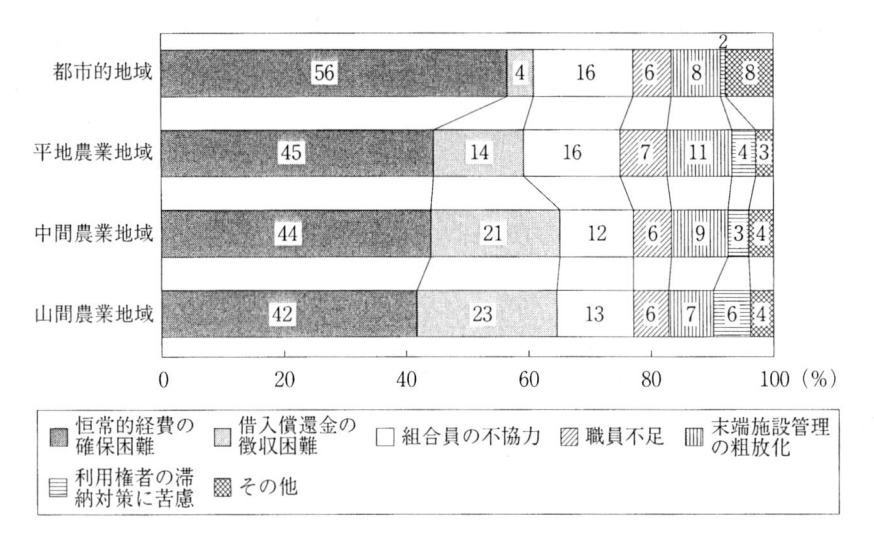

補論　中山間地域土地改良区と水資源管理　*279*

都市的地域	56	4	16	6	8	2	8
平地農業地域	45	14	16	7	11	4	3
中間農業地域	44	21	12	6	9	3	4
山間農業地域	42	23	13	6	7	6	4

■ 恒常的経費の確保困難　▨ 借入償還金の徴収困難　□ 組合員の不協力　▨ 職員不足　▥ 末端施設管理の粗放化
▤ 利用権者の滞納対策に苦慮　▨ その他

第Ⅱ補-2図　農業地域類型別・問題別地区数

賦課金未納原因

(単位：件数)

理　由				未納者の態様			
転作等により受益がない	換地の不満	その他	計	特定の者に固定している	特定の者に固定していない	特定の地域に偏在している	特定の地域に偏在していない
—	6	25	71	30	10	18	22
2	40	107	360	166	17	58	125
1	13	43	147	71	7	28	50
3	6	26	82	35	3	12	26
6	65	201	660	302	37	116	223

　中山間地域土地改良区の特徴はとらえ難い。規模だけで見ても，合併の行われていない小規模な改良区は，都市周辺にも多く，むしろどの農業地域類型にも多く存在すると言えるだろう。ただ1000 haを越えるものになると平地部で多くなり，総じて言えば中山間地域は小規模なものが多いと言えよう。

　各種の事業実施がその他の地域より遅れがちであるようで，小規模施設が散在して，管理が細分化すなわち集落や地区の管理にまかされたり，市町村が関

第Ⅱ補-2表　農業地域類型別，都市化に伴う土地改良施設の維持管理費の増嵩の理由別等地区数

農業地域類型	管理費増嵩の有無 有	管理費増嵩の有無 無	増嵩部分の経費の全部または大部分を市町村が負担						
			廃棄物の処理	藻等の除去	排水ポンプの操作の増	安全施設の設置	整備補修費の増	その他	計
都市的地域	30	51	4	—	—	—	—	—	4
平地農業地域	71	219	1	1	2	3	1	—	8
中間農業地域	26	138	1	—	—	1	1	—	3
山間農業地域	6	65	—	—	—	—	—	—	—
計	133	473	6	1	2	4	2	—	15

与したりの形態が多様に現れて，施設の管理の合理化や更新などの要望が比較的多いということも言えよう。

　このように見てくると，中山間地域土地改良区の抱える問題で，その他の地域と大きく異なる点は，大規模施設を持っていないということにしか見出せない。改良区一般が抱える問題を，中山間地域でも抱えてはいるのだが，それらがより顕著に現れているというわけではないように思われる[9]。

3. 事例からみた中山間土地改良区の現状と問題

　次にいくつかの地域の事例調査から中山間地域の土地改良区を検討する[10]。対象として選んだ地域は，
　①兼業機会は相対的に小さく，農業が地域の最重要所得機会であると思われる岩手県北部地域，
　②兼業機会が多く，農業の担い手自身も非常に少なくなってきている広島県北西部地域，
であり，それ以外の地域で，
　③改良区運営になんらかの特徴がある改良区

を個別にとりあげる。

(1) 岩手県北部地域中山間(岩手県二戸郡,九戸郡他)土地改良区

　この地域の全体的な特徴は,畑が相対的に多く,水田景観が支配的なわけではない。ただ集落の周りには水田が多いが,水利施設として大型のものはない。この周辺の経常賦課金は,10a当たり4～5千円が相場のようであり,一般的には高いとは言えないが,次に示す広島県と比べるとかなり高い。たいてい行政から改良区に対して助成があるが,事業を実施している場合は,人件費補助も含め大きな額となる場合が多い。助成についての一律の基準はないように思われる。圃場整備はできれば取り組みたいが,費用の負担と現在の米価を考えると事業に積極的ではないというのが一般的である。

　どの地区においても,水利施設に大型のものがないこともあって,基本的な水管理については末端の水利組合がかなり自立的に対応している。農業意欲もこの地域では相対的に高い水準にあるようである。改良区事務局ではその意味で当面は運営に大きな懸念を抱いていない。

　賦課金の未収は,金額的に多いところがある。多くは近年の事業費の賦課金部分だが,詳細はわからない。事務局では,未収金の問題はもちろん改良区にとって小さくはないが,そのことが改良区の経営上最大の問題であるとは認識していない。これを改良区運営の責任を誰がとるかと考えると,こうした回答が意味することは,改良区は財政的に独立的な組織と認識されているわけではないということになる。言い換えれば市町村の支援があり,少なくとも意識的には行政にすでに組み込まれていることになるかもしれない。

　現に何らかの事業が行われている改良区の場合は,行政からの支援があり,改良区運営上当面問題は少ないのだが,事業終了後,人件費を負担して改良区を運営していくことが可能かどうか,事業のない改良区の状況から判断して疑わしい。しかし,事務局サイドでの危機感はいまのところそれほど強くない。

　こうした財政的,組織的問題は,当然のことながら地域の農業がどうなるのか,どうするのか,という問題と不即不離の問題である。地域によってその問

題顕在化の速度は相当に異なるだろうが，問題が徐々に危機的な様相を呈するのを個別農家，行政が支えている状況だと判断できる．そうした状況の中では，この地域での改良区の運営は，現在のような財政構造（事業賦課金と経常賦課金）と運営の形態（自主的運営＝事務局の設置）を前提とすると，主として人件費負担増による財政構造の悪化から，いわばじり貧の状態となっていると言っていいだろう．事業が行われていない場合，解散を考える改良区もある．

しかし水の供給という面だけに限って言えば，小規模な水利施設が機能している限り，地区ごとの水利組合での対応がなお安定して可能であり，この点について問題を指摘する改良区はなかった．つまり地域資源の管理という立場からは，これらの改良区は問題がないように見える．地区ごとの水利組合が機能していればすむのである．どの地区にあっても，少なくとも圃場条件が非常に悪くない限り，放棄したり稲作を中断することはないようであり，水資源の管理はなされているのである．そしてそれらの末端水利組合を管理する組織としての改良区はじり貧ながら存続している．行政はそうした状況を背景に，水をまさに保全すべき地域資源として認識し，その管理のために，改良区に対して主として事務局人件費に対して補助的あるいは積極的な支援活動をしている．

第Ⅱ補-3表　岩手県北部事例土地改良区リスト

名　称	設立年次	面積(ha)	組合員(人)	特記事項（抱えている問題，その解決法等）
浄法寺町	1965	150	330	3地区とも，3000円以上の経常賦課金をとるが事務局人件費が窮屈となっている．行政の支援があるが，充分ではない．一戸では村の都市計画で改良区いずれ消滅，解散を考えている．
安代町	1954	472	751	
一　戸	1952	107	343	
二　戸	1952	163	430	経常2千円．市役所に事務局がある．一部の地区で圃場整備を予定．
大　野	1982	550	203	大野：畑地帯，区の財産もない．事務局は役場が負担している． 軽米：国営灌漑事業実施中（長期的）．排水路は手をいれていない． 九戸：事務局人件費はすべて村が負担．
軽　米	1972	1,116	1,021	
九　戸	1960	441	726	

また，そうすることにたいする地域的な暗黙の合意がある，と考えられている。改良区の問題は，むしろ事務局が存続しているからであり，行政がむしろ事務局を担うべきだという指摘が事務局員からも多い。(第II補-3表)

(2) 広島県北西部地域

　広島県北西部地域は岩手県の場合と比較すると，兼業依存度が非常に高い地域である。組合員農家は安定兼業等を背景に，改良区運営に積極的に参加する意欲は相対的に低い。調査事例では，後にその経過を見るような庄原市に典型的にみられるように，基本的に町村内の改良区を合併して一本化しようという動きがあり，行政も農家も共に大方の合意があるようである。県の指導もこの線に沿っている。また圃場整備事業については，相対的に兼業機会の多い地域では，余分な負担と土地利用規制の強化という理由で同意が非常にむずかしい。

　このあたりの改良区では，経常賦課金はおしなべて10a当たり100円というレベルである。常雇いの改良区職員を雇う金額ではなく，むしろ改良区としての体裁を保ち，参加意識を持たせるための徴収，と考えたほうがよい。改良区の事務所は，役場等に所在し，職員も兼任といった形が多い。

　合併した広島県庄原市土地改良区についてその経緯と，現在の問題を見てみよう。そもそも合併に動き出したのは，昭和50年代，混住社会化等の進行の中で改良区の経営基盤の脆弱化への対応と基盤整備の必要性を他地区以上に真剣に受け止めた市行政並びに関係者の姿勢によることが大きい。当時すでに農業の担い手は減少を始めており，市の厳しい財政事情から圃場整備への助成の見直し・合理化の要請も大きくなっていた。それらにたいして合併が提起されたのである。

　1987年，市内の19の土地改良区が合併して，地区面積2,630 ha（うち畑367 ha），組合員数3,145人の一つの土地改良区となった。1979年，基盤整備の推進を円滑に進めることを目的に庄原市土地改良事業推進会が設置されたことが，この合併の端緒となる動きであった。その後1982年には13地区，1984年には1地区が合同事務所に加入し，合併推進協議会が設置されて，合併に至

った。19の改良区の中には休眠状態のものもあったという。現在職員4名，近い内に人件費削減を目的に3人体制に移行するよし。賦課金徴収率は99.9％となっている。

そもそもは市全域に基盤整備を行おうという目標が，こうした経緯の背景にあり，実際現在89％が圃場整備済みとなって，ほぼ所期の目的を達成しているようであるが，いくつか問題がある。

まず，ため池が900カ所ほど散在し，受益者1人のため池も存在しているように，水利施設そのものの管理が，そのまま地域資源の管理問題となり，ある意味ではすべてが必要とは思われないため池を今後どのように，取り扱っていけばよいか，という問題がある。これはこの地域特有の問題と言ってよい。

現在，経常賦課金は三つのカテゴリーに区分して徴収されている。いわゆる経常賦課金（均等割り）は合併時10 a当たり100円であった。これは相当に低い金額と言わざるを得ない。その他の二つは事業費の0.2％，償還金にたいして1％，という割合で徴収されるもので，事務費の負担としてはそれなりに合理的な根拠がある。

合併後経常賦課金を300円にあげた。これはある意味では「快挙」であったが，値上げによって財政的な基盤が確保されるものではなく，市全体が一本の改良区となり，全域圃場整備というスローガンにより市が力をいれることに対するむしろ精神的な賛同の意志の表現であろう。ただし500円にあげるわけにはいかなかった，という担当者の話がある[11]。

また基盤整備事業の借入金の繰り上げ償還が多いことも注目すべきで，1996年には2億円あり，半分以上の組合員がそのように処理している。地区によっては全員のところもあるという。基盤整備を農地の保全のために行い，その借金は子供のためには残さない，という考え方であろうが，税金対策の面も含まれている。

現在市からは運営補助費として年間約600万円の提供がある。これは岩手県での事例よりかなり多いが，事業を継続して行っていること，また面積割りを考えると，それほどでもない，と言える。

水利施設の管理は末端の地区に100％再委託しており，いまのところ困っていないが，将来，人手不足で確実に困るだろうと考えている。もちろん現在でも水路，農道，排水路整備はしたが，萓も生える状況であり，機能的に問題ないというわけではない。また水の使用量が水路等の関係（3面張り）で増えていることも指摘され，地域資源の管理という面で注意しておく必要がある。

　現在はまだ事業施工中であるが，将来的には市は改良区は残す方針を打ち出している。事務経費，水利施設の管理の費用が賦課金では不足する場合が想定できるが，行政が全部持ち出してもよい，という判断のようである。水の管理労働は，一般行政とは異なるという考え方からすれば，事実上市の組織であっても，別組織である方が都合がよいことと，水利権，水利を必要とする農地の保全について行政が関与する場合の意味について，まだはっきりとした位置づけができていないと考えることもできる。

　事務局の言い方では，水利施設の規模が大きくない場合，改良区というシステムをとる必要がない，ある程度の規模以上の施設，ないし組合員を擁する改良区は，市町村の負担によって存続してよいのではないか，という。当改良区がその後者の場合に当たるのである。（第Ⅱ補-4表）

（3）　その他の地域の事例

　最初に掲げた合併を経験した改良区では，合併による経費削減はある程度実現しているが，その後の改良区の機能，役割について疑問を持つ事務局員が多い。改良区事務に真剣に向かうほど，農業の先行きなども含め，従来のままの改良区の機能と役割の大幅な改革の必要性を痛感するという。現在のところ「生産機能」は十分に果たしているが，水資源の維持・管理は，改良区だけでは今後はむずかしいと言う。

　新潟県佐渡にある改良区では，四つの小さな改良区が合併したが，合併後の面積も100 haを少し越える程度である。圃場整備はしておきたいが，必ずしも合意ができない。圃場整備をしておきたいという農家もあるが，負担もあるから必要ないという農家も多い。ごく少額の補助を自治体から受けているが，

第II補-4表　広島県東部事例土地改良区リスト

名　称	設立年次	面積(ha)	組合員(人)	特記事項（抱えている問題，その解決法等）
美土里町横郷	1983	279	432	横郷は圃場整備実施中，終了後他の2地区も合わせ美土里町一本の土地改良区とする予定．現在経常賦課金100円である．土地改良区に属していない溜池地区などもある．一本化に合流するだろう．町では堆肥センターなど，営農組織を形成中．事務局人件費は行政がみる．
美土里町横矢	1983	74	104	
美土里町北生	1979	173	332	
高宮町羽佐竹	1962	96	102	圃場整備は進んでおり，全町一本化に向っている．4月からは全体で事務局員一人体制を採る予定．経常1,300円程度，人件費分を集めている．
高宮町原田	1980	134	173	
高宮町船佐	1985	239	322	
吉田町可愛	1952	116	208	国道沿いで圃場整備が進まない．改良区の性格が異なり，また地区外の溜池，揚水ポンプなどもある．吉田町は人口漸増であり，土地改良投資は今後ともない．
吉田町埃の宮	1956	166	336	
吉田町丹比	1984	220	294	
庄原市	1962	2,707	3,176	昭和62年合併して21改良区を一本化．それまでも市が改良区の運営をリードしていた．合併で借入などが便利となった．

　会議に出席して受け取るお金の価値は大きいと感じている役員もおり，改良区の表に出ない機能と言うこともできる．解散の声もあるが，事業の意向もないわけではなく，決断しきれない．水資源の管理は事実上地区ごとに支障なく行われている．この事例では，事業が必要ならばそのときに対策を講ずればよいのであって，現在の改良区はほとんど存続の意味が見いだせないのではないか．

　栃木県にある小さな土地改良区では，水源としてのため池を，レジャー施設に使用料をとって貸している．収益は大きく，改良区の運営には財政的余裕がある．しかし土地や水の管理が問題なく行われているかと言えば，水路整備を誰が行うかなど問題はないわけではない．営農そのものをどのように展開していくか，明確な方向性を持っているとはいいがたいところがその背景にある．とはいえ水資源そのものは，大きな事情の変更がない限り維持される．改良区

施設・資源が経済的に改良区の存続を可能とする収益を生んでいる場合であって,事実上水利権主体としての改良区という機能のみが全面に出ている。水資源の維持・管理を行う改良区である必要はないのではないか,という判断も可能である。

その他,第II補-5表に掲げた改良区以外にもヒアリングを行った。

新潟県の有名米産地を擁する改良区では,合併しその後も問題なく運営できているようであり,改良区が土地や水に体化された農業資本を適切に管理し,

第II補-5表　その他事例土地改良区の課題

事例土地改良区	改良区の課題	課題に対する対応とその経緯	残された問題点
山形県 米沢平野土地改良区	①農業用水の確保にたいする組織的対応 ②維持管理の効果的運用 ③社会的変動への対応 ④組織の充実と能率化 ⑤制度の効率的活用 ⑥農家負担の軽減の必要	①従来は土地改良区連合を形成していたが,合併により水の一元的管理を行う ②合併により,改良区事務の効率化を図る ③地域資源として水,農地の管理にたいして,市町村に対して事務補助を求める	①土地改良区への補助は十分ではない。給与等 ②滞納,未納対策 ③混住化に土地利用調整と水質汚濁 ④OA化
新潟県 真野土地改良区	①6つの小さな土地改良区,財政基盤がない ②事業実行もむづかしい圃場の維持管理にも問題がある	①5つの土地改良区が合併 ②選任職員を雇用 ③市町村からの団体助成を要求	①地域組織としての土地改良区,その役員機能の変質 ②合併後もまだ充分な規模ではない
栃木県 江戸川土地改良区	①財政基盤の脆弱化 ②地域の観光地としての条件を生かした活動が期待されていた	①用水池の観光的利用 ②観光客への農産物販売	①目的外利用の限界(利水期の問題及び冬期の問題) ②観光的利用への過剰依存

稲作の土台を支えている。この改良区はいわば優良改良区であり，水利施設の適度な規模（維持管理費の米価との比較で見た適切さとなる）と地域一体的なブランド米生産による経済的な基盤とがバランスしているように見える。もちろん，事業の実施などにはなんらかの公的な助成がはいるとはいっても，ある意味では理想的な改良区といってよく，中山間地域としては例外的であろう[12]。

　岡山県棚原町は棚田の多い山間の町であるが，経常賦課金はとっておらず，圃場整備を中心として行われている事業の賦課金だけの改良区である。末端の管理は地区ごとに行われ，経常の賦課金はとらない。職員は役場内に役場職員兼任で1人を置いている。数年前に棚原町農業公社が作られ，職員4人で，農地保有合理化事業，農作業受委託，その他農業振興策に積極的に取り組んでいるが，改良区の役割は，事実上公社が肩代わりしている。もちろんこの場合でも末端の水路管理は，集落等で行われている。公社という組織が作られているが，広島県の事例とほぼ同じ，行政による改良区の取り込みだと考えてよいだろう。

　以上の改良区は非常に多様であり，これらを組織的にもまた制度的にも一様に改良区一般として捉えることには，すでに大きな無理があろう。しかしながらこのように性格が非常に異なる改良区ではあるが，少なくとも現在のところ水資源の管理はどこも一応の水準でなされている。しかしそれは改良区の機能と言うより，名称はどうあれ地区ごとの水利組合が機能していると言った方が正確なのである。

(4) 事例調査のまとめ

事例調査を地域資源との関わりを含めて次のようにまとめた。
①岩手県の事例は，二戸市を除いて1町村に1改良区であり，賦課金は改良区により異なる。戸当たり面積も小さく，稲作が続けられれば，現状維持でよいとの当面の判断のようであるが，浄法寺以下3町では事務局員の給与が安すぎるという不満がある。しかし役場定年退職者などに依頼してやりくりし

ている。地域資源の管理という面では、十分とは言えないまでも、従来の方法で地区単位の管理がなされている。事業が行われている二戸市、軽米町以外は、改良区ではなく、以前からの地域組織がその管理を担当していると見る方が正確であろう。

②広島県の事例では、市町村内にいくつかある改良区が、市町村一本化をはかることになるが、水管理は施設規模も小さい場合が多く、従来の水利慣行で処理できる程度の管理業務となる。地域資源としての水は、稲作が行われている限り、そうした地域組織的な対応で当面可能であり、「生産機能」のみならずその他の機能もおおよそ維持されている。町村で一本化された後、町村職員の役割は、少額の賦課金の徴収と、何か事業の必要性が発生すれば、法に基づいて事業の実施の世話をすることになる。その意味では事業が発生しない限り改良区という組織は表面上存在しないに等しく、水利権の統括を形式的に果たすに過ぎない。水の他用途需要が発生するような状況がない限り問題は起こらない。

③その他の事例では、固有の理由で財政的にある程度自立できる改良区の場合は、水利権が保証されれば、今後とも自前の運営が可能である。地域資源の管理はこれからの問題となる。合併して運営の一応の合理化を果たした改良区は、一つには行政が介入した水管理体制への移行、あるいは行政と協力しながら新しい改良区の機能を担う可能性の模索、という方向を求めることが可能性としてはある。規模が余りに小さいものは、特別な必要が発生しない限り、改良区という形態をとる必然性はない。

　地域資源としての水の管理は、自前の運営が可能な改良区については従前通り、行政依存的にならざるを得ないものについては、広島の場合と同様改良区が存続して、水利権の統括と水の管理を行うことになろう。ごく小規模のものは、水の管理は、特別な事情がない限り身近な組織で対応可能である。

以上、地域資源としての土地や水については、事例等で見た中山間地域にあっては少なくとも現在のところ「適切に管理されている」といってよい状態にとどまっているところが少なくないと考えられる。中山間地域にあっても少な

くとも調査改良区においては，耕作放棄されているのはいわば集落外であり，地域資源管理上，大きな問題とは見えない。しかし問題はないわけではない。具体的には耕作放棄地周辺の水の管理，中山間固有の問題でもある水の供給の不安定性による賦課金の不公平，高齢化あるいは改良区参加意識の低下などにより，管理の質が徐々に低下していること，などである。また未収金も少なくない。

　未収金の問題は，制度の根幹に関わる問題であるが，直接には地域資源の管理上の問題ではないように見える。改良区の運営が危うくなっても，多くの場合地区の組織が存在しており，直ちに地域資源，土地や水の管理ができなくなることはないようである。

　ここで忘れてならないのは，市町村の立場である。稲作の継続が前提条件である限り，市町村としてはなんとかして支援をしたいと思っているが，財政的な負担の大きさと公的支援の分かりやすい理由付けが不足しているため，適当な方策を探しあぐねているのが実状である。事実としては，事例調査改良区にあっては，市町村がほとんど与していない例がわずかに一つあげられるだけである。

　やや細かく見ると，岩手県の場合市町村は，積極的というより，農業生産に支障がないかぎり，大きな負担をしようという意志は余り働いていないようである。ところが広島県等の地域では，市町村がかなり積極的に改良区の維持に関わろうという意志があるように思われる。この違いはどこからくるのだろうか。一つには，改良区の末端の機能を事実上担う地区ごとの水利組合と集落の持つ様々な機能が，岩手県においては相対的にはまだ強力に維持されており，広島県の場合は兼業機会の多いことからそうした機能が十分には期待できなくなってきているからであろう。

4．結　び──中山間地域の土地改良区の地域資源管理にふれて──

　中山間地域の改良区の課題は，改良区全体の問題と切り離して考えると，あ

る意味では問題の整理は容易である。実際，事例にみる限り，中山間地域の改良区は，農業水利と言う面からは水量，水質とも当面問題は少なく，施設の技術的維持管理の面でも問題は少ない。むしろ，組織の運営費こそが中山間地域改良区の最大の問題であるように思われる。高齢化，担い手の脆弱化，農産物価格の圧迫という課題が，いまだ維持可能な農業水利を急速に機能不全に陥らせる可能性がなくはないが，事例調査対象地区に限って言えば，いましばらくの猶予があるのではないだろうか。とすれば，中山間地域が必ずしもそうした事業意欲が強いと言えないことを考えると，地域資源の維持・管理という観点からは，改良区という制度による組織を必要とはせず，従来からの地区ごとの水利組合があれば足りるとは言えよう。

水の管理は水利権を伴う。そして既存の水利権は，中山間地域の場合基本的に慣行的で，田の所有と一体であり，そして農家と一体であった。田として維持されている限り，資源の管理はなされてきたのである。ところが現在の農業・農村の状況は，田が維持されることを必ずしも保証しない。そうした状況下，多くの中山間地域で聞かれるのは，実現可能性の度合いはともかく圃場整備の必要性である。そしてその理由は生産性の向上による農家所得の上昇ではなく，農地の保全である。これまではそうした事業は，改良区を制度的に設定して行うことが普通であり，大きな公的補助がそこに加えられた。しかし農地保全という目的は，どこまで改良区という制度の目的と共存できるのだろうか。農地保全はその農地所有者のためだけではないのである。

地域社会が農家で構成され，土地や水の関心事が農業生産中心であった時代は，地域との関わりは，農家相互の問題として考えれば足りた。事例でとりあげた東北地域中山間ではまだそれに近い状況が続いていると考えられる。地域資源の管理はいわば自動的に適切に行われる。しかし中国地域では，地域の人々の生活はほとんど都市的といってよく，そこでは土地と水という地域資源の維持・管理は，もしそれが必要だとするなら，農業に従事しない人々も巻き込んだ地域空間の問題として捉えざるを得ない。

現在の農村部における土地と水に係る問題は，土地利用秩序の構築と水資源

の管理であり，それは具体的には，土地利用コントロール，土地利用の景観への配慮や水質，水辺環境の整備，地域用水としての保全等の課題である。従来の改良区は，水利組合や用水組合とも連携しながら，同質的な地域社会であるがためにそれらの問題に農業的な視点で対処すれば十分であった。しかし現在では全くその様相は異なっている。改良区でもそうした新しい機能に対応しようという意欲が見られる事例がないではない。

　これからの地域資源管理の問題の眼目は，このような新しい機能に向けた地域の新しい組織や仕組みづくりをいかに進めていくかにある。当然制度的にもこれまでの改良区とはかなり異なった仕組みが想定されるが，改良区が培ってきたこれまでの地域資源維持管理システムの蓄積を投げ捨てていいわけではない。地域資源は多かれ少なかれ地域に住む人々の協同の負担で，その管理が担われざるを得ないことは，維持管理すべき機能が新しくなっても変わらない事実である。改良区は制度的には非常に機能的であったが，その地域組織としての性格は地域社会の運営システムと同調してはじめて機能してきた。今後その再編後に現れてくる組織や仕組みもまたそうした性格をなにがしか担わざるを得ない。おそらくその地域資源管理主体の具体的な面々は，現在の改良区の構成員が中心的に関わることになるというのは，無理のない想定であろう。

　地域組織としての土地改良区のあとを引き受ける組織は，現在の改良区の仕事を最小限果たさざるを得ないし，さらに地域の水資源に関わる環境管理全般を担うことになろう。そうした環境管理組織には当然非農家も含むが，そうした地域環境管理組織は，新たな農業環境政策や自然環境保全の施策とあいまって構築されることになろう[13]。

（合田素行）

注(1)　農業が継続的に行われている限り，地域資源は適切に管理されてきた，という前提があるが，これは地域資源やその管理の定義にも関わるが，必ずしも厳密に議論されているわけではない。持続的発展という言葉と同様，厳密さを求めにくい用語である。本稿で適切に管理されているというのも，とりあえず持続的に安定的に再生産可能な状態におくという程度の意味で用いている。

(2) 注(1)と同じく，管理がなされていたというのはやや曖昧で，意識的には管理されていなかったと言うこともできる。ただ，人々がそうした環境の中で非常に安定的に生活していたということはできる。
(3) 全国土地改良事業団体連合会『土地改良区運営実態調査報告書』(以下「実態調査」)および『同資料編』(1995年) 参照。この調査は1993年に行われ，95年にその結果がまとめられた。この調査では，全国に所在する総数7,927土地改良区に対しアンケートを行い，6,954地区からの回答を得たものであり，土地改良区の運営全般，そして意向調査も付した膨大なものであり，1土地改良区について，組織，事業，運営，財政，災害等計352項目，運営に関する意向について計84項目が回答を求められている。本文中の第II補-1図，第II補-2図はこの「実態調査」より採った。
(4) 「実態調査」4ページより。
(5) 土地改良区が時代の変化によってその機能が変わらざるを得ず，様々な問題を抱えてきたことについては，たとえば農業水利研究会編『農業水利秩序再編の課題』(農業研究センター，1990年) 等を参照。
(6) 「実態調査」88ページ。
(7) 「実態調査」100ページ。
(8) 構造改善局の調査は，全国の土地改良区の約1割，650地区についてのアンケート調査である。
(9) 中山間地域のうち山間地域の土地改良区に限ってであるが，構造改善局管理課が非公式に整理した資料から，土地改良区の特徴と問題点等について紹介しておこう。まず運営について，面積が小さい，同一市町村に設立されている，職員が配置されている場合が少ない，総会・理事会等の活動が消極的，事務所が独立していない，市町村の助成を受ける場合が多い，市町村，農協と連携している場合が少ない，などが挙げられている。これらの特徴のうち，必ずしも規模は小さいとは言えないし，助成は他の地域でも受けているなど，特徴として明確に取り出せるものがすべてではない。また財政的には，経常賦課金がないか，少ない，賦課金以外の収入が少ない，助成が少ない，などが指摘されている。さらに工事がないか少ない，工事費が高い，も指摘されている。施設の維持管理については，地元管理の施設が多い，改良区の管理は少ない，管理費用が割高，高齢化などにより管理作業が困難，機械化が進んでいない，などがあげられている。しかし面積，運営組織関連を除くこれらすべてが山間地域に固有の問題であるとは思われない。

また「実態調査」のデータから様々な類型化を試みたが，中山間地域の土地改良区については有益な情報は得られなかった（農業総合研究所研究資料『中山間地域における地域資源の管理の現状と制度的課題』(1997年) 参照)。
(10) 以下の事例調査は，1995年から1997年にかけて断続的に行われた。
(11) 賦課金が数千円の場合と異なり，500円という金額と300円という金額には地域社

会の「つきあい」における重みの違いがある。すなわち100円は余りに少額であるが，500円は多いという判断である。改良区の機能はこの金額にどのように反映させることができるだろうか。
(12) 米価の変化によってこの改良区の運営がどうなるかについては把握できていない。
(13) おそらく中山間地域では農業は環境管理者としての役割が最大となるのではないだろうか（OECD,『農業の環境便益』1998年（原著は1996年）参照）。

第Ⅲ部　ＥＵ諸国における農村地域政策

第9章 ドイツにおける農村地域政策の展開

1. はじめに

　西ドイツの地域政策の特徴は，人口の一極集中を避け，中小都市を分散させている点にあり，その点で日本の地域政策，特に全国総合整備計画（全総）のモデルとされてきた。現に，人口100万人以上の都市はベルリン，ハンブルグ，ミュンヘンなど数カ所に限られ，それらの大都市のまわりには人口数万人規模の中都市が，さらにそのまわりには数千人規模の小都市と田園地帯が広がるという構造になっている。結果として，農村部から中小都市へのアクセスがよく，就業や生活がしやすいということになる。祖田は，このような西ドイツの地域政策，人口分布の特徴を「多数核分散型」と名付け，その源流を19世紀末のイギリスの田園都市論に求めるとともに，ドイツが後発資本主義国であったために，イギリス以上に都市と農村の有機的な結合が進んだとしている[1]。

　戦後の西ドイツの地域政策は，戦後復興，国境地域の防備を経て，1965年の空間整備法（Raumordnungsgesetz）を基礎として進められている[2]。そこでは，空間すなわち人間の居住区域が「人口稠密地域」（当時の基準によれば人口15,000人以上でかつ人口密度が1,000人/km²以上），その周りで人口密度がやや低い「周縁地域」，その両者の残余範疇である「農村地域」に分けられ，主として「農村地域」に対して，その生活条件の向上のために，雇用機会創出を主体とする経済振興政策と，インフラ整備，農業経営への支援を主体とする農業構造政策が二本柱となって実施されてきた。

　1970年代から80年代にかけて，鉱工業，造船業を中心としてきた北部の経済が悪化することによって，軽工業，自動車工業を中心とする南部の経済が相

対的に優位となる,いわゆる「南北問題」が生じる。ここにおいて,上記の経済振興政策は北部の鉱工業地域に重点を置くようになってきた。

だが,1990年の東西統一により,東西間の格差をいかに埋めるかが大問題となり,経済振興政策も農業構造政策も旧東独地域に重点を移すようになった。また,欧州全体では,1980年代末の構造基金改革により地域間格差の是正が本格的に進められるようになっているが,旧東独地域は南欧地域とともに経済発展が遅れた地域(「目標1」地域)とみなされ,多額の構造基金が投入されている。

本章は,以上のような全体的な流れを念頭に置きながら,ドイツの地域政策が旧西独のそれの多極分散型という特徴を保ちながら,旧東独地域をかかえるがゆえに,さらに「統合の要」という自己認識から,EU統合の原理に同調せざるを得ないという現実に直面している,というようにとらえる。そして,EU構造基金がドイツにおいて実際にどのように利用されているのか,連邦政府,州政府の政策,予算の中でどう位置づけられているのか,さらに旧西独地域における「目標5b」に沿った事業の内容と評価について,現地で訪ねた事例に則して検討する。そのような作業の中で,従来,多極分散型であることがもたらしてきた「中央と地方」という意識の希薄さ,州や地域の自律性が,EU統合の原理と併存しうる可能性について考えてみたい[3][4]。

2. 戦後の地域政策の展開

(1) 地域経済振興政策の展開

すでに述べたように,第二次大戦後,ドイツ(旧西ドイツ)の地域政策は,経済省系統の経済振興政策と食料・農林省系統の農業構造政策を二本柱にして進められてきた。

このうち経済振興政策は,およそ以下のように変遷している[5]。まず,地域経済振興の前史とも言える1950年代の復興期には,戦勝国の援助のもとに,緊急援助プログラムが講じられ,ベルリンなどの都市も含めて,特に戦争で疲

弊した地域の復興が図られた。東西分裂後は，政治的理由から旧東ドイツとの国境地域に力が入れられた。1953年からはマーシャルプランのもとに，ヨーロッパ復興基金（ERP：European Recovery Programm）が資本市場，とりわけ私企業への融資に用いられた。

　復興が一段落すると，連邦政府，州政府の協力体制により地域振興を行うために，連邦政府と州政府による三つの「共同課題」が設定される（1969年の基本法改正）。その一つが「地域経済構造改善」共同課題である。ちなみに他の二つは，それぞれ教育に関するものと農業構造の改善に関するものであり，後者の農業構造改善に関する共同課題については後ほど触れる。

　地域経済振興政策に当たる「地域経済構造改善」共同課題は，中央政府レベルでは連邦経済省の管轄になるが，要所要所で州政府の独立性が尊重されている。まず，「地域経済構造改善」共同課題全体の計画に当たる「計画委員会」の議長は連邦経済省の大臣だが，連邦政府側の代表と州政府側の代表それぞれの投票権は同等である。また，共同課題の対象となる地域は，①国全体に比べ経済活動が低迷している（総生産額，実質賃金，失業率，インフラ整備の程度でみる），②大規模な構造変化にみまわれた工業部門が支配的な地域である，③斜陽部門である石炭採掘業の影響が大きい地域（フランスとの国境のザールラント），④東ドイツとの国境地域，というような基準に基づく。この指定の大枠については連邦政府が決定し，さらに4，5年おきに見直すが，決定や見直しの際にはＥＵと州政府双方の修正の余地がある。

　「地域経済構造改善」共同課題の中でとられる手段には，投資補助金（Investionszulage）と投資譲渡金（Investionszuschuss）があり，いずれも地域に経済効果をもたらすことを前提に投入される。これらとは別に，インフラ整備（交通網，エネルギー・水道設備，下水道，観光開発，研修・教育施設，企業立地，研究・開発設備など）もなされてきた。

　西ドイツの連邦，州は，以上のような仕組みのもとに1970年代はじめから地域間の経済的格差の是正に努めてきた。この間，国内の産業構造変化に伴い，石炭，鉄鉱などの鉱工業，造船業の斜陽による影響が大きい北部にその重点を

移してきた。19世紀から工業地域として発展してきたルール地域の位置するラインラント・プファルツ州では、環境汚染、雇用難、それらによる地域イメージの悪化に対処すべく、1970年代末から炭坑跡地の緑化のような再開発事業も行われている。

1990年の統一以降、ドイツ国内の地域間経済格差の問題は、南北間から東西間に移った。「地域経済構造改善」共同課題について言えば、旧西独全体に対する額の10倍以上が旧東独地域に投じられ、老朽化した生産設備の更新、インフラの整備、企業への投資援助が重点的に行われているという状況である[6]。

（2） 農業構造政策の展開

西ヨーロッパ諸国では一般に第二次世界大戦後、農業生産の基盤整備とともに生活基盤整備が進んだが、特に西ドイツでは、現在の東欧・ロシアからの何万人もの帰還者を都市部だけでは受け入れきれなかったため、農村部での開拓や宅地開発の必要性が高かった。

農地整備、給水施設整備、家屋の改築などの農村開発（Dorfentwicklung）プログラムが開始したのは1960年代である。だが1960年代までは基本的に州ごとに行われていた。1973年から、農村地域政策も経済振興政策と同様に連邦政府、州政府の協力により、共同課題の中で一括して行われている。

この「農業構造改善および沿岸保護」共同課題（以下、農業構造改善共同課題と略）の中身は、補助の対象によって分けられる。沿岸保護、洪水防止・上下水道設備、市場設備の改善、村落整備、農業構造改善計画策定・農地整理は、いわゆるハード事業であり、個々の経営や農業者ではなく、市町村などの行政単位に対する補助である。一方、経営投資助成措置、条件不利地域補償金は助成金、融資、利子補給、あるいは所得補償の形で直接、個々の経営や農業者に支払われるものである。その両者の中間に「森林に関する措置」があり、行政単位、個々の経営双方に対して支払われる。

農業構造改善共同課題の予算は、連邦食料・農林省の予算の中では農業者年

金等の社会政策に次いで大きな予算であり，全体の2割を占めているが，その中で最大なのが条件不利地域対策に関わる補助金（補償金）である。

そもそも条件不利地域対策はEUの共通農業政策の一部であり，農業条件が不利な地域の農家に補助金を払うことによって，過疎化を防止し，農耕によってつくられる景観を維持するという趣旨のものである。だが，ドイツにおいては1980年代半ばの保守政権成立，小農（農民的家族経営）に手厚い農政への転換によって，実際には農家に対する所得（再分配）政策の機能を果たすようになった。そして，政府が条件不利地域の農家に支払う補償金の総額は膨らみ続け，結果として農地整理，村落整備などのハード事業を上回るようになった。

しかしながら，1990年に導入されたEU構造基金は，このような条件不利地域対策偏重という流れを変えつつある。次節では，EU構造基金の旧西独地域での実施状況について述べることにする。

3. 構造基金による農村地域政策の概要

第2節で述べたように，ドイツでは従来，連邦と州による農業構造政策の枠の中で村落整備，農地整備，いわば農業・農村に関わるハード事業が実施されてきた。1990年に導入されたEU構造基金は，その上乗せ分として用いられている。その意味では構造基金の二つの原則，「パートナーシップ」，「補完性」に基づいていると言える（第III部補論を参照）。

現在，ドイツでは第9-1図のような範囲で構造基金の「目標」に関わる地域指定がなされている。「目標5b」地域は，構造基金の第一期開始時（1989年）より旧西独地域の各州にあるが，その指定範囲は第二期に入る際に若干，変わっている。いずれも条件不利地域に含まれる。これらの「目標5b」地域に加えて，1994年の第二期開始時より旧東独の旧西ベルリン以外の地域が「目標1」地域に指定され，多額の構造基金が投入されている。

支出額の推移を見ると，第一期は旧西独の「目標5b」地域，面積にして525万haに対し約11億マルク（1マルク＝75円として約825億円）が投じ

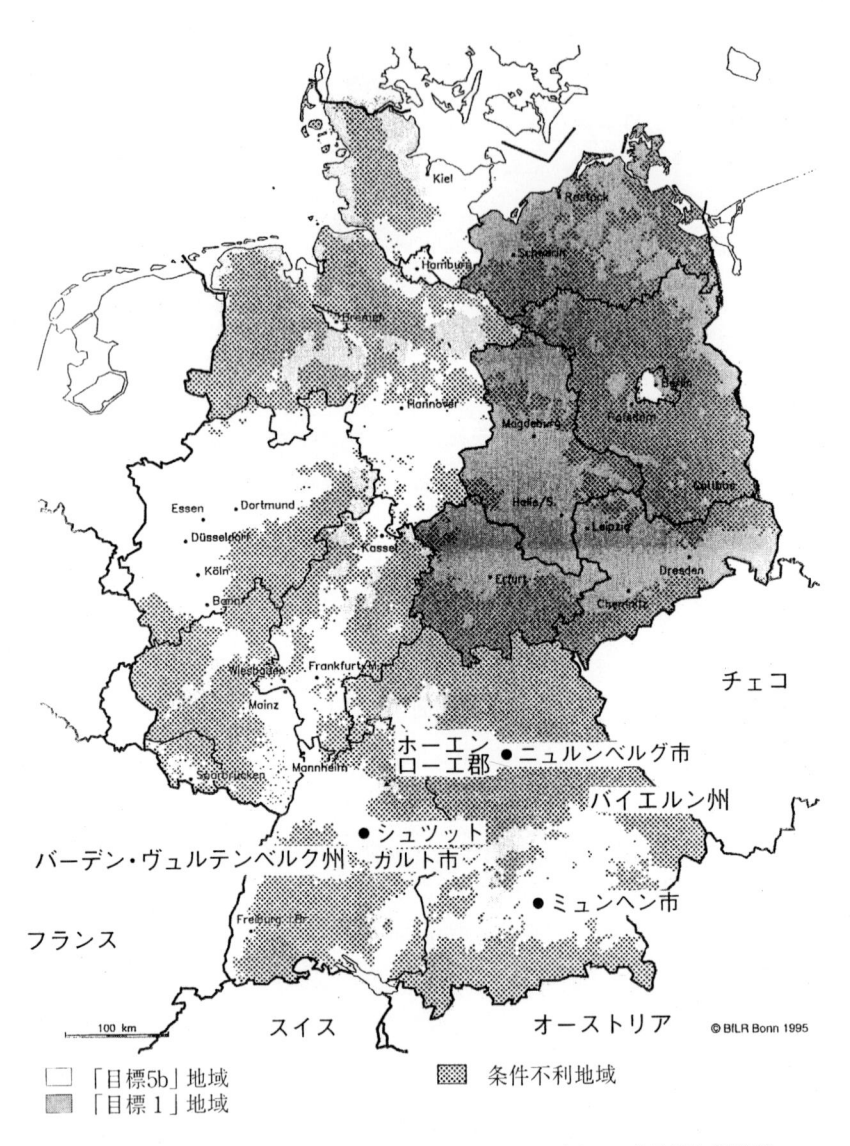

302 第9章 ドイツにおける農村地域政策の展開

第9-1図 ドイツにおける構造基金第二期(1994～99年)の「目標」別地域
　　　　および条件不利地域の範囲

凡例：□「目標5b」地域　　▨ 条件不利地域
　　　▨「目標1」地域

資料：*Agrarbericht 1996*, p. 115.

られ，その大部分は前述の連邦と州の共同による「農業構造改善」共同課題の中で，具体的には村落整備，農道や林道の改良，農地整備，景観保全のための水域整備，ツーリズム振興のためのインフラ整備に用いられた[7]。

第二期は，「目標5b」地域が第一期の75％増しの950万haに拡がり，さらに旧東独地域が「目標1」地域の指定を受けたことにより，第一期の8倍近い83億マルク（6,225億円）がEU構造基金から支出されている。うち旧西独地域の「目標5b」地域に対する分は第9-1表に示すように23億マルク（1,725億円）であり，その多くは第一期と同様に「農業構造改善」共同課題の上乗せ分として用いられつつある。また旧東独の「目標1」地域に対する60億マルク（4,500億円）も同共同課題の上乗せ分として用いられているが，旧西独と異なり個々の経営の投資に対する助成が最も多く，次いで多いのがハード事業（とりわけ道路，水道などのインフラ整備）という状況である。

第9-1表 農村地域政策の第二期（1994～99年）に対するEU構造基金の配分と連邦，州，その他の負担予定額

（単位：百万マルク）

	合計額	公的支出計	EU構造基金	連邦・州・郡・市町村	地元負担
シュレスヴィヒ・ホルシュタイン	436	404	163	241	32
ニーダーザクセン	1,342	1,094	466	628	249
ノルトライン・ウェストファーレン	224	190	89	101	34
ヘッセン	441	330	153	177	111
ラインラント・プファルツ	811	470	211	259	341
バーデン・ヴュルテンベルク	857	356	142	214	501
バイエルン	5,573	2,259	1,064	1,194	3,315
ザールラント	205	101	46	56	104
「目標5b」地域（旧西独）計	9,890	5,205	2,335	2,870	4,685
「目標1」地域（旧東独）計	19,744	8,845	5,966	2,879	10,898
合計	29,634	14,050	8,301	5,749	15,583

資料：*Agrarbericht 1997*, p.114.

第二期について構造基金の種別ごとの内訳を見ると，旧西独の「目標5b」地域では，農業基金が42％と最も多く，次いで地域開発基金（39％），社会基金（19％）となっている。一方，旧東独の「目標1」地域では，地域開発基金が50％を占め，社会基金30％，農業基金20％となっている。旧東独地域の「目標1」地域で地域開発基金の割合が高いのは，旧西独と異なり都市部での産業振興も行われているからである[8]。

旧西独の「目標5b」地域に関して言えば，内容的に旧来の農業構造政策の枠を超えた事業が構造基金を用いてなされている。たとえば，従来はベッド数が多いために「農家民宿」とみなされず，ゆえに農業政策の対象にならなかった経営に対する投資助成も可能になった。高速道路のサービスエリアの開発に着手している所もある。村落整備も新しい展開を見せている。いずれも，農村での雇用機会の創出（Arbeitsplätzeschaffung）のためだからである。

4．構造基金による農村地域政策の実際

（1）予算の配分，執行方法

ドイツの各州はEUから配分された額，たとえばバイエルン州ならば10億6400万マルクを七つの地方局管区（Regierungsbezirk）ごとに，さらに1994年から99年までの実施年ごとに割り当てる。各地域の実務担当者は，この割当額の範囲内で事業を実施しなければならないが，年ごとの割当額は絶対にその年内に使い切らなければならないというわけではなく，翌年に持ち越してもよい。

前掲第9-1表の数字のうち確定しているのは，EU構造基金から各州に配分された額だけであり，連邦，州，郡，市町村の負担額，地元（事業を行う個人，グループなど）の負担額は動く可能性がある。特に地元負担の額は申請次第である。申請は1999年末まで可能であるので，最終的な数字が明らかになるのは早くとも2001年ということになる。

EUや州に認められて実施が決まった事業でも，申請件数が少なければ中止

になることもある。その場合は、第Ⅲ部補論で触れるような中間調査グループの許可を得た上で、申請件数が少ない事業の予算を、逆に予算に比して申請件数が多すぎる事業に流用することができる。現にバーデン・ヴュルテンベルク州では、「畜肉処理場の近代化」という事業に対して申請が全くなかったので、他の事業の予算に振り向けるということがあった。

（2） 構造基金「目標5b」による事業内容

構造基金「目標5b」の指定地域をもつ旧西独各州では、州政府がそれぞれ「目標5b」のための「実施計画」をつくり、それらはいくつかのサブプログラムに束ねられている。現地調査を行ったバーデン・ヴュルテンベルク州、バイエルン州はいずれも、①農業、農村の多角化（農業および農村地域の再編および外部環境の変化に対する適応、環境保護、自然資源の保存）、②非農業部門の多角化（新たな雇用機会、所得源を生み出すために非農業部門を多角化し、開発する）、③人材に対する投資（職能開発、とりわけ就職、転職に際しての訓練、助言、案内を継続的に行う）という三つのサブプログラムを掲げている。以下、この二つの州について、「目標5b」の事業（5bプログラム）の内容を事例に即してみていきたい。

1） バーデン・ヴュルテンベルク州

1994～99年の第二期に「目標5b」地域に指定されているのは三つの郡である。総計$5,921\ km^2$の範囲に、州全体の人口の5％に相当する469,000人の人々が暮らしている。いずれの地域も条件不利地域に含まれる。また同州の中では比較的、交通の便が悪く、インフラ整備が遅れている地域であるため、ダイムラー・ベンツ、ＩＢＭのような大企業が立地することはまずありえない。南部シュヴァルツヴァルトのような地域では、伝統産業でもある中小の楽器製造業、時計製造業、あるいは繊維業などが頼みの綱という状態である。

これらの「目標5b」地域に対して、合計451百万ecu（1 ecu＝140円として約631億円）が投じられ、うちＥＵの財政支援（構造基金）が補う部分は1割弱である。①農業部門の多角化、②非農業部門の多角化、③人材育成のため

の投資（職能開発）という三つのサブプログラムごとに支出予定額を見ると，①，②で大半を占めている（第9-2表）。

現在，同州の「目標5b」地域で行う事業としてEUに認められているのは，第9-3表に示したような15の指針（Richtlinie）に即したものである。個々の事業は，この15のテーマのうちの少なくとも一つには該当していなければならない。これらのうち，たとえば①〜⑩は農村省による指針であるが，⑪は環境省，⑫は経済省，⑬は内務省によるものであり，事業実施に際して省間の連携，各省による指針の一貫性が欠かせないことが窺える。

筆者が訪ねたホーエンローエ郡はバーデン・ヴュルテンベルク州の東北部に位置し，第二期（1994〜99年）に入って初めて「目標5b」地域に指定された地域である。1993年の統計によれば，面積777 km²，人口10万4千人，人口密度は134人/km²であり，人口密度は州平均の半分程度である。また，農林業従事人口割合は8.5％であり，州平均の2.7％と比べると，農林業への依存度が高い。

農業経営数（1 ha以上）は1970年代には7,000ほどあったが，現在では2,400ほどに減少し，しかも1〜5 haの零細層が最も多い。特に，後述する事例の位置する北部はKochertal，Jagstalという二つの大きな谷を中心として

第9-2表 バーデン・ヴュルテンベルク州の「目標5b」地域に対する支出予定額（1994〜99年）

（単位：百万ecu）

サブプログラム	支出予定額	うちEU構造基金
①農業，農村地域の多角化	193	42.4
②非農業部門の多角化	246.5	27.4
③職能開発	11.3	5.1
合　計	450.8	74.9

資料：EUホームページ．
注(1) EU構造基金7,490万ecuの内訳は，農業基金（EAGGF）57％，地域開発基金（ERDF）37％，社会基金（ESF）7％となっている．
(2) 1 ecuは約140円．

第9-3表　EUがバーデン・ヴュルテンベルク州の「目標5b」地域について認めた事業実施のための指針（1995年5月1日時点）

① 農村地域開発プログラム（1994）
② 農地整備助成（1990）
③ 農業に関する経営投資助成（農業融資プログラム，省エネルギー装置の設置，省エネ装置への転換を含む，1993，1994）
④ 州地域プログラムに関する投資の助成（1994）
⑤ マシーネンリング，経営間相互扶助組織による機械導入に対する助成（1994）
⑥ 畜肉処理場の近代化（1993，実施中止）
⑦ 特殊な方法により生産された農産物のマーケティングに対する助成（1991）
⑧ 自然公園に対する助成（1988）
⑨ 木材くず処理施設および関連の近接暖房装置（1995）
⑩ ビオトープ保護，景観保護に対する助成（1991）
⑪ 水質保全措置助成（雇用創出または観光構想に直結しているプロジェクトに限る，1995）
⑫ 経済上のインフラ整備助成（1985）
⑬ 文化財維持，保護に対する助成（観光振興に結びつくプロジェクトに限る，1991）
⑭ 経営に対する経済的な助成（観光部門など，1991）
⑮ 農家の多就業化，および失業者のための職業的な資質向上助成（指針は特になし）

資料：バーデン・ヴュルテンベルク州農村省作成．
注．括弧内は指針の発効年．

　起伏が多く，農業条件は見るからに悪い。また同郡には戦後，冷却装置，コンピュータ，ねじなどの工場が建てられ，雇用機会が豊富になり，失業率がきわめて低かったが，近年の不況により，州平均（8.5％）と同率になっている。このようなことから，第二期から「目標5b」地域に指定されたものと思われる。
　ホーエンローエ郡における農村地域政策は1950年代に始まる。それは州政府による一連の農村開発のための事業である。人口の密集した都市部との生活水準の格差を縮めるために，道路建設，上下水道設置のインフラ整備に加え，工場誘致，学校や病院の建設が行われた。
　1970年代には，人口減少が目立ってきた農村部を中心に，州の村落開発プログラム（Dorfentwicklungsprogramm）および農村地域構造プログラム（Strukturprogramm Ländlicher Raum）という，いずれも農村省による事

業が実施された。前者は老朽化した家屋や集会施設の改築，壁に村の風景を描くなどの外装の美化，道路や上下水道の改修に対する支援であり，後者は，商店の集まった地区を敷設するというものである。こうして，村に残った人々が希望を失わずに住み続けられるようにしたのである。

　これら，従来の農村開発のための事業はいずれも，州から郡，市町村のような自治体に対して補助金が支払われるというものであり，おおむね成功したと言える。特に1986年から94年の9年間に州農村省から同郡の農村部に投じられた補助金の合計は，1,900万マルク（約14億円）におよび，これは市町村財政にとっても貴重なものであった。しかしながら，1994年に始まるEU構造基金「目標5b」による農村地域開発は，農村部の市町村をさらに潤わせている。1994年から96年の三年間だけで，それまでの9年間の補助金総計に迫るほどの額が投じられているのである。

　州独自の農村開発関連のプログラムから「目標5b」の事業に移行することにより，たとえば家屋の正面部分（ファッサード）の改装が，屋根，風呂など別の部分の修繕を伴っていないとできない，というように制約がきつくなったということもある。前述のように，事業の内容はEUが認めた州の指針の範囲に限られるからである。だが全体としては，財政的にも，内容的にも，従来の枠ではできなかった事業が実施されるようになっている。たとえば経営投資助成プログラムの農家民宿に対する助成は，ベッド数が15以下であることが条件になっているが，5bプログラムならばベッド数が16以上でも助成を受ける可能性が出てくる。

　一例として，5bプログラムを用いた「乗馬施設つき休暇村」を紹介しよう。事例のあるクラウトハイム町は，郡の北部に位置し，中心都市クンツエルザウから20kmほどの距離にある静かな農村地域である。人口は4,700人である。ここでは，サブプログラム「農業部門の多角化」に含まれる事業の一つとしてコテージ，乗馬施設付きの休暇村の建設が進んでおり，1999年には完成する見通しである。事業主体は個人（警察官）である。農業者であった義父の土地に，町が2人の地主から買い上げた土地を加えて合計4haにし，一連の休暇

施設および自宅兼事務所を建てるという計画をたてているが,地主の1人はまだ承諾していないという。なお,この事業の場合,水道管,道路および町が買い上げた土地はクラウトハイム町の所有なので,個人が所有している他の部分よりもEUおよび州の補助率が高い(個人に対しては15％,町に対しては50％)。

建設途上にある自宅兼事務所を見せてもらった。雨水を屋根からパイプを通じて地下のタンクに流し,トイレや洗濯の水に使う装置を備えている。また,壁には古紙を入れて断熱効果を高め,暖房は太陽熱と薪でまかなうなど,環境保全,省エネルギーに配慮している。休暇施設完成の暁には,現在,専業主婦である夫人がいっさいをまかなう予定であるという。

2) バイエルン州

バイエルン州の「目標5b」地域は,第一期(1989～93年)は24,000 km^{2}だったが,第二期(1994～99年)はその2倍近くの40,100 km^2(同州の農用地面積の57％)に拡がり,ドイツの「目標5b」地域面積の半分近くを占めている。当然,EU構造基金の投入額も最も大きく,ドイツの「目標5b」地域に対する投入額全体の5割近くを占めている(前掲第9-1表)。

「目標5b」地域の指定基準は,1人当たりGDPが28,100マルク(210万円)を下回り,かつ(1)農業従事者割合が8.9％を上回る,(2)農業従事者一人当たりの平均所得が19,400マルク(145万円)を下回る,(3)人口密度が146人/km^{2}未満,という三つの条件のうち二つ以上を満たすことである。

第二期の「目標5b」地域に対する支出予定額19億3千万ecuのうち,EU構造基金が補う割合は2割であり,バーデン・ヴュルテンベルク州の場合より高い。①農業部門の多角化,②非農業部門の多角化,③人材育成のための投資という三つのサブプログラムの中では,バーデン・ヴュルテンベルク州と同じように①,②,とりわけ②の非農業部門の多角化のウェートが高いが,③の職業上,必要な能力の開発にも1割近くの支出が見込まれている(第9-4表)。

バイエルン州では,二つの地方局管内,すなわちオーバープファルツ地方,ミッテルフランケン地方において,5bプログラムの実施事例を訪ねることが

第9-4表　バイエルン州の「目標5b」地域に対する
支出予定額（1994～99年）

(単位：百万 ecu)

サブプログラム	支出予定額	うち EU 構造基金
①農業，農村地域の多角化	785	235.3
②非農業部門の多角化	889	207.3
③職能開発	259.4	117.6
合　計	1,933.4	560.2

資料：EU ホームページ．
注．EU 構造基金5億 6千万 ecu の内訳は，農業基金 (EAGGF) 42%，地域開発基金 (ERDF) 37%，社会基金 (ESF) 21%となっている．

できたが，ここでは後者のみ紹介する．

ミッテルフランケン地方は，州の中心部ミュンヘンの北西に位置する起伏の多い農村地域である．農業条件が悪く，かつフランクフルト，ニュルンベルグという大都市に比較的近いことから，1970年代前半までは若年層を中心に人口が流出した．1970年後半から，雇用情勢が悪化したことにより，人口流出に歯止めがかかるが，農業の情勢は一向に好転せず，離農が相次いだ．この頃から，農業用に使わなくなった納屋，貯蔵施設を民宿用に改築するということが盛んに行われるようになる．このように勤めでも農業でもない，第三の所得獲得の道を求める動きは，現在，進められている5bプログラムに通じている．

同地方で訪ねた事例の一つに，在宅・在村勤務がある．バイエルン州食料・農林省は，構造基金「目標5b」の第一期，すなわち1990年以来，農村部での在宅・在村勤務 (Telearbeit) に対する助成を行っている．農家を含めて農村に住む人々が，自宅あるいは村の中のオフィスでコンピュータを使い，編集，データ処理，デザイン，プレゼンテーション用シートづくり，翻訳，簿記などの作業を企業から請け負い，収入を得るようにするというものである．

この事業の補助金を受けると，パソコン，通信機を購入し，かつ語学講座などを開設している成人学校 (Volkshochschule)，農村の青年組織 (Landjugend)，教会などでパソコン操作などの研修を受けることができる．また地

域情報基地（local information center）を設置している所の周辺（だいたい半径25km以内）では，低料金でインターネットにアクセスすることもできる。

　このような在宅・在村勤務促進のために，第二期を通して州から1,500万マルク（11億円），EU構造基金（農業基金と社会基金）から1,600万マルク（12億円）の支出が予定されている。現在，農村部のオフィスは，州内に6カ所しかないが，1999年までの間に40カ所設置し，600人の雇用創出を目論んでいる。この中には，パソコンやネットワークの利用者だけでなく，指導者も含まれる。またパソコンの普及率は15％程度だが，州食料・農林省はさらなる普及をめざしている。最も難しいとされる人材育成にかかる費用は全額，連邦労働省が負担している。

　筆者が訪ねた在宅勤務の事例であるポロチェク夫人は，ミッテルフランケン地方の中心都市アンスバッハから12kmほど離れた集落に住む。彼女は1990年に旧東独からこの農家に嫁いできた。夫，先妻の子供2人，姑と一緒に暮らす。農業にはほとんど携わっていない。

　元来，自動車メーカーに勤める機械デザイナーであった。1992年，州食料・農林省の担当者のすすめで5bプログラムを申請し，在宅勤務のためのコンピュータ，通信機，コピー機，ファックス機など一式をそろえた。現在は，モデム，ファックスを使って，ダイムラーを始め，世界中の自動車メーカーにベアリングの設計図を送っている。在宅勤務の利点として，「家族のそばで仕事ができること」，「学校から帰ってきた子供とすぐ話ができること」を挙げていた。仕事の都合でニュルンベルグやアンスバッハに出かけるのは，月に2, 3回程度である。

　ポロチェク夫人の場合，もともと専門的な技術，知識を備えていたという点で，特異な例である。しかしながら，農家に嫁いでもそれまでのキャリアを活かす道が開かれていることを示す例として注目に値する。

　ミッテルフランケン地方の事例としてもうひとつ，LEADER IIプログラムを紹介しよう。これまで紹介した5bプログラムの事例は，いずれも行政側

がメニューを用意し,農村住民が取捨選択するというものであった。LEADER IIプログラムは,農村地域に多様な所得獲得手段を創出し,人口の流出を防ぐという点では5bプログラムと同じである。だが,まず地域に自主的なグループ (Aktionsgruppe) が結成され,そのグループのアイデアが行政側に,いわば「下から上へ (von unten nach oben)」提示され,認められるという経路をたどること,さらに事業の内容に革新性があり,普及のためのモデル性を備えている,という点で5bプログラムと異なる。現在,ドイツでは旧西独の「目標5b」地域,旧東独の「目標1」地域において100以上のLEADER IIグループが活動している[9]。

筆者が訪ねたEPIG (Entwicklungsprojekt Interessengruppe Schönbronn e.V.) というグループは,ミッテルフランケン地方のシェーンブロンという,人口80人の集落にある。一面に畑地が広がり,起伏が大きい地域である。EPIGのリーダー,ヴィッテマン氏 (54歳) は農業者であり,同集落の属するブッフ・アム・ヴァルト村の村長を2期務めている。

EPIGの結成は1991年である。結成の契機は,ゴルフ場の建設計画であった。この計画には,同集落が中世の面影を残す都市として名高いローテンブルグに近いということで,日本企業も参加していた。ところが,投資するはずだった企業が次々と後込みし,計画が頓挫してしまったため,ゴルフ場とは別の所得獲得手段をつくろうということになり,地元住民によるグループが結成され,次のような計画が練られたのである。

EPIGはまず,東西ヨーロッパを結ぶ高速道路沿いにある土地3 haを,教会から購入した。村からは5 kmほどの距離にある。この土地に市場,レストラン,ホテル,バイオ暖房 (「バイオ」は木材くずなど,化石エネルギー以外のエネルギー源を意味する) が一体化した施設を建設中である。自己資本300万マルク (2億2千500万円) に構造基金を加え,計1,000万マルク (7億5,000万円) を投資した。

計画によれば,バイオ暖房は4軒の農家が担当し,1時間当たり70万キロワットの熱供給を行う。600 m^{2}の市場には,地元産の新鮮な農産物を並べ,

それを使った料理をレストラン、ビアガーデンで提供する。キーワードは「地場産」、「毎日、新鮮」、「安全」、「自然」である。さらに主に高速道路のドライバーを対象にしたホテル、旅行案内所も建てる計画である。このうち、直売部門は施設の竣工を待たずに、牛肉販売を中心に稼働している。1996年夏にはカーボーイショー、バーベキュー・パーティーを催し、40,000人もの人が訪れ盛況であった。

グループEPIGは、1995年まではその運営に対し構造基金から財政的な支援を受けてきたが、直売が軌道に乗ってきたため、1996年からは自前で運営している。グループ長のヴィッテマン氏ほか、コンピュータ技師、肉屋、コック、秘書など6名が常時勤務し、その他に実習生が数名いる。

その他、訪ねる機会はなかったが、バイエルン州食料・農務省で説明のあった事例には次のようなものがあった。いずれも、サブプログラム「農業部門の多角化」の事業である。

一つは雪かき、公園などの草刈り、植木の手入れのような公共的な作業（kommunale Arbeit）を農家に請け負わせるというものである。この種の作業は従来、市町村が業者に委託していた。だが業者よりも臨時雇いがしやすく、安上がりであるということから、ここ5、6年は農家に請け負わせることが多くなっている。機械や労働力の仲介は、たいていマシーネンリングが行う。

もう一つは農業用に使われなくなった納屋を改築し、農業以外の用途に用いるというものである。その一つは、農機具の修理工場として用いるというものであり、もう一つは10〜15人の範囲のお年寄り、障害者、病人を受け入れ、介護したり、農場で一緒に過ごしたりするというものである。いずれも農家の副業である。

後者に関して言えば、ドイツでは一般的に高齢者に対する保健・医療サービス提供をする場として農村部や農家に期待がかかっている。その理由としては①高齢者、高齢者世帯が今後も増加する、②家賃が安く、広く、かつ自然に恵まれているなど、農村部の方が都市部よりも居住条件がよい、③②の理由により、農村部に移住する高齢者がますます増えると予想される、④既存の高齢者

用福祉施設は割高である，が挙げられる。そして高齢者に対する介護サービスの担い手としては，農村の女性，特に農家の主婦が想定されている。現にバイエルン州では，家政学校が中心になって高齢者介護サービスのための教育，研修や資格試験を農家の主婦向けに行っている。州食料・農林省の「所得の組み合わせ」(Einkommenskombination) 促進担当者に「農家主婦にとって負担にならないか？」という質問を向けてみたところ，「全体的に家畜頭数が減っているので，農業労働は以前より楽になっている。その分を，介護労働に向ければよい」とのことであった。

(3) 事業関連の実務

連邦制を敷くドイツでは，農村地域政策に関わる実務もまた州によって異なっている。

バーデン・ヴュルテンベルク州の場合，5bプログラム以前，すなわち州による農村開発のプログラムが実施されていた時点から，基本的に市町村役場，郡 (Kreis) 役場が農村地域政策に関する実務を担当している。州農村省の出先機関である農業事務所 (Amt für Landwirtschaft，普及所，冬期学校を兼ねる) は，経営投資助成，条件不利地域対策の補償金など，農業者に対する直接所得補償の実務しか担当していない。

郡というのは州，市町村の中間にある行政単位である。郡行政の管轄範囲には，市町村単位で行うには効率が悪く，費用負担が大きすぎるもの，たとえばゴミ収集，貧困者や高齢者に対する福祉，病院，職業教育がある。また連邦道，市長村道と並んで，郡道というものもある。

5bプログラム実施までの過程を追うと，まず市町村役場から「目標5b」の「実施計画」に沿った事業の申請書が郡役場に提出される。提出の期限は秋である。事業主体は個人，グループ，農家，非農家いずれの場合もあり，市町村そのもののこともある。郡は，提出された事業の候補を環境保護，建築基準などの観点から審査し，ふるいにかけた後，州農村省，あるいは各省の寄せ集めである最寄りの地方局 (Regierungspräsidium) に提出し，そこでまた審査

が行われる。市町村の段階から数えて、3段階の審査を経ることになる。

このように、5bプログラムの実施に際しては、郡、市町村のような自治体の役割が大きいが、町村役場にはごく少数の職員しかいない。クラウトハイム町の場合も、職員数は半日勤務の職員を含めて12.7名であり、5bプログラムを担当しているのは一名だけである。ただ、各集落（Ortsteil）の代表である集落委員（Ortsversteher）が町会議員（Gemeinderat）や評議員（Berater）として選出され、事例のような休暇村の建設の是非に始まり、集会場の屋根の色、デザインについてまで議論、企画をしており、実質的に町の行政を担っている。

また日本の中山間地域の市町村と比較する場合、市町村独自の歳入がどの程度あるのかが気になるところである。この点をホーエンローエ郡の郡役所（Landesratsamt）で尋ねてみたところ、市町村の歳入の50％以上は通常、市町村に納められる固定資産税、営業税、所得税などの税金、および日常生活に密着した各種手数料（上下水道、幼稚園、埋葬など）によってまかなわれる。このうち、営業税、所得税については、市町村間で均衡化が図られている。そして、残りは州政府の補助による。州政府による補助の割合が50％を越えることは稀であるとのことであった。

一方、**バイエルン州**は旧西独内の他の州と異なり、「目標5b」地域内での事業をもっぱら担当する部署である5b事務所（ländliche Entwicklungsgruppe、略して5b-Stelle）を7カ所、すなわち州政府の七つの地方局の管区ごとに設置している。5b事務所はたいてい州食料・農林省の出先機関である農業事務所の片隅に置かれ、常時7〜8人の職員が勤めており、5bプログラムに関わる調整、審査業務を担当している。

5b事務所の運営費の半分は州、残り半分はEUが負担している。ミュンヘンの州食料・農林省で5b事務所設置の理由を尋ねたところ、「今までと同じ農村地域政策を続けるのではなく、たとえば在宅勤務のように新しいことに取り組むためには、それに専念する機関をつくる必要があると考えた」とのことであった[10]。

たとえば，筆者がオーバープファルツ地方で訪ねた5b事務所には，7名が勤務し，うち4名は農学士の資格をもっており，2名は環境問題の専門家である。農学士の4名はそれぞれ種類の異なる事業を担当している。たとえば事務所長は比較的大規模な事業を担当している（同地方では，高速道路の近くの2,000 haの農地を開発し，一部を人工湖にし，ヨット，水泳などができるレジャーランドにする計画が進行中である）。また，乳幼児連れの家族を受け入れるような農家民宿の計画を担当している職員もいる。いずれも，農業事務所に勤務した経験をもつ。

　5bプログラムの希望者はまず，最寄りの農業事務所の職員（普及員）に申し出る。普及員は事業計画を見た上で，同じ建物の中にいる5b事務所の職員と相談し，誰が助言者として最適かを決める，というようにチームプレイがなされている。5bプログラムの場合，経営投資プログラムのように担当者が最初から明白でないことが多いからである。

　5b事務所で審査を受けた事業案は，バーデン・ヴュルテンベルク州と同様，州の省庁の寄せ集めである地方局（Regierungspräsidium）に提出され，そこでまた審査される。ただし地方局で扱うのは，補助金額が50万マルク（3,750万円）までの事業案であり，それより額が大きくなるとミュンヘンにある州食料・農林省（Ministerium）の扱いとなる。

　バーデン・ヴュルテンベルク州と異なり，郡役場，市町村役場は基本的に，施設の設置に際して不可欠な建築許可，上下水道の整備など，公共的な領域にのみ関与しているが，ＬＥＡＤＥＲ Ⅱプログラムの場合は，市町村の関与が大きい。市町村長にリーダーシップがあるかどうかが，成功するか否かの鍵となる。

　さて，**旧東独地域**の場合，すでに述べたようにほぼ全域が「目標1」地域となっている。1990年10月の東西統一は，旧東独地域を「新しい州」として組み込むという方法，すなわち旧西独の政治，経済システムを旧東独地域に適用するというものだった。ドイツでは，1871年の統一と区別するために「再統一」という言葉がしばしば用いられている。

連邦食料・農林省はその「再統一」以降もボンに置かれたままである。他省と同様，1999年までにはベルリンに移転することになっている。現在，ベルリンには旧東独地域を担当する支所が置かれている。ベルリン支所に勤めているのは40名，うち30名は旧東独農林省の職員である。旧東独建設省の建物を，連邦建設省の支所と折半して利用している。

繰り返すように，ドイツの統一は基本的に旧西独のシステムを旧東独に適用するというものであるため，支所長をはじめ上層部は旧西独農林省出身者で占められている。また旧東独農林省出身者の場合は，統一後，しばらくボンで働いた経験をもつ。仕事の内容は，ボンやブリュッセルの指令を受け，各州に伝えるというものがほとんどである。

だが旧東独においては，現在なお，EUや連邦政府の政策が末端に浸透するまでの仕組みが旧西独地域のそれと異なる。統一前，東独地域には州がなく，国家が一元管理していた。統一後，五つの「新しい州」がつくられた。ただし行政システムは州によって異なる。旧西独の各州のように州政府，行政管区事務所，郡役所，農業事務所というように4段階の行政システムが機能しているのはザクセン州だけである。その他の州は，州政府，行政管区事務所，農業事務所の3段階になっている。これは，ザクセン州以外で郡の数が大幅に減ったことと関係している。

5. 構造基金による農村地域政策に対する評価

旧西独を中心に構造基金を利用した農村地域政策がどのように実施されているかを見てきた。これらの事業がどのような評価を得ているかについては，第一期（1989～93年）に関する限り，いくつかの報告書によって散見することができる。たとえば連邦農業構造研究所の報告書は，事業の効果を客観的に評価するためには費用－便益分析が必要であると説いている。実際，その後，北部のシュレスヴィヒ・ホルシュタイン州で実施中の「村の万屋」（Dolfladen）について費用－便益分析を行った論文が出されている[11]。以下では，主とし

て構造基金の趣旨や仕組みについて，現地で聴かれた評価について述べることにする。

まず，構造基金「目標5b」の趣旨についてである。ドイツの場合，統一後の財政難や失業者の増加の中で，農村の人口を維持するためには，農業者だけを対象にした条件不利地域対策よりも構造基金「目標5b」に沿った事業の方が効果的であると同時に，社会全体にも貢献するという見解がある[12]。連邦農業構造研究所のプランクル氏も，旧東独のごく一部分（バルト海沿岸からポーランドとの国境にかけての地域）以外では過疎化の問題がないという実態に触れながら同様の見解を示している。また，農村部では都市部よりも安くて広い家が手に入り，かつ子育ての環境もよいので，近年ではむしろ若い人を中心に都市部からの人口流入が進んでいるというのが一般的状況である。それゆえ非農家をも対象にしている5bプログラムの方が，国民の賛同を得やすいということになる。

事業の実務に携わる人々の評価はどうだろうか。バイエルン州ミッテルフランケン地方局の担当者は，「農家にとっては，直接所得補償によって所得が支えられるよりも，民宿，サービスエリアなど，経営内外の副業で収入が得られるようになった方が将来が明るく，有り難いだろう」という意見を述べていた。また，同じくバイエルン州オーバープファルツ地方の5b事務所長は，5bプログラムの利点として，毎年の支出がＥＵ構造基金の上乗せ分としてだいたい決まるので，州財政にとって安全であるという点を挙げていた。

一方，ＥＵの掲げる「パートナーシップの原則」や「補完性の原則」通りにはなかなか進まないという意見も聴かれた。バーデン・ヴュルテンベルク州の農村省のある担当者によれば，「目標5b」の事業は，住民が地域の将来について構想をもっていないとうまくいかないが，すべての地域がきちんとした構想をもっているわけではない。

行政側にもまた豊かな発想や企画能力が要求される。州政府の提案による事業の中には，バイエルン州の在宅勤務事業のように稀にしか成功しなかったり，バーデン・ヴュルテンベルク州の「畜肉処理場近代化事業」のように申請がな

かったりするものもある。たとえば，バイエルン州，オーバープファルツ地方局のヘルツエル氏は，在宅勤務を始めとして，同州がサブプログラムとして掲げる「農業部門の多角化」や，「起業」とも訳すべき Arbeitsplätzeschaffung（直訳は「労働の場の創出」）について，次のような辛口の評価をしていた。「だいたい，主婦が家で子供の面倒を見たり洗濯をしたりしながら仕事に専念できるかね。「起業」全体がそうだが，やれ農家民宿だ，直売だ，老人の世話だと言ったって，農家の主婦にとって負担になるだけではないのか。一方では家事や農業に携わらなければならないのだから。それに，起業が失敗することだって十分ありうる。若い人は別としても，今まで農業しかしてこなかった人が，急に他の仕事をこなせるようになるとは思えない」。

再び，オーバープファルツ地方 5b 事務所長によれば，5b 事務所が軌道に乗るまでには次のような苦労があったという。「州農林省から 5b プログラムの実施計画についての分厚い冊子を渡された時は，とまどいました。一晩かかって全部読んで，もう 1 回読みました。それでもよくわからなかった。設置当時，5b 事務所には私をいれて 3 人しかいませんでした。州内に同時に設置された他の 5b 事務所の人たちと何回か意見交換をするうちに，ようやく形が見えてきたんです。私の場合，農業事務所で何年か農村開発プログラム（Dorfentwicklungsprogramm）に関わっていたことが幸いしました。お陰で，現地に知り合いがたくさんいましたから。5b プログラムを実施する時も，このような知り合いに随分助けられました」。

当初，多くの農家の人たちにとって，5b プログラムは金づるの一つでしかなかった。農家を含め，農村に住む人々にＥＵや州の政策の理念，補助金の複雑な仕組みを説明し，理解してもらうこと，そしてできるだけ実施計画に沿った事業を仕組んで実施までこぎつける，というのが彼ら，5b 事務所に勤める人々の任務である。

全体として，構造基金による農村地域政策は，農村住民全体を対象にしているという趣旨については大方の賛同を得ている。だが，個々の事業の実施過程においては，行政組織が比較的整っており，行政担当者の資質が高いとされる

ドイツでさえ必ずしもEUの掲げる原則通りには進んでいないのであり、それゆえ、多くの課題を残しているといえよう。

6. おわりに

本章は、現在のドイツの地域政策が旧西独の多極分散型という特徴を保ちながらも、旧東独地域を主な対象とするEU構造基金の投入に表されるように、EUの地域政策の理念に沿って変わりつつあるのではないか、言い換えればEU統合の原理が浸透する中で、従来の国や州の自律性がどの程度維持されるのだろうかという問題意識から出発した。

構造基金の連邦政府、州政府の政策、予算の中での位置づけ、旧西独地域の「5bプログラム」の実施例、現地の関係者の評価から、ドイツの農村地域政策は、構造基金の導入以降、およそ以下のように展開しているといえる。

第1に、全体的な傾向として、統一以降、ドイツ国内の地域政策が旧東独地域に集中するようになり、加えてその地域政策の上乗せのためにEU構造基金、特に「目標1」に依存するようになったということである。このことを統一後のドイツの状況、EU統合に対する態度と関連づければ、少なくともコール首相をはじめ上層部は、EU統合に賛同、貢献することが旧東独の再建の上で得策であると考えているのではないか。ただ、EU統合推進論が一般市民まで浸透しているかどうかとなると、疑問である[13]。

第2に、旧西独の「目標5b」地域を見る限り、構造基金を用いた農村地域政策の実務は、既存の州の農村開発プログラム、あるいは連邦と州の共同による農業構造政策を動かしてきた仕組み、人員によって担われている。その意味では、ドイツの地域政策の特徴とされてきた多極分散型であること、おそらくはそれと関連深い地方分権型の行政システムが市町村などの末端まで浸透しており、EU構造基金もそのような行政システムに基づいて執行されているといえる。

しかしながら、行政の末端にまでEUが掲げる地域政策の原則、すなわち

「パートナーシップの原則」や「補完性の原則」への準拠が課されているという事実が一方にはある。これが第3に指摘できる点である。バーデン・ヴュルテンベルク州，バイエルン州の実務担当者の談話にあったように，EUの原則通りに事業を進めるには，住民にも実務担当者にも地域の将来についてのはっきりした構想がなければならない。だが，仮に住民と実務担当者との間では合意が成立して，明確な構想が描かれたとしても，それがEUのお眼鏡にかなうとは限らない。5bプログラムとは別に，あくまでも地域住民のアイデアに基づくというLEADER IIプログラムが多数採用されていることの理由は，そのあたりにあるのではないか。やや強引に関連づければ，EU統合の原理と地域の自律性が併存しうる可能性は，5bプログラムよりもLEADER IIプログラムにおいての方が高いと考えられる。

　第4に，バイエルン州の在宅・在村勤務事業の事例で見たように，縦割り行政の弊害が，EU構造基金の導入によって解消されつつある，言い換えれば構造基金の導入によって，省庁間の協力が以前より容易になっているということが指摘できる。だが，このことをもってEUやドイツの地域政策の展開が日本の中山間地域政策に対して示唆的であると言うのは早計である。同じ縦割り行政の弊害と言っても，日本の場合とどう違うのかどうかということも含め，今後，さらに現地調査に基づく分析を積み重ねていく必要があろう。

（市田（岩田）知子）

注(1)　祖田修『西ドイツの地域計画——都市と農村の結合——』（大明堂，1984年），および同書の増補版（『都市と農村の結合——「西ドイツの地域計画」増補版——』（同，1997年）。
　(2)　石光によれば，空間整備（Raumordnung）をはじめて法律用語として用いたのはナチ政権であり，アウトバーン建設などの根拠となったが，戦後，空間整備は基本的に州の管轄事項とされ，連邦法である空間整備法の中でも州地域計画との適合性が規定されている（石光研二『西ドイツの農村整備（3）——農地整備から農村整備へ——(農村工学研究　38)』，農村開発企画委員会，1985年，31～33ページ）。
　(3)　「多数核分散型」であることと地域の自律性の関連については，祖田（前掲増補版，268～270ページ）に述べられている。また，EUが統合を強める一方で，国，地域が

自律性をもとうとしているという実態については，宮島喬，梶田孝道両氏を中心とするヨーロッパ社会研究グループの一連の著作，たとえば梶田孝道『統合と分裂のヨーロッパ——ＥＣ・国家・民族——』（岩波書店，1993年），宮島喬『ヨーロッパ社会の試練——統合のなかの民族・地域問題——』（東京大学出版会，1997年）などに詳しい。

(4) 本章で用いたデータは，主として「ガット・ウルグアイ・ラウンド合意後の農業・農村政策の新展開に関する国際比較研究」（小事項研究）調査」（平成8～10年度）の初年度の調査に基づく。筆者は1997年2月16日～3月16日，主としてドイツ，バーデン・ヴュルテンベルク州，バイエルン州の「目標5b」地域において，構造基金を用いた具体的な取り組みについて調査を行った。なお，別稿，『ドイツ，オーストリアにおける農村地域政策の新たな展開』（研究資料第1号）では，農家民宿，バイオマス装置，村の万屋などの事例もあわせて紹介した。

(5) 以下の記述は，主としてOECD, *Regional Policies in Germany* (Paris, 1989) に依拠している。

(6) Bundesministerium für Raumordung, Bauwesen und Städtebau, *Raumordnungsbericht 1993,* pp.106-109。

(7) *Agrarbericht der Bundesregierung 1994,* p.111.

(8) *Agrarbericht der Bundesregierung 1997,* p.113.

(9) ＬＥＡＤＥＲとはフランス語の liaison entre actions de developpement de l'economie rurale（農村経済発展の行動連携）の略称であり，「II」は構造基金の第二期に実施されていることを示している。なお，ＬＥＡＤＥＲプログラムについての邦文文献としては，本書の第11章のほか，大江靖雄「欧州連合における農村政策の方向性」（『中国農試農業経営研究』，第124号，中国農業試験場総合研究部，1998年，57～64ページ），21世紀村づくり塾『ＥＵ加盟国における地域活性化方策　『リーダー・プロジェクト』がもたらしたもの』(1997年)，『同（PART II)』(1998年）がある。

(10) 本稿では「5b事務所」と訳したが，飯田芳明「ＥＵ地域政策の構造と実施過程——5b政策を中心に——」(『農業経済研究』第67巻第3号，岩波書店，1995年12月，166～173ページ）では「5b局」として紹介されている。

(11) Plankl, Reiner und Schrader, Helmut. *Politik zur Entwicklung Ländlicher Gebiete in der Bundesrepublik Deutschland im Rahmen der Reform der EG-Strukturfonds und Grundprobleme der Bewertung,* Bundesforschungsanstalt für Landwirtschaft Braunschweig-Völkenrode (FAL), 1991. および Tissen, Günter. "Ein Ansatz für die Zwischenbewertung der Ziel 5b-Politik." *Agrarwirtschaft 46,* 1997：225-232.

(12) Neander, Eckert. "Zur Zukunft der Ausgleichszulage." *Agrarwirtschaft 41,*

1992：221-222., p.22.
(13) 1998年9月の総選挙の結果，社会民主党と緑の党の連立内閣が発足したが，EU統合推進論は維持されている。

第10章 フランスにおける農村地域政策と農業

1. はじめに

　フランスにおいて,独自の公共政策の分野として農村振興政策の形成が始まるのは,1960年代以降のことである。1960年と62年に制定された農業基本法や1960年代の国家経済計画において,その必要性が明記された。それ以前は,国民に対して十分な食料を供給するために農業全体の生産力を高めることであり,都市部と比較して遅れた農村の生活環境の整備や所得源の確保が目的であった。いわば全国画一な政策により生産基盤や生活基盤の整備による底上げが政策目標であった。農業(agriculture)と農村(rural)の区別はされにくく,またされる必要がなかった。農業基本法や国家経済計画の背景にあるのは,国民の食料供給基盤として成長した農業の効率化や近代化,そして国際競争に耐える農業基盤を確立することを第1の目標と定めざるを得ない時期に差し掛かったことである。農業の効率化や近代化を目指す政策自体は,比較優位,劣位による地域格差を生み出す。特に脆弱な生産構造をもつ農業の場合,1960年代の効率化や近代化には,農業経営の淘汰,農業人口の減少,引いては農村人口の減少が不可避である。農村経済の市場化や近代化指向の農業政策は競争性を高め,社会的に容認できない格差を生みだす。このような格差の是正のために,農村における自然資源や文化資源の衰退のおそれをはらんだ比較劣位の地域に対して講じられるのが農村地域政策であるといっていい。

　そして,農村地域の振興政策の展開の大きな節目となったのは,マクロ経済の動向である。高い経済成長率に支えられた富の分配による地方経済の発展は,低成長期に差しかかると十分に機能しなくなった。1970年代中盤以降,各地

域独自の自立的な発展が求められ，農村地域政策においてイノベーティブな経済活動を生み出す組織的基盤の形成を促進することに主眼が置かれた。一定地域に形成された組織の中で，構成員どうしの密な相互依存（partenariat あるいは partnership）[1]を基礎に知識や情報の交換を通じて生まれる組織の外部性が自立的な発展の駆動力となる。振興政策（politique de développement）とはこのようなイノベーションを生み出す組織基盤の形成を促す政策といえる。

本章では，フランスの農村地域における振興政策の背景についてたどった後，農業の振興事業の事例からあらためてその実態と課題について明らかにしてみたい。

2. 農村地域政策の背景

（1）農業・農村と農業政策

1950年代，60年代に政策目標として掲げられた農業の近代化が着々と達成される一方で，農村において農業就業人口の割合は著しく低下した。1955年の農業就業者数は 614 万人，就業人口総数の 28％を占めていたが，1988年には 203 万人，1995 年には 151 万人に減少した[2]。1995 年の総就業人口に占める農業就業者の割合は 5％である。戦後，40年で 3/4 の雇用が農業から失われた。農業経営数も 1955 年には 231 万経営を数えたが，1988 年には 102 万経営，1995 年には 73 万経営に減少した。50歳以上の経営者の 2/3 は，後継者の確保がなされていない。農業経営の減少により，平均経営面積は 1955 年の 14 ha から 1995 年には 37 ha に拡大した。1960 年代に家族経営のモデルと位置づけられた 20～50 ha の中規模経営は，1955 年から 70 年代前半にかけて増加したが，1980 年代には減少しはじめ，1995 年には全経営数の 1/4 に過ぎない。代わって，50 ha 以上の経営は，1955 年に 9.5 万経営，全経営数の 4％に過ぎなかったが，1988 年には 18 万経営（17％）に達した。その後，50～100 ha の経営も減少しはじめた。代わって 1988 年から 1995 年の間に 70～100 ha の経営は 5.1 万経営から 6 万経営に，100 ha 以上の経営は 4.4 万経営から 7 万

経営にそれぞれ増加した。1995年には100 ha以上の経営が総農地面積の4割を占め，20〜50 haの経営が占める割合は7％に過ぎない。

　農業所得は経営面積に依存するほかに，経営組織の違いが大きな格差をもたらす。1970年には大規模な畑作経営と小規模の複合経営の所得には15倍の格差があり，1986年には大規模な穀作経営と小規模な羊，ヤギを飼養する経営の所得には18倍の格差が存在した。1980年代後半のフルタイム経営の所得格差をみると，11％が赤字経営，39％が5万フラン以下，30％が5〜10万フラン，15％が10〜20万フラン，5％が20万フランを越える所得をえている。このような農業所得の格差はむしろ，自然に規定される生産条件や歴史的な農業構造の形成を背景として，地域農業の格差の拡大として表れた。中央山地に位置するリムザン地方は生産条件の制約から粗放的な畜産に特化した地方である。この地方と最も所得の高い地方との就業者当たりの所得格差を比べると，1954年には2.6倍の格差に過ぎなかったが，1970年には7.8倍，1992年には18倍にまで広がった。フランスで最も農業所得の高い地方は，パリ盆地を中心とした穀作および畑作地帯であり，地中海に浮かぶコルス，フランス南西部，中央山地で農業経営所得が最も低い。農業生産性が向上する過程で，歴史的に農業構造が充実し生産条件に恵まれた地域の著しい発展と，生産条件の不利な地域との格差は拡大したのである。

　農業構造の変化は，農村における職業分類別の世帯構成に大きく影響した。1990年には農業者および農業労働者の世帯は9.9％であり，被雇用者世帯は42.5％，年金受給者が40.7％に及ぶ（1960年にはそれぞれ，33.8％，28.9％，28.5％）。農村においても農業世帯は少数派であり，被雇用者世帯や年金受給世帯で占められるのが現状である。このことは，農業部門が農村地域振興の重要な一翼を担うとしても，農村経済の発展や人口扶養力の維持の可能性はむしろその他産業にあることを示唆している。

　農業政策の展開を振り返ってみよう。主要農産物の自給を果たし，国民に十分な食料を供給する生産力を備えると，フランス農業は国際化の時代を迎えた。国際化の第一段階は，EU共通農業市場と共通農業政策の形成である。共通農

業政策は価格・市場政策および構造政策を2本の柱として形成された。しかし，その後の共通農業政策はその歳出の9割以上が価格・市場政策に偏重するものであった。価格政策重視の農業政策は，将来的に次の二つの問題の発生を予期させるものであった。

第1に，価格支持により生産が触発されることで，速やかに域内の主要農産物の自給が達成されるとともに，自給水準を超えるとやがて農産物の過剰問題が発生することである。とりわけ顕著にこの問題が発生したのは，穀物と牛乳・乳製品である。穀物の過剰の契機を象徴するのは，1964年の共通農業政策下の小麦価格の決定であり，このとき主要生産国であったフランスの支持価格水準を大きく上回り，生産を刺激する結果になった。この背景には，EU（当時EC）設立6ヵ国の穀物支持価格の間にはおおきな格差があり，共通価格設定のためにドイツなどの支持価格が高い国と相対的に支持価格の低い国（フランス）の間で，政治的な決着が図られたことにある[3]。また，酪農については，フランスをはじめいずれの国においても数多くの経営が小規模な酪農生産を行っており，これらの経営の所得支持が政治的にも社会的にも重要視されたことに連なる[4]。

第2は，産出の多い相対的に大規模な経営ほど価格支持制度から利益を引き出すことができることである。これは農業経営間，地域間，構成国間の農業所得の格差を広げることに寄与し，所得再分配の観点からは農業政策が逆進的に機能することを意味する。また，農産物ごとに価格支持による介入の強弱があり，農業政策が所得に与える寄与は異なる。農業構造の違いもさることながら，穀物，畜産を主体とする北部ヨーロッパと果樹を中心にした地中海諸国との間に，農業財政の配分の格差を生み出すものであった。1992年に合意されたＣＡＰ改革では，農業財政の膨張を解消するとともに，補助金付き輸出に伴う農産物貿易摩擦の妥結を狙いとしたが，価格支持政策から帰結する所得分配の不公正の是正についても課題の一つと考えられた[5]。

もう一方の柱である構造政策は，将来的な農産物過剰の到来に対する懸念を表し構造政策の必要性を説いた1968年マンスホルト・プランを受けて，1972

年から徐々に形成されることになった。それは、中間層の経営近代化を進め上位層にキャッチアップするための投資を助成する一方で、高齢経営の引退・離農を促す点にあった。高い生産性を達成できる経営を選別し、離農を促進することで農地の流動化を図るものである。このような政策誘導は、供給過剰の到来とともに抑制的な介入価格を背景とすることで効果を発揮することができた。1970年代以降の実質農産物価格の傾向的な下落は、近代化途上の農業経営に規模拡大の誘因を与え、引退間近の経営に対しては離農の誘因を与えたからである。

　農業経営の近代化と経営面積の拡大により効率化する農業は、さまざまな技術の発展と普及が作用することで飛躍的に生産性を伸ばす一方、やがて農産物の過剰処理問題に直面した。そして、フランス農業、ならびにEU農業は、第2の国際化を迎えた。過剰農産物は補助金付きの輸出で処理されたため、アメリカとの農産物貿易問題に発展したことである。対外的な問題だけでなく、過剰農産物の補助金つき輸出、域内の余剰農産物の買い上げとともに、財政負担は拡大した。1980年代には共通農業政策（なかでも、市場政策）に対してEU財政の7割強が費やされることで、次の二つの問題が生じる。一つは、他分野へのEU共通政策の展開を阻害することである。1980年代の南欧諸国の加盟に引き続き、今後中東欧諸国へ加盟国の拡大が見込まれ、後進地域のキャッチアップを促すために地域政策を拡充することが不可欠となるからである。二つは、市場政策中心の農業財源の配分バランスの問題である。従来の共通農業政策による歳出は、穀物および畜産部門への帰属が大半を占め、地中海農産物に対する配分が少ない。そして、価格および市場政策中心であるため、規模の大きな経営の利得が大きくなることにより、農業財源の公平な配分が損なわれてきたことである。

　今日の農村社会経済の構造は、1950年代の食料供給をもっとも重要な課題とした増産誘因政策や1960年代以降の農業生産構造の効率化を重要な政策課題とした時期とは大きく異なる。主要農産物について国内需要を十分満たせる供給力を備える一方で、資本集約化や規模の拡大により農業経営の効率改善は

顕著に進んだといえるからである。こうして，1990年代後半を期間とした第11次国家経済計画の準備にあたった「農業，食料，農村振興」部会による中期展望レポートでは，農業部門の発展は食料供給のみを目標とするわけにはいかないと指摘した[6]。その背景にあるのは，共通農業政策の改革やガット・ウルグアイ・ラウンド合意による農業生産増に対する大きな制約である。

(2) 空間政策と制度改革

　空間を対象とした政策をめぐる制度改革は，国，地方，市町村におよぶ。フランスにおける国土の均衡ある発展，あるいは地域格差の是正を目的とした政策的介入は，第2次大戦後から「国土整備（aménagement du territoire）」政策としてすすめられてきた。具体的に講じられる政策は，例えば，一極集中したパリから公共部門の地方移転を促す措置や，地方に立地を計画する企業に対する補助金交付，地方の経済活動を支えるための交通網の整備，地方における人的資源開発がある。また，農業部門に対する公共投資や地方中小都市の生活環境整備も経済活力を支える上で講じられる重要な措置である。しかし，国土整備もしくは国土政策といった場合には，部門政策ではなく，空間，地域を政策対象とする政策のあり方，あるいは政策形成のあり方を問題としなければならない。「固有の手法を備えた特定の政策ではなく，あらゆる省庁に共通の新しい思考様式として整備（aménagement）という概念を捉え，各省庁の固有の役割を越えて各地方の目標に向けて，政策的介入の手段を収斂させていくことが整備である」[7]。このように捉えると，国土整備について考えることは，政策機構のあり方自体を検討することがその課題となることは明らかであろう。フランスにおいて革命以来構築された部門別政策機構の再検討作業が国土整備の推進と表裏一体となるのである。この部門別の政策機構の障害を克服する目的で，1963年に設置されたのが国土整備・地方振興庁（Délégation à l'aménagement du territoire et à l'action régionale：DATAR）である。DATARは所掌範囲をもつ官庁ではなく，特命管轄事項を与えられた担当官（charge dé mission）らによる指令塔の役割をもつ。設置の主旨は国の投資的

予算の地方への配分を促すことであり、投資的財源を持つ各省庁の予算配分のされ方や歳出のされ方を監視することであり、各部門の政策機構との調整や投資の誘導を行うこととされた。DATARと各省庁、もしくは各省庁間に紛糾する案件が生じた場合には首相が裁定を行う。DATARには、独自の財源として、優先地域の雇用創出、鉱業地域の再編、山岳地域の経済振興など目的が定められた財源のほか、国土整備介入基金（FIAT）や農村振興・整備省際基金（FIDAR）などがある。これらの基金については、公共投資の成果がすぐに現われないような事業に対して、省庁や自治体はDATARが講じる事業の引き継ぎを行う条件のもとにおいて、初期の経費を負担するという性格を持ち、省庁との交渉手段として役割を果たす。このため、FIATやFIDARの財源規模は小さく、国の公共投資財源の2％を超えたことはない[8]。

　DATARが農村を対象とした政策に1967年に打ち出した農村刷新（rénovation rural）政策がある。これは、僻地性の解消を目的としたインフラ整備や公共サービスの改善のほか、人的資源開発、土地改良や施設整備などによる農業の近代化、製造業やサービス業の振興といった部門横断的な政策目標を掲げ、マシフ・サントラルなどの山間地やブルターニュ半島の5地方を対象とした。農村刷新政策の新奇性はまず、部門政策担当官庁の予算の一部をこの農村刷新政策向けに基金として留保した上で、各地方に設置された農村刷新政策担当官が各地方独自の事業の調整にあたることである。そして地方における部門政策機関の連携強化に寄与したこと、自治体のイニシァティブに対する助成により後述の市町村協力の促進に役立ったことであった[9]。

　第2は、1950年代の広域的な地域開発行政圏の設置と1980年代におけるその自治体化である。国と市町村の中間の行政区域として、フランス革命を契機に地方の統治を目的として日の出から日没までに県庁から憲兵が馬で往復できるように区画された県（département）が95存在する。県は国土整備や地域開発の単位としては狭小であったため、1955年に政府の地方事業プログラムの実施単位として地域圏（région）が設定された。2〜8県を1地域圏とする行政区の区分けは、主要都市の経済圏とする考え方と革命以前にさかのぼる歴

史の記憶が色濃く残る圏域とする考え方に基づいている[10]。地域圏の役割は，県知事や県ごとに設置された中央省庁の外局（県建設局や県農林局）の連絡会議を通じて，国家の経済計画に対して地方レベルの計画の立案や経済計画に基づく公共投資の配分の調整を行うことであった。地域圏は当初から地方経済の振興や国土整備の計画の調整を行う従来の行政枠組みをこえた国の広域行政単位として発展した。

1960年代には「多様な地方の併合を次々と図りながら，国家の統一を実現し維持するために，数世紀にわたって集権化の努力がなされてきた。しかし，もはやこのような努力は重要ではない」と時の共和国大統領ド・ゴールが発言したように，地域圏の組織構造の発展は政治的な課題として重要性が増した[11]。

1972年の制度改正においては，「地域圏は既存の地方行政レベルの上に位置づけられる行政組織ではなく，大規模な公共整備の実現と合理的な運営を行うことを目的とした県の連合体である」とし，一面では従来の地方制度の中核である県に対する配慮をした上で，地域圏に対して「権限を重複させることなく国は管轄事項を委譲し，県域を越えるような事項につき県はその権限の一部を委任することができる」点が定められた。このとき自治体としての資格を与えられることはなかったが，地域圏には間接選挙による地域圏議会が設置された[12]。また，民間の声を代表し諮問機関として位置づけられる経済社会委員会が設けられたほか，地方税加算による徴税権を得ることになった。ただ，審議を行う議会や諮問機関が設置されたものの，議会における審議の準備や決定事項の執行を担うのは，知事や省庁の外局長らによる国の機関である。

1980年代以降の地方分権化政策は，1981年の大統領選挙において社会党のミッテランが当選し，その後の総選挙において社会党が政権基盤を確立してから本格化した。市町村，県，地域圏の権利と自由に関する法律（1982年3月2日），経済計画の改革に関する法律（1982年7月17日），権限の配分に関する法律（1983年1月7日および1985年1月25日）により，1）従来の国による地方自治体の後見の廃止，2）国から自治体に対する管轄権の委譲，3）地方

自治体による経済介入の認知と地域経済計画の推進，4）地方自治体の新たな財源の確保，が地方分権化政策の路線として引かれた。フランスに特有のトップダウンのシステムに代わって，行政サービスを供給するときの最適規模に基づいて各段階に権限を配分するという考え方が底流にある[13]。この中で，地域圏は直接選挙に基づく議会をもち，地域圏議会議長が地域圏行政の執行権をえて，地域圏行政の長となった（1986年に各県を選挙区とする比例代表制による初選挙を実施）。

地域圏の権限範囲として重要なのが，地方経済に対する介入や地方経済計画の策定である。その重要な手段となる制度が地方経済計画と国家経済計画で定める目標を実現することを目的とした各種プログラムにつき，国と共同で財源を拠出する手段である国－地域圏計画契約（Contrat de Plan Etat-Région）である。国と地域圏の契約は，国の代表である地域圏知事と自治体としての地域圏を代表する地域圏議会議長が契約を行うもので，両者の経済政策の目標を擦り合せることにより，国家経済計画と地方分権の矛盾を解消する手段として位置づけられた[14]。1984～88年の第IX次経済計画では，地域圏の固有財源の35～80％がこの契約における事業に投じられることになった。実態はともあれ，1980年代前半に引かれた地方分権化の路線により，地域圏は経済振興や国土整備の分野において委譲された権限の範囲において，国に対して対等の権利（de droit commun）をもつことになった[15]。

第3の制度改革は，フランスの地方制度に特徴的な市町村（commune）の零細性の克服を目指した制度の展開である。現在フランスに存在する市町村は36,000余りにのぼり，人口1000人未満の市町村は全体の79％，500人未満の市町村は，同じく60％に達する。ローカルレベルの農村地域振興単位とするには余りにも小さく，農村振興に取り組む上で財源や人的資源が伴わない（第10-1表）。

このように市町村基盤は零細なため，農村においては単独の市町村で住民サービスを提供することはできない。このため，発達したのが市町村間協力である。水道，電線敷設，上下水道，家庭ごみの収集，学童送迎など，市町村が担

第10-1表　市町村の人口規模

人口区分	市町村数	人口構成(%)
50人未満	1,053	0.1
50～99	3,025	0.4
100～199	6,989	1.9
200～499	11,127	6.5
500～999	6,452	8.1
1,000～1,999	3,771	9.4
2,000～4,999	2,402	13.1
5,000～9,999	817	10.1
10,000～19,999	412	10.3
20,000～49,999	285	15.8
50,000～99,999	66	8.1
100,000人以上	37	16.2

資料：Van Tuong, La fusion des communes, *La revue administrative*, n. 261, 1991.

うべき行政サービスは，それぞれのサービスを単位とする一部市町村事務組合 (Syndicat intercommunal à vocation unique) により供給されてきた。市町村協力の歴史は1837年に市町村の共有財産の管理を担う組織として組合の設置が認められたのが先駆けであるが，住民に対する公共サービスの提供を行う一部市町村事務組合の設置が認められたのは1890年であった。この一部市町村事務組合を通じて，1950年代までこのような農村市町村の住民サービスが供給されてきた。

　市町村制度の改革は，中央政府主導のもと第5共和制に移行した1959年以降に市町村間の協力を深めることから始められた。都市部では人口増加への対応として，中心都市と周辺市町村の間で都市計画の協調を促す必要から都市連合区（District urbain）の設立が，また農村部では多目的市町村事務組合 (Syndicat intercommunal à vocation multiple) が新設された。1963年には市町村合併を行った場合の地方税の追加交付制度や，1964年には合併市町村のほか，事務組合，都市連合区に対しても施設整備に対する補助金を加算する措置を講じ，広域市町村組織の形成を促した。1958年から70年までに，635

市町村による298件の合併が行われたほか，11,205市町村が参加した1,108件の多角的市町村事務組合，686市町村が参加した90件の都市連合区が設立された。しかし，他の欧州諸国が経験した市町村合併には遠く及ばない[16]。

市町村の協力関係の強化を進める改革からさらに中央主導型の市町村制度改革として，1971年に制定されたのが市町村の合併と連合（groupement）に関する法律（通称「マルスラン法」）であった。この法律は，単独発展できる市町村，人口集積地を中心に連合体を形成すべき市町村，合併が望ましい市町村に区分し，一部市町村議員の合併反対があっても特定多数決による住民投票に委ねることが可能であることを定めた。フランスで零細な市町村の解消を目的として市町村合併を推進した時期は，ほかの欧州諸国においても実施され，成功をおさめた時期であった。ところが，フランスでは法制定の翌年から1978年までの間に，10,143市町村を3,682市町村に合併することを見込んだものの，結果は2,217市町村が897市町村に合併しただけであった。しかも，一度合併が成立した市町村も，財政や税制上の優遇措置の期間が終わる5年後以降に分裂するケースもあり，市町村が増加する事態も発生した[17]。市町村制度に対するフランス特有の固執があらためて発揮された出来事である。こうして，マルスラン法による強力な合併推進政策は，結局成果をあげることができず，強権的な市町村改革は放棄され，既存の任意の市町村協力の制度的枠組みを発展，深化させる方針に転換された。この任意の市町村協力の推進は，1983年の一連の地方分権化法を媒介にして，確立された路線となっていった。そして，市町村の協力関係は農村地域の振興政策の展開と強くかかわりながらともに深まっていくことになる。

（3） 農村地域の振興と農村組織の育成

以上のような行政制度の改革に対して，農村における組織の機能を高め，地域支援の構想や事業の発展を促す制度がある。1967年に制定された土地基本法（loi d'orientation foncière）には「農村地域の振興や施設整備にふさわしい構想を策定すること」がひとつの政策目的として明記され，それを受けて

1970年に農村整備計画（Plan d'aménagement rural：PAR）が制度化された。Houée（1996）は「農村整備」について，その目的について次のように整理している[18]。農村整備は国土整備の重要な一部分として捉えられなければならず，農業政策と都市計画の中間に独自に位置づけられなければならない。その政策目的は，第1に経済活動の分散，近代化，多様化を推進することであり，まず十分な農業所得を獲得でき，農業に利用される国土の維持管理を行えるような農業生産構造の近代化を達成することである。しかし，農業生産構造の発展は農業人口の減少を招き，農業内部の競争は激しくなる。条件不利地域や山間地域における農業維持策が講じられなければ，国土の維持管理費用は高くつく。そして，住民の定着を図り，新たな住民を呼び寄せるためには，製造業，零細自営業，観光業など非農業部門の雇用を創出し発展させることである。第2は，農村生活条件を改善することである。1) 農村社会固有の自然資源，文化資源の保全，管理やその発展，2) 農村サービスの発展や施設の整備（公共サービスの供給機関の多機能化，住宅整備，教育環境や医療の整備，上下水道や村落整備など），3) 住宅や事業所の分散立地に適応した交通・通信手段の整備，4) 農村部における人口集積地区（5,000〜10,000人規模）の整備，そして，5) 技術的にも財政的にも，地域計画構想を実現し運営する能力を備えた地域集団の創出を奨励することである。

　PARは農林省の外局である県農林局主導のもと，農村振興の可能性を探る調査や検討を行うものであり，PAR自体に財源上の裏付けが自動的に備わったわけではない。中央省庁や県議会による多岐にわたる整備，振興事業や補助金交付が実施される場合の指針について各農村地域ごとに定める点に制度の目的がある。したがって，農村住民自ら，とりわけ市町村長や市町村議員や県議会議員などの農村地域で意思決定にたずさわる人々に対する動機づけが制度の目的であり，革新的アイディアの「インキュベーション」や農村振興に必要な地域情報を認識し，共有することが期待される制度であった。1980年代になり，後述の市町村整備振興憲章として制度改革が行われるまでに，フランス全国で232件のPARが作成された。これは8,550市町村，対象地域の人口520

万人，およそ国土の 13.5 万 km^2 の地域（国土の 25 ％）におよんだ。

　財源的裏付けのない PAR に対して，DATAR 主導により 1975 年に制度化された「地域契約（contrat de pays）」は，経済的なインセンティブを与えながら，1）地域資源の有効利用による人口減少対策や，経済振興の組織化，若年就業者に対する雇用の提供，2）経済の活性化や生活基盤整備，集合的サービスの組織，地域資源の保全と活用などを通じた，それぞれの農村地域の特殊性に応じた対策の設計，3）農村社会の推進主体による連携の強化と責任に対する動機づけ，を目的とした。地域契約では，農村地域において PAR のような農村振興に関する検討の実績がある市町村協力組織（SIVU や SIVOM，その他市町村で構成される任意団体（association））が形成されていることが実質的な要件とされた。市町村協力組織が契約を結ぶ相手は国であり，国土整備に対する財源や各省庁の補助金の組み合わせにより融通される。1977 年からは，おなじ国の機関でありながらも地域圏知事に権限が委譲されるとともに，契約対象区域のほか，供与する財源や事業計画の承認について地域圏議会も立案，実施にかかわる決定に携わることになった。国の裁量権の地方外局に対する委譲や地方自治体への分権化は 1980 年代に入り本格化するが，地域契約における権限委譲や分権化はその先駆けの一例である。1982 年までに中央政府との契約による地域契約が 72 件，地域圏が対象地域の決定を行い，中央政府と地域圏が共同で契約を策定する地域契約が 265 件，さらに，地域圏が独自に契約を行う地域契約が 300 件にのぼった。一連の分権化法制定以降，地域圏が独自に行った地域契約には，中央省庁の財源を含む場合もあるが，地方自治体として機能しはじめた地域圏の実績作りに貢献した。

　PAR や地域契約が，農村の経済活動全般と生活基盤を念頭においた振興計画作りであるのに対して，部門を特定した各省庁の農村整備制度がある。いずれも広域市町村の組織化を前提とすることが特徴である。農業部門においては，土地整備集団事業（Opération groupée de l'aménagement foncier：OGAF）が 1970 年に農業経営構造の改善を目的として制度化された。この制度の特色は事業内容，事業区域があらかじめ設定されずに，県レベルの事業推進主体が

地域固有の農業経営構造上の弱点を克服することを目的として事業計画，区域，事業期間を設定し，補助申請する方式を取る。経営譲渡の円滑化や農地の流動化，青年農業者の自立支援などがおもな事業項目である。条件不利地域の補助申請が優先されるほか（DATAR からも資金を得られる），近年では自然環境，景観保全などのEU支援政策を実施する枠組みとしても活用されている[19]。

民宿（chambre d'hôte）や貸し別荘（gîte rural），キャンピングなど農村住民が直接取り組むルーラル・ツーリズムを育成するために，農村観光地域として一体性のある複数の市町村を観光地域（Pay d'accueil）として設定する制度がある。1981 年からは，地域契約制度に類似する観光地域契約（Contrat de pay d'accueil）が制度化され，観光地域を形成する市町村が独自の協力体制を作り事業計画を立てると，国や地方政府から事業資金を得られる仕組みになった。これは DATAR の制度で，国からの資金は事業資金というよりも協力組織の運転資金であり，事業に対する助成は主に地域圏や県といった地方自治体が行う[20]。

住環境整備を目的とした制度には，住環境整備計画事業（Opération programmée d'aménagement de l'habitat：OPAH）がある。1977 年に制定された建設省所管の制度である。これも市町村の協力体制が前提であり，事業を組むための調査事業を行い，事業計画を立て，国と契約を結び調査事業資金をえる仕組みである。若年層，高齢者，身体障害者向けの住宅整備や地域建築資産の保全，観光用宿泊施設の整備がおもな事業である[21]。

一連の地方分権化法が市町村に与えた影響も大きい。市町村に対する県知事の後見は廃止され，事後的な適法性のチェックに置き代わった。市町村は権限範囲の地域行政の執行について，自由をえるとともに責任を果たさなければならない。市町村長や市町村議員の資質が問われることになった。そこで，人的資源や財源の脆弱性を補う有力な手段が市町村協力の発展である。一連の地方分権化を推進する法律の一角を占める 1983 年の「市町村，県，地域圏，国の権限配分に関する法律」に基づき，市町村は農村整備計画を発展させた整備・振興市町村憲章（Charte intercommunal de développement et aménagement, 以下市町村憲章) を制定できることになった。これは，1) 経済，社会，文化の中期的な振興構想を立て，2) 振興構想を実現するための事業計画を立案し，3) 公共施設やサービスの組織や運営の条件を明記すること，を内容とする。農村整備計画では，農村の意思決定者の組織化や連携を通じて農村振興の構想を練ることのみを目的としたのに対し，市町村憲章では地域経済の振興を最大の目的に据え，公共施設の整備や土地利用を含めた事業計画を策定し，実現することを目的としている。また，農村整備計画においては，調査，検討，地区の設定，内容について，県庁(内務省の地方外局)や県レベルの農業・農村行政組織(農林省の地方外局)が実質上行ったが，市町村憲章の場合には，市町村が対象地区や内容を決定しなければならない[22]。県庁の機能は適法性について監視するのみであり，農林省の地方外局も基本的には技術的なノウハウの供給の要請に応えるにとどまることになった。

　市町村の農村振興に対する国の関与の後退に対して，「権限配分に関する法律」により市町村の経済振興と密接な関係を持つように定められたのが地域圏である。地方経済の振興や整備の権限をえた地域圏が経済振興計画を作成する際に，市町村憲章に参加する市町村に諮問する義務が定められた。地域圏が諮問する必要があるのは地域圏を構成する県議会のほか，県庁所在地となる市町村，人口10万人以上の市町村であり，市町村憲章を備えた農村部の市町村もこれらの都市の自治体と格を同じくすることになる。市町村憲章を作成することで明記された事業の実現に必要な財源が保証されるわけではないが，地域圏が作成する経済振興計画や地域圏と国が取り結ぶ国－地域圏計画契約における農村地域振興事業として実現されるほか，各省庁固有の部門別の事業や地方自治体独自の振興事業において，市町村集団との事業契約として実現される。

　市町村憲章が最も発達したフランス中東部に位置するブルゴーニュ地域圏の例から地域圏と市町村協力組織との関連の形成を述べてみよう。ブルゴーニュでは地域圏内の農村部の大方で市町村憲章が策定されている。これには，憲章の法制化に尽力した社会学者J.P. ウォルムがソーヌ・エ・ロワール県選出の下院議員(1981～1993年在職)であり，市町村憲章のお膝元という事情があ

る。しかし，憲章の策定に対する誘因政策は地域圏内の国土整備や経済振興の権限を持つ地域圏議会の権限であることを受け，ブルゴーニュは1986年から積極的に取り組んだことも貢献した。1986年から1994年までに53地域で市町村憲章が作成され，71.7万人の地域を対象とするまでに達している。ブルゴーニュの人口の44％，2,026市町村のうち74％である。憲章を作成する範囲は市町村を単位として，全く市町村の発意に基づくもので，憲章により行おうとする事業に対しても制約はない。憲章案の作成後に審議を行うのも，各市町村の議会である。さらに，憲章を作成する市町村の連合組織も，任意団体や市町村事務組合などさまざま結合の強弱をもつ市町村間の協力組織形態をとることができる。事業を行う際の財源は，県，地域圏，国といずれとも，協約を結び補助を受けることができ，憲章の対象期間は「中期」と条文にあるだけである。このように憲章の策定に対する制約はなく，要は市町村の連合組織が自らの構想と事業計画を策定することを促す制度である。

　地方の整備や経済振興に関する固有の介入権限を得た地域圏は，国－地域圏計画契約における地域限定事業やこの事業の規模を膨らませるEUの農村地域政策に，地域圏が独自に定める目標に沿って財政的貢献を行うことで，新たな広域的地方自治体としての存在感を示す必要がある。しかし，自前の行政スタッフが整わず，地域圏や県に配置された省庁の外局に技術面で依存せざるをえない。少なくとも，ブルゴーニュにおいては，憲章の策定に取り組む市町村に対する補助金の交付[23]とともに，地域圏の国土整備課や観光課のスタッフが現場の議論に参加しつつ積極的に関与することがむしろ，自らの存在をアピールすることに役立った。地域圏議会の報告でも，地域圏の制度を根づかせるための多くの広報事業よりもはるかに効果があったと振りかえっている。また，零細多数の単独の市町村は県議会と深いつながりを持っており，地域圏は県に対する独自性を発揮する必要がある。このため，市町村協力組織を運営する市町村長や市町村議員のほかに，推進事務担当者や憲章の作成に先立って行われる調査検討事業を委任された民間のコンサルタントとの関係強化を図ることが，地域圏議会そしてそのスタッフの戦略とするところであった[24]。

3. 農村地域の振興政策の実際と課題
——ブルゴーニュ地方の農業振興の事例から——

これまで述べてきたように農村地域の振興政策を実施するのは国, 地域圏, 県, そして, 農村における市町村の協力組織であり, これらの行政, 政治制度の変遷を遂げつつ農村振興政策が形成されてきた。そして, 農村地域自体に地域の整備や経済振興に対する意識を高め, 自らを知り, 事業計画を策定する技術を備えることを目指して, 農村整備計画や地域契約, 市町村憲章といった手法が取り入れられてきた。以下では, 最近実施された農村振興の中で農業を対象とした事業に焦点を当て, あらためて振興事業の目的とその課題について検討してみたい。

(1) 農村区域振興計画と農業

国, 地域圏, 県, 市町村の協力組織のほかに, とりわけ, 1988年における政策の見直し以降, 積極的に農村振興の分野に取り組みはじめたのがEUである。政策の立案や実施の過程は複雑になったが, EU地域政策の一環をなす農村区域振興計画 (PDZR; Programmes de Développement des Zones Rurales) はフランスの農村振興の原資の拡大に貢献している (EUの地域政策ならびに農村振興計画については補論参照)。EU地域政策の一環である農村振興政策は, 「農村の経済活動の維持発展や生活条件の改善により, 脆弱農村区域の過疎化を防止すること」を目的とした農村区域振興計画として具体化された。フランスにおいて, 第1次農村区域開発計画 (1989～93年) は全国25地域でプログラムが作成され, およそフランス国土の34％, 人口620万人 (総人口の約11％) にのぼる地域を対象とした。PDZRは, 白紙の状態から事業が立案, 実施されるのではなく, 上述の国—地域圏計画契約のうち, 地域限定をともなう地域経済振興統合プログラム (Programme Régional de Développement Coordonné: PRDC) の一部にEU財源が加わる形態をと

る。EUレベルで定められるPDZRの指針に合致する必要があり、国や地域圏から見れば指定地域の条件や補助対象事業など一定の制約の上に地域振興計画を立てなければならないが、EUから特定の事業に対して追加的な資金供給があるものと捉えればいい。

　PDZRでは、事業計画の策定段階から実施に至るまでの期間においてモニタを行うとともに、事業実績の評価を実施することが必要となる。モニタや評価作業により、事業の透明性を高め、費用効率的で目的に添った事業が行われたかどうかの確認作業を行い、次期の事業計画に反映させることが狙いである。農村の振興だけでなく、農村振興の枠組みそのものの発展を推進することも目的とするところである。ブルゴーニュにおけるPDZRの場合には、フランス農林省所管のディジョン国立高等農業教育機関（ENESAD）が受託し、モニタ、評価作業を行った。ここでの検討もこのENESADが行った作業に多くを負っている。

　PDZRにおける農業の振興は、共通農業政策の改革やウルグアイ・ラウンド合意による新たな生産条件、市場条件を背景とし、農業経営の自立や所得源の多角化による「農業部門の適応と再編」を目的として掲げた。これら目的を達成するために、具体的には、一般目的事業（actions de portée génerale）と集団的事業（opérations groupées）の2本だてに編成された。まず、一般目的事業はPDZR対象地域全域に及ぶもので、調査、研究、普及等の無形投資事業、青年農業者自立政策の補完措置、研修センター助成の3分野に分かれる。青年農業者自立政策の補完措置は、経営者として自立する際の研修、奨学金、指導などの無形投資や生産施設投資に対する補助が含まれる。調査、研究、普及事業や人材育成などの公共性の高い事業とともに青年農業者の自立が一般目的事業に含まれるのは、構造再編途上のフランス農業構造政策の最も重要な課題の一つであるとともに、地域や部門に限定されない普遍的な地域農業振興上の課題であることを示している。

　集団的事業は、国一地域圏計画契約における農業振興策や地域限定事業を踏襲しつつ、EU構造基金の追加により強化されたものである（とりわけ、後述

の農業経営適応再編契約については，補助総額の60％がEU負担である）。集団的事業における助成は，良質な経営の委譲に係る助成，農業経営もしくは農業組織等に対する多角化助成，部門別生産条件・市場条件適応助成，農業経営適応再編地域契約（Contrats locaux d'adaptation et de restructuration des exploitations agricoles：以下CLARE），の4分野から構成される。経営委譲に係る助成は，従来から行われてきた小区域限定，期間限定の集団的な構造改善手法である土地整備集団事業を活用したもので，5区域が指定された。部門別生産条件・市場条件適応助成は，地方農政の一つの柱として位置づけられており，ブルゴーニュ農業の基幹の一つである肉用専用種繁殖・育成部門に対して，畜舎改善に係る投資助成や品質の改善，市場設備のほか，在来乳用種の振興，新興ブドウ・ワイン産地の形成に対する施策が含まれる。また，農業経営の多角化戦略に対する助成も地域圏が力を入れるところであり，羊，ヤギ，ウサギの他，かつては著名な産地を形成していたカシスなど，非基幹的な農業，畜産の導入を奨励するための助成措置である。

　CLAREはよりローカルなレベルで，助成対象や助成事業等について，起案，決定，実施が行われる制度である。EUが進める農村地域政策においては，パートナーシップ，あるいは，ここでいう「集団的枠組み」による事業計画の策定や実施が重視されている。もっとも生産者に近いレベルで仕組まれる地域農政をデザインする試みといっていいだろう。これまで述べてきたように，農村振興をめぐって農村の住民，生産者，事業者が自らの地域の経済振興に対する意識を高め，組織化し，新たな発想を生み出す基盤作りに努力が費やされてきた。このCLAREは農村地域の農業生産者を対象に，これまで県や全国レベルで強力な組織を形成してきた農業生産者が地域農業固有の展望を描くことの一助とするものである。

　CLAREはそれ自体助成事業の内容を表すものではなく，単なる制度的枠組みである。直接の利害当事者である農業者がローカルレベルで集団的な行動を発案するための制度的枠組みと言っていいだろう。策定された助成事業計画について，財政負担する政府（EU，国，自治体）と農業者集団が「契約」する

わけである。CLAREを作成する農業者集団の単位に制約はない。地域を基礎とした農業者集団により12のCLAREが，部門を基礎とした農業者集団は，ブルゴーニュ地域圏4県のうちソーヌ・エ・ロワール県のみで，肉牛生産者，羊・ヤギ生産者，酪農，穀物生産者の五つのCLAREが設定された。地域を基礎とした農業者集団の多くは，市町村憲章，地域契約の実施単位となった地域振興組合（syndicat de pay），OGAFなど，それまでの何らかの農村振興の取り組みに実績のある農村振興組織の範囲で形成された。これらは，通常1〜7カントン（郡）で構成されている[25]。

　しかし，これら事業区域単位の農村振興組織は，十分な行政的管理や利害関係者の調整業務に関するノウハウを備えていないため，CLAREに関するこれら事務的業務は普及業務を抱える農業会議所など，県レベルで農業振興のエキスパートを抱える組織に委託された。さらに，各CLAREごとに県庁（国），県農業局（国），地域圏議会の代表やCLAREの業務受託組織のほか，農業者自らが代表を送り込む運営委員会が設置された。この運営委員会が各区域の助成対象や補助率，補助上限額等，CLARE運営上の規則を決定し，事業予算の配分や補助申請の受理等，実際のCLAREの実施を行う。ブルゴーニュの国－地域圏計画契約文書の農村地域振興分野では「集団的枠組み」について，「集合的事業，一定地域に集中的に行う事業，地域組織に基づいた農企業や農業経営による目的性が明確なネットワークが参加する事業」と定義している[26]。県農業局，地方政府，農業振興のエキスパート，受益者となる農業者が集まって審議，実施を行うという形式も「集団的枠組み」であり，パートナーシップの一環である。

（2）　**農業振興事業の特性**──農業構造政策との比較から──

　農村地域振興計画における農業支援の機能を検討するには，従来の国とEUのレベルで決定される農業構造政策に基づく支援措置と比較することが有益である。農業構造政策には，1980年代に入って深刻化した農産物過剰や農業が環境に及ぼす影響に対する社会的な関心の高まりに対する対応策が反映するよ

うになった。このため，生産調整に寄与する構造政策として，耕地の休耕，生産の粗放化，生産の転換や，環境・自然資源の保全や農村景観の維持に係る措置が構造政策の枠に組み入れられている。しかしここでは，農業近代化投資に対する助成や青年農業者の自立助成，および条件不利地域に対する補償措置といったＥＵレベルの構造政策の中では1970年代から講じられてきたいわば「古典的」な施策と比較検討してみたい。「古典的」な施策は，個別経営の発展を促す施策であり，組織形成を一つの目的とした農村地域の振興事業と対照的だからである。また，農村区域振興計画においては，農業経営が最近の市場環境にいかに適応するかが課題として設定され，指定区域の大半が生産条件のハンディキャップを伴う地域として補償金の対象となっているからである。

　農業近代化投資に対する助成は，農業生産を合理的に発展させることで農業経営の競争力を高め，農業所得を改善することを目的としており，1) 原則的に農業を主業とする経営者であること，2) 経営者年齢58歳未満であること，3) 労働力単位当たりの所得が県参考所得を下回ること，4) 付加価値税制度に基づき納税し，投資計画期間に農業簿記を記帳すること，5) 3〜6年間の投資計画を提出すること，を条件に一定の投資額の範囲内において投資補助，利子補給が受けられる（なお，投資助成に対する制限は厳しく，利子補給が一般的である）。また，青年農業者助成は，農業をとりまくあらたな経済状況に対して適応可能な若手の経営者の基盤の確立を促進し，動産，不動産の取得に係る初期経費の負担やそれにともなう経営リスクを軽減することを目的とする制度である。給付の資格要件は，1) 原則として21歳以上35歳以下の農業者であること，2) 年間労働力1単位以上の経営を営むこと，3) 3年後に全国参考所得の60％以上120％以下の所得を達成すること，4) 10年間農業を主業とする農業者であることを約束すること，5) 下限就農面積の1/2以上であり，農業者社会保険制度に加入していること，6) 一定の技能取得を証明すること，である。以上の要件を満たすことにより，自立助成金に加え，上の農業近代化投資に対する助成よりも有利な条件の利子補給が受けられる。これら二つの投資助成制度は，助成（相当）額のうち農業近代化投資助成については25％，

青年農業者助成については50％がEU財源から負担される。どちらの投資助成制度も選別性が強く，大方の農業者が給付を受けられるわけではない。

第10-2表は，ブルゴーニュにおける社会－構造政策関連の補助金の給付を受けた経営数を示したものである。青年農業自立助成金は，35歳未満のフルタイム経営者の61％が支給を受けるが，フルタイム経営者全体の10％であり，施設改善計画に基づく投資助成（利子補給）を受ける経営は，フルタイム経営の7％に過ぎない。さらに，青年農業者自立助成金および特別融資，施設改善計画に対する補助総額は，条件不利地域の農業経営に対する補助金（ハンディキャップ地域補償金と草地維持管理奨励金）とほぼ同水準にあり，構造政策関連歳出の4割を超える（第10-3表）。このように従来の経営投資に対する助成制度は，一部の自立的な経営が恩恵を受けているにとどまり，効率的な農業生産の育成を目指したものであることがわかるであろう。さらに，PDZRの農業部門の公的歳出は165百万フランであり，振興計画実施期間の構造政策の補助総額の18％程度であり，CLAREにかかる歳出が46百万フランであるのに

第10-2表 ブルゴーニュ地域圏における構造政策関連補助金の受給者数

	受給者数	参考データ（1988年農業センサス）	
青年農業者自立助成金（89～93年）	2,413	35歳未満フルタイム経営者	3,954
施設改善計画（89～93年）	1,730	フルタイム経営者総数	23,471
ハンディキャップ地域補償金（90～93年*）	10,565	農業経営総数	37,925
休耕奨励金（89～92年）	303		
休耕奨励金（単年度）（92年）	1,090		
粗放化奨励金（90～92年）	242		
草地維持管理奨励金（93年）	8,077	牛飼養経営数	21,753
早期引退奨励年金（93年）	1,235	50歳以上フルタイム経営者	11,974
ブドウ生産停止奨励金（89～93年）	154	ブドウ生産経営数	8,524
酪農停止奨励金（89～93年）	1,596	搾乳牛飼養経営数	7,513

資料：GIRARDOT. L., *Evaluation comparee des mesures de politique agricole mises en ouvre a travers les objectifs 5a et 5b: L'exemple de la Bourgogne*, E. N. S. A. R., 1994.
Ministère de l'agriculture et de la forêt, *Recensement General Agricole 1988.*
注．＊は4カ年の平均年間受給者数。

第Ⅲ部　EU諸国における農村地域政策　347

第10-3表　ブルゴーニュ地域圏における構造政策関連歳出額
　　　　　（1991～93年実績）

（単位：百万フラン）

	補助額	(%)	備　考
青年農業者自立助成金	78.6	8.5	
青年農業者特別融資	152.9	16.5	補助金相当額
施設改善計画	153.1	16.5	補助金相当額
ハンディキャップ地域補償金	280.9	30.3	
その他近代化助成金	7.9	0.9	
休耕奨励金	30.2	3.3	91～92年度のみ
短期休耕奨励金（単年度）	39.2	4.2	91年度
粗放化奨励金	9.5	1.0	92～93年度のみ
草地維持管理奨励金*	98.6	10.7	93年度
早期引退奨励年金*	55.6	6.0	92～93年度のみ
ブドウ生産停止奨励金	1.1	0.1	91～93年度
酪農停止奨励金	18.1	2.0	91～93年度
計	925.7	100.0	

資料：GIRARDOT. L., *Evaluation comparée deg mesures de politique agricole mises en ouvre à travers les objectifs 5a et 5b: L'exemple de la Bourgogne*, E.N.S.A.R., 1994.

注．＊1992年に実施が決定されたCAP改革に伴う措置として，①農業・環境関連措置，②早期引退制度，③植林助成制度の一環として実施されたもので，厳密にはEUの構造政策関連会計（FEOGA指導部門）には含まれない．

対して，構造政策の投資助成（施設改善計画，青年農業者自立助成と特別融資，91～93年実績）はその8倍を超える．PDZRにおける農業対策は，「古典的」な農業構造政策に比べれば，その歳出規模はかなり小さいことがわかる．

　構造政策の枠組みにおける農業支援の場合，EU構成国のあらゆる農業経営者がその給付資格要件を満たす限り申請を受けることができ，地域的に限定されるものではない．また，補助金の対象となるのは個々の経営者であり，補助金政策を行う国と経営者の「契約」関係である．これに対して，地域振興計画に基づく農業振興政策では，第1に事業区域が設定され，第2に給付を受ける資格要件がないため，区域内の農業者なら誰でも補助の申請を行うことができ

る。第3に，ローカルレベルの運営組織を媒介とする点で，従来の構造政策における農業支援と異なるのである。

「集団的枠組み」におけるCLARE事業の実施には，一定程度の対象区域内の農業者の組織化が必要であり，円滑な組織化を進めるには，利害当事者数を増やすことが有効となる。各々の指定区域において，CLAREの内容を検討する段階において，農業局（国）はその作成指針の中で，「受益者ができる限り多くなるようにCLAREの作成が検討される」よう指導した[27]。このことは，従来の選別的な農業支援と対照的である。地域を基礎に仕組まれた12のCLAREの実施区域の農業経営数は4,637経営で，最も少数のCLAREが117経営，最も多いもので748経営を数えるが，これら農業経営のうち，何らかの補助を受けた農業経営数は35％にのぼり，平均13,700フランの補助を受けた。受益者比率が最も高いCLAREでは，63％の経営が何らかの補助を受けている（反対に最も少ないCLAREでは23％）。このように，農村振興政策の一環をなす農業振興は，従来講じられてきた効率性重視の農業構造政策に比べて，公共財源配分の公平性重視にその特徴が表れる。

（3） シャティヨン地方（Chatillonnais）の農業振興

以下では，土地生産性の低い大規模畑作地帯で実施されたCLAREのケースを取り上げながら，その実態について検討してみよう。

シャティヨン地方を対象としたCLAREは7郡で構成され，2.5万人が居住する区域である。ブルゴーニュでも人口密度が著しく低い地方であり（12人/km^2），人口減少率（1982～90年に7％減少），高齢化率（60歳以上人口30％）がともに高い過疎地域である。総コミューン数123のうち，シャティヨン地方の中心地であるシャティヨン・シュル・セーヌが同地方の人口の27％を擁するほかは，郡都となるコミューンでも2,000人を超えない。

シャティヨン地方には730経営あり（以下いずれも1993年），農用地面積の67％が穀物，油糧種子生産に利用されている。およそ6割の経営が大規模畑作経営で，1/3が畜産（肉専用種）・畑作複合経営で占められる。農業経営構

造の特徴としてまずあげられるのは，経営面積規模が大きいことである。ただし，パリ盆地の縁辺部の台地に位置し，冷涼かつ表土が薄いことから，農業生産条件は良好とはいえず，1ha当たりの小麦収量はパリ盆地の半分程度といわれている。平均経営面積は139haであり，1970年代以降の20年間で約2.1倍に拡大した。農用地面積の6割が150ha以上の経営（全経営数の35％）でしめられ，農業経営間の分極化は顕著である。第2に，法人経営形態が発展していることである。法人形態の農業経営は，経営数で1/3，農業利用面積の5割を占め，とりわけ200ha以上の経営で顕著である。第3に，農業経営者年齢が比較的若いことである。農業経営者の半数が35歳以上49歳未満であり，60歳以上の経営者は1割程度である。高齢経営者の平均的な経営面積は，約70ha程度であり，ほぼ自立下限面積の水準に達するにすぎない。このように，シャティヨン地方ではかなりの程度農業構造の再編が進んだ地域と言っていいだろう。農業構造の再編が進んだということは，言い換えると，農業経営の淘汰が進み，農業経営，農業就業者数は減少し，農村人口の扶養には貢献しなかったということである。このため，農村人口の維持均衡を図るためにも，これ以上の農業構造の再編よりはむしろ，引退する経営に対して新たに経営者として若い人を受けいれることが地域共通の課題となる。

　そこで，シャティヨン地方のCLAREは，第1に，過疎が進展する地域では農業生産活動を保護することが不可欠であるとの認識から，労働条件を改善し青年農業者の自立を促すこと，第2に，環境保全的な生産手法を奨励すること，第3に生産物の品質を高めること，を目標として，次のような措置の実施を決めた[28]。

① 　農業労働者を集団的に雇用することで，農業部門の雇用力を増進するとともに，常態的な労働力不足を補うこと
② 　畜産経営の給餌設備を改善し，労働条件を改善すること
③ 　家族内継承以外の青年農業者の自立を奨励すること
④ 　有機物処理方法や散布方法の改善を目的とした機械類の共同購入により，農業生産から派生する汚染を削減すること

⑤-1　乳質改善や希少種の普及を目的とした受精卵移植を奨励すること
⑤-2　需要の高い肉用種の導入を促進すること
⑤-3　羊飼育施設の改善や早期出産を奨励し，端境期出荷システムを普及すること
⑤-4　貯蔵施設の改善を通じて穀物の品質を高めること

　シャティヨン地方のCLAREに配分された予算は382.9万フラン（うち，21.4万フランが事務費）であり，250経営，30CUMA（農業機械利用組合）が補助を受けた。この補助金総額に対して，農業経営等が行った投資の総額は1,415万フラン，1件当たりの投資額は50,500フランであった。全体の補助率は25.6％，1件当たりの補助額は12,910フランであった。CUMAや法人形態の経営で補助額，補助率ともに高く，1件当たりの個人経営の補助額8,986フラン，補助率21.7％に対し，CUMAの補助額は24,141フラン，補助率40.2％，また法人形態の経営の補助額14,098フラン，補助率24.6％である。「集団的」枠組みにおける助成という点は，このCUMAに対する補助率の高さに反映した。また，個人経営，法人経営が共同所有とする投資を行う場合には，投資額15,226フラン，補助率28.6％で，投資規模は小さいが一定の優遇措置がとられている。

　CLAREのなかで講じられた5項目の事業について，最も補助の申請が多かったのは，草刈り機購入に対する助成で，申請件数の3割強を占めた。これは，共通農業政策の改革が，介入価格引き下げの条件として一定規模以上の穀物・油糧作物生産に対して，休耕を課したことが要因としてあげられる。休耕中の圃場の土壌流亡や雑草防除のために，被覆植物によって圃場の維持管理が必要となるからである。このような圃場維持管理には，被覆植物を定期的に刈り取ることが必要で，草刈り機に対する需要が発生した。共同購入の場合の優遇や，CUMAの投資により，CLAREの事業に係る総投資のうち，およそ4割がこの草刈り機に投じられた。CLAREの目的に，共通農業政策の改革に対する適応が掲げられたわけだが，CLAREの事業はこうして貢献することになった。
　次に補助申請が多かったのは，自給飼料促進に対する助成，および畜産畑作

複合経営の労働条件改善に対する投資（給餌システムの改善）である。このうち6割が給餌設備の改善投資であった。残り4割が穀物貯蔵庫，自給穀物飼料の調整，トラクター類に対する投資であるが，この種の投資については，共通農業政策が本意とする目的に一致しない側面がある。それは，従来の草地飼料に対して，集約化を促す自給穀物飼料が代替してしまう可能性があるからである。このため，自給穀物飼料設備の改良投資に対する補助が広まることについて，CLAREの資金提供者（EU，国，地域圏）は慎重であったという。農業者の投資ニーズと農業政策のマクロ的な目的との擦り合わせは容易ではない。

以上のような農業機械等に対する投資補助が対象区域の農業者に受け入れられたのに対して，農業者集団による農業労働力の雇用に対する補助には，全く申請者がいなかった。穀物生産経営では労働は収穫時期に集中し，労働力需要が集中することが障害となったのが一因である。

マクロ的な農業政策の目的と地域，農業経営の適応が難しい課題として，青年農業者に対する自立促進がある。フランス政府の重要な農業政策の一つに数えられ，シャティヨン地方の農村振興計画でも講じられたが，農業者の反応は著しく低かった。シャティヨン地方では1993年から2000年までに，70～90経営が譲渡され，その譲渡資産は，農用地面積の8％，羊生産奨励金限度頭数の20％，牛乳生産割り当ての20％，肉専用種メス生産牛奨励金限度頭数の5％にのぼると推定されている。これら経営資産を農業経営者として自立する青年農業者に対して円滑に譲渡するために，次のような事業が講じられることになった。第1に，後継者のいない経営と経営の譲渡を希望する青年農業者をリストアップすること（種々の調査費用として，農業会議所に対して84,000フランを配分），第2に青年農業者研修を受け入れる経営に対する賃金や社会保障経費負担の補助，第3に，経営施設，住居を賃貸する所有者に対する奨励金（15～40,000フラン），第4に，譲渡を受けた農業者に対する修繕費用の一部補塡（費用の25％），等がある。しかし，経営継承の円滑化や青年農業者の自立助成にかかわるこれら事業は，当初見積もられた予算のうち5％を消化したに過ぎない。これら経営継承に関わる事業が効果を持たなかった背景には，第

1に近い将来経営の譲渡を希望する引退間近の経営者は，農業会議所をはじめ地域の農業者集団からの情報に無関心である点が指摘される。そして第2に青年農業者にとって自立可能な優良農業経営を取得するための初期投資は多大であり，補助額上限の給付を得たとしても，手が届かないことが大きな要因であった[29]。

シャティヨン地方の農業経営数 728 のうち，直接的に補助を受けた個人経営，法人経営のほかに，補助を受けた CUMA に参加した経営を加えると，345 経営が CLARE の事業の恩恵を受けたことになる。従来の農業構造政策にかかる投資助成が限られた農業経営を対象としたことに比べると，農村振興政策の枠組みにおける農業支援の特徴が理解できるであろう。ただ，限られた予算枠において補助対象者を増やすとすれば，1件当たりの補助額を低く押さえることは避けられない。

（4）シャティヨン地方にみる農業振興の検討課題

シャティヨン地区の農業振興には，以下のような検討課題が明らかにされた[30]。

第1に，農村区域振興計画による農業支援は，経営構造の永続性，すなわち経営数の安定に寄与するか否かという点である。社会経済的な基盤が脆弱な農村区域において，「集団的枠組み」のもとで従来の構造政策による農業支援に比べて受益範囲が広げられた。しかし，必ずしも経営基盤の弱い経営が助成を受けたわけではなく，農業経営数の維持を図るために限界的な経営を支える効果は小さい。CLARE の助成を申請する経営は，指定区域の中で必ずしも経営基盤が脆弱な経営ではないからである。また，シャティヨン地方以外にも多くの CLARE の補助規定において，経営当たり補助限度について，法人経営を優遇したことが明らかになっている。

第2に，受益範囲を広げれば補助申請件数当たりの補助額は低水準に止まらざるを得ない。これら農業支援策に充てられる財源が，従来の農業構造政策による農業支援に対する歳出に比べると著しく小規模であるという制約はある。

しかし，補助は「ばらまき」的であり，農業支援の効果を狭めた点が指摘されている。施設改善計画や青年農業者特別融資は中長期的，かつ規模の大きな投資計画からなるが，CLAREは暫定的性格が強く，経営組織を大幅に変更することは望めない。上述したように，補助がなくても実施された投資はかなりの件数に上ったとみられており，所得補填に帰結する自己投資の節約として，貢献したものともいえる[31]。

このことは，できる限り多くの農業者に対して振興計画の便益を配分する際に，個人ベースの補助金で多くが占められてしまったことに問題の発端がある。第2期PDZR（1994～99）の準備に際して，欧州委員会は個別投資に対する助成は5aに限定されるべきであり，5b枠においてはあくまでも「集団的枠組み」で助成策が講じられるべきこと，個別的投資を対象とすることは例外的とすること（その場合の補助率上限は25％とすること）を求めている[32]。「集団的枠組み」の解釈についてブルゴーニュの政府－地域圏計画契約は，必ずしも個別投資助成を否定しなかったが，欧州委員会はその点明確にした。振興計画のモニタリング・評価作業における報告でも，第1期PDZRにおけるCLAREが，欧州委員会の考え方，特に「集団的」枠組みの考え方にそぐわなかった一因は，枠組み作成の手法について十分明確な指針が欠けていたこと，そのため地域行政側が自由放任的になったことが結果的に個別投資助成に帰結したと評価された。

第3に，「集団的枠組み」で地域振興事業を組み立てる場合に，とりわけ重要であるのが推進者（animateur）の役割である。多くのCLAREで，県の農業会議所等の農業技術の専門家が推進者となったが，必然的に県内の複数のCLAREの立ち上げに重要な役割を果たした。このことは，結果としてそれぞれのCLAREが互いに似通ったものとなるとともに，地域レベルの議論が比較的少数の人々により進められる結果となった。

個々の経営が得る利益は，社会構造政策における投資助成や条件不利地域等補償金に見られる直接所得補償から得られる利益に比べれば明らかに小さい。追加的な所得補償に結果することを避けるためにも，「集団的枠組み」あるい

は集合財の供給が最大の課題となっている。集合財を供給するためには，まさに独自の地域農業を展望しなければならない。

4. おわりに

フランスにおける農村地域政策を概観すると，第1に制度の改革を伴いながら展開していく過程が明らかになる。空間を対象とする政策の実施には，部門別に編成された中央省庁の体制が障害となるし，地方の整備や経済振興を実施する行政範囲も従来の県の枠組みでは狭小すぎた。そして，フランス特有の零細多数な農村市町村には財源も人的資源も乏しい。部門別省庁の調整や地方レベルにおける決定機能の強化，広域行政圏の設置，市町村の合併の試みや組織化の推進が農村地域の振興政策の形成と表裏をなしている。

第2は，国から地方政府に対する分権化である。農村振興を含めた地方経済の振興や地方の整備について，国と地方政府あるいは地方政府どうしによる協議や契約により，対等な資格で互いの権限を行使する仕組みが育っている。国や地方政府は市町村レベルのイニシアティブの形成と組織化に対してインセンティブを与え，市町村レベルの自立と責任を徐々に促す制度が積み上げられてきた。しかし，このような農村地域の振興に対して，1980年代前半以降，一連の地方分権化法は新たな枠組みを提供したが，その理念が一朝一夕に実現されるわけではないことも明らかである。

第3は，農村地域政策における具体的な農業部門の事業から明らかになるのは，従来の農業構造政策が常に個別経営を政策対象としてきたのに対して，「集団的枠組み」による地域レベルの事業の立案，実施が要請されることである。農村地域政策の対象はEU地域政策の目標5bや国—地域圏計画契約における「脆弱農村地域」として，農業生産条件が劣悪な条件不利地域や山間地域のほとんどを包含している。しかし，全域を対象とした農業構造政策が個別経営向けに用意した投資助成や補助金に比べ，受益者当たりの金額はささやかであり，公的財源を農村に注入することにより即活性化が図られるのではない。

むしろ，農業生産者による組織化や地域農業の発展のための構想作りといった思考訓練に振興政策のねらいがある。そして，農村地域振興は事業計画全体のモニタや評価を媒介にすることによって，合目的化し効率性が高められ，農村地域の振興政策それ自体が発展するのである。

(石井圭一)

注(1) partenariat あるいは partnership については，Greff X., "Economie de partenariat", *Revue d'économie régional et urbain.* n.5, 1990, pp643-652，および，Teisserenc P., *Les politiques de développement local.* Economica, 1994, pp167-170.
(2) 以下本節におけるデータは，Houée P., *Les politiques de développement rural.* INRA/ECONOMICA, 2e édition, 1996, pp43-53., Hervieu B., *Les agriculteurs.* P. U. F., 1997., Beteille R., *La crise rural.* P. U. F., 1997., SCEES., "Enquete sur la structure des exploitations". *Les cahiers,* octobre 1996. による。
(3) Servolin C., *L'agriculture moderne.* Edition du seuil. 1989, p165-169（是永東彦訳「現代フランス農業「家族農業」の合理的根拠」農山漁村文化協会，1992年)。
(4) Servolin C., 前掲書 p 147-152。
(5) Commission de la CE., *Evolution et avenir de la PAC.* COM(91)100 final. 1991.
(6) Commisariat Général du Plan., *France rurale: vers un nouveau contrat.* Commission《Agriculture,alimentation et développement rural》, Préparatoire du XI e Plan. La documentation française. 1993.
(7) Monod J, *et al.*, *L'aménagement du territoire.* 8ed. PUF. 1996. p29.
(8) 実際，DATARはさまざまな逆風の中における国土整備の推進の任務の遂行であった。まず，形式的には国土整備は首相の権限事項であり，省庁間の紛争を裁定することになっているが，実際には，別の政策機構を担当する閣僚に委任されることが頻繁に起きた（経済計画担当相，建設担当相，内務担当相，産業担当相，都市問題担当相など，現在では環境担当相がDATARを委任されている）。第2は，1970年中盤から始まった経済危機により，失業問題が深刻になる一方であり，国土整備が目指す地域間の経済活動，すなわち雇用の配分よりも，雇用総量がそもそも重要な課題となってしまったことも，DATARの活動を弱める原因になった。さらに，1980年代前半に始まる一連の地方分権化の中で，経済計画の手法の改革が実施され，地域圏が経済振興，国土整備の権限を得ることになったことも一因である。国－地域圏計画契約という手法が導入されたが，DATARの独自財源であるFIATやFIDARの半分がこの契約により拘束されることになった。このことは，DATARの柔軟な機動力を奪うこ

とにつながる。
(9) Houée P, 前掲書, pp 135-138。
(10) Dayries J-J., *La régionalisation.* P.U.F. 1986.
(11) Remond B., *La région.* Montchrestien. 1993, pp13-26.
(12) このときの地域圏議会は，地域圏を構成する県で選出された下院議員（députés），上院議員（sénateurs），県議会議員が選出する地方自治体の代表，都市部の市町村議会議員の代表で構成される。また，経済社会委員会は，商工団体や農業団体，労働組合の代表（50％以上），教育・科学，文化・スポーツ，社会・厚生などの部門の代表（25％以上），地域経済振興に関する有識者で構成される。
(13) Muller P.(dir), *L'administration française, est-elle en crise?* L'harmattan, 1992, p26.
(14) Monod J. *et al.,* 前掲書, p 43。
(15) 地方経済政策以外の主な地域圏の所掌範囲として職業訓練や高等学校施設の管理運営がある。
　　また，契約による公共施設に対する共同投資の行き過ぎには，国と地域圏の両者の責任の所在が曖昧になるという問題や，互いの所管事項の区分けが曖昧になるという問題が生じる。第XI次経済計画（1994〜1998）では，決められた優先事項に沿って共同公共投資の契約を行うようになった（Monod *et al.,* 前掲書 p 44）。ＥＵが講じる地域政策における計画策定に類似した手法である。
(16) 例えば，ベルギーでは，市町村合併の推進により，1970年の2,549市町村から1974年には590市町村に減少，デンマークでは1970年の1,387市町村が274市町村に減少した。スウェーデンの合併推進は比較的早く1950年代に始まり1952年の2,500市町村から，1973年には277市町村にまで合併が進んだ。ドイツ（旧西ドイツ）では1968年の24,074市町村から，1981年には8,515市町村に減少し，すでに人口5,000人以下の市町村はない。オランダでは，1951年に合併政策が始まり，1,010市町村が775市町村に減少した。イギリスでは，およそ2,500市町村が存在したが，1972年には402市町村で，2,500人以下の市町村は存在しない（Logie G., *La coopération intercommunal en milieu rural.* Syros alternatives, 1992, p17)。
(17) Van Thong, "La fusion des communes", *La revue administrative,* n.261, juins 1991. および Perrin B., *La coopération intercommunal.* Berger-Levrault, 1995, pp24-28.
(18) Houée, 前掲書, pp 131-132。
(19) TRUFFINET J., Les OGAF, "un outil adapté au nouveau contexte de l'agriculture et de l'aménagement rural". *Structure Agricole,* C.N.A.S.E.A.1994.
(20) Houée, 前掲書, p 185。
(21) Houée, 前掲書, p 187-189。

(22) Houée, 前掲書, p 209。なお, この点について, 著者がかつてある県の農業局（農林省）を訪れ, 農村整備計画などのヒアリングを行ったときに, 担当官が計画文書に直筆のサイン（Hommage de l'auteur「著者献呈」）を入れて, 手渡してくれたことが印象的である。

(23) 憲章を作成する市町村に対して, ブルゴーニュ地域圏は経済振興（農業, 製造業, 商業, 観光）にかかる分野を中心に補助金交付の条件を設定し, 憲章の作成に必要な調査分析にかかる費用の補助（経費の80％, 20万フランを上限（1994年））や, 住民1人当たり200フラン, 総額300万フラン, 補助率上限30％を限度とした事業計画の実施に対する補助金を交付した。

(24) Guerin M., *Comparaison des chartes intercommunales et du programme de développement des zones rurales en Charolais Brionnais 1989-1994*, ENESAD, 1994. p 38.

(25) カントンには行政的機能はなく, 県議会（Conseils Généraux）議員の選出単位で, 全国に4,000余りある。農村部では十数コミューン程度で1カントンを構成する。

(26) Conseil Régional de Bourgogne, Préfecture de la region de Bourgogne., *Contrat de plan Etat-Region*, 1989-93, p124.

(27) この点については, EUの農村振興計画でも, EUによる付加的な介入が, 補助率の上昇に寄与するものではなく, 受益者数の拡大に寄与しなければならないとしている。EU地域政策において「集団的枠組み」による事業の場合, 農業構造政策一般の施策について定められる補助率より高い補助率を設定することが可能になる。例えば, 構造政策に係る投資助成の補助率は, PAM（施設改善計画）が基準となり, PAM以外の投資助成は, PAMのそれの25％以上減じた率という規定がある。これに対して, 「集団的枠組み」で投資助成策が講じられる場合, EUのPDZR担当当局との事前協議が必要となるが, 上の規定の適用除外となる。このため, CLARE等で見られる高い補助率の投資助成を行う場合, この「集団的」対応が制度上の要件となる（Martin G., *Evaluation economique d'un dispositif agricole mis en oeuvre dans le Plan de Développement des Zones Rurales de Bourgogne: Les contrats locaux d'adaptation et de restructuration des exploitations agricoles*. 1994, E.N.E.S.A.D, p41）。

(28) シャティヨン地方のCLAREでは, 補助限度額を個人経営20,000フラン, 複数構成員の法人経営（夫婦の法人を除く）30,000フランとし, 施設改善計画融資, 青年農業者特別融資やフランス政府単独の畜産経営投資助成などを受けている場合は, 個別投資に対するCLARE助成は対象外とされた。おもな補助対象として, イ）農業者集団によるフルタイム農業労働者の雇用（補助率25％, 補助額上限フルタイム労働時間当たり210,000フラン), ロ）休耕地管理に必要な機器類（休耕地用粉砕機・播種機）に対する助成（補助率30～40％, 補助額上限5,000～25,000フラン), ハ）環

358 第10章 フランスにおける農村地域政策と農業

境低負荷農法に必要な散布機改良（散布肥料・農薬の量を調整する装置）に対する助成（補助率40％，補助額上限40,000フラン），ニ）自給飼料促進に対する助成，および畜産畑作複合経営の労働条件改善（給餌システムの改善）に対する投資（CUMA補助率30％，補助額上限20,000フラン，共同購入補助率25％，補助額上限25,000フラン，個別購入補助率20％，補助額上限10,000フラン），ホ）畜舎整備に対する助成（補助率20～30％，補助額上限7,000～10,000フラン），ヘ）家畜改良（牛，羊）に対する助成（若手農業者の自立段階の支援），たとえば受精卵移植による乳牛の改良（補助額1,300～3,000フラン/回）である。

(29) ENESAD., *Etudes des aides publiques au développement rural: le PRDC du Chatillonais (Côte d'Or)*. 1996.
(30) ENESAD., 前掲書。
(31) 農村区域振興計画の農業支援において，投資補助の形態を取りながらも，補助金という形で現金支給が行われたことは，農政改革，農産物価格の下落を背景に社会的な緊張を緩和させることに貢献したと指摘する向きもある（Martin, 前掲書）。
(32) Martin, 前掲書，p 102。

第11章 イギリスの農村地域政策

1. はじめに——農村地域政策の歴史的概観——

　西欧諸国や日本など旧開先進諸国では農村地域政策の明瞭な展開が観察される。この背景には，資本主義の発展が都市における工業・商業・金融の集積を基礎に発展してきたこと，そして需要の所得弾力性の低い生産物を生み出す農業が産業として縮小の運命にあったことが基本的要因としてある。国際分業の進展に伴う農村部の農林業・鉱業の新開国や途上国への委譲は，これに付加されるべき追加要因であった。こうして生じる農村部に不可避の産業の縮小圧力に対して，古くから人々が条件の悪い地域にも住み着いてきた旧開諸国では労働力・人口の移動によって対応するのが難しい。そこで農村地域政策が必要とされたのであろう。もちろん実際の農村政策の展開には，福祉国家の理念や経済成長の補助装置としての期待などが絡んでいたし，大衆民主主義的な政治状況の出現も大きく与っていたのではあるが。

　イギリスに即して見ると，19世紀末に新開国農業との産業調整などに伴って生じた北西スコットランドの小借地農（クロフター）の問題やその過程で激化したアイルランドの小借地農の問題が，農村地域問題の嚆矢をなすといえるのかもしれない。国家は土地政策によってこの問題に対処した。しかし，国家による労働力や資本の地域間移動への介入を必然化した地域問題は，非農業の問題として1920年代に出現した。1920年代の不況期に，造船，石炭，鉄鋼，繊維に依存した，かつて産業の中心であった地域における失業問題が深刻化し，1928年以降，地域政策が展開されるようになったのである[1]。

　ほぼ炭田地域に限定された戦前の地域開発政策は，戦後直後の活発化ののち

停滞したが，1958年の景気後退後に再び活発化した。産業の立地規制が地域政策の重要な手段とされ，1950年代末以降は開発地域の拡大も行われるようになった。1965年にはスコットランドの高地・諸島開発委員会（Highlands & Islands Development Board, HIDB）が設立され，1970年代にはスコットランド開発事業団，ウェールズ開発事業団も創設された。しかしその後は，1970年代半ば以降のデフレ政策，1975年のＥＣの欧州地域開発基金（ERDF）の設立も契機となって，イギリス政府は地域開発政策から都市開発政策へと重心を徐々に移していった。そして1980年代になると，ERDFは後退するイギリス政府の地域開発援助に代替する形で援助額を伸ばしていった。こうしたイギリスの地域政策を再度活性化させたのは，1988年の構造基金改革に伴うＥＣの地域政策の拡充であった。

さて，イギリスでは第二次大戦中から丘陵地農業政策が導入されたが，これは食料増産を目的としたものであって，農村の雇用・所得・コミュニティ対策としての農村地域政策とはいえなかった。こうした丘陵地農業政策に農村地域政策としての機能が期待されるようになったのは1950年代以降のことであろう。

では農業政策の領域以外での農村地域政策はいつから本格化するようになったのか。1950年代末からは開発地域が拡大され農村地域への影響も出てきたと思われるが，画期としては，部門別の開発アプローチから総合的農村開発アプローチへの転換が見られた1960年代半ばが考えられる。1965年にはスコットランドのHIDBが設立され，同じ時期に中部ウェールズ開発公団，イングランドの農村地域小企業協議会，北部ペナイン農村開発委員会（設立と同時に解散された短命なもの）などが設立されているのである。

しかしこれらの政府開発機関による農村地域開発は，工場・企業の設立支援では成功したものの，農村サービスの維持という点では必ずしも成果をあげられなかったという。そうしたなかで1982年にはＥＣの「スコットランド西部諸島総合開発計画」が導入され，1986年には，西部諸島を除く「スコットランド諸島農業開発計画」が開始された。こうしたＥＣの総合的農村開発計画は，

その後1988年の構造基金改革による地域開発計画によって面積的にも財政的にも拡大されることになった。

なお、イングランドには農村開発委員会（Rural Development Commission, RDC, 1988年に農村地域小企業協議会を吸収）が既に1910年代から存在していたが、これも1960年代後半から特定地域開発方式（かつ総合的農村開発アプローチ）を導入するようになり、1984年には27の農村開発地域が指定されていた[2]。

こうしたイギリスにおいて農村地域問題の展開に大きな影響を与えたのは、逆都市化（counterurbanization）の動きである。農村部の人口増加は既に1950年代以降始まっていたという指摘もあるが、大都市の人口が減少に転じ田園地域の人口が増加するという逆都市化の現象が本格化するのは1970年代に入ってからである[3]。これは、それまで農村地域の過疎化を促進していた交通・通信網の発展が、反対にプラスに作用した結果であったといってよい。交通・通信網の発展は田園地域への都市通勤者の移住を促し、また集積効果をそれほど必要としないハイテク産業などや出版関係等の専門的職種の田園地域への移転を可能とさせたのであった。さらに、農村の社会的インフラの整備もあって、都市引退者の田園地域への移住も可能となったのであった。

こうした逆都市化の動きにはそのほかの要因も作用している。プラニング（都市計画）による開発の制限、グリーン・ベルトによる都市の膨張の抑制は重要なファクターである。ついでながら、イギリスの場合にはプラニングは農村地域の開発をも厳しく規制しており、新規住宅の不足は、低所得層や若年層に困難をもたらした。

かくして、農村地域問題の性格も変化したのである。スコットランド、ウェールズの一部の農村地域では若年層が流失する過疎化問題に依然悩まされているのであるが、それ以外のイギリスの農村地域では過疎化は見られなくなっており、地域内における遠隔地での人口減と中核市場町での人口集積という姿をとっているのである。むしろ地域問題としては、失業に悩まされている旧来の重工業都市地域におけるそれの方が深刻だといってよい。そして、人口の増加

するカントリーサイドにおける農村地域問題は，産業の観点から見れば，減少する農業就業人口に悩む農業依存地域の問題として，また住民構成から見れば，交通手段に恵まれない高齢者等にとっての商店，医療，教育へのアクセス問題，あるいは住宅の取得の困難な低所得階層や若年層とその家族の問題として現象しているのである。ホームレスは今日，多くの農村地域で重大な問題となっているといわれる。この外，引退者の増加に伴う産業活力の伸び悩みと医療施設の不足が問題となっているところもおそらくあろう。

こうした中でイギリスの農村地域開発政策も変わってきている。特定の農村過疎地対策を別とすると，スコットランドの高地・諸島やウェールズにおける農村地域開発政策にしても地域間の経済格差の是正を主要課題とするようになっている。かくして，このような低開発地域に対する開発政策，さらにはイースト・アングリアのような人口・経済の成長する地域内における特定問題地域に対する対策に重点は移ってきているのである。

本稿の課題は，イギリスの農村地域政策の現状について検討することにある。この課題を，EUの農村地域政策の展開がイギリス独自の農村地域政策に如何なる変容をもたらしたのかに着目しつつ見ていきたい。以下第2節では，農業政策の領域における地域政策である条件不利地域政策について，また第3節では，それ以外の農村地域政策について論じ，最後に第4節では，イギリスの農村地域政策の特質について言及しつつ全体を整理するとともに，EUの農村地域政策をも視野に入れて日本に対する示唆について述べるとしよう。

2. 条件不利地域政策

(1) 条件不利地域政策の歴史と背景

イギリスの条件不利地域政策＝丘陵地農業政策は，戦時食料増産政策として1940年の雌羊補助金（特別指定種のみ）の交付に始まった[4]。そもそも戦時の食料増産政策は穀物，バレイショ，牛乳の生産を支援するものであって，丘陵地農業がこの恩恵から取り残される心配があった。また，低地での羊飼養の

後退に伴って丘陵地での肥育素畜生産に対する需要が減退することが懸念された。そこで丘陵地の繁殖用雌羊に対する補助金導入の必要性が生じたのである。

こうして戦時の食料増産を目的として導入された丘陵地農業政策は，戦後も1946年丘陵地農業法に引き継がれ，家畜補助金に加えて投資補助金（50％補助）が設けられた。そして以後も丘陵地農業助成は続けられ，食肉供給力の増大のほか，丘陵地の人口維持，丘陵地農業の所得水準の改善，政府の価格保証を受けられない不利の補償等がその政策目標とされた。

1960年代末から1970年代になると，遠隔の地域社会の衰退や景観・野生生物生息地の破壊など丘陵地農業政策の限界が露呈してきた。そうしたなかで1976年には，ＥＣの条件不利地域（LFA）指令に基づいて定められた1975年丘陵地家畜（補償金）規則によって，丘陵地農業政策が継承されることになった。これによって，ＥＣの助成（補助金支出の25％）が受けられるようになり，丘陵地農業政策の財政基盤は強化されたといっていい。1975年丘陵地家畜（補償金）規則の下で，肉牛および羊に対する交付金（headage payments）と，平地よりも高率の投資補助金が供与された。なお，1975年のＥＣのLFA指令の制定にあたっては，これをイギリスのＥＣ加盟の条件として，加盟議定書に附属文書の形で盛り込ませるなど，イギリスが強力な働きかけをしたことは有名である。

このようにイギリスで他のＥＣ諸国に比べて早くからLFA政策が丘陵地農業政策として展開されてきたのには，理由がある。それはイギリスが19世紀末以降も，ドイツ，フランス等の後発資本主義国が農業保護関税を導入するなかで自由貿易政策を貫き，1930年代以降それら諸国が農産物輸入に対し数量制限を導入した際にも不足払い制度を採用して，強力な国境保護措置を設けて来なかったためであろう。エンクロージャー運動の助けもあって，先発資本主義国のイギリスでは大規模農場制が確立され，堅固な国境保護措置を必要としない農業構造が形成されていた。そうしたなかで，世界の工場から世界の銀行へと発展したイギリス資本主義は，膨大な対外投資を回収するために自由貿易主義を掲げざるを得なかった。英連邦諸国に特恵を与えてブロック経済を形成

しつつも，可能な限り自由主義的な貿易体制を維持しようとする国家意思が働いたのである。

不足払い制度は自由貿易主義をぎりぎり守ろうとするイギリスの農業保護の産物であり，それの羊産業・牛肉産業に対する保護が丘陵地農業政策となって現れたのであろう。羊産業，牛肉産業に対する保護が丘陵地農業政策の形で行われたのは，これら産業に対する保護を投入部門保護で行うことにより市場の歪曲を極力抑えようとしたためと見ることができよう。丘陵地では，平地で肥育される羊，肉牛の素畜が生産されていたからである。

(2) 条件不利地域政策の概要と特徴

上に述べたＥＣの1975年LFA指令に基づいて導入されたのが，丘陵地家畜補償金（HLCA）と，農業投資補助金に対する優遇補助率の適用である。HLCAの受給資格があるのは，毎年1月1日現在でLFA内に3ha以上の農地（共有地も考慮）を保有する農業者で，繁殖用の肉牛（子をはらんだ後継牛を含む）ないし雌羊（1歳を超える）を飼養している者である。補償金を受給しようとする場合には，国の引退年金受給者は別として，3ha以上の農地を5年間にわたって経営することが条件とされている。LFA補償金はドイツ，フランスなどでは耕種農業をも対象としており，南欧農業ではその傾向はさらに顕著となる。繁殖用家畜に限定しているのはイギリス的特色といっていい。このことはイギリスのLFAが，傾斜度による農業構造上の劣悪さではなく，収量の低い草しか栽培できないという，豊度の著しい低さによって専ら条件付けられていることを示している。

一定規模以上の農業者のみを助成対象とすることがＥＣのLFA補償金の要件となっているので，LFAの経営すべてが補償金を受けられるわけではない。例えば，やや古い数字となるが，1983年におけるイギリスのHLCAの受給状況を見ると，LFA内の経営数6万3,306に対して受給経営はその80.9％であった。この比率は他のＥＣ諸国に比べると高いが，もちろんイギリスのLFAの経営が比較的に規模が大きいことによるものであろう。

イギリスのLFAは，条件最劣等地域（Severely Disadvantaged Area, SDA）と条件劣等地域（Disadvantaged Areas, DA）の2種類にしか分類されていない。1984年のイギリスのLFAの拡大の際に，従来のLFA 864.7万haに新地域121.2万haが付け加えられ，前者が条件最劣等地域，後者が条件劣等地域と呼ばれているのである。州によっては農地評価指数に基づき補償金額を細かに設定しているドイツに比べてはもちろんのこと，高度山岳地帯，山岳地帯，山麓地帯，単純条件不利地域という地域区分を採用しているフランスに比べても，イギリスの条件不利度の評価システムは単純といえる[5]。ドイツでは著しい農外資産，農外所得，土地売却益がある場合には補償金受給資格が与えられず，きめ細かなハンディキャップの是正が行われているといわれる。イギリスでは単純な手法を採用することにより行政コストの節減が可能となったであろうが，土地の豊度等に由来する条件不利度を補正する補償金の設定という点では不満が出てきてもおかしくはない。

　イギリスの場合，HLCAの受給には経営あたりの上限が設定されていない。あるのはha当たりの制限だけであって，1997年にはSDAで121.49ポンド/ha，DAで97.65ポンド/ha，さらに特に雌羊に関してはSDAで6頭/ha（特別指定種で34.50，その他品種で18ポンド/ha），DAで9頭/ha（＝23.85ポンド/ha）とされている。経営当たりの補償金受給額が設定されているドイツなどに比べて，大規模経営に有利な補償金システムになっているといえる。

　ところで，LFAの直接所得補償はHLCAだけで行われているわけではない。必ずしもLFAのみを対象とするものではない年次雌羊奨励金と繁殖牛奨励金が，家畜の繁殖地帯であるLFAの所得補償に大きな役割を果たしているからである。ちなみに，1997年現在のHLCAの単価は，雌羊の場合に，SDAの特別指定種で5.75ポンド/頭，その他品種で3ポンド/頭，そしてDAでは一律2.65ポンド/頭，また繁殖牛の場合には，SDAで97.50（1996年には47.50）ポンド/頭，DAで69.75（1996年には23.75）ポンド/頭であるのに対し，雌羊奨励金はというと12.50ポンド/頭（推定値，これは奨励金が不足払い額として算定されるため），繁殖牛奨励金はというと117.36ポンド/頭，

そのうえ雌羊奨励金にはLFAの場合に5.38ポンド/頭（1996年の場合）の奨励金の上乗せがあるのである。雌羊奨励金，繁殖牛奨励金の単価の方がHLCAの雌羊，繁殖牛それぞれに対する補償金単価よりも高いが，HLCAにはha当たりの受給制限があるので，前者の奨励金の重要性は単価で比較した場合よりも実際には大きい。

かくして，LFAの所得補助という点では，HLCA以上に雌羊奨励金，繁殖牛奨励金が重要な役割を果たしているわけである。ちなみに，これもやや資料が古くなるが1980年代半ばの時点において，LFA畜産経営の農業所得に占める補助金総額の割合は既に90～120％の水準にあったが，そのなかでHLCAは25％程度しか占めていなかった。その後，1992年のCAP改革により牛肉価格の引き下げの代償として繁殖牛奨励金の単価が引き上げられたことで，LFA畜産経営の農業所得に占めるHLCA以外の補助金の重要性はさらに高まった（1997年に繁殖牛HLCAが急増したが，BSE危機に対する一時的措置と見られる）。なお，HLCAの割合は不明であるが，丘陵地畜産経営の農業所得に占める補助金総額の割合を見ておくと，1994/5～96/97年のスコットランドでは約200％となっている。

雌羊奨励金という直接所得補償が導入されたのには理由がある。1960年代初めの共通農業政策の形成時に，貿易相手国に対する代償措置として羊肉についても関税が20％と低率にバインド（拘束）されたために，のちに主要生産国であるイギリスのEC加盟に伴って羊肉の市場・価格制度が創設された際に，可変輸入課徴金が国境保護機能を果たせなかったからである。繁殖牛奨励金は1980年に導入されたが，こちらは，牛肉消費の低迷に対応して価格支持に代え直接所得補償を適用する動きが始まったことが，直接所得補償導入の理由であったと推察される。

最後に，1992年のCAP改革によるLFA農業への影響について言及しておこう。92年改革では，先に紹介した繁殖牛奨励金に関して，牛肉価格引き下げの代償としてその増額が図られたのであるが，そのほか注目すべき動きとして，繁殖牛奨励金および雌羊奨励金の受給権に生産者別のクォータが導入され

たことがある。こうしたクォータが導入された結果，LFA での増産も難しくなったが，他方ではイギリス全体を 7 地域に区分したクォータの移動可能圏（リング・フェンス）が設けられ，リング・フェンス間でのクォータの移動が原則的に禁止されたことで，LFA での繁殖経営を平地の競争から保護する仕組みが整えられた。

（3） 条件不利地域政策の問題点と解決の方向

イギリスの LFA 政策の最大の問題は過放牧の問題であった[6]。HLCA，投資補助金，そして各種の家畜奨励金は，丘陵地の牧草地の排水施設の建設，牧草の改良，肥料・農薬の投入などを通じて過放牧を促進し，植生ならびに野生生物生息地の損傷など環境破壊をもたらした。

過放牧の問題はイギリスだけの問題ではなかったし，過放牧は地中海地域では土壌流失を招いていた。さらに，ＥＣ委員会としては財政節減の要求もあった。そこで 1989 年には丘陵地家畜補償金の支給に関してＥＣ農相理事会で合意をみ，重要な改正事項として放牧飼養密度制限が設けられたのである。しかしながら，ha 当たり 1.4 家畜単位という制限ではこの間に進展した過放牧をほとんど解消できない結果に終わった[7]。当時のイギリスにおける平均放牧飼養密度が，SDA で ha 当たり 1.0 家畜単位，ＤＡでも ha 当たり 1.5 家畜単位であったからである。ＥＣ委員会は当初 ha 当たり 1.0 家畜単位の放牧飼養密度制限を提案したのであるが，イギリス，アイルランドなどが反対したためであろうか，緩い制限しか設けられなかったのであった。

飼養密度制限は，1992 年の CAP 改革の際にも繁殖牛奨励金および肉牛特別奨励金の支給要件として設けられ，1993 年には ha 当たり 3.5 家畜単位，そして最終的には 1996 年に ha 当たり 2.0 家畜単位まで引き下げられることになっていた。しかし，2.0 家畜単位という飼養密度制限は条件不利地域に対しては何の効果もなく，しかも粗放化を推進する目的で設けられたと思われる奨励金，つまり飼養密度が一定水準未満の場合に繁殖牛奨励金および肉牛特別奨励金に上乗せして支給される奨励金（1997 年には ha 当たり 1.4 家畜単位未満の

場合で29.16ポンド/頭，1.0家畜単位未満の場合で42.12ポンド/頭）を，LFA のかなりの数の肉牛生産者は労せずして受給できると見られる。

　1989年の HLCA の制度改正においては，その支給に際して環境要件を導入できるとする条項も定められた。しかし，イギリスはその導入を各国に義務づけることに尽力するのみで，自ら率先して適用する愚は犯さなかったようである。むしろ LFA での粗放化を，規制ではなく補助金政策で誘導する方向を追求し，ESA（環境保全地域）事業やカントリーサイド・スチュワードシップ事業の導入・拡大に努めたのであった。農業が景観の提供など正の外部効果をもつことや，環境政策が農業の国際競争力に影響することが，この問題の解決法を複雑にしているといえよう。

　LFA 政策の第2の問題点は畜産物過剰，財政負担の増大である。この対策として，1989年には羊肉の基本価格に対するスタビライザー・メカニズムや雌羊奨励金の支給に対する制限措置が導入された。後者は，雌羊奨励金の支給に生産者別の頭数上限値を設定し（LFA では1,000頭，非 LFA では500頭），それを上回ると奨励金を半減するものであった。さらに1992年の改革で，こうした雌羊奨励金の受給権がクォータ化されたことについては先に見たとおりである。また，牛肉についても92年改革で，15％の価格引き下げとその代償としての肉牛特別奨励金，繁殖牛奨励金の増額が行われ，肉牛特別奨励金には地域基準頭数を限度数量とする奨励金のスタビライザー・メカニズムが，そして繁殖牛奨励金には個別経営への受給権のクォータが導入されたのであった。

　こうした生産抑制の一方では代替的な経営部門の導入が追求されている。スコットランドなどでは鹿飼育が導入されてきたといわれるし，鹿の狩猟や植林なども代替的な経営部門とされているようである。各種宿泊施設などの農外の代替的な所得機会の追求も行われている。このほか，林業と羊飼育を結合させるアグロフォレストリーや高級羊毛・山羊羊毛（カシミア，アルパカ，リャマ等）の生産に関する実用化研究が行われていることを，1991年の調査の際に聞いたことがある。

　HLCA などによる LFA 政策は，個別経営の維持に絶大な役割を果たし，

全体として人口減少をスローダウンさせてきたといっていい。しかし，他方ではそれが大規模経営の規模拡大を助長することで過疎化を促進してきた面も否定できない。加えて，農業就業人口が絶対的に減少しているため，農業が農村経済・農村社会において果たす機能にかつてのようには期待できなくなってきている。それとともに，LFA政策という，農業政策の領域における地域政策の役割がこの間に低下してきたことも間違いないところであろう。そこで次に農業政策の領域外における地域政策についてみるとしよう。

3. 農村地域開発政策

第1節で農村地域政策の歴史については簡単にふれたので，ここでは現状だけを扱う。なお，EUの農村地域政策については，別に第Ⅲ部補論で詳述されているので，ここではイギリスでの展開に限定して述べておく。

(1) 今日の農村地域開発政策
1) EUの農村地域開発政策

1988年にECの構造基金改革が行われ，その結果，「目標1」と「目標5b」が農村地域政策としての役割を持つことになった。

構造基金改革の第1フェーズ（1989〜93年）の場合，イギリスでは北アイルランドが目標1地域に指定され，スコットランド高地・諸島，ダンフリーズおよびギャロウェイ（スコットランド），ダイフェッド・グワイネッドおよびポウイズ（ウェールズ），デボンおよびコーンウォール（イングランド）の4地域が目標5bに指定された。

さらに1992年には通貨統合を睨んで構造基金の増額が決定されたが，この結果，構造基金改革の第2フェーズ（1994〜99年）[8]には，イギリスではスコットランド高地・諸島が目標1地域に格上げされ，目標5b地域もイースト・アングリア，リンカンシャー，マーチズ（西部ミッドランド），ミッドランド高地，北部高地，南西部，スコットランド境界地域，ダンフリーおよびギ

ャロウェイ，北部・西部グランピオン，農村スターリングおよび高地テイサイド，それに農村ウェールズの11カ所に拡大された。こうして目標5b地域はLFAをほぼすべてカバーしたうえに，イースト・アングリアやリンカンシャーの一部の低地までをも含むようになった。ちなみに，第1フェーズでは目標1地域はイギリスの面積の5.8％，人口の2.8％，目標5b地域はイギリスの面積の24.1％，人口の2.6％をカバーしていたのであるが，第2フェーズでは，目標1地域が面積で18.7％，人口で5.9％，目標5b地域が面積で28.5％，人口で4.9％へと拡大した。ついでに言及しておくと，第2フェーズにおいては，地域開発政策の細目の優先課題毎に具体的数値目標が設定されるなど，プログラムの実行体制の改善が図られている。

なお，EUの農村地域政策として忘れてならないのは，共同体発意事業の一つであるリーダー（LEADER，農村経済開発のための諸活動間のネットワーク）である。これは地域の必要性により精通したローカル活動グループ（各種レベルの地方自治体，各種団体，地方実業界，関連の政府機関などで構成）の潜在力に依拠して，革新的，効果的な開発プロジェクトを計画，実行させるように援助するもので，EUレベルでの経験とノウハウの交流も通じて，そうした開発プロジェクトを改善・洗練させることも狙っている。EUレベルの交流を支えているのは，欧州委員会によって作られたブラッセル所在の組織，欧州地方開発情報協会（AEiDL）である。

もっとも，実施できるプロジェクトの種類は予め欧州委員会によって定められており，技術援助，職業訓練，農村観光，地域特産の農水産品，小企業・工芸産業・地方サービス，その他，とされている。リーダーの対象地域は目標1地域，目標5b地域（のちに目標6地域も加わる）であるが，目標5b地域の場合には予算の10％以内をその隣接地域に支出することも可能である。ちなみに，イングランドのリーダーⅡプログラムの場合では，目標5b地域の，低いところで55％（北部高地），高いところでは95％（イースト・アングリア）の地域がリーダーによってカバーされている[9]。プログラムの実施期間は，リーダーⅠが1991～93年，リーダーⅡが1994～99年となっている。目標

1，目標5bといったEUの地域政策の発足によって，地域開発政策は地域参加型の性格を強めたと考えられるが，リーダーによってその性格は一層強められたと考えられる。リーダーがボトムアップ・アプローチと評される所以もそこにある。リーダーの問題点は，欧州委員会が自ら認めるように，その実施過程における事務手続きの煩雑さにある。地域での協議，計画の作成に時間をかけつつ遂行されるのがリーダーであるが，各国政府が介在し，最終決定機関である欧州委員会の承認を得るプロセスも必要とされている。共同体発意事業であるだけに欧州委員会の関与は大きくならざるを得ないようであり，その分，行政コストの負担は増大するようである。分権的要素を強く取り入れたEUの開発アプローチの難点であり，ボトムアップ・アプローチを損なわずに実施過程の簡素化を如何に図るかが課題とされているようである。

2) イギリス独自の農村地域開発政策

イギリスの地方自治体は1970年代以降，単一自治体に再編されてきているが（北アイルランドでは1973年，イングランド大都市圏では1986年，ウェールズおよびスコットランドでは1996年），イングランドの地方圏では，依然として基本的に県—地区（市）の二層制（two-tier system）からなり，その下に教区がある。

教区にはアロットメント，村集会所，公園，街灯の管理など住民の身近な生活にかかわる行政権限しか与えられておらず，そのほかに地区に意見を反映させる機能がもたされている。地区は実質的に最下部の行政単位であって，レジャー・スポーツ施設の管理，ごみ収集，プラニング・建築規制，環境衛生，公園管理，住宅対策，観光振興などを行政の職務としている。そしてそのうえにある県は，教育，社会福祉，警察，交通（道路・橋など），消防などを自治体の機能としている。こうして開発よりも公共サービスの提供が地方自治体の役割となっており，地域開発への関与は概して弱いといっていい。なお注目したいのは，そうした地方自治体の開発への関与において，プラニングを通ずるコントロールが重要な役割を果たしていることである。

農業振興への関わりについては，経済振興への関与に比べて一般に手薄な印

象であって，スコットランドの高地・諸島などの遠隔の自治体ではかなりの取り組みが行われているようであるが，イングランドの多くの自治体では，県有地農場の管理を除くとほとんど見られないようである。この背景としてとりあえず考えられるのは，イギリスの農場が比較的大規模で少数であるため，農漁業食料省（MAFF）が補助金行政を直接，農場を対象として実施しやすいこと，また畑作農場制でありかつ灌漑がそれほど重要でないため，わが国のように水利関連の集団的・地域的なインフラの建設・管理が不要なことである。

　保守党政権は，地方自治体の自主財源の縮小，歳出の抑制を図るとともに，行政サービスへの競争入札の導入など民営化路線も進めてきた。そうしたなかで政府はローカル・コミュニティにおける自助努力，ボランティア活動の奨励や教区の行政権限の拡大を主張しており，MAFFと環境省（DoE）が1995年に発表した農村問題に関する白書『ルーラル・イングランド』[10]にもそれがうかがわれる。そこでは，イングランドの農村コミュニティにおけるボランティア活動の広がりがヨーロッパの中でも最も広範な部類に入ると，自ら述べている。実際，Wormen's Institute, Women's Royal Voluntary Service などのボランティア団体があり，コミュニティ・バスの運営などもボランティアの活動によって支えられているという。県毎に存在する任意団体である農村コミュニティ協議会も1920年代からの伝統があり，RDCの資金的補助も受けて，農村コミュニティが問題を解決できるよう助言・支援活動を展開している。ボランタリー組織を通じた社会・コミュニティ開発はイングランドに特有の方式であるともいわれている。

　こうして自助的活動を奨励する一方，政府は1994年にイングランドに10の地域政府事務所（GROs）を設立し，DoE，貿易産業省（DTI），教育・雇用省，運輸省の出先機関を統合することにより省庁の地域業務の一体化を図ろうとした。MAFFがこの中に含まれていないのは何故かわからないが，EUの各種部門の資金を統合した地域政策の展開（構造基金改革）に伴う行政的対応の必要もこの動きを促進したといわれている。もっともそこには，EUと地方のプレゼンスが強まる中で主導権を握ろうとするイギリス中央政府の意図も感

じられないわけではない。

　さて，イギリスの農村地域開発政策には，部門別アプローチ，総合的アプローチ，コミュニティ・ベース・アプローチの3種があり，時代的にはこの順序で開発手法が発展してきたといわれる[11]。総合的アプローチといわれるのは，スコットランドの高地・諸島開発委員会（HIDB，1991年に改組されてHIE, Highlands & Islands Enterprise となる），イングランドの農村開発委員会（RDC）などの政府特殊法人による農村地域開発政策である。イギリスの農村地域開発政策の本格化は，こうした政府特殊法人を媒介とした政府主導の開発方式として始まったのである。

　もっとも，こうした政府特殊法人による農村地域の総合開発といっても，MAFFの農業政策の領域外での展開であったし（のちに1988年にMAFFが自営兼業育成策として農場経営多角化政策をスタートさせた際にも，DoE所管のRDCの起業政策と棲み分けを図ったし，その後もGROsに加入しないなど，MAFFは自立性を保持せんとしているかに見える），HIEやRDCの活動がECの構造基金に基づく地域政策と統合されるまでには至っていないことに注意する必要がある。農業政策の領域は，むしろECの構造基金に基づく地域政策の方に包摂されていったのである。

　その後1980年代にはコミュニティに依拠した開発アプローチ（ボトムアップ・アプローチ）が出現したが，この背景には，途上国開発の経験からコミュニティ開発の重要性についての認識が高まったことがあるであろうし，サッチャー政権が地方自治体の行財政力を弱体化させたことも関係しているように思われる。

　農村地域の開発には，1994年に都市再開発を目的に導入された単一地域振興予算（Single Regeneration Budget，それ以前の5省庁の20のプログラムを統合したもの）などの地域開発政策が影響を及ぼしていることも否定できない。しかし，イギリス独自の農村地域開発政策として重要なのはやはりHIEやRDCなどの政府特殊法人による地域開発政策である。そこでここでは特にHIEとRDCを取り上げ，その活動内容を簡単に紹介しておこう。

そもそも HIE の前身である HIDB は，スコットランド省所管の事業組織として 1965 年に設立された。そして 1991 年に，高地・諸島地域における職業訓練事業団の機能，並びに同地域におけるスコットランド開発事業団による環境再生の職務を吸収しつつ改組され，現在の HIE となった。HIE の目的は，①高地・諸島地域の経済的・社会的開発に必要な施策・事業を作成し，支援し，また実施すること，②雇用に関連した技能を高めること，③自営企業の設立を支援すること，④高地・諸島地域の環境の改善を図ること，である[12]。ちなみに 1996/97 年度の決算報告を見ると，7,490 万ポンドが支出されており，内訳はビジネスに対する資金的支援 1,460 万ポンド，ビジネス関係の助言サービス・技術研修 590 万ポンド，不動産の建設・維持 1,170 万ポンド，マーケティング支援 1,180 万ポンド，雇用促進関係の支援 1,140 万ポンド，環境再生支援 470 万ポンド，事務・運営費 1,050 万ポンドなどとなっている。ビジネスに対する支援のうちには 550 万ポンドの食品・飲料関係の支援が含まれる。財源の 8 割はスコットランド省教育産業局からの補助金（1996/97 年度の場合 5,910 万ポンド，うちEUから 860 万ポンド）であるが，残り 2 割は賃貸料収入，利子・配当収入，融資返済，資産売却益などの自主財源からなっている。HIE は 10 の地域毎に地方事業法人（Local Enterprise Company, LEC, 民間人を主体に地方自治体などの代表とで構成されたもので，法的には companies limited by guarantee とされている）を設立し，その職務の大部分を事業契約に基づいて委任している。

RDC は DoE 所管の事業組織であり，前身の開発委員会は 1910 年に設立されている。RDC と名称変更されたのは，農村小企業協議会を合併した 1988 年のことである。事業地域はイングランドに限定されており，ロンドンとソールズベリーに本部，そのほか 11 カ所の地方事務所をもつ。1960 年代末から特定地域の総合的農村開発アプローチを採用するようになり，1984 年には 27 の「農村開発地域」を指定して，農村開発計画に基づく開発を実施してきている。最近では，「農村開発地域」に振り向けられている予算は，RDC の予算全体の 90 ％弱となっている。「農村開発地域」は，今日ではイングランドの面積の 35

％，人口の6％をカバーしている。指定されているのは，北部，ウェールズ境界，南西部，リンカンシャー，ノーフォーク北部など，経済的社会的必要性から援助を最も必要としている地域である。

　1970年代，80年代にRDCの活動は失業対策を中心に実施されてきており，このことから「農村開発地域」が失業率の高い地域だったことがわかる。1980年代について見ると，雇用創出のための工場建設・用地造成，小企業に対する技術支援・技術訓練・融資などがRDCの支出の8割以上を占めていたが，しかし他方では社会・文化開発にかかわる支出がわずかながらも増加する動きが見られ，RDCの農村開発アプローチも広範なものになる傾向がうかがわれる[13]。「農村開発地域」の目標で見ても，雇用，交通，情報・助言のほか，住宅，コミュニティ・ケア，コミュニティ施設を目標に掲げる地域が27の全地域に及んでおり，目標面ではこの傾向がはっきりと読み取れる。

　こうした農村開発計画の支出はRDCによってコントロールされており，DoE，大蔵省も影響力を行使するといわれている。各「農村開発地域」の運営方針は，地方自治体（県・地区），農村小企業協議会（1988年以降RDCのビジネス・サービス部門となる），イングリッシュ・エステイト，農村コミュニティ協議会という四つの中核組織の各県代表から構成される合同推進グループによって定められる。ただし一部の「農村開発地域」では，合同推進グループの選出基盤が拡大され，国立公園ボード，地域観光ボード，農業改良普及サービス，ボランタリー組織，教区などがメンバーに加えられた。日常の業務は，プラニング，社会サービス，インフラを職務とする自治体行政官の調整グループによって遂行される。通常，プラニングに携わる行政官が調整グループの長に指名されるが（農村開発計画がストラクチャー・プランやローカル・プランと整合性をもつ必要性があるため），「農村開発地域」の4分の1では特別のプロジェクト・オフィサーが任命された。いずれにせよ「農村開発地域」は基本的にトップダウン方式で運営されていると見られるが，個々の事業提案を作成する作業グループのメンバーに各種団体が加わっていることからして，ボトムアップ型の開発方式の余地がないとはいえないであろう。

RDC の職務には，以上のように「農村開発地域」の再生のために援助することのほか，政府等の政策立案者および農村サービスを提供する地方自治体などに対して農村地域の経済的社会的開発に関する助言を与えることや，イングランドの農村全体にわたってボランタリーな活動や地方サービスを支援することがある。最後の点に関していえば，38 の県にある農村コミュニティ協議会が農村全域にボランタリー活動のネットワークを発展させるのを支援し，また村落ホール，ショップ，地方交通，住宅建設のような重要な農村サービスの提供を援助し，さらには田園地域委員会，イングリッシュ・ネイチャーとともにコミュニティ・ベースの環境プロジェクトの支援のために資金供給を行ってきている。

（２） スコットランド高地・諸島とイースト・アングリアの事例

次に今日，EU の農村地域開発政策とイギリス独自の農村地域開発政策がどのように絡み合って展開されているのかを，スコットランドの最も条件不利な地域である高地・諸島地域（スコットランド最北部）とイングランドの大農畑作地帯であるイースト・アングリア（イングランド東部）の事例から見ておこう。

1） スコットランド高地・諸島

この地域の開発政策に影響力を有してきたのは HIE である。先に見たように，HIE の 1996/97 年度の支出額は 7,490 万ポンドである。このうち EU からの補助金は 860 万ポンド（11.5％）であり，この部分が構造基金と関係がある。この地域に対する EU の構造基金からの助成率が約 46％ となっていることから，HIE の提供するイギリス側補助金も含む EU の地域開発政策関係支出が HIE の支出に占める割合を計算すると，25％ となる。つまり，HIE の支出はその 4 分の 1 しか EU の地域開発政策（＝「目標 1」）と重複していないのである。

一方，EU の高地・諸島を対象とした「目標 1」プログラムでは，1994～99 年の 6 年の実施期間に EU の構造基金から 2 億 4,400 万ポンド，年間平均で

4,100万ポンドの拠出が行われる[14]。イギリスの公的拠出と合わせると6年間で5億6,300万ポンド, 年間平均で9,400万ポンドとなり, HIEの支出規模を上回る。HIEとの重複分を除いてもほぼ同額となる規模である。構造基金改革の第1フェーズ (1989~93年) ではスコットランド高地・諸島は目標5b地域に指定されていたが, その時期に比べて, 目標1地域に格上げされた第2フェーズ (1994~99年) では年間平均の公的支出はほぼ倍増している。一方, HIEが発足した1991/92年度のHIEの支出を見ると7,210万ポンドであって, 過去5年間にHIEの支出はほとんど増加していない。かくして, スコットランド高地・諸島の目標5b地域から目標1地域への移行に伴い, EUの地域開発プログラムの支出がHIEの支出を上回り, 両者の地位が逆転したといっていいのである。

さて, 1994~99年の「目標1」プログラムの運営は, このためにスコットランド省によって設立された組織である「高地・諸島パートナーシップ・プログラム (HIPP)」によって行われている。そして, プログラムの運営の監督, 事業の実行枠組みの形成, さらにプロジェクトの効果の監視を行い, プログラムに対して責任をもっているのがモニタリング委員会であるが, この委員会は, HIE, 政府の設立した関連諸機関, 民間・ボランタリー組織, 地方自治体, イギリス政府, それに欧州委員会の代表によって構成されている。プログラムの立案を含め, EUの地域開発政策の遂行全体を支えている原理がパートナーシップである。もっとも「目標1」や「目標5b」の地域開発政策は, パートナーシップを掲げているとはいえ, リーダーに比べるとトップダウン的であるとされている。

「目標1」プログラムの戦略目標はビジネスの支援とコミュニティの開発であるが, そのための優先課題が, ①ビジネス振興, ②観光・遺産・文化発展, ③環境の保全・増進, ④第1次産業および関連農林水産加工業の発展, ⑤コミュニティ開発, ⑥ビジネスおよびコミュニティ開発を推進するための交通通信・公益サービス網の改善, ⑦技術支援 (監査, 広報等のプログラム運営経費), に整理されている。そして各優先課題に対するEU・イギリスを合わせ

た公的資金の支出割合を見ると，①20.1％，②6.7％，③4.5％，④27.1％，⑤12.9％，⑥27.8％，⑦0.9％となっている。この場合，イギリス側の公的資金の源泉にはさまざまなものがあり，地方自治体，HIE・LECs，中央政府などが資金の提供者となっている。ともあれ，HIEと「目標5b」プログラムの支出構成の比較から，HIEがビジネス支援を中心としているのに対して，「目標1」プログラムは第1次産業・関連加工業の発展，コミュニティ開発，並びに交通通信・公益サービス網（インフラストラクチャー）の改善に力点を置いていることがわかるであろう。「目標5b」の時代にHIEが行っていた水産関係に対する助成は，「目標1」への移行とともに移されてきたようである。

なお，④のなかには，目標1地域以外において「目標5a」＝水平的施策として実施される農業構造政策，すなわち農業・保全補助事業，HLCAが含まれており，④の3分の2はHLCAである。また，同じく④のなかには，スコットランド北西部の小借地農であるクロフト農民を支援するためのクロフティング・タウンシップ開発事業も含まれている。クロフト農民の支援のために，スコットランド省は行政機関のクロフター委員会を通じて，クロフティング・タウンシップ開発事業のほか，家畜改良事業，クロフティング諸県農業補助事業（CCAGS），クロフト新規参入事業などを実施しているが[15]，そのうちの1事業を「目標1」プログラムに編入したのである。クロフター委員会の所管するクロフト農民補助事業の全体の予算規模は不明であるが，ちなみに最大の支出項目と見られるCCAGSの1996年の補助金支出は327万ポンドであった。

このほかに高地・諸島地域ではリーダー・プログラムが実施されており，リーダーIでは5グループが，またリーダーIIでは9グループが創設された。リーダーIIの実施機関はHIEとなっている。さらに高地地域の広域自治体であるハイランド・カウンシル（Highland Council）も地域開発に関与しており，経済開発部の1997/98年度の事業予算として295万ポンドが計上されている。

2）イースト・アングリア

イングランドでは第2フェーズ（1994〜99年）の「目標5b」プログラム，リーダーIIプログラム，そしてRDC（農村開発委員会）のプログラムが農村

地域開発政策を形成している。まずこれら3者の財源規模を比較しておこう。

　イングランドの六つの「目標5b」プログラムについてEU・イギリスを合わせた補助金の規模を見るとおよそ8億2,000ポンド，年間平均にすると1億3,700万ポンドとなる[16]。これに対してイングランドにおけるリーダーII（1994～99年）のEU・イギリスを合わせた補助金の規模は4,250万ポンド，年間平均では700万ポンドである[17]。さらにRDCの最近年の年間支出額を見ると4,400万ポンドとなっている。「目標5b」プログラムの支出規模がいかに大きいか，またリーダー・プログラムの支出規模がいかに小さいかがわかるであろう。そしてイングランドでは，RDCの「農村開発地域」政策が行われていたところに「目標5b」プログラムの多額の資金が突如投入されるようになったことも，これから指摘する両者の地域的関連を踏まえれば，了解できよう。スコットランド高地・諸島のように，既に大規模な地域政策が実施されていたところにEUの地域政策の資金が投入された場合とは，状況は著しく異なっていたのである。

　実際，地域的に見ると，イングランドの目標5b地域とRDCの「農村開発地域」とは相当程度重なっていることがわかる。おそらく，RDCの「農村開発地域」を基礎に目標5b地域が選定された経緯があるのであろう。しかもイングランドの場合，リーダー・プログラムの地域は目標5b地域とその周辺（支出規模で1割以内）とされている。そこでイースト・アングリアに目を転じて見ると，リーダーIIは目標5b地域の95％をカバーしており，目標5b地域もRDCの「農村開発地域」の一部から構成されている面が強い。その結果，3者が重複する地域が形成されているのである。イングランドのリーダー・プログラムに対する地域毎の資金配分も，六つの「目標5b」プログラムに対する資金配分に基づいて行われており，この面からもリーダー・プログラムと「目標5b」プログラムの間には密接な関連がある。

　イースト・アングリア目標5b地域はロウズトフト，東部サフォーク農村地域，中部ノーフォーク農村地域，フェン地域の4地域に分かれている。このように地域が分断されているのは次のような理由，つまり1994年1月にEUレ

ベルで合意されたイギリスの目標5b地域への割り当て人口を，既に決められていた11の候補地に配分する手順をとったために，イースト・アングリアの場合にも目標5b地域の上限人口が定められたことによるところが大きいといわれる。さらに，水産都市ロウズトフトが最終的に目標2地域の選考から漏れ目標5b地域に組み入れられたことも，地域の分断状況をさらに強め，開発プログラムの効果的な実施に不可欠な小規模な市場町を除外せざるを得ない結果をもたらしたといわれている[18]。ロウズトフトの場合は水産業の衰退が，また他の3地域の場合には，人口分散による社会サービスの貧困と，農業および関連産業へ強く依存する中での農業の衰退が，地域が抱える問題点とされている。

　そうした地域を対象とした「目標5b」プログラムは1994〜99年を実施期間としており，その優先課題は，①ビジネス振興，②農水産業の多角化，③人的資源の開発，④観光・文化活動の振興，⑤研究・開発，となっている。EU・イギリスを合わせた公的資金は総額でおよそ9,500万ポンド，課題別の配分比率は，①32％，②24％，③18％，④20％，⑤6％，である。「目標5b」プログラムはモニタリング委員会とワーキング・グループによって運営される。モニタリング委員会は，東部地域政府事務所（GOER），関連省庁（MAFF，DTI，DoE），RDC，職業訓練・企業体協議会（TECs），農民，イングリッシュ・ネイチャー，欧州委員会などの18名の委員から構成され，GOERの所長が議長を務める。モニタリング委員会はプログラムの実行全体に責任をもっているが，プロジェクトの承認など権限の多くをワーキング・グループに委任している。ワーキング・グループは，モニタリング委員会を構成するイギリス側の諸組織の代表に，「目標5b」プログラムが実施される3地域の代表（県・地区の行政官）などを加え，計22名で構成されている。なお，ワーキング・グループの下には3地域毎のローカル地域グループが形成されているが，これは非公式の組織体であって，「目標5b」の実施に際しては公的な役割は果たしていないといわれる。日常の事務作業は，GOERの関連部局およびMAFF，教育・雇用省の官僚からなる事務局が担当することになっている。

一方，リーダーⅡ・プログラムは東部サフォーク農村，中部ノーフォーク農村，フェンの3地域で実施されている。プログラムの資金規模は3地域を合わせてもおよそ510万ポンドと「目標5b」の5％程度でしかない。リーダー・プログラムのモニタリングは全国モニタリング委員会で行われ，当委員会は構造基金関連の省庁であるDTI，DoE，教育・雇用省，MAFF，さらには欧州委員会，RDC，ボランタリー組織，環境組織，それに各リーダー・プログラムの地域下級モニタリング委員会の代表から構成されている。イースト・アングリアの場合も，リーダー・プログラムの地域下級モニタリング委員会は，「目標5b」のワーキング・グループに照応するものであって，事務局はGOERおよびMAFFが提供している。さらにその下に3地域それぞれのローカル開発グループが編成されおり，各地域でのリーダー・プログラムの運営にあたっている。メンバーは，GOERを始めとして地方自治体（県・地区・教区）の代表，全国農業者連盟，地方地主協会，教育機関，観光協会，ボランタリー組織，環境団体などによって構成されている。「目標5b」における公的役割をもたないローカル地域グループに照応するのがリーダーのローカル開発グループであるが，それにプログラム実施の責任がもたされているいこと，そこにリーダー・プログラムのボトムアップ・アプローチの性格がうかがわれる。

リーダー・プログラムの目的は，①農村コミュニティが地域経済に貢献するとともに，コミュニティ・プロジェクトを発展させ，環境を改善し，さらに地域の文化・遺産を振興できるように，ローカルなネットワークを開発し強化すること，②経済的・社会的活動を強める革新的プロジェクトを発見し実施すること，③欧州の他の地域と農村開発の経験を交換すること，並びに④プログラムに地方の人々・集団を参画させること，とあり，農村コミュニティの活性化が目指されているかに見える。リーダー・プログラムの本質は，革新的プロジェクトの創出・普及の追求にあり，その手段としてEU各地の間でのノウハウの交流と地域の担い手の形成が位置づけられていると見られる。その場合，地域の担い手形成には，地域の必要に精通する住民に依拠したボトムアップ・アプローチが要請される。イギリスの学者とのインタビューでも，リーダーは経

済的タームではなく社会的あるいは文化的タームで評価されるべきであるとの意見を聞かされた。その意味でリーダーは，地域開発の核となる住民参加のシステムを構築するソフト中心の事業だと言っていいのかもしれない。そして，リーダー・プログラムには，「目標5b」プログラムおよびRDCの農村開発計画と補完関係をなすことが期待されている。

イースト・アングリアのリーダーの事業について見ると，小企業の支援，地域特産品の販路拡大，観光開発，環境保全，職業訓練など「目標5b」と重なるような事業が行われていることがわかる。「目標5b」のFEOGA関係の予算の執行が遅れていることからもうかがわれるように，予算の消化状況はリーダーの方が「目標5b」に比べて良好なようである。この背景には，巨額の「目標5b」の資金が突然降ってきてそれを使い切れない側面もあるであろうが，リーダーが「目標5b」の事業と競合し，そちらを食っている面もあるのであろう[19]。リーダーが好調なのは，地域ニーズを反映したプロジェクトを組めるからなのであろうか，それとも1件当たりの事業額が小さいことによるものであろうか。

ともあれ，保守党政権下で自主財源の縮小と歳出の抑制を余儀なくされてきた地方自治体にとって，EUの構造政策による資金散布は地方主導の地域振興を推進する上での贈り物と認識されてもおかしくはないであろう。EUの統合政策の一環として，各国政府をバイパスするシステム作りにも一役買っていると思われる構造基金が，サッチャリズムの下で弱体化した地方自治体の活力を甦らせる可能性にも注目したい。もっともこの点では，1997年7月に欧州委員会が公表したEUの中・東欧加盟に向けての政策案「アジェンダ2000」，そこに示された現加盟国の構造基金による地域政策を縮小する提案は，逆風といえよう。

4. おわりに

以上，イギリスの条件不利地域政策と農村地域開発政策について見てきた。

本稿での考察は主に制度面の検討にとどまってしまったが，最後に，イギリスの農村地域政策について，その特質について言及しつつまとめるとともに，日本への示唆について若干触れておこう。

(1) まとめ ──イギリスの農村地域政策の特質に言及しつつ──

　イギリスのLFA政策は第2次大戦の戦時食料増産対策として開始され，他のEU諸国に比べて歴史がある。その目的には人口維持などの観点も加えられていったが，環境への配慮は遅れ，過放牧が問題となった。イギリスのLFAは草地利用しかできない豊度の低い土地で，繁殖畜産経営がほとんどである。土地利用から見ると，南欧・独仏などに比べて耕地利用が少なく，地域特産品の開発も盛んでなく，畜産に対する直接所得補償がLFA政策の基軸をなしている。しかし，農業構造は南欧・独仏などに比べて恵まれており，隣接農場による吸収（草地型農業の利点）や植林によって放棄農地はほとんど生じていないようである。別荘購入や農村でのレクリエーションの発展もこれを支えている要因であろう（この背景には景観・田園地域についての高い評価がある）。しかし，田園地域の中核市場町に通勤者や引退生活者が居住することで田園地域全体の人口が増加傾向にある一方──今述べた環境要因のほか，国土が比較的平坦であって閉鎖的山村地域がほとんど見られないこと，冬季に積雪で悩まされる程度も小さいことなどが背景にあろう──，通勤兼業機会に恵まれない遠隔農村では人口減少は依然続いている。農業技術の発展が省力化を招けば，富裕な地域においても人口減少，サービスの縮減に直面する問題地域が生まれる。そこで農村地域開発政策が必要となってくるのである。

　農村地域開発政策は1960年代半ばに本格的に着手された。地方自治体が開発や農業振興に関与することの少ないイギリスでは，政府が開発機関を使って農村地域の開発を行ってきたといっていい。これは中央からのトップダウン方式の開発政策と特徴付けられるであろうが，同時に開発アプローチの部門別アプローチから総合的アプローチへの移行でもあった。

　その後の1988年のECの構造基金改革は，イギリスの農村地域開発政策に

大きな変化をもたらした。ＥＣ資金の投入はイギリスの地域開発政策の農村から都市への重心の移行を容易にさせた面もあるが，農村地域開発予算を急増させることにもなった。中央政府，政府関連機関，地方自治体等はＥＣ資金を利用し，地方自治体や各種団体の開発政策への関与も積極化する。ＥＣの打ち出した開発のパートナーシップ原則は，地方自治体等のプレゼンスを強めさせた可能性があるが，状況は地域で異なる。大規模な国家資金が以前から投入されてきたスコットランドの高地・諸島においてはその可能性は小さいように見える。高地・諸島で注目されるのは，運営システムにおける民営原理の導入である。

　ＥＣの農村地域開発政策には小規模なリーダー・プロジェクトがセットの形で導入され，農村コミュニティ，そしてそのローカル・ネットワークの形成を標榜した。コミュニティ・ベースの開発は，既に1980年代からイギリスの農村開発政策に導入されていたアプローチでもあった。先発資本主義国として大農場制を作り上げたイギリスでは自治村落が解体し，コミュニティの結束力がモデレートなものにとどまったので，地域活性化のためのコミュニティの強化は意味のあることなのであろう。コミュニティの強化は，自助の哲学に依拠する保守党政権も奨励する方針であった。しかも，それをイングランドの伝統であるボランタリズムで[20]達成しようとしたのである。階級社会でもあった農村コミュニティにはチャリティが社会問題の解決手法とされた伝統があり，それがボランタリズムの土壌を形成したのであろうか。都市民の参入に伴い市民の互助精神を基礎に育まれたボランタリズムと並んで，古い側面も残っているということなのであろうか。

　イギリスでは，コミュニティ強化はボトムアップ・アプローチの評価から称揚されている。しかし，他面では政府の安上がりの地域政策をサポートするおそれもあり，一面的な評価は危険であろう。政府は，ボトムアップ・アプローチを推奨する一方では，関連省庁の出先機関を政府地域事務所として統合しているが，これは単なる行政改革やＥＵの地域政策の展開に合わせた機構再編としてのみ捉えられるものではなく，中央からの統制を強める動きと見られない

こともない。EUと地方の力の強まりは、中央政府をして自らの権限の存続に腐心させることになっているのかもしれないのである。地域政策も諸権力の抗争する場だからである[21]。スコットランドの高地・諸島のケースでは、リーダー・プログラムの管理も含め、国家の開発機関の影響力は依然強力と見られる。ともあれ、EU、イギリスにおいて地域開発との関連でコミュニティの強化が叫ばれていることは興味深いことである。

イギリスの農村地域政策に関連して忘れてならないのは、厳格なプランニング制度の存在である。混住化の進展の著しいイギリスでは、地方自治体は環境に配慮したプラニングの運用を行っているのであるが、その結果として貧しい住民の住宅不足の問題が生じている。逆説的なことであるが、福祉国家の一環として形成された都市農村計画が、富者に肩入れして貧者を冷遇し、不平等を生み出しているのである。

EUの中・東欧への拡大は、2000年以降に現加盟国におけるEUの地域開発政策を縮小することを要求しており、EUの構造基金の下で育まれた農村地域開発の枠組みも後退せざるを得ない状況にある。イギリスでもイングランドの目標5b地域がなくなり、スコットランドなどの目標1地域も絞り込みを余儀なくされる見通しである。過渡的措置によっては2007年以降の話になるのかもしれないが、遅かれ早かれ農村地域開発政策の再編は避けられない。地方分権に理解を示していると思われる労働党政権が、上述の農村地域開発政策の問題点をも含めこうした局面に如何に対応していくのか、注目したい。

（2） 日本への示唆

最後に、イギリスの農村地域政策の検討から得られる日本への示唆について、常識的な見解の域を出ないものであるが述べておきたい。

まず条件不利地域政策について。欧米の農業が畑作を基調としており個別経営完結型であることはよく知られているが、そのうえにイギリス農業は、先進資本主義国であったこと、並びにそれに関連して遂行された土地変革の特殊性に規定されて、新開国農業と同様に構造問題不在の国となっている。イギリス

の条件不利地域の場合も一般にそうした状態にあり、草地型畜産が主要経営部門となっていることもこれに与っているといっていい。しかし、そうしたイギリスの場合でさえも、例えばスコットランド高地・諸島のクロフター農民（小規模農）に対しては今日でも各種の構造改善施策（換地、土地改良、排水、フェンス、農場建物・設備、新規就農、家畜改良など）をはじめとする各種援助措置が実施されている。このことは、わが国のように構造問題を抱えた条件不利地域政策にとって、当然のことではあるが、個別経営に対する直接所得支払いとともに担い手育成を視野に入れた構造改善施策をも実施することの必要性を示唆しているといっていいのではないか。

イギリスの条件不利地域のように草地型畜産が大半を占めている場合、耕作放棄地が発生しにくいといわれる。これには植林事業の展開も与っているといわれるが、いずれにせよ耕作放棄地の発生を防止するうえでは、わが国の条件不利地域においても、粗放的土地利用を可能とさせる草地型畜産を維持・発展させることの意義は大きいのではないか。

しかしイギリスのように草地型畜産が条件不利地域農業のほとんどを占めていることは、作物バラエティが貧弱であって、高付加価値型農業の展開条件が乏しいことも意味している。翻ってヨーロッパ大陸、とりわけ南欧について見ると草地型畜産以外の経営・作目も展開しており、農業は多様性に富んでいる。EUの条件不利地域規則では、小麦（2.5/ha未満を除く）、果樹（リンゴ、なし、もも－0.5ha未満を除く）、山岳地域以外のワイン用葡萄園（2.0キロリットル/ha未満を除く）、ビート、野菜等の集約的作物については、補償金が支給されないことになっている。これは、わが国の条件不利地域政策における直接所得支払いにおいても高付加価値型農業[22]を例外的に位置づける必要性を示唆しているのではあるまいか。高付加価値型農業を除外することは、中山間地のハンディキャップ是正に純化した形で条件不利地域政策を実施することになり、国民的合意も得られ易くなろう。

最後は、環境保全補助金についてである。イギリスでは国土のおよそ4分の3が農用地であり、農業は野生生物保護、レジャー・ニーズと国土利用をめぐ

って競合せざるを得ない。そのため条件不利地域においても，野生生物生息地維持，景観保護といった環境保全が重要となっている。家畜飼養密度が，条件不利地域の指定要件であった水準を上回るという環境破壊傾向（これは土地豊度の上昇をも意味する）のなかでの環境保全支払いというアブノーマルな面も抱えてはいるが，農業の外部性に対して税金により対価を支払うことの正当性は否定できない。わが国の条件不利地域に対する直接所得支払いないし補助金を補強する意味において，環境保全補助金を導入することは有益と考えられよう。

次に農村地域政策について。EU諸国の間で見ても，イギリス国内で見ても，一般に農業の国民経済に占める地位の相対的低下に伴って，農村地域政策のウェートが農業から農業関連，さらに非農業へと移っていることが看取される。食料自給率の向上を標榜する場合，安直な類推はできないが，このことはわが国の将来の農業政策，農村地域政策のあり方を考えるうえでも示唆的であろう。

EUの構造基金による農村地域政策といっても，イースト・アングリアの事例に見られるように実際には適切に機能していない面もある。しかしながら，その理念からはわが国が学べるアイディアがあるように思われる。

やや繰り返しにもなるが，EUの構造基金による農村地域政策の特質を整理すると次のようになろう。すなわち，開発資金の統合的利用，地域重点的投下（集中の原則），EU・各国・地域間の連携（パートナーシップの原則），事前・事後を含めたモニタリング，コミュニティ開発を主眼としたリーダー・プログラムの並行的活用，地域政策の枠組みへの農業構造政策の包摂・整理などである。

とすれば，ここからわが国の農村地域政策に対して得られる示唆は以下のようなことになろうか。すなわち，省庁間の連携強化によって開発資金を統合的に利用すること，開発の必要度・性格に応じて地域を区分すること，中央と地方の連携を協調型に移行させていくこと，あるいは地域開発政策の政策効果の評価・監視の観点からモニタリング機能を強化していくことなどの必要性である。安易に地方自治体を農村地域政策の単位とせず，政策対象地域の最適な広

がりという観点から地方自治体の連携を追求すること，さらに地域開発の担い手に行政のみならず実業界，地域・環境団体などを加えていくことの有効性もEUの農村地域政策が示唆することであろう(23)。

しかし，これはEUにおける西欧的民主主義の成熟，あるいは地方所在の政府関係機関，地方自治体，各種団体における技術専門家層（都市計画，環境などを含む各分野）の定着を前提としている可能性も大きい。それが正しいとすれば，こうした制約条件が，合理性と西欧的民主性を基礎としたEU的農村地域政策をわが国へ導入することのネックになることも当然考えられよう。さらにいえば，EUの中央と地方のパートナーシップがEU統合戦略の中から各国政府の権力弱体化を狙って打ち出されてきた面も否定できず，この理解についてもさらに吟味が必要と考えられる。

ただ，日本の農村開発政策にとっても強みがある。それはEUと違ってコミュニティが強いという点であるが，地域おこしの運動がわが国においてEUよりもむしろ先行して活発に展開されているのも，この点に負うところがおそらく大きいであろう。地方自治体，農協等の活力がコミュニティの強さを背景にしている面は否定できないであろう。

また，農業構造政策の地域政策の枠組みへの包摂は，時代趨勢としては不可避的なことかも知れないが，農業利益が軽視される危険性をもはらんでいる。食料安全保障の国民的合意が必ずしも確固としたものとなっていない状況，あるいは計画的国土利用の精神が十分に発達していない状況の下では，こうした農業利益の軽視は，安易な農地転用を許してしまい，わが国の食料安全保障を危ういものにしていく可能性もある。慎重な対応が必要というべきであろう。事実EUにおいても，欧州委員会レベルでは農業勢力が地域政策勢力に屈する傾向が看取されるが，各国レベルでは政治力学を反映してそうしたトレンドが前進を阻まれている状況があることに留意したい。

EUの条件不利地域政策，農村地域開発政策を根底において支えているのは，財政基盤の確かさであり，福祉国家における余暇時間の増大(24)であり，さらにはカントリーサイドの人口増，環境保全志向の強まりなどであろう。GDP

伸び率の74％として聖域化されたFEOGA保証部門の伸びは，EUの農業予算の増大を確実に保証している。そうした条件を欠くうえに，余暇時間の増大や田園の人口増，さらには環境志向の高まりがEUに比べればこれからというわが国は，条件不利地域政策，農村地域政策，あるいは直接所得政策の実施においてハンディを負わされていることになろう。この点は肝に銘じておかなければならないことといえよう。

（柘植徳雄）

注(1)　H. Armstrong and J. Taylor, *Regional Economics and Policy*, second edition, Harvester Wheatsheaf, 1993., および D. Yuill, "Regional Incentives in the United Kingdom", in D.Yuill, K. Allen and C. Hull eds. *Regional Policy in the European Community*, Croom Helm, 1980.

(2)　I. Bowler and G. Lewis, "Community Involvement in Rural Development: The Experience of the Rural Development Commission", in T. Champion and C. Watkins eds., *People in the Countryside: Studies of Social Change in Rural Britain*, Paul Champion Publishing Ltd., 1991.

(3)　T. Champion and C.Watkins, "Introduction: Recent Developments in the Social Geography of Rural Britain", in T. Champion and C. Watkins eds., *People in the Countryside: Studies of Social Change in Rural Britain*, Paul Champion Publishing Ltd., 1991.

(4)　E.A. Attwood and H.G. Evans, *The Economics of Hill Farming*, University of Wales Press, 1961.

(5)　是永東彦・津谷好人・福士正博『ＥＣの農政改革に学ぶ』（農山漁村文化協会，1994年），及び生源寺真一・木南章『CAP改革がＥＣの畜産に与える影響調査報告書』（農政調査委員会，1993年）。

(6)　和泉真理『英国の農業環境政策』（富民協会，1989年）。

(7)　柘植徳雄『イギリスにおける農政の新展開』（農業総合研究所，1992年）。

(8)　ついでに付言しておくと，第2フェーズになると，目標5bの目的としてCAP改革との関連に言及することがなくなり，農村地域の振興と構造調整の促進を謳うのみとなったという (R. Fennell, *The Common Agricultural Policy*, Oxford University Press, 1997.)。

(9)　Department of Trade and Industry, *Leader II European Community Initiative Programme for England 1994-99*, DTI, 1995.

(10)　Department of the Environment & Ministry of Agriculture, Fisheries and

Food, *Rural England,* Cm3016, HMSO, 1995.
(11) Bowler and Lewis, 前掲書。
(12) Highlands & Islands Enterprise, *HIE Network Annual Report 1996-97,* HIE, 1997.
(13) Bowler and Lewis, 前掲書。
(14) European Commission, *The Highlands and Islands—Single Programming Document 1994-1999 Objective 1—,* European Commssion, 1994.
(15) The Crofters Commission, *The Crofters Commission Annual Report 1996,* Crofters Commssion, 1997.
(16) Government Office for Eastern Region, *East Anglia Single Programming Document for EC Objectve 5b Areas,* GOER, 1994.
(17) Department of Trade and Industry, 前掲書。
(18) N.Ward and R.Woodward, *Pockets of Periphery in a Prosperous Region : The EU's Objective 5b Programme and the New Rural Governance in East Anglia,* Paper to be presented at the Annual Conference of the Rural Economy and Society Study Group, Worcester College of Higher Education, 2-4 September 1997.
(19) Ward and Woodward, 同上書。
(20) A. Rogers, *English Rural Commnunities: An Assessment and Prospect for the 1990s,* Rural Development Commission, 1993.
(21) Ward and Woodward, 前掲書のウォードに見られるように, 最近のイギリスの農村政治学では, 地域開発における内発・外発の性格規定を権力関係から捉え, 農村統治の形態を問題にする研究潮流がある。
(22) その絶対優位が永続するものではないことに注意を促しつつも, EUとの比較を通じて, わが国の条件不利地域における絶対優位作目の存在の問題を指摘したのは, 生源寺真一『現代農業政策の経済分析』(東京大学出版会, 1998年) である。
(23) EUの条件不利地域政策および農村地域政策との比較からわが国の中山間地域政策の問題点を指摘したものに, 矢口芳生『食料と環境の政策構想』(農林統計協会, 1995年) がある。ここでの指摘の多くは既に矢口氏によって指摘されたものである。
(24) この点は常識化しており多くの論者によって指摘されているのかも知れないが, 筆者がその指摘に接し強い印象を受けたのは, 永田恵十郎『地域資源の国民的利用』(農山漁村文化協会, 1988年) である。

補論　EUの構造基金改革と農村地域政策

1. はじめに

　欧州諸国の農村地域政策に関して，わが国では従来，条件不利地域対策をはじめとして個々の農家に対する直接所得補償を伴う政策が関心を集めてきた。特に近年喧しい公共事業に対する批判，端的に言えば公共事業が過疎化の歯止めの機能を果たしてこなかったのではないかという論調の中では，直接所得補償が代替案として浮上する。たとえば保母は，日本の過疎対策や農村政策には環境政策や国土保全の視点が欠けたままであるとし，農山村の公益的機能を評価，維持するためには直接所得補償を伴う「ハンディキャップ地域対策」が必要であるとする[1]。また五十嵐・小川による，公共事業の代わりに「マイナスの所得税」を中山間地域の住民に投じようという提案も，やはり欧州の直接所得補償に範を求めている[2]。

　その一方で，欧州の条件不利地域のような粗放的畜産はほとんどなく，水田，畑作，林業などが複合的に営まれている日本の中山間地域で，また零細農家，兼業農家を多数かかえる中で，はたしてEU型の直接所得補償が適用可能なのだろうか，個々の農家を対象とするのではない「日本型デカップリング」がありうるのではないかという議論が依然として繰り返されている[3]。

　この補論では，以上のような論調を念頭におきながら，欧州において1980年代末から講じられているもう一つの農村地域政策，すなわちEU構造基金による農村地域政策をとりあげる。構造基金による農村地域政策は，直接所得補償というよりもむしろ雇用創出，そのためのインフラ整備のように地域や自治体に対する財政投入を主体としている。しかも農家だけではなく，農村に住む

人々全体を対象にしている。EUの拡大とともに構造基金のウエイトが年々増していることから，我が国の研究者の中でも関心を呼び，紹介されるようになった[4]。

EU構造基金が実際，各国でどのように用いられているのか，中央政府，地方政府の政策や予算の中でどう位置づけられているのか，また農村地域を対象とした「目標5b」の事業の内容，それに対する評価については，第9章から第11章で詳述されている。本補論では，これら三つの章に共通する問題として，EU構造基金の仕組みの概略をとりあげる。特に，従来日本で紹介されることの多かった条件不利地域対策との差異が明確になるように心がけた。また，EU全体の構造基金および農村地域政策の見通しにも若干触れておいた。なお，主として用いた資料はEUのホームページ（http://europa.eu.int）であり，それゆえ，現在，実施中の第二期（1994～99年）についての記述が中心となっている。

2. 構造基金改革の背景

EUの歳出の推移を見ると，農業政策のウエイトが縮小する一方で，地域政策のウエイトが拡大する傾向にある。1980年代まで，EUはその予算の6割強を共通農業政策（CAP）に当てていた。だが現在は5割弱である。一方，地域政策のための予算の割合は年々増え，現在35％であり，今後さらに増加すると見込まれている（第Ⅲ補-1図）。

このような予算構成の変化をもたらしたのが，以下に述べる構造基金改革である。構造基金改革とは，1986年のスペイン，ポルトガルの加盟，農産物過剰，CAP支出の突出を背景に1988年に行われた一種の財政改革である。EUは現在15カ国からなるが，その経済的発展度合いは一様ではない。地域格差は徐々に縮まっているとはいえ，現在でもたとえば最も豊かなルクセンブルグの1人当たりGDPは，最も貧しいギリシャのそれの2倍以上ある。またヨーロッパでは全体的に日本やアメリカに比べ失業率が高いが，オランダのよう

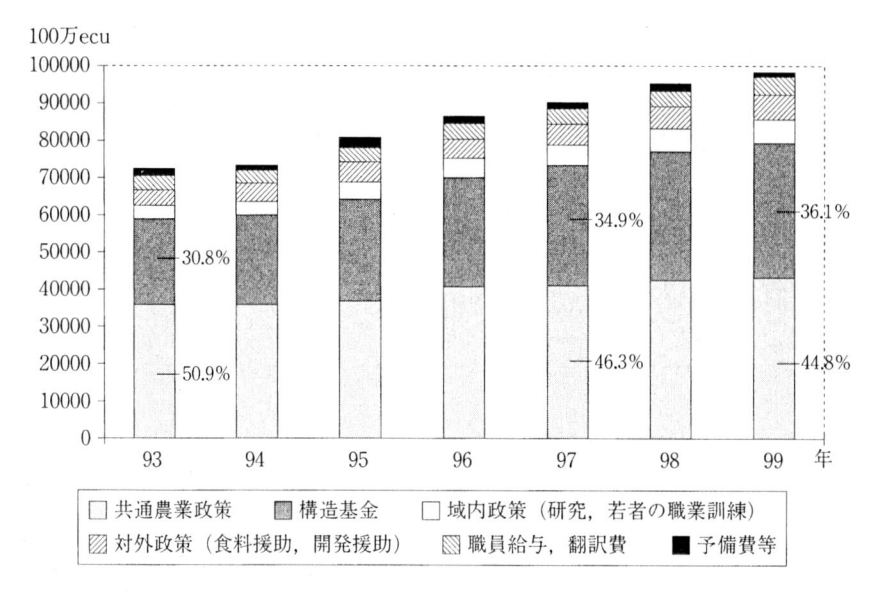

第Ⅲ補-1図　EUの歳出(見込)額の推移

資料：EUホームページ.

に5％弱の国もあれば，スペインのように24％にのぼる国もある（第Ⅲ補-1表）。

　一般に貧しい国が裕福な国に追いつくためには，政府がインフラ整備や雇用創出のために投資を行うことが必要であるが，貧しい国ほど財政赤字が大きく，政府による投資がさらなる赤字を招く。そこでEUは，この悪循環を断ち切るために従来からある三つの「構造基金」を合わせて独立の予算枠を設け，貧しい加盟国に対して優先的に財政的な援助を行うことにした。

　構造基金改革の理念は，法的にはまず1987年の統一欧州議定書で，また1993年のマーストリヒト条約の中に表されており，特に後者においては，各国の経済が足並みを揃えることが1999年に予定されている通貨統合のために第一義的に必要であるとされている。また以下に述べるような構造基金の「目標」，配分，事業の実施過程は，基本的に1988年の四つの規則，特に「構造基

第Ⅲ補-1表　EU各国の主要経済統計（1994年）

	面　積 (km²)	人　口 (千人)	GDP/人 (購買力水準)	インフレ率 (GDPデフ レーター)	失業率 (%)
ベルギー	30,518	10,101	18,675	2.7	10.0
デンマーク	43,093	5,197	18,901	1.9	8.2
ドイツ	356,970	81,338	17,918	2.2	8.4
ギリシャ	131,957	10,410	11,203	10.9	8.9
スペイン	504,765	39,117	13,081	4.1	24.1
フランス	549,085	57,779	18,215	1.5	12.3
アイルランド	70,285	3,569	13,769	2.8	15.1
イタリア	301,311	57,138	17,024	3.6	11.4
ルクセンブルク	2,568	401	26,679	2.9	3.5
オランダ	41,480	15,342	17,174	2.1	7.0
オーストリア	83,860	8,015	18,610	3.1	4.4
ポルトガル	91,910	9,888	11,668	5.5	7.0
フィンランド	338,150	5,078	15,196	2.5	17.3
スウェーデン	449,960	8,745	16,283	2.9	7.7
イギリス	244,138	58,276	16,596	2.1	9.6
EU15カ国	3,240,081	370,393	16,733	2.7	—
(参　考)					
アメリカ	9,372,600	263,095	23,737	1.8	6.1
日　本	377,800	125,021	19,325	4.0	2.9

資料：Commission of the European Communities, *Agricultural Situation in the European Union 1995 Report*, T/21.

金の調整に関する規則」（規則2052/88）で根拠づけられている。

　農村地域政策は以上のような地域政策の一部ではあるが、EU15カ国の全面積の約8割は農村地域であり、全人口の4分の1が農村に居住しているということから、大きなウエイトを占めている[5]。農村地域政策は、構造基金改革を経て、農家だけでなく、地域全体、あるいは農村住民全体を対象にした政策であるということが明確になったといえる。

3. 構造基金の「目標」

　1988年の構造基金改革の最大の特徴は，三つ（現在は四つ）の構造基金を重点的に投入すべき地域を，ＥＵがあらかじめ設定していることである。構造基金の「目標」には1から6というように番号がつけられているが，このうち「目標5」にはａとｂの二つがあるので，全部で七つある（第Ⅲ補-2表）。

　七つの「目標」は若年者の職業訓練，失業対策のように地域を横断したもの (horizontal) と，特定の地域を対象にしたもの（regional）の2種類に大別され，前者に当たるのは「目標3」，「目標4」，「目標5a」，後者に当たるのは「目標1」，「目標2」，「目標5b」，「目標6」であり，このうちの後者に構造基金が優先的に投入される。概して自然条件，社会・経済的条件が悪い地域である。地域指定は各国の要求に基づき，ＥＵの議会を経て決定する。

　以下，七つの「目標」をそれぞれ解説する。まず，地域指定を伴わないものからみると，「目標3」というのは，長期的な失業問題に対処するものであり，若者や労働市場から排除された人々を職業生活に戻すべく条件整備を行うこと，また男女間の平等な雇用機会の確保を促進することである。「目標4」もまた失業問題に関連するが，より具体的に，労働者を産業構造や生産システムの変化に適応すべく条件整備を行うことに限っている。

　これに対し，「目標5a」はＣＡＰ改革等の外部環境の変化に農業や漁業の経営が適応するためのものであり，いわば農業構造政策である。「目標5a」は，ＥＵや各国が構造基金改革の前から行ってきた農業構造政策，つまり個々の経営や若年農業者に対する投資助成から条件不利地域対策まで含まれる[6]。

　さて，構造基金が投入される地域が限定されるのは，「目標1」，「目標2」，「目標5b」，「目標6」であり，これらは前述のように経済力の弱い地域を優先するために設けられたものである。現在，構造基金の事業は第二期に入っているが，その第二期の対象地域は，第Ⅲ補-2図に示す範囲である。それぞれの地域がかかえる人口と，全人口に占める割合を第Ⅲ補-3表に示しておいた。

第Ⅲ補-2表　構造基金の「目標」と種別

	内容	地域指定の要件	地域指定の範囲	投入される構造基金の種別
地域指定を伴うもの				
目標1	開発が遅れた地域の開発の促進と構造調整	GDPが過去3年間にわたり、EU平均の75%未満である	NUTS II(注)	ERDF, ESF, EAGGF, EIFG
目標2	斜陽工業によって深刻な影響を受けている地域の転換	失業率、第二次産業の雇用割合がEU平均を上回り、第二次産業の雇用が減っている	NUTS III(注)	ERDF, ESF
目標5b	農村地域における開発と構造調整	GDPがEU平均以下であり、かつ、(1)農業従事者割合が高いこと、(2)農業所得が低いこと、(3)人口密度が低く、あるいは(かつ)過疎化が顕著である、という要件のうち少なくとも二つを満たす		EAGGF, ESF, ERDF, EIFG
目標6	人口密度が極端に低い地域における開発と構造調整	1km²当たりの人口が8人以下	NUTS II(注)	EAGGF, ESF, ERDF, EIFG
地域指定を伴わないもの				
目標3	長期的な失業問題に対処し、若者や労働市場から排除された人々を職業生活に戻すべく条件整備を行い、男女間の平等な雇用機会の確保を促進する			ESF
目標4	労働者を産業構造や生産システムの変化に適応すべく条件整備を行う			ESF
目標5a	CAP改革の条件の中で、農業の構造調整をスピードアップするとともに、漁業部門の近代化と構造調整を促進する			EAGGF, FIFG

資料：EUホームページおよびCouncil Regulation 2052/88.
注．NUTSとはフランス語のNiveau d'unité territoriale statistiqueの略であり、行政単位を指す。範囲の広いものから順にNUTS I, NUTS II, NUTS IIIというように三段階に分かれている。
NUTS Iはドイツの州、フランスのZEATなど、NUTS IIはフランスのregion、NUTS IIIはドイツの部(Kreis)、フランスのDepartementなどにそれぞれ相当する。

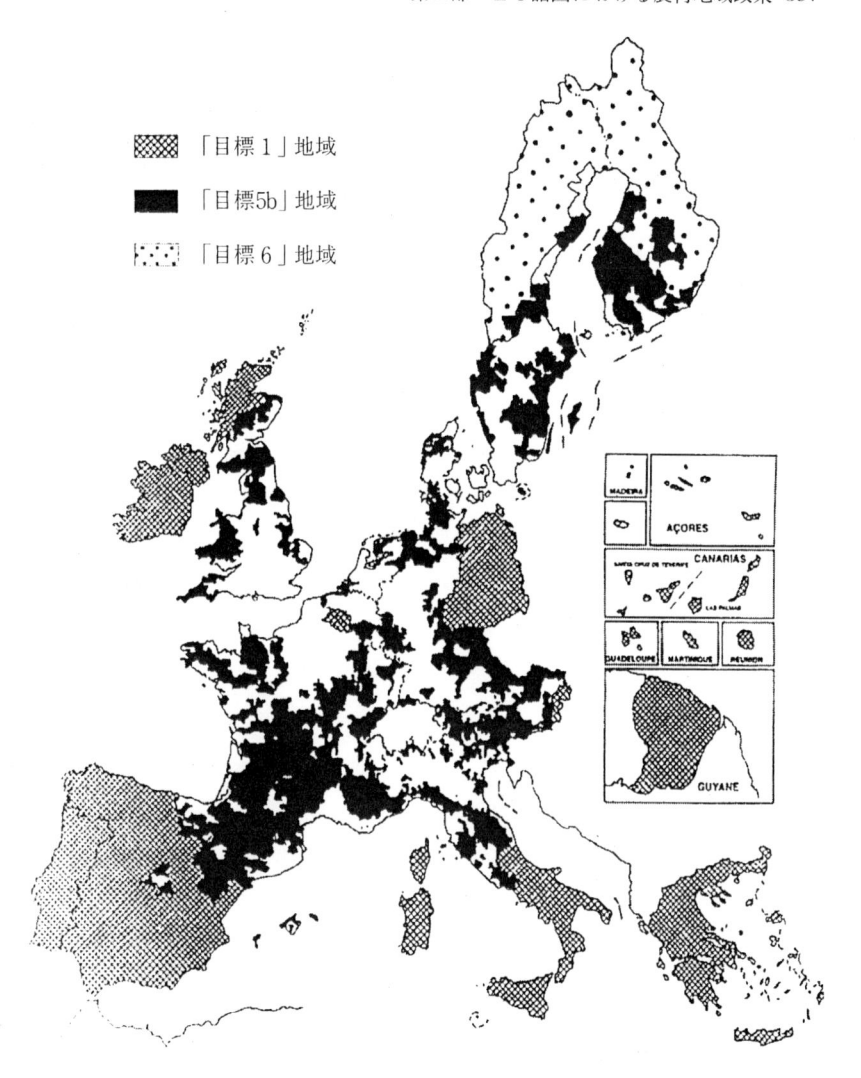

第Ⅲ部　EU諸国における農村地域政策　*397*

[凡例]
▨　「目標1」地域
■　「目標5b」地域
⋯　「目標6」地域

第Ⅲ補-2図　EU構造基金第二期（1994～99年）の「目標」別地域

資料：Commissino of the European Communities, *Agricultural Situation in the European Union 1995 Report*, p. 117.

面積や人口の割合,また金額的にも最も大きなウエイトを占めているのは,「目標1」地域である。「目標1」地域とは,GDPが過去3年間にわたりEU平均の75％未満である地域であり,構造基金の7割はこの「目標1」地域に向けられている。具体的にはスペイン,ギリシャの大部分,イタリア南部など南欧が中心であり,それにアイルランド,スコットランド,旧東独(旧西ベルリン以外)が加わる。

これに対し,「目標5b」地域というのはどちらかといえば豊かな北部ヨーロッパ諸国の中にある農村部である。「目標5b」地域は,GDPがEU平均以下でありかつ,次の三つ,すなわち(1)農業従事者割合が高い,(2)農業所得が低い,(3)人口密度が低く,あるいは(かつ)過疎化が顕著である,という条件のうちの少なくとも二つを満たすような地域である。第9章で紹介したドイツ,バイエルン州の資料によれば,1人当たりGDPが28,100マルク(1マルク＝75円として約210万円)を下回り,かつ(1)農業従事者割合が8.9％を上回る,(2)農業従事者1人当たりの平均所得が19,400マルク(約145万円)を下回る,(3)人口密度が146人未満,という三つの条件のうち二つ以上を満たすというように,具体的な数字が設定されている。また「目標1」地域に指定されていない限りにおいて,(1)遠隔地である,(2)CAP改革の中で農業が危機的である,(3)漁業部門が再編下にある,(4)農業経営構造,農業労働力構造が再編下にある,(5)環境や田園景観の保全が重要である,(6)条件不利地域である,というような要件のうち一つ以上を備えていれば,加盟国の要求に基づき「目標5b」地域に加えることができる。ただし,「目標5b」

第Ⅲ補-3表　目標(地域)ごとの人口,割合

	人　口 (百万人)	合　計 (%)
目標　1	92,151	25
目標　2	60,459	16.4
目標　5b	32,748	8.8
目標　6	1,292	0.4

資料:EUホームページ.

地域の指定に際しては政治力が反映しているという指摘もある[7]。

さらに「目標6」地域というのは，1995年の北欧2カ国（フィンランド，スウェーデン）の加盟に伴い設定されたものであり，1km^{2}当たりの人口が8人以下という人口密度が極端に低い地域である。フィンランド北部，極北に近いラップランドなどが含まれる。

以上の3種類の地域のほとんどが農村地域であるのに対し，「目標2」地域は農業以外の産業が衰退し，失業が深刻な地域であり，より狭い範囲（郡単位以下）で指定される。「目標2」地域に指定される要件は，①失業率がEUの平均を上回り，②第二次産業の雇用割合がEU平均を上回り，③第二次産業の雇用機会が減っていることである。以上のような要件を満たす地域の他に，都市部にあって失業問題が特に悪化し，撤退した企業のあとの再生に関連した問題をかかえる地域，漁業部門の再編の影響を受けるような地域が加わる。

4．構造基金の種別

以上のような七つの「目標」の達成のための手段として，EUは現在，四つの構造基金，すなわち地域開発基金（ERDF），社会基金（ESF），農業基金（EAGGF）のうちの指導部門，漁業基金（EIFG）を用意している。このうち最も古いのは社会基金であり，1957年に創設された。続いて1962年に農業基金が，1975年には地域開発基金がそれぞれ創設され，ごく最近，1993年になって漁業基金が追加された。前掲第Ⅲ補-1図に示したのは，これら四つの構造基金の合計額の推移である。なお「基金」はfundの直訳であり，事実上は予算枠を意味する。

このように，漁業基金以外はいずれも1988年の構造基金改革以前からあった。だが，たとえば農業基金は農業の振興にしか使えないというように用途が限定されていた。結果として農業の近代化，大規模化が比較的進んでいるイギリス，フランス，ドイツのような北部ヨーロッパの国々に構造基金が手厚く投入されることになり，零細経営を多くかかえている南欧の諸国との格差はます

ます拡がったのである。

　現在，加盟国はまず上記の「目標」に応じた実施計画をたて，その実施計画がEUに許可された後，構造基金を受け，事業実施に移る。そして後述のように，「目標」によっては複数の構造基金を組み合わせることができる。構造基金改革により，たとえばある地域で農業振興と他産業の振興，さらにインフラ整備を同時にバランスよく実施することが可能になったわけである。

5. 構造基金の配分

　地域指定と密接に関連するのが構造基金の配分である。現行の第二期(1994〜99年)の「目標」別および国別の配分額は第Ⅲ補-4表のとおりである。同表でみるように，構造基金の7割，すなわち940億ecuはGDPがEU平均の75％以下である「目標1」地域に向けられている。これらの数字は，構造基金に関する基本規則(Council Regulation 2052/88)に記載されており，固定している。これを「集中化の原則」という。

　上述の四つの基金との関連を言えば，前掲第Ⅲ補-2表に示したように「目標1」，「目標5b」では，三つの基金（ERDF，ESF，EAGGF）を用いることができ，さらに「目標6」では，これら三つに加え漁業基金（EIFG）も用いることができる。「目標2」は鉄鉱，石炭などの停滞産業に対する政策であり，農業基金や漁業基金は用いられない。

　また各国に対するEUの補助率の上限は，最も経済力のない「目標1」地域について75％，それ以外の「目標」については50％というように差別化されている。

6. 構造基金による事業の実施

　構造基金による事業は，第Ⅲ補-3図のような過程に沿って実施される。まず加盟国の発意による事業の場合，加盟国の中央政府や地方政府，その他の行

第Ⅲ補-4表 国別，目標別にみた構造基金第二期（1994～99年）の配分額
（1994年の価格）

(単位：100万ecu)

	目標1	目標2	目標3 目標4	目標 5 a	目標 5 b	目標6	CI	合　計
ベルギー	730	342	465	195	77	—	287	2,096
デンマーク	—	119	301	267	54	—	102	843
ドイツ	13,640	1,566	1,942	1,143	1,227	—	2,206	21,724
ギリシャ	13,980	—	—	—	—	—	1,151	15,131
スペイン	26,300	2,416	1,843	446	664	—	2,774	34,443
フランス	2,190	3,774	3,203	1,933	2,238	—	1,601	14,938
アイルランド	5,620	—	—	—	—	—	483	6,103
イタリア	14,860	1,463	1,715	814	901	—	1,893	21,646
ルクセンブルク	—	15	23	40	6	—	20	104
オランダ	150	650	1,079	165	150	—	421	2,615
オーストリア	162	99	387	380	403	—	143	1,574
ポルトガル	13,980	—	—	—	—	—	1,058	15,038
フィンランド	—	179	336	347	190	450	150	1,652
スウェーデン	—	157	509	204	135	247	125	1,377
イギリス	2,360	4,581	3,377	450	817	—	1,570	13,155
ＥＵ15カ国	93,972	15,360	15,180	6,916	6,862	697	14,051	153,038

資料：EUホームページ．
注．CIは，共同体発意の事業（Community Initiatives）であり，LEADER Ⅱプログラムなどを含む．

政主体が上記の「目標」に応じた「開発構想」（development plan）や「実施計画」（operational program）をたて，内容や効果についてEUと協議する。構造基金の第一期，すなわち1989年から93年までは第Ⅲ補-3図のaのように，「開発構想」，「実施計画」という2段階を踏まなければならなかったが，1994年に始まる第二期ではbのように「開発構想」と「実施計画」をまとめて「単一事業計画文書」として提出することができるようになり，手続きが簡素化された。

同図の下欄にある「共同体発意による事業」というのは，EU委員会がEU全体の利益に合致するとして採択した事業であり，ＬＥＡＤＥＲⅡ（農村経

402 補論 EUの構造基金改革と農村地域政策

a 加盟国の発意による事業

国，地域の行政主体による開発構想 (development plan) → 共同体助成大綱 → 実施計画 (operational program) → 事業 (measure) A B C D ‥‥

b 単一事業計画文書 (開発計画＋実施計画) → 単一の決定で採択 →

共同体発意による事業

共同体グリーンペーパー → 共同体ガイドライン → 実施計画 (operational program) →

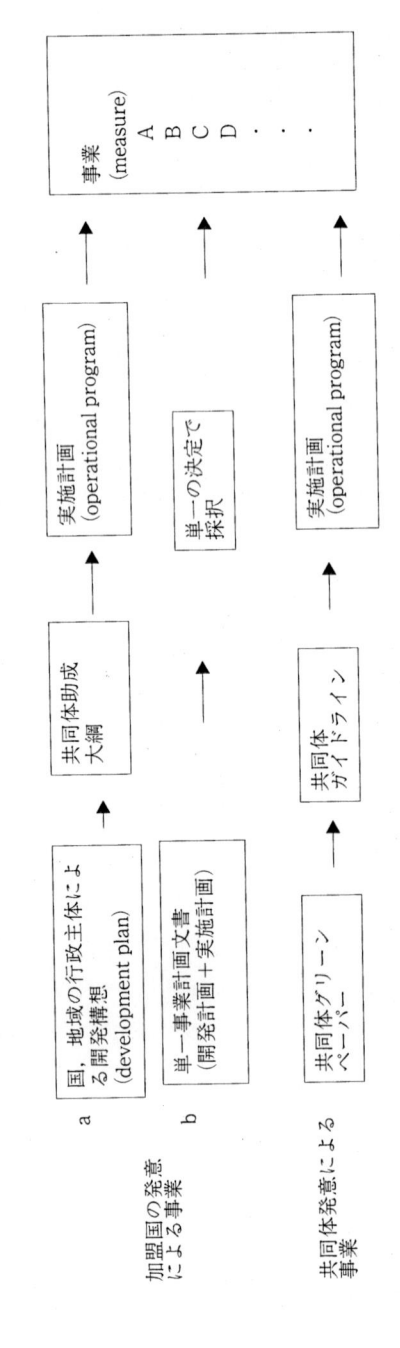

第Ⅲ補-3図 構造基金による事業の実施過程

資料：EUホームページ．
注．訳語については岡田明輝（解説・訳）『EUの共通地域政策と農業構造政策』(1997年，56ページ) を参考にした．

済の振興), INGERG II (国境地域の国間, 地域間の協力やエネルギー供給のためのネットワークづくり), KONVER (軍事基地周辺地域の多角化), URBAN (都市部の再開発) など, 全部で13種類あるが, 構造基金支出全体に占める割合は1割弱である (第Ⅲ補-4表を参照)。

　加盟国は, これらの「実施計画」がEUに許可され, 構造基金を受けとった上で, 事業 (measure) を実施する。個々の事業が「実施計画」に照らして妥当かどうかは, 基本的にEUではなく, 担当の行政主体が判断する。構造基金による事業は, このようにEUと加盟国の行政主体の共同により実施されることが前提になっている (パートナーシップの原則)。また事業実施に際しては, 国内の地域政策のための予算にEUの構造基金を加えることになっている (補完性の原則)。

　構造基金の透明性を保つため, それぞれの「実施計画」や事業は, 事前調査, 中間調査 (monitoring), 事後調査を経なければならない。そこでは, 事業が当該地域にとってどのくらい効果的か, あるいは実際に効果があったかどうかが調べられ, もし効果がないという結果が出るとうち切られる。調査グループもまた, 「パートナーシップの原則」に基づき, EU代表および加盟国代表, ドイツの場合であれば連邦および事業の実施地区である州の代表, さらに公正を期すために事業の実施地区以外の州の代表も加わる。

7. 条件不利地域対策との差異

　上記のような構造基金改革以降の農村地域政策は, 従来型の農村地域政策である条件不利地域対策とはどう異なるのだろうか。

　条件不利地域対策とは何か。すでに別稿で詳しく紹介したので, ここではごく簡単にとどめるが, それは一言で言えば痩せ地, 傾斜地など, 主として農業生産上のハンディキャップをかかえる地域の経営に対する所得補償である[8]。つまり, 農家に対して所得補償を行い, 定住を促すことによって, 景観の保全や過疎化の防止を図るという政策である。農産物の過剰問題やイギリスのEU

加盟を背景に，1975年から共通農業政策（ＣＡＰ）の一つとなり，ほとんどの加盟国で実施されてきた。ＣＡＰの中にありながらも，条件不利地域の指定基準，農家に対する補償金の額，補償金の受給資格などの詳細事項は，それぞれの国の裁量にまかされている。

まず地域指定については，条件不利地域の指定要件は第Ⅲ補-5表のようなものであり，農業生産上のハンディキャップが大きく関わっている。たとえば

第Ⅲ補-5表　条件不利地域対策とEU構造基金による農村地域政策の主な違い

	条件不利地域対策	ＥＵ構造基金による農村地域政策
開始年	1975年	1989年
根拠法	「山間地域および条件不利地域の農業に関する指令」（ＥＣ指令75/268）	「構造基金の調整に関する規則」（ＥＣ理事会規則2052/88）
背　景	イギリスのＥＣ加盟（1973年）	スペイン，ポルトガルのＥＣ加盟（1986年）
目　的	農業の永続による最低人口の維持，田園景観の保全	域内，特に南欧と北欧の経済的格差の是正
手　段	農業経営に対する投資助成，利子補給の優遇，補償金の給付	インフラ整備，雇用の拡大，停滞産業地域の再編，農業・漁業の近代化
ＥＵの財源	農業基金(EAGGF)指導部門	地域開発基金(ERDF)，農業基金(EAGGF)，指導部門，社会基金(ESF)，漁業基金(EIFG)
地域指定の基準	(1)　山間地域：標高，傾斜度 (2)　条件不利農業地域：土壌の肥沃度，人口密度，農業従事者割合	「目標1」地域：GDP 「目標2」地域：失業率，雇用情勢 「目標5b」地域：農業従事者割合，農業所得，人口密度 「目標6」地域：人口密度
地域指定の範囲	市町村	郡，州
補助金（補償金）の対象	一定以上の規模をもち，補償金受給後5年間は営農を続ける経営	個人，グループ，自治体

「山間地域」とは，標高が高いために作物の生育期間が短かかったり，傾斜が急であるために機械作業に困難をきたすような地域である。EUは一応，標高に関しては600～1000 m，傾斜に関しては20度以上である地域を「山間地域」としているが，たとえばドイツでは標高は800 m以上，傾斜は18度以上というように国毎に異なる。また「条件不利農業地域」の特質である土壌の質の悪さ，経済発展度の低さ，農業従事人口の多さ，人口減少の程度も，細かくは国によって違う。

一方，構造基金による農村地域政策でいう「目標1」，「目標5b」のような地域の指定基準は，標高や傾斜度，土壌の肥沃度など，農業生産上のハンディキャップを示すものではなく，GDP，失業率，人口減少度合いなど，あくまでもマクロ経済的な指標である。

また，条件不利地域の指定は原則として，最少の行政単位であるゲマインデやコミューン（市町村）毎になされるが，構造基金の農村地域政策の場合は上記のような指標の性格上，それより大きな範囲（どんなに小さくても郡単位）で地域指定がなされる。

さらに重要なことに，条件不利地域対策の場合，補助の対象が地域内の農家に限られ，その農家が経営規模や経営継続年数などの要件を満たす限り補償金を支給するという仕組みになっているが，構造基金の場合は農家だけを対象にしているわけではない。

このように，構造基金の農村地域政策は従来の条件不利地域対策と異なり，地域指定についても，対象についても，農業生産面以外のハンディキャップに基づいた幅広い政策であると言えよう。繰り返しになるが，それは地域全体，あるいは農村住民全体を対象にした政策なのである。

8. EU農村地域政策の展望

最後に，EUの構造基金や農村地域政策に関して現在，どのような展望が描けるのかについて触れることにする。

1996年11月，アイルランドのコークで開かれた会議で，フィッシュラー農業委員は「構造基金による農村地域政策をできるだけ広い範囲で実施すべき」との提案をした。フィッシュラー委員はオーストリアの山間地域，チロル地方の出身であり，零細な農家を支持基盤にしている。

フィッシュラーに対峙しているのは，ヴルフ＝マチアス地域開発委員（ドイツ）である。同委員は現行の地域指定をしぼり，インフラ整備の遅れた「目標1」地域や2000年以降に加盟が見込まれているポーランド，ハンガリー，チェコを優先すべきだと主張する。ヴルフ＝マチアス委員の意見が優勢になれば，相対的には豊かな旧西独で現在「目標5b」地域に指定されている地域が，2000年以降も引き続き指定されるかどうかは危うい。現に，筆者が話を聴いたバーデン・ヴュルテンベルク州政府の担当者もそれを懸念していた。

もっとも現在の第二期終了後，農村地域政策のための構造基金の配分がどう帰着するかは，WTO交渉やCAPのさらなる改革とも絡んでいる。CAPの現行の「緑の政策」が環境保全という面から再度，見直され，CAPのウエイトがより低くなる分，農村地域政策のウエイトがより増大するということも考えられるが，今のところ，2000年からの構造基金第三期には，第一期から第二期にかけてのような大幅な増額はなされないとの見通しである。

EU委員会は，七つの「目標」を三つに簡素化すること，対象地域を縮小すること，具体的には現在，全人口の50％をカバーしているところを，35〜40％に減らすこと，またLEADER IIをも含む共同体発案の細かいプログラムについては，現在の13から三つに減らすことを近々，閣僚会議に提案するとのことである。このうち，「目標」の簡素化と共同体発案のプログラムの削減については，1997年7月に公表された「2000年以降の政策方針」（Agenda 2000）の中で明記されている[9]。

「Agenda 2000」によれば，EUはまた，2000年以降，対象からはずれる地域を想定し，条件不利地域対策のような旧来の農村地域政策の原資を農業基金の指導部門（guidance fund）から，保証部門（guarantee fund）に移すことによって，運用しやすくするという戦略をもうちだしている。さらに条件不

利地域対策に関しては，WTO交渉の場で「緑の政策」として生き残るために，その内容をより環境に配慮したものに再編していく予定である[10]。

いずれにせよ，経済が停滞し，かつ旧東欧諸国の加盟という大事業を控えて，緊縮財政が強いられる中，EUの官僚には政治的，行政的にますます高度な手腕が要求されている。その一方で，行政の仕組みを簡素化し，一般市民の理解の及ぶものにすることによって，広く農業や農村に対する理解を得るようにしなければならないという，ジレンマの中にあると言えよう。

（市田（岩田）知子）

注(1) 保母武彦『内発的発展と日本の農山村』（岩波書店，1996年），264〜266ページ。
(2) 五十嵐敬喜・小川明雄『公共事業をどうするか』（岩波書店，1997年），218〜220ページ。
(3) 少し前のものでは，永田恵十郎『地域資源の国民的利用』（農山漁村文化協会，1988年），また最近のものでは生源寺真一「条件不利地域政策の構造と特質」，総合研究開発機構『イギリスの条件不利地域政策とわが国中山間地域問題に関する研究』（総合研究開発機構，1996年），15〜30ページなど。
(4) EU構造基金の全般については岡田明輝（解説・訳）『EUの共通地域政策と農業構造政策』（農政調査委員会，1997年），またフランスについては石井圭一『フランスの農村と開発計画——EC農村区域開発計画から——』（農業総合研究所，1994年），ドイツについては飯国芳明「EU地域政策の構造と実施過程——5b政策を中心に——」（『農業経済研究』第67巻第3号，岩波書店，1995年12月），166〜173ページがある。
(5) Commission of the European Communities. *The Agricultural Situation in the European Union 1995 Report.* Luxembourg, 1996, p.115.
(6) 特定地域を対象とした条件不利地域対策がhorizontalな政策に分類されるというのは一見，理解しがたいが，これは同対策がそもそも投資助成，利子補給のような狭義の構造政策的なメニューを含むからであろう。
(7) Tracy, Michael. *Food and Agriculture in a Market Economy.* APS, 1993, p. 190.
(8) 詳しくは市田（岩田）知子「ドイツにおける条件不利地域対策の行方」（『農業総合研究』，第51巻第3号，農業総合研究所，1997年7月，65〜110ページ）を参照のこと。
(9) *Agenda 2000-Volume I-Communication: For a Stronger and Wider Union*, pp.

19-23. なお, EU委員は1998年3月18日に構造基金関連規則の改正案を示している。そこでは,「目標」を三つに絞り込み, 現行の「目標2」地域と「目標5b」地域を新たな「目標2」地域に統合し, 2006年の時点でその人口規模を現行の「目標2」,「目標5b」両地域の人口規模の3分の1以下に抑えることが述べられている (Proposal for a COUNCIL REGULATION (EC) laying down general provisions on the Structural Funds)。

(10) *ibid.*, pp.37-39.

図および表一覧

第 1-1 図　農業地域類型別にみた人口の推移（1975 年：100）……………26
第 1-2 図　農業地域ブロック別にみた人口増減率（1995/85 年）……………29
第 1-3 図　中山間地域における農家数増減率と総人口増減率との関係（1995/85 年）
　　　　　……………………………………………………………………………30
第 1-4 図　高齢化水準と高齢化進展度との関係 ……………………………33
第 1-5 図　平地農業地域と山間農業地域のコーホート人口増減数（1990 年→ 95 年）
　　　　　……………………………………………………………………………37
第 1-6 図　人口動向と過疎化進展度との関係（都府県：農業地域類型別）……38
第 1-7 図　中山間地域における過疎化と高齢化の進展度の関係（都府県：地目構
　　　　　成別）……………………………………………………………………41
第 2-1 図　丹生川村における夏秋トマト生産の展開 …………………………73
第 2-2 図　農家人口・農家数の動向と 1 戸当たり農業所得（飛騨地域・市町村別）
　　　　　……………………………………………………………………………79
第 3-1 図　労働市場の概念図 ……………………………………………………97
第 4-1 図　高齢化率と医師数および病床数の推移 …………………………122
第 4-2 図　医師数と特別養護老人ホーム定員，およびヘルパー派遣老人世帯数の
　　　　　推移………………………………………………………………………129
第 4-3 図　特養定員と老人ホームヘルパーおよびヘルパー派遣老人世帯数の推移
　　　　　……………………………………………………………………………133
第 4-4 図　ホームヘルプサービスのあり方をめぐる中山間地域 383 町村の対応姿
　　　　　勢…………………………………………………………………………135
第 4-5 図　K 県 I 町における高齢者医療・福祉サービスの現状 ……………140
第 4-6 図　「農村型」システムの模式図 ………………………………………144
第 4-7 図　医療・福祉サービスの向上を図る上で中山間地域 383 町村が JA 等に
　　　　　期待する役割……………………………………………………………145
第 5-1 図　許容できる施設までの所要時間 …………………………………159
第 5-2 図　子供の教育にとっての農村の役割 ………………………………167
第 6-1 図　山村振興計画施策別構成比の推移 ………………………………183
第 6-2 図　鳥取県の中山間地域対策 ……………………………………………193
第 II-補-1 図　農業地域類型別面積規模別・地区数構成比 …………………278

第II-補-2図	農業地域類型別・問題別地区数	279
第9-1図	ドイツにおける構造基金第二期（1994～99年）の「目標」別地域および条件不利地域の範囲	302
第III補-1図	EUの歳出（見込）額の推移	393
第III補-2図	EU構造基金第二期（1994～99年）の「目標」別地域	397
第III補-3図	構造基金による事業の実施過程	402
第0-1表	消滅農業集落数および小学生のいない農業集落の割合	5
第1-1表	中山間市町村の人口動態（人口増減率別市町村数：1995/75年）	27
第1-2表	人口増減率による階層別市町村数の動態表（1985/80年→1990/85年）	28
第1-3表	農業地域ブロック別にみた老年人口比率（1995年）	31
第1-4表	中山間市町村の高齢化状況（老年人口比率別市町村数：1995年）	32
第1-5表	農業地域類型別にみた人口構成の変化（1990年→95年）	35
第1-6表	「過疎進行型」および「人口維持型」市町村の占める割合（都府県）	43
第1-7表	中山間地域における定住人口の維持要件（判別分析結果）	46
第1-8表	中間および山間農業地域における定住人口の維持要件（判別分析結果：上位7要因）	47
第2-1表	品目別野菜生産の動向	56
第2-2表	指定産地からみた「夏秋レタス」の生産動向	58
第2-3表	指定産地の動向（高冷地型野菜）	60
第2-4表	指定産地からみた「夏秋トマト」の生産動向	62
第2-5表	指定産地の動向（準高冷地型野菜）	63
第2-6表	飛騨地域における農業就業状況・生産農業所得（市町村別）	66
第2-7表	飛騨地域における野菜生産状況（市町村別）	68
第2-8表	夏秋トマト経営収支（1995年産，丹生川村）	75
第2-9表	トマト機械選別出荷割合（主産県別）	77
第3-1表	農村地域工業等導入促進法に基づく工場立地の地域別実態(1993年)	86
第3-2表	地域別の重世代世帯農家率	89
第3-3表	飯豊町の農業構造	92
第3-4表	工業団地への誘致工場の概要	93
第3-5表	山間部調査農家世帯員の就業構成	95
第3-6表	山間部に立地する工場二社の概況	96
第3-7表	九戸村に立地する主要工場	99

第3-8表	九戸村農工団地への誘致企業の概要	101
第3-9表	Y集落の農家世帯員の就業構造	104
第3-10表	回答者の年齢	106
第3-11表	農工団地工場への就職の理由（複数回答）	106
第3-12表	他の仕事と比較しての働きがいおよび工場勤務の継続性	107
第4-1表	中山間地域383町村の人口・世帯構成（1町村当たり平均，1995年10月現在）	116
第4-2表	K県I町における準「限界集落」I地区の世帯構成	118
第4-3表	中山間地域383町村の在宅要援護高齢者数と入所・入院高齢者数（1町村当たり平均）	120
第4-4表	医療基盤の地域間比較（1市(区)町村当たり平均）	123
第4-5表	訪問看護ステーションの普及状況（1995年）	126
第4-6表	訪問看護婦の看護活動時間と移動時間	127
第4-7表	特養等の整備状況（1市(区)町村当たり平均，1995年）	130
第4-8表	中山間地域383町村が管内高齢者を措置入所させている特別養護老人ホームの概況	131
第4-9表	デイサービスとホームヘルパーの高齢者100人当たり年間利用日数（1994年）	134
第4-10表	ホームヘルパーの訪問先援護活動時間と移動時間	136
第4-11表	A県T町のホームヘルパー派遣世帯	137
第5-1表	地域特性別の地域素材の教材化の内容	160
第5-2表	実施教育委員会による山村留学制度開始時に比した現在の印象	162
第5-3表	実施自治体における山村留学で地元の児童生徒が都会の児童生徒と交流する意味に関する意識	163
第6-1表	全国総合開発計画の推移	177
第6-2表	過疎対策事業費の構成の推移	185
第6-3表	中国地域の米の地代率の推移	187
第6-4表	西土佐村の財政の推移	206
第7-1表	財政力指数別中山間市町村数（1991〜93年度平均）	226
第7-2表	公債費比率別中山間市町村数（1993年度）	227
第7-3表	5年前と比較した公債費比率の変化	228
第7-4表	農林水産関係予算の推移	231
第7-5表	農業予算に占める食管関係費と農業基盤整備費の構成比の推移	231

第7- 6表	公共投資7％削減のブロック別経済的影響予測	235
第7- 7表	建設業の雇用者	236
第7- 8表	地方分権推進委員会による機関委任事務の改革案	239
第7- 9表	地域活性化事業の主な目的	241
第7-10表	地域活性化事業の実績についての自己評価	242
第7-11表	類型別地域活性化事業の実績についての自己評価	245
第7-12表	中山間市町村が希望する活性化事業推進財源（または資金）措置	246
第8- 1表	農地の人為潰廃面積の推移	254
第8- 2表	農業地域類型別地目別耕作放棄面積割合（1995年）	256
第8- 3表	市町村農業公社の地域別設立状況と事業実績	263
第Ⅱ補-1表	農業地域類型別，賦課金未納原因	278
第Ⅱ補-2表	農業地域類型別，都市化に伴う土地改良施設の維持管理費の増嵩の理由別等地区数	280
第Ⅱ補-3表	岩手県北部事例土地改良区リスト	282
第Ⅱ補-4表	広島県東部事例土地改良区リスト	286
第Ⅱ補-5表	その他事例土地改良区の課題	287
第9- 1表	農村地域政策の第二期（1994〜99年）に対するEU構造基金の配分と連邦，州，その他の負担予定額	303
第9- 2表	バーデン・ヴュルテンベルグ州の「目標5b」地域に対する支出予定額（1994〜99年）	306
第9- 3表	EUがバーデン・ヴュルテンベルグ州の「目標5b」地域について認めた事業実施のための指針（1995年5月1日時点）	307
第9- 4表	バイエルン州の「目標5b」地域に対する支出予定額（1994〜99年）	310
第10-1表	市町村の人口規模	334
第10-2表	ブルゴーニュ地域圏における構造政策関連補助金の受給者数	346
第10-3表	ブルゴーニュ地域圏における構造政策関連歳出額（1991〜93年実績）	347
第Ⅲ補-1表	EU各国の主要経済統計（1994年）	394
第Ⅲ補-2表	構造基金の「目標」と種別	396
第Ⅲ補-3表	目標（地域）ごとの人口，割合	398
第Ⅲ補-4表	国別，目標別にみた構造基金第二期（1994〜99年）の配分額（1994年の価格）	401
第Ⅲ補-5表	条件不利地域対策とEU構造基金による農村地域政策の主な違い	404

あとがき

　中山間地域がかかえる問題には，この地域の多くが早くから悩まされ現在も深刻さの度を一層増している過疎問題と，耕地の狭小性や傾斜地の多さ，市場からの遠隔性等に基づく条件不利の問題，の二つの面がある。前者は人口の面から，後者は農業の生産条件の面からとらえたものである。両者は当然密接に関連するが，全く同じというわけではない。

　中山間地域問題を研究するとき，この両面をどう取り上げるかについては難しいところがある。1980年代後半から大きくクローズアップされるようになった中山間地域問題については，その固有に問題とすべきは生産条件不利の問題であり，中山間地域の農林業の公益的機能の評価の問題も含めて条件不利対策のあり方をどう考えるかが中心的問題である。しかしそれだけでは過疎問題は解決しない。過疎対策，定住対策としては，より広く稼得機会確保の問題や生活環境整備の問題を考えていく必要がある。そうではあるが，条件不利対策としての中山間地域政策のあり方をつめていくことが農業政策の検討としては重要である。

　本書を取りまとめるにあたっても，これらの問題をどう考え，どういうスタンスでアプローチするかが大きな問題となった。結果的には，第Ⅰ部で定住条件，定住対策の問題を，第Ⅱ部で中山間地域政策の問題，生産条件不利の問題を取り上げるという構成となった。網羅的との批判を甘受しなければならないかもしれないが，定住問題，定住対策の検討に主眼をおいた当初の共同研究の構成から，取りまとめの過程で条件不利問題，中山間地域政策の分析にも相応の比重をおくように一定の組み替えを図った結果でもある。

　現在政策サイドでは中山間地域政策の具体化，とくに直接所得補償の仕組みと運用のあり方の検討が焦眉の課題となっている。これについて我々は，何らかの形で農業生産と結びついた直接所得支払いという意味での日本型ともいうべき直接所得支払い政策が基本的方向となるとした。それは，各地で様々に試

みられている模索的な取り組みの経験を分析し、その中から今後の方向を考えていくという方法による検討の帰結でもある。もっとも、生産条件不利対策の問題については、WTO協定との関連の問題も含めて今後さらに検討しなければならない問題は多い。

過疎問題、定住対策に関する問題は研究の蓄積が多い分野である。我々は従来の農業サイドの研究ではあまり取り上げられてこなかった生活環境の整備にかかわる高齢者医療・福祉問題や教育問題等も取り上げ、定住対策の問題についてより広い視点から検討を加えることに努めた。

本書の特徴の一つは、第Ⅲ部でEU諸国における農村地域対策を取り上げ、国際比較の視点からも検討を加えていることにある。条件不利地域対策については既にかなり長い歴史を有しているEU諸国で、定住対策としての農村地域政策にも力が注がれるようになってきている。EUの条件不利地域対策についての分析は多いが、農村地域政策に関する分析はまだ少ない。農業政策としての条件不利対策と定住政策としての農村地域政策それぞれの論理、あり方、相互の関連等の検討はEU諸国との比較分析も踏まえながら今後更に深めていくべき課題であろう。

本書の取りまとめのきっかけになったのは、農林水産技術会議の一般別枠研究「中山間地域の活性化条件の解明に関する研究」（1994～96年度）の実施である。このプロジェクト研究は、発足に至るまでが大変な難産であった。一般にプロジェクト研究の課題化、そして予算化にこぎ着けるまでには苦労が多いが、このプロジェクト研究の場合には関係者が殊の外大変な苦労を重ねたと聞いている。当時の関係者のそうした苦労がなければ、このプロジェクト研究の実施、そして本書の取りまとめもなかったことを指摘しておかなければならない。

このプロジェクト研究は、「1. 人口扶養力の向上と定住のための条件解明」と「2. 定住促進のための国土管理・地域政策の展開方向」の二つの大課題からなる。前者は、農業研究センターを中心に各地域農業試験場の経営関係の研究者が主に担当し、後者は、農業総合研究所および外部委託した大学や研究所のメンバーが担当した。本書は、このうちの後者の研究をもとにしつつ、何名

かの人には新たにメンバーに加わってもらって，課題と構成を組み直して取りまとめたものである。

　このように大学や他の研究所から多数の研究者の参加を得て共同研究を行う機会が得られたことは非常に幸いであった。広い視点から研究を深めていく上でこうした形での共同研究を組織し，実施することは有効であり，今後ともそうした機会を作っていくことの重要性を感じている。

　本書を取りまとめるまでには，このプロジェクト研究の実施過程も含めて非常に多くの方々から御支援，ご協力をいただいた。とくに七戸長生北海道大学名誉教授（現名寄市立短大学長）および水野正巳農業総合研究所海外部長にはご多忙のなか大部の原稿に目を通していただき細部にまでわたる懇切で有益なコメントをいただいた。また農業総合研究所広報課の方々にもいつものことながら大変お世話になった。記してあらためて深く感謝の意を表する次第である。

1999年3月

編　者

執筆者一覧 (執筆順)

田畑　保（たばた　たもつ）〔序章，第II部第8章〕
　　明治大学農学部教授
橋詰　登（はしづめ　のぼる）〔第I部第1章〕
　　農業総合研究所農業構造部地域経済研究室
香月敏孝（かつき　としたか）〔第I部第2章〕
　　農業総合研究所企画連絡室企画科長
村山元展（むらやま　もとのぶ）〔第I部第3章〕
　　高崎経済大学地域政策学部助教授
栗田明良（くりた　あきよし）〔第I部第4章〕
　　労働科学研究所地域産業・福祉サポート研究グループ主任研究員
玉井康之（たまい　やすゆき）〔第I部第5章〕
　　北海道教育大学釧路校助教授
田代洋一（たしろ　よういち）〔第II部第6章〕
　　横浜国立大学大学院国際社会科学研究科長
保母武彦（ほぼ　たけひこ）〔第II部第7章〕
　　島根大学法文学部教授
合田素行（ごうだ　もとゆき）〔第II部補論〕
　　農業総合研究所農業構造部上席研究官
市田(岩田)知子（いちだ(いわた)ともこ）〔第III部第9章，第III部補論〕
　　農業総合研究所海外部ヨーロッパ研究室長
石井圭一（いしい　けいいち）〔第III部第10章〕
　　農業総合研究所海外部ヨーロッパ研究室主任研究官
柘植徳雄（つげ　のりお）〔第III部第11章〕
　　東北大学経済学部教授

中山間の定住条件と地域政策

1999年4月20日　第1刷発行

編　者　田　畑　　　保

発行者　栗　原　哲　也

発行所　株式会社 日本経済評論社
〒101-0051 東京都千代田区神田神保町 3-2
電話 03-3230-1661　FAX 03-3265-2993
振替 00130-3-157198

装丁＊渡辺美知子　　　安信印刷工業・山本製本

落丁本・乱丁本はお取替えいたします　Printed in Japan
© TABATA Tamotsu *et al.* 1999

集落空間の土地利用形成	有田博之・福与徳文著	4000 円
写真集 戦後の山村	近藤祐一著	3800 円
日本の経済学と経済学者 ―戦後の研究環境と政策形成―	池尾愛子編	5300 円
地域産業政策	長谷川秀男著	3300 円
南部アフリカの農村協同組合 ―構造調整政策下における役割と育成―	辻村英之著	5200 円
変貌するEU牛肉産業	新山陽子・四方康行 増田佳昭・人見五郎 著	5300 円
農業問題の論理	齋藤仁著	7500 円
食料主権 21世紀の農政課題	田代洋一著	3000 円

表示価格は本体価格（税別）です

中山間の定住条件と地域政策
（オンデマンド版）

2004年3月15日　発行

編　者　　　田畑　保
発行者　　　栗原　哲也
発行所　　　株式会社　日本経済評論社
　　　　　　〒101-0051　東京都千代田区神田神保町3-2
　　　　　　電話 03-3230-1661　FAX 03-3265-2993
　　　　　　E-mail: nikkeihy@js7.so-net.ne.jp
　　　　　　URL: http://www.nikkeihyo.co.jp/

印刷・製本　株式会社　デジタルパブリッシングサービス
　　　　　　URL: http://www.d-pub.co.jp/

AB626

乱丁落丁はお取替えいたします。　　　　Printed in Japan
©TABATA Tamotsu et al. 1999　　　　ISBN4-8188-1623-X
R〈日本複写権センター委託出版物〉
本書の全部または一部を無断で複写複製（コピー）することは、著作権法上での例外を除き、禁じられています。本書からの複写を希望される場合は、日本複写権センター（03-3401-2382）にご連絡ください。